Inhaltsverzeichnis

1.1 Der Standort des Unternehmens

1.1.1 Allgemeines zur Standortwahl

Ausgangs-situation

Anzeige in einer überregionalen Tageszeitung:

Die Stadt Neustadt
wünscht die Ansiedlung von Industrie und Handel

Wir verfügen über ...

① — beträchtliche Reserven an männlichen und weiblichen Arbeitskräften (über 6 000 Pendler, hohe Zahl von Schulabgängern, starke Nachfrage nach Teilzeitarbeit);

② — genügend qualifizierte Facharbeiter der feinmechanischen, optischen und elektronischen Industrie;

③ — verkehrsgünstige Gelände in Stadtnähe mit Autobahnanschlüssen, Intercity- und Flughafenverbindung in 30 km Entfernung, Start- und Landemöglichkeiten für Geschäftsflugzeuge, Kanal- und Schifffahrtsanschlüssen, Containerbahnhof;

④ — leistungsfähige Strom-, Gas- und Wasserversorgung sowie Abwasserbeseitigung (Stromverbundnetz, Pipeline, Ferngasleitung);

⑤ — ein weites Hinterland (einziges größeres Einkaufszentrum in 30 km Entfernung zur Landeshauptstadt);

⑥ — Torf- und Tonvorkommen, Wein-, Gemüse- und Zuckerrübenanbau im Einzugsgebiet der Stadt.

Wir bieten ...

⑦ — Fabrikgebäude zum Verkauf oder zur Vermietung an (steuerfreie Rücklagenbildung bei gewerblicher Nutzung bis zu acht Jahren möglich); Unterstützung durch das Landesförderungsprogramm für moderne Technologie mit bis zu 15 % Investitionszuschuss; Übernahme von Bürgschaften bei der Kreditbeschaffung;

⑧ — niedriger Gewerbesteuerhebesatz, Befreiung von der Vergnügungsteuer;

⑨ — preiswerte Industrie- und Gewerbegrundstücke (m²-Preis zwischen 40,00 € und 100,00 €), Übernahme der Erschließungskosten, Einräumung von Sonderkonditionen bei arbeitsintensiver Produktion;

⑩ — Schulen aller Art (Gymnasium, Staatliche Technikerschule, Privatschulen), modernes Krankenhaus, Fachärzte aller Art, Stadttheater, mehrere Museen, zentraler Stationierungsort der Bereitschaftspolizei, Leistungszentrum des deutschen Schwimmverbandes, Stadthalle und Kongresszentrum, Hallen- und Freibäder, ausgebautes Wanderwegenetz, leistungsfähige Gaststätten- und Hotelbetriebe, Naherholung im Naturpark „Wacholderheide", verkehrsberuhigte Zonen im Stadtbereich, Naturlehrpfad.

Sachdarstellung

1. Der Begriff „Standort" und Standortfaktoren

Der **Standort** ist der Platz, an dem sich ein Betrieb niederlässt. **Standortfaktoren** sind Kriterien (Bestimmungsgründe), die bei der Wahl des Standorts eine mehr oder weniger große Rolle spielen. Zu den Standortfaktoren zählen z. B. die Rohstoff-und Energieversorgung, die Absatzmöglichkeiten, die steuerliche Belastung, das Vorhandensein von geeigneten Arbeitskräften, von Bauplätzen, Straßen, Flugplätzen, Häfen oder einer guten Infrastruktur. Zunehmende Bedeutung als Standortfaktor gewinnen Umweltschutzvorschriften (z. B. Abfallbeseitigungs-, Luftreinhaltungs-, Bebauungsvorschriften). Im Zuge der Globalisierung der Märkte bzw. des Wettbewerbs und weitverbreiteter Just-in-time-Produktion bekommt der Standortfaktor Kundennähe einen höheren Stellenwert.

Bei der Entscheidung für einen bestimmten Standort können sehr unterschiedliche Kriterien eine Rolle spielen. Im Einzelfall kann ein bestimmter Standortfaktor bedeutsam für die jeweilige Standortentscheidung sein oder es können mehrere Bestimmungsfaktoren den Ausschlag geben. Die folgende Übersicht (Arbeitsvorlage 1, S. 10) teilt die einzelnen Standortfaktoren in Gruppen ein; sie soll verdeutlichen, dass eine Vielzahl von Gesichtspunkten bei der Standortentscheidung bedeutsam sein kann.

Karikatur: Pielert

2. Arten des Standorts

Ein Unternehmer, der Standortfragen zu entscheiden hat, muss sich nicht nur über die möglichen Einflussfaktoren auf seine Entscheidung im Klaren sein, sondern er muss auch die Art des jeweiligen Standorts in seine Überlegungen miteinbeziehen.

a) Nach dem Grad der Gebundenheit bei der Standortwahl können folgende Arten des Standorts unterschieden werden:

- **Gebundener Standort:** Der Standort ist aufgrund natürlicher Gegebenheiten (z. B. Erdöl, Kohle-, Erzvorkommen) eindeutig fixiert (sogenannter natürlicher Standort).

- **Freier Standort:** Der Unternehmer hat bei der Standortwahl einen mehr oder weniger großen Entscheidungsspielraum. Er hat mehrere Standortalternativen zur Auswahl und kann sich für einen bestimmten Standort nach Kosten-, Erlös- oder sonstigen Gesichtspunkten entscheiden.

Die Übergänge zwischen freiem und gebundenem Standort sind natürlich fließend. Grafisch kann dieser Sachverhalt wie folgt dargestellt werden:

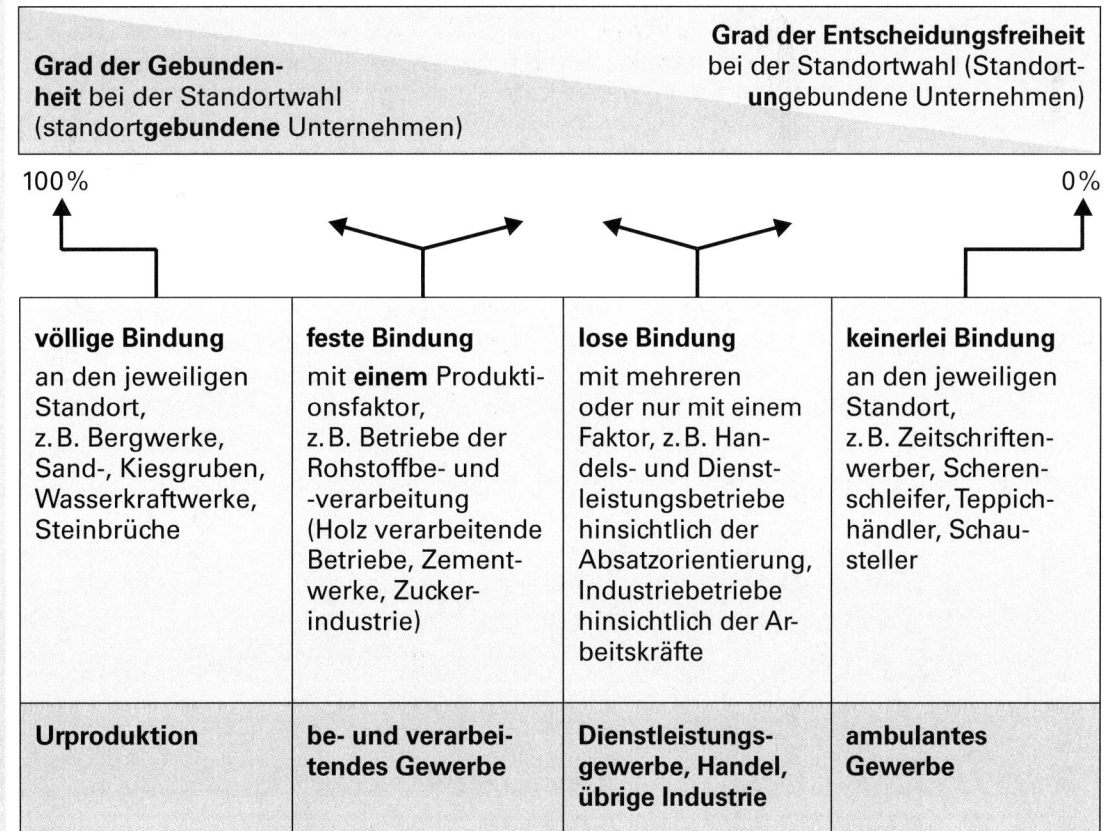

b) Nach der geografischen Lage des Standorts wird unterschieden zwischen ...

- **internationalem Standort:** Es handelt sich um eine Standortentscheidung auf internationaler Ebene. Sie betrifft die Frage, ob Betriebe ins Ausland verlagert werden sollen. Das zu lösende Problem lautet: Welches Land ermöglicht dem jeweiligen Industriebetrieb die wirtschaftlichste Arbeitsweise?

- **nationalem Standort:** Es ist eine Standortentscheidung im Bereich der eigenen Volkswirtschaft zu treffen. Problem: Welches Bundesland wird unseren Standortanforderungen z. B. in Bezug auf Arbeitskräfte, zu zahlende Löhne und Steuern, Transportkosten, Umweltschutzvorschriften am ehesten gerecht?

- **lokalem Standort:** Die Standortentscheidung wird auf Ortsebene getroffen. Probleme: Welche Gemeinde bietet die günstigsten Bedingungen zur Industrieansiedlung? Welches ist der günstigste Standort innerhalb einer bestimmten Gemeinde?

- **innerbetrieblichem Standort:** Die Standortentscheidung bezieht sich auf die betriebliche Ebene. Problem: Wie kann größtmögliche Wirtschaftlichkeit (minimale Kosten bzw. höchstmöglicher Ertrag) beim Zusammenwirken der einzelnen Betriebsteile (Abteilungen, Stellen usw.) erzielt werden?

c) Sonstige Standorte

- **Traditionsorientierte Standorte:** Es handelt sich um Orte oder Gegenden, deren Wirtschaftsstruktur von alters her von einer bestimmten Branche (z. B. Spielwaren und Lebkuchen in Nürnberg, Schneidwaren in Solingen, Lederwaren in Offenbach) eindeutig geprägt wurde. Für die Standortentscheidung ist die Traditionsgebundenheit deshalb von besonderer Bedeutung, weil die Konsumenten mit derart traditionsbehafteten Orten oder Gegenden bestimmte Qualitätsvorstellungen verbinden.

- **Kosten-, gewinn- oder nutzenoptimale Standorte:** Sie sind dadurch gekennzeichnet, dass für ein Unternehmen im Vergleich zu anderen Standorten entweder die niedrigsten Kosten anfallen oder dass ein maximaler Gewinn oder ein größtmöglicher Nutzen zu erzielen ist. Wie der kosten-, gewinn- und nutzenoptimale Standort konkret bestimmt werden kann, wird anhand von Beispielen in den Abschnitten 1.1.2 und 1.1.3 gezeigt. In allen drei Fällen sind bei der Ausrichtung der Standortwahl an den einzelnen Standortfaktoren beträchtliche **Zielkonflikte** zu lösen.

  Beispielsweise werden bei dem einen Standort die Beschaffungskosten für das Fertigungsmaterial oder die Produktionskosten besonders niedrig sein; andererseits kann jedoch gerade deswegen der Konkurrenzdruck besonders stark sein, sodass auf dem Absatzmarkt keine hohen Verkaufserlöse zu erzielen sind. Umgekehrt können die infolge einer guten Absatzmarktlage erzielbaren höheren Verkaufserlöse dadurch egalisiert oder sogar überkompensiert werden, dass z. B. hohe Löhne bezahlt werden müssen oder dass die Kosten für die Materialbeschaffung besonders hoch sind. Neben den rein quantitativen oder Kostenaspekten sind bei der Standortanalyse auch qualitative Gesichtspunkte wie z. B. der Ausbildungsstand der arbeitenden Bevölkerung oder die vorhandene Infrastruktur zu berücksichtigen.

3. Der Wirtschaftsstandort Deutschland

Die weltweite Konkurrenz, der sich viele deutsche Unternehmen in vermehrtem Maße ausgesetzt sehen, hat hierzulande eine heftige **Diskussion über den „Wirtschaftsstandort Deutschland."** ausgelöst. Die BRD gehört zu den am höchsten entwickelten Industrienationen der Welt und ist mit mehr als 82 Millionen Einwohnern auch der größte Markt innerhalb der Europäischen Union. 2008 wurde in Deutschland ein Bruttoinlandsprodukt (BIP) von 2.491 Milliarden Euro erwirtschaftet; eine Leistung, die vor allem auf dem starken Außenhandel beruht. Mit einem Exportvolumen von 993 Milliarden Euro (2008) ist Deutschland weltweit der größte Güterexporteur und wurde zum fünften Mal in Folge „Exportweltmeister". Deutschland ist daher wie kaum ein anderes Land wirtschaftlich global ausgerichtet und stärker als andere Länder mit der Weltwirtschaft verflochten. Jeder vierte Euro wird im Export von Waren und Dienstleistungen verdient und gut jeder fünfte Arbeitsplatz hängt vom Außenhandel ab.

Zu den wichtigsten Wirtschaftszentren zählen das Ruhrgebiet (eine Industrieregion im Wandel zum Hightech- und Dienstleistungszentrum), die Ballungszentren München, Frankfurt am Main (Finanzen), Stuttgart (Hightech, Automobil), Rhein-Neckar (Chemie), Köln, Hamburg (Hafen, Medien), Leipzig und die Hauptstadt Berlin.

In den letzten Jahren hat die deutsche Wirtschaft einen konjunkturellen Aufschwung erlebt. Mit dem Wirtschaftswachstum geht ein Sinken der Arbeitslosenzahlen einher. Im Jahr 2008 lag die Arbeitslosenquote im Schnitt bei 7,8 % – das war der niedrigste Stand seit der Wiedervereinigung. Für die positive Entwicklung des Wirtschaftsstandortes Deutschland gibt es eine Reihe von Faktoren. Zum einen hat die Politik die Rahmenbedingungen verbessert und zum anderen haben die Unternehmen ihre Wettbewerbsfähigkeit gesteigert. So wurden z.B. die Lohnzusatzkosten gesenkt, der Arbeitsmarkt flexibilisiert und Bürokratie abgebaut. Außerdem trat 2008 eine Unternehmenssteuer-Reform in Kraft, die vor allem große Konzerne steuerlich entlastete. Die Unternehmen haben zudem Einkaufs- und Kostenstrukturen optimiert und in innovative Produkte investiert, sodass sie im globalen Wettbewerb bestehen können.

Unabhängigen Studien zufolge gehört Deutschland für internationale Investoren zu den attraktivsten Standorten weltweit und behauptet sich als führender Standort in Europa. Im internationalen Standortvergleich schneidet Deutschland besonders gut bei Forschung und Entwicklung sowie bei der Qualifizierung seiner Arbeitskräfte und der Logistik ab. Hinzu kommen die zentrale geografischen Lage, die gute Infrastruktur und die umfassende Rechtssicherheit. Das Fundament für die internationale Wettbewerbsfähigkeit der Wirtschaft bilden nicht nur die im deutschen Aktienindex (DAX) notierten Großunternehmen, sondern Zehntausende Kleinbetriebe und mittelständische Firmen des verarbeitenden Gewerbes (Maschinenbau, Auto-Zulieferindustrie, aber auch wachsende Zukunftsbereiche wie Biotechnologie). Der deutsche Mittelstand beschäftigt rund 20 Millionen Menschen und stellt die überwiegende Anzahl an Ausbildungsplätzen für junge Menschen zur Verfügung.

Etwa 28 Millionen Menschen arbeiten im größten Wirtschaftssektor, dem sich dynamisch entwickelnden Dienstleistungsbereich (12 Mio. bei privaten und öffentlichen Dienstleistungsunternehmen, 10 Mio. in Handel, Gastgewerbe und Verkehr, 6 Mio. in Finanz- und Unternehmensdienstleistung). Der Dienstleistungssektor ist stark durch kleine und mittelständische Unternehmen geprägt.

Neuerdings rückt auch eine in Deutschland lange Zeit vernachlässigte Branche immer mehr in den Vordergrund: die Kulturwirtschaft. Dieser Sektor umfasst die Teilbranchen Musik, Literatur, Kunst, Film und darstellende Künste, aber auch Rundfunk/TV, Presse, Werbung, Design und Software. In manchen Regionen, wie zum Beispiel in Köln, München und Berlin, hat sich die „Kreativ-Industrie" zu einem stabilen Wirtschaftsfaktor entwickelt.

Deutschland wird demnach auch in Zukunft ein erstklassiger Wirtschaftsstandort sein. Zwar ist die weltweite Finanz- und Wirtschaftskrise (2008/09) längst noch nicht überstanden, aber Vieles spricht dafür, dass sich die globale Konjunktur erholt, und von diesem Aufschwung wird der mehrfache Exportweltmeister Deutschland wiederum profitieren.

Die nachfolgend angeführte **Übersicht über die positiven und negativen Seiten des Wirtschaftsstandorts Deutschland** soll es Ihnen ermöglichen, sich einen eigenen Standpunkt zu erarbeiten.

Aktivseite	**Bilanz der Standortfaktoren**	Passivseite
günstige Standortfaktoren		**ungünstige Standortfaktoren**

1. Produktivität — hohe Arbeitsproduktivität — gute Qualifikation der Arbeitskräfte — hohes technologisches Niveau — hohes Innovationspotenzial	**1. Kostenniveau** — hohe Lohn- und Lohnzusatzkosten — lange Urlaubsdauer, kurze Arbeitszeiten — hohe Energiekosten — hohe Kosten für den Umweltschutz
2. Infrastruktur — gut ausgebaute, moderne Infrastruktur — effizientes System der Bildung und Ausbildung — hohe Kaufkraft	**2. Belastungsniveau** — relativ hohe Steuer- und Abgabenbelastung **3. Regulierung** — lange Genehmigungsverfahren für Industrieansiedlungen
3. Stabilität — stabile Währung — politische Stabilität — geringe Streikneigung — sozialer Frieden	— strenge Umweltschutzauflagen — hohe Regelungsdichte — Reformstau im Sozialsystem, im Gesundheitswesen, auf dem Arbeitsmarkt

4. Anlässe und praktische Bedeutung der Standortwahl

a) Aus welchen Anlässen stellt ein Unternehmen überhaupt Standortüberlegungen an?

- **Neugründung** eines Unternehmens. Hierbei muss der Standort gefunden werden, der den jeweiligen Unternehmenszielen am besten entspricht.
- **Erweiterung** eines bestehenden Unternehmens. Hierbei ist zu prüfen, ob Erweiterungsmöglichkeiten am Stammsitz des Unternehmens bestehen oder ob ein neuer Standort gesucht werden muss.
- **Verlegung** eines bestehenden Unternehmens an einen anderen Standort. Ursache: wichtige Änderungen von Standortfaktoren im Laufe der Zeit, so z. B. die Gründung von Konkurrenzunternehmen, die Verlagerung von Zulieferern oder Abnehmern, die Einschränkung von Transportmöglichkeiten (z. B. Stilllegung von Eisenbahnen), technische Veränderungen (z. B. Umstellung von Werkstattfertigung auf Serienproduktion), einschneidende soziologische Veränderungen (z. B. Landflucht).

b) Welche Bedeutung hat die Standortwahl für das einzelne Unternehmen?

- Es handelt sich um eine **betriebswirtschaftliche Entscheidung mit Langzeitwirkung.**
- Die Standortentscheidung kann **nicht ohne Weiteres rückgängig** gemacht werden.
- Sie **beeinflusst** das **Ergebnis der unternehmerischen Tätigkeit,** so vor allem die Kosten für die Betriebsleistung (Betriebsergebniskonto im Soll), die erzielbaren Umsätze (Betriebsergebniskonto im Haben), die erzielbaren Preise (Bestandteil der Umsätze), den erzielbaren Gewinn (GuV-Konto im Soll).

c) Welche volkswirtschaftlichen Auswirkungen kann die Standortwahl haben?

- **Positive Auswirkungen:** Schaffung neuer Arbeitsplätze, somit Verminderung bestehender Arbeitslosigkeit; Verbesserung der Versorgung mit Dienstleistungen; Steigerung der Kaufkraft bei der Bevölkerung; Sogwirkung in Bezug auf die Ansiedlung von weiteren Zuliefer- und Dienstleistungsbetrieben; höherer Lebensstandard für die Bevölkerung dieser Gegend.
- **Negative Auswirkungen:** Verstärkte Industrialisierung der betreffenden Region; evtl. verstärkte Zusammenballung von Industrien (Agglomeration); vermehrte Umweltbelastung (Wasser- und Luftverschmutzung, Zersiedelung der Landschaft, Lärmbelästigung); Verschlechterung des Wohn- und Freizeitwerts (der Lebensqualität) in der betreffenden Region; ungleichmäßige Verteilung des Wohlstands in einer Volkswirtschaft.

  Den negativen Auswirkungen von unternehmerischen Standortentscheidungen muss durch eine zukunftsorientierte Stadt-, Regional- und Landesplanung (Raumordnungspolitik) begegnet werden.

Arbeitsvorlage 1: Wichtige Standortfaktoren (Übersicht)

Siehe Seite 10.

Arbeitsvorlage 2: Arbeitskosten im EU-Vergleich

2008 nahmen die Arbeitskosten nur moderat zu. Gemessen in der jeweiligen Landeswährung hatte Deutschland in der Privatwirtschaft mit + 2,5 % im Vergleich zum Vorjahr hinter Malta (+ 1,8 %) das geringste Wachstum der Arbeitskosten aller Mitgliedstaaten der EU. Damit setzte Deutschland auch im Jahr 2008 den Trend fort, seit 2001 stets zu den EU-Staaten mit den geringsten Wachstumsraten der Arbeitskosten zu zählen. Frankreich (+ 2,6 %), Italien (+ 4,4 %) sowie Spanien (+ 5,0 %) hatten 2008 höhere Anstiege, Lettland (+ 22,9 %) EU-weit den größten. Im Vereinigten Königreich und in Schweden führten teils massive Abwertungen der heimischen Währungen gegenüber dem Euro zu sinkenden Arbeitskosten auf Euro-Basis.

Arbeitgeber bezahlten im Jahr 2008 in der deutschen Privatwirtschaft durchschnittlich 29,80 Euro für eine geleistete Arbeitsstunde. Im europäischen Vergleich lag das Arbeitskostenniveau in Deutschland damit nach Dänemark, Luxemburg, Belgien, Schweden, Frankreich und den Niederlanden gemeinsam mit Österreich auf Rang sieben. Dänemark wies mit 36,50 Euro die höchsten, Bulgarien mit 2,50 Euro die niedrigsten Arbeitskosten je geleistete Stunde auf.

Im verarbeitenden Gewerbe, das besonders im internationalen Wettbewerb steht, kostete eine Arbeitsstunde in Deutschland im Jahr 2008 durchschnittlich 33,90 Euro. Damit lag Deutschland hinter Belgien, Dänemark und Schweden auf Rang vier in der Europäischen Union.

Die Lohnnebenkosten sind ein bedeutender Bestandteil der Arbeitskosten. Auf 100 Euro Bruttoverdienst zahlten die Arbeitgeber im Jahr 2008 in Deutschland 32 Euro Lohnnebenkosten. Damit lag Deutschland unter dem europäischen Durchschnitt von 36 Euro und nahm mit Rang 15 innerhalb der Europäischen Union einen Mittelplatz ein. In Frankreich und Schweden entfielen auf 100 Euro Lohn zusätzlich 50 Euro beziehungsweise 48 Euro Lohnnebenkosten, in Malta waren es nur neun Euro.

Zit. nach: Statistisches Bundesamt, Verdienste und Arbeitskosten 2008,
Begleitmaterial zur Pressekonferenz am 13. Mai 2009, S. 27f.

 Arbeitsvorlage 3:

Arbeitskosten im EU-Vergleich

Lohn- und Lohnnebenkosten in den EU-Mitgliedstaaten 2008
im Verarbeitenden Gewerbe und bei marktnahen Dienstleistungen
in Euro pro Stunde

Veränderung
gegenüber 2007 in %
(kalenderbereinigt)

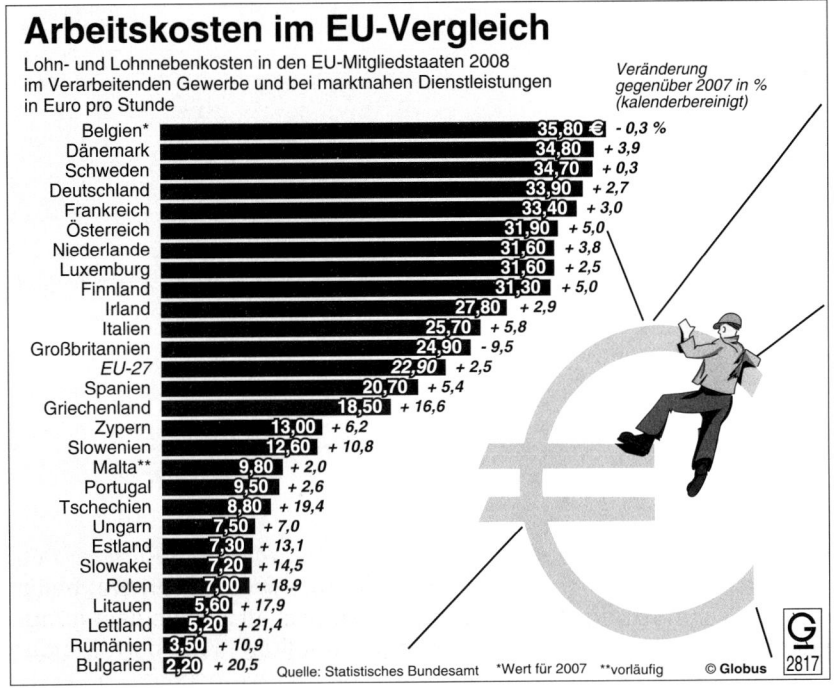

Land	Euro pro Stunde	Veränderung
Belgien*	35,80 €	- 0,3 %
Dänemark	34,80	+ 3,9
Schweden	34,70	+ 0,3
Deutschland	33,90	+ 2,7
Frankreich	33,40	+ 3,0
Österreich	31,90	+ 5,0
Niederlande	31,60	+ 3,8
Luxemburg	31,60	+ 2,5
Finnland	31,30	+ 5,0
Irland	27,80	+ 2,9
Italien	25,70	+ 5,8
Großbritannien	24,90	- 9,5
EU-27	22,90	+ 2,5
Spanien	20,70	+ 5,4
Griechenland	18,50	+ 16,6
Zypern	13,00	+ 6,2
Slowenien	12,60	+ 10,8
Malta**	9,80	+ 2,0
Portugal	9,50	+ 2,6
Tschechien	8,80	+ 19,4
Ungarn	7,50	+ 7,0
Estland	7,30	+ 13,1
Slowakei	7,20	+ 14,5
Polen	7,00	+ 18,9
Litauen	5,60	+ 17,9
Lettland	5,20	+ 21,4
Rumänien	3,50	+ 10,9
Bulgarien	2,20	+ 20,5

Quelle: Statistisches Bundesamt   *Wert für 2007   **vorläufig   © Globus 2817

 Arbeitsvorlage 4:

Paradiese für Investoren

Die 25 unternehmerfreundlichsten Länder*

1 Singapur
2 Neuseeland
3 USA
4 Kanada
5 Hongkong
6 Großbritannien
7 Dänemark
8 Australien
9 Norwegen
10 Irland
11 Japan
12 Island
13 Schweden
14 Finnland
15 Schweiz
16 Litauen
17 Estland
18 Thailand
19 Puerto Rico
20 Belgien
21 Deutschland
22 Niederlande
23 Südkorea
24 Lettland
25 Malaysia

Stand 2006
Quelle: Weltbank
© Globus
0908

*gewertet wurden Dauer und Kosten von Unternehmensgründungen, Schnelligkeit von Im- und Exportgeschäften, Höhe der Unternehmenssteuern, Bedingungen für Kreditaufnahmen

Wettbewerb der Standorte

Lohnstückkosten in der Industrie im Jahr 2007

Deutschland = 100

Großbritannien	109
Frankreich	108
Italien	108
Dänemark	105
Deutschland	100
Norwegen	100
Belgien	95
Schweden	93
Spanien	92
USA	90
Niederlande	88
Südkorea	85
Japan	76
Taiwan	75

Quelle: iw

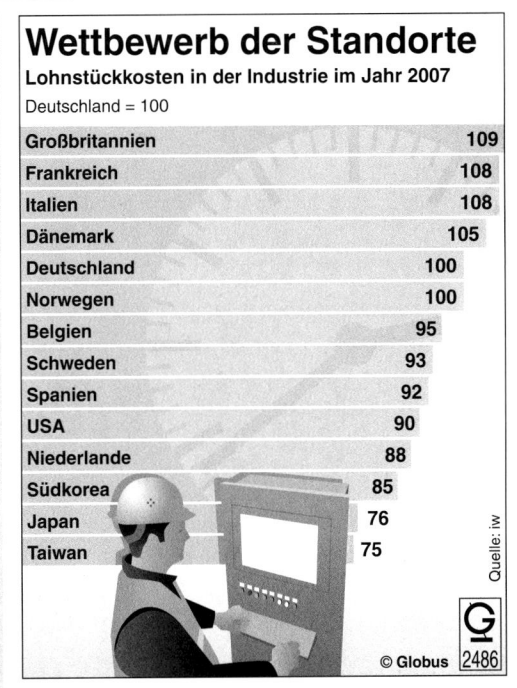

© Globus 2486

Arbeitsvorlage 1:

Wichtige Standortfaktoren (Übersicht)

Lfd.-Nr.	Gruppen von Standortfaktoren	Ausrichtung des Standortes	konkrete Beispiele*
1.	a) allg. (generelle) Sto.-Faktoren	Verkehrsorientierung	Rohstoff-, Lohnkosten-, Arbeitsorientierung
	b) _____ (_____) Sto.-F.	Wohn- oder Freizeitwert einer Gemeinde	
2.	a) rationale Sto.-Fakt.	Rohstofforientierung	Absatz-, Lohnkosten-, Kapitalorientierung
	b) _____ (_____) Sto.-F.	Tradition	
3.	a) Beschaffungs-orientierung	Ausrichtung der Standortwahl an Rohstoffvorkommen	
	b) Produktions-orientierung	… an der Nähe von Zuliefererbetrieben	
	c) Absatz- oder Kundenorientierung	… an der Kundennähe	
4.	a) natürliche Gründe für die Sto.-Entscheidung	das Klima	
	b) _____ Gründe	Bebauungsvorschriften	
	c) _____ Gründe	Lohnniveau Kundennähe	
	d) _____ Gründe	gut ausgebautes Schulwesen	
	e) _____ Gründe	Steuererleichterungen (z. B. für Ostdeutschland)	

* U. a. einzusetzende Begriffe:

Abfallbeseitigungsvorschriften – Abschreibungsmöglichkeiten – Arbeitskräftepotenzial – Ausbildungsstand (Arbeitskräfte) – Bodenschätze – Freizeiteinrichtungen – geografische Lage – Grundstückspreise – Heimatliebe –Infrastruktureinrichtungen – Kaufkraft der Bevölkerung – Konkurrenzverhältnisse – Marktpreisniveau – Nachfrageverhältnisse – persönliche Beziehungen – Rohstoffvorkommen – Staatsbürgerschaften – Steuervorteile – Subventionen –Transportkosten – Umweltschutzvorschriften –Verkehrsverhältnisse – vorhandene Grundstücke und Gebäude –Vorliebe für eine bestimmte Landschaft – zinsverbilligte Kredite.

Arbeitsaufträge und Fragen zur Stofferschließung

1. Studieren Sie nach dem Lesen der Zeitungsanzeige (Ausgangssituation) möglichst eingehend die Sachdarstellung. Stellen Sie bei Bedarf Fragen an Ihren BWL-Lehrer.

   a) Versuchen Sie den Begriff „Standort" aus dem Gedächtnis heraus zu definieren.

   b) Geben Sie eine Antwort auf die Frage, was man unter „Standortfaktoren" zu verstehen hat.

2. Nachdem Sie nun wissen, was Standortfaktoren sind, können Sie sich an die Analyse der Zeitungsanzeige heranmachen. Stellen Sie zunächst einmal fest, mit welchen Argumenten (Standortfaktoren) die Stadt Neustadt für die Ansiedelung von Industrie und Handel wirbt. Nennen Sie danach zu den einzelnen Standortfaktoren Beispiele für Betriebe bzw. Branchen, die sich bei der Standortwahl an eben diesen Standortfaktoren orientieren. Gehen Sie hierbei am besten nach folgendem Schema vor:

Lfd. Nr.	Auswahlkriterien (Standortfaktoren)	Beispiele für Betriebe bzw. Industriezweige (Branchen), die ihre Standortwahl nach diesen Kriterien ausrichten
1.	lohnkostenorientierter Standort	Textil- und Bekleidungsindustrie, Elektroindustrie, feinmechanische Industrie, optische Industrie

3. Verschaffen Sie sich einen Überblick über die verschiedenen Arten von Standortfaktoren, indem Sie die vorstehende **Arbeitsvorlage 1** im Unterrichtsgespräch mit Ihrem Lehrer ergänzen. Zur Erleichterung Ihrer Arbeit sind in dieser Übersicht einige der einzusetzenden Begriffe in alphabetischer Reihenfolge angegeben. Lösungshinweis: Ergänzen Sie zuerst die linke („Gruppen von Standortfaktoren"), danach die rechte Spalte. Beachten Sie hierbei, dass einzelne Standortfaktoren mehreren Gruppen zugeordnet werden können.

4. Beschäftigen Sie sich nun mit der Pielert-Karikatur auf Seite 5.

   a) Finden Sie eine passende Bildunterschrift.

   b) Wie kann diese Karikatur interpretiert werden?

   c) Erklären Sie den wirtschaftlichen Hintergrund zu der Aussage dieser Karikatur.

5. a) Welchen praktischen Erkenntniswert hat die Unterscheidung zwischen gebundenen und freien Standorten?

   b) Nennen Sie je zwei Beispiele für Gewerbebetriebe mit völlig gebundenen und völlig ungebundenen Standorten.

6. Welche Frage stellt sich für einen Unternehmer bei einer Standortwahl innerhalb Deutschlands?

7. Welche Zielkonflikte können bei einer Standortwahl auftreten? Nennen Sie hierzu zwei Beispiele.

8. Studieren Sie eingehend die Ausführungen in der Sachdarstellung (3.) über den Wirtschaftsstandort Deutschland. Beantworten Sie danach folgende Auswertungsfragen:

   a) In welchem Beziehungszusammenhang steht der Export von Gütern mit dem Wirtschaftsstandort Deutschland?

   b) Nennen Sie drei Beispiele für verbesserte Rahmenbedingungen in der deutschen Wirtschaft.

   c) Was könnte Ihrer Meinung nach getan werden, um den Wirtschaftsstandort Deutschland noch attraktiver zu machen?

9. Insbesondere seit der tief greifenden Strukturkrise zu Beginn der Neunzigerjahre hat in Deutschland ein Standortfaktor immer größere Bedeutung erlangt: die Kundenorientierung.

   a) Welche praktischen Anwendungsfälle für diese Standortausrichtung kennen Sie?

   b) Welche betriebswirtschaftlichen Entwicklungen verdeutlicht diese Standortausrichtung?

10. Bei welchen Anlässen müssen Standortüberlegungen angestellt werden?

11. Warum ist die Standortwahl für die meisten Unternehmen von besonders großer, wenn nicht sogar von existenzieller Bedeutung?

12. Welche positiven volkswirtschaftlichen Auswirkungen kann eine Standortentscheidung für eine bestimmte Region haben? (Drei Angaben)

13. Wie kann den negativen Auswirkungen von unternehmerischen Standortentscheidungen von staatlicher Seite aus begegnet werden?

14. Lesen Sie die **Arbeitsvorlage 2** und ordnen Sie die Arbeitskosten in Deutschland im Vergleich zur EU ein.

15. Analysieren Sie die beiden Grafiken der **Arbeitsvorlage 3**. Welches Fazit ziehen Sie?

16. Worauf führen Sie das relativ schlechte Abschneiden Deutschlands beim internationalen Standortranking zurück? **(Arbeitsvorlage 4)**

1.1.2 Der nutzenoptimale Standort

Ausgangs-situation

Wegen des ständig zunehmenden Altölanfalls benötigt die Württembergische Altölverwertungsgesellschaft mbH (WAV), Eislingen (Fils), neue Produktionskapazitäten. Ausdehnungsmöglichkeiten im Stammwerk sind nicht vorhanden (das Fabrikgelände ist von wichtigen Durchgangsstraßen und einem Flusslauf umgrenzt). Es wird daher ein neuer Standort im süddeutschen Raum gesucht. In die engere Wahl kommen fünf Gemeinden, die der Einfachheit halber mit den Buchstaben A bis E bezeichnet werden.

In die Standortanalyse einbezogen werden von der Firmenleitung der WAV insgesamt zehn Standortfaktoren. Ihnen werden von der Geschäftsleitung entsprechend ihrer Bedeutung (Wichtigkeit) bei der Standortwahl Punkte zugeteilt, insgesamt 100. Eine von der Geschäftsleitung angefertigte Übersicht entspricht inhaltlich der **Arbeitsvorlage 1** auf der folgenden Seite.

Sachdarstellung

Je nachdem, ob die einzelnen Standortfaktoren bzw. -anforderungen gemeinhin in absoluten Zahlen ausgedrückt werden oder nicht, lassen sich – bei fließenden Übergängen – zwei Gruppen unterscheiden: Standortfaktoren und -anforderungen mehr quantitativer und solche mehr qualitativer Art. Zur erstgenannten Gruppe gehören z. B. die Kosten und das vorhandene Arbeitskräftepotenzial, ein praktisches Beispiel für die zweite Gruppe ist das Bildungs- und Ausbildungsniveau der Arbeitskräfte.

Arbeitsvorlage 2: Ermittlung des nutzenoptimalen Standorts

Standortfaktoren	G	A			B			C			D			E		
		R	B	B·G	R	B	B·G	R	B	B·G	R	B	B·G	R	B	B·G
① Arbeitskräfte	18															
② Kostenbelastung	15															
③ Industriegelände	12															
④ Marktpotenzial	10															
⑤ Verkehrslage	10															
⑥ Förderungsmaßn.	9															
⑦ Energieversorgung	9															
⑧ Umweltbedingungen	7															
⑨ Bevölkerung	6															
⑩ Lebensbedingungen	4															
Punktzahl insgesamt	100	—	—		—	—		—	—		—	—		—	—	
Rangfolge	—	—	—		—	—		—	—		—	—		—	—	

Arbeitsaufträge und Fragen zur Stofferschließung

1. Überlegen Sie sich, welche von den gegebenen zehn Standortfaktoren in der **Arbeitsvorlage 2** mehr quantitativen und welche mehr qualitativen Charakter haben.

2. Stellen Sie in Bezug auf jeden einzelnen Standortfaktor eine Rangfolge (R) der einzelnen Standortalternativen auf. Hierbei erhält diejenige Standortalternative, die die meisten Positiveinschätzungen aufweist, den Rang 1 und damit 5 Punkte (B = 5). Umgekehrt erhält der Standort, der die negativsten Einschätzungen erhält, den Rang 5 und damit nur einen Punkt (B = 1). → **Arbeitsvorlage 2**.

3. Errechnen Sie für die einzelnen Standortalternativen den Nutzwert jedes Standortfaktors durch Multiplikation der Gewichtung (G) mit den einzelnen Bewertungspunkten (B).

4. Addieren Sie die Multiplikationsergebnisse je Standortalternative und ermitteln Sie auf diese Weise den nutzenoptimalen Standort (Rangfolge angeben).

5. Geben Sie die einzelnen Schrittfolgen dieser Nutzwertanalyse (Scoringmodell) an.

6. Erläutern Sie, warum die einzelnen Standortfaktoren in der vorstehenden Tabelle eine unterschiedliche Gewichtung erfahren haben.

7. Beurteilen Sie dieses Verfahren im Hinblick auf seine positiven und seine negativen Seiten.

Arbeitsvorlage 1: Quantitative und qualitative Standortfaktoren

Standortfaktoren bzw. -anforderungen	Gewich-tung	Sto. A	Sto. B	Sto. C	Sto. D	Sto. E
① Verfügbare Arbeitskräfte						
— 1000 männliche Arbeiter		+	+ —	+	—	+
— 300 Angestellte		+ —	—	+	+	+
— 50 wissenschaftl. Mitarbeiter	18	—	—	+ —	+	+
② Kostenbelastung						
— Gewerbesteuerhebesatz		390	430	410	350	380
— örtliche Kostenvorteile	15	—	—	—	+	+
③ Industriegelände						
— Mindestfläche 12 ha		+	+	+	+	+
— Erweiterungsmöglichkeiten	12	3 ha	7 ha	12 ha	5 ha	8 ha
④ Marktpotenzial						
— Bevölkerungsdichte (im Umkreis von 200 km)		6 Mio.	9 Mio.	7 Mio.	8 Mio.	5,5 Mio.
— Einkommen und Kaufkraft	10	+ —	+	+ —	+	+ —
⑤ Zentrale Verkehrslage						
— Gleisanschluss		+	+	+	—	—
— Autobahnnähe	10	28 km	17 km	8 km	36 km	43 km
⑥ Förderungsmaßnahmen						
— Bundesmittel		—	—	10 %	15 %	18 %
— Kreditbürgschaften	9	—	+	+	+	+
⑦ Energieversorgung						
— Elektrizität		+	+	+	+	+
— Wasser		+ —	+	+ —	+	+ —
— Gas	9	—	+	+	—	+ —
⑧ Umweltbedingungen						
— Abwasserbeseitigung		+	—	+ —	+ —	—
— ausreichendes Löschwasser	7	+	+	+ —	—	—
⑨ Bevölkerung						
— Bildungsniveau		—	+ —	+	+ —	
— Krankenstand		—	—	+	+	+
— Fluktuation	6	—	—	+	+	+
⑩ Lebensbedingungen						
— Freizeiteinrichtungen		+ —	+	+ —	+	+ —
— Bildungseinrichtungen		+ —	+	+ —	—	—
— Sozialeinrichtungen	4	+ —	+	—	+	—

Zeichenerklärung: + Positive Einschätzung, d. h., der jeweilige Standortfaktor ist vorhanden. + — Neutrale Einschätzung, d. h., der jeweilige Standort-faktor ist in beschränktem Umfang (teilweise) vorhanden. — Negative Einschätzung, d. h., der jeweilige Standortfaktor ist nicht vorhanden.

1.1.3 Differenzierte Standortanalyse: Der kosten-, gewinn- und nutzenoptimale Standort

Ausgangs-situation

Die Firma Walter Keller GmbH stellt nach einem neu entwickelten Produktionsverfahren (Patent des Firmenchefs) Betonfertigteile her. Insbesondere mit Stahlbetonfertigteilen für Hoch-, Tief- und Industriebauten werden gute Umsätze erzielt. Deshalb soll die Produktion ausgeweitet werden. Erweiterungsmöglichkeiten am bisherigen Standort in Heidelberg bestehen jedoch nicht. Es muss daher ein Standort für ein neues Zweigwerk gesucht werden. In die engere Wahl kommen die Orte A, B und C.

Ein Vergleich der standortabhängigen Kosten ergibt folgendes Bild (Kosten in Millionen €):

Kostenart ↓ Standort →	A	B	C
Materialkosten	2,3	1,8	2,7
Transportkosten	0,2	0,4	0,1
Lohnkosten	4,0	2,9	4,2
Steuern	0,7	0,8	1,2
Zinsen	0,8	0,9	1,0
standortabhängige Kosten insgesamt			

Geschätzter Umsatz für die der Kostenanalyse zugrunde gelegte Rechnungsperiode (ein Geschäftsjahr): 10 Millionen €.

Neben den genannten Kostenarten sind in der Standortanalyse noch folgende entscheidungsbedeutsame Gegebenheiten zu berücksichtigen:

— **Entwicklung der Industrieproduktion** im Umkreis von 100 km vom jeweiligen Standort, so insbesondere die Zu- und Abgänge von Industrien aus dem Gebiet, das Industriewachstum, bekannt gewordene Expansionspläne bestehender Industrien, die Gründung von Zweigwerken wirtschaftlich starker Unternehmen. Standort A: stetige Aufwärtsentwicklung, Standort B: eher rückläufige Tendenz (Abwanderung einzelner Branchen), Standort C: stürmische Aufwärtsentwicklung in den letzten zehn Jahren.

— **Grundstücksangebote (Grundstückspreise, Erschließungskosten, Erweiterungsmöglichkeiten).** A: normale Bedingungen, B: ungünstige Bedingungen, C: leicht steigende Grundstückspreise, insgesamt günstige Bedingungen.

— **Unterstützung der Industrieansiedelung durch die Gemeindeverwaltung und andere Behörden.** In den Standorten A und C besteht eine hohe Bereitschaft vonseiten der Behörden Industrieansiedelungen zu forcieren. B ist eine aufstrebende Kurstadt und ist deshalb an der Ansiedelung von Industriebetrieben nicht sonderlich interessiert.

— **Übernahme von Kreditbürgschaften bei der Errichtung umweltfreundlicher Betriebsstätten.** Die Gemeinde A ist bereit für eine Million zu bürgen, Gemeinde C sogar für zwei Millionen, Gemeinde B gewährt keine Kreditbürgschaften.

— **Konkurrenzverhältnisse im Umkreis von 100 km vom Standort** (Zahl und Größe der Konkurrenzbetriebe, Standort der Konkurrenz, Art der Konkurrenz: Substitutions- oder Komplementärgüterkonkurrenz, Image der Konkurrenz usw.). Standort A: normal, Standort C: geringer Konkurrenzdruck, Standort B: Sitz eines Hauptkonkurrenten.

— **Infrastruktur** (Verkehrslage, Verkehrsstrom, Parkplätze, öffentliche Verkehrseinrichtungen u. a.). Standort A: teilweise schlechte Verkehrsverhältnisse, Standort B: insgesamt gut, Standort C: fast optimale Verhältnisse.

© Winklers   360614

Arbeitsvorlage: Ermittlung des nutzenoptimalen Standorts

Standortfaktoren	Gewich-tung	Sto. A		Sto. B		Sto. C	
		B	G·B	B	G·B	B	G·B
Kostenbelastung	50						
Industrieproduktion	15						
Grundstücke	10						
behördliche Unterstützung	8						
Kreditbürgschaften	7						
Konkurrenzverhältnisse	6						
Infrastruktur	4						
Summe	100	—		—		—	
Rang		—		—		—	

Arbeitsaufträge und Fragen zur Stofferschließung

1. Ermitteln Sie durch Ergänzung der in der Ausgangssituation angeführten Kostentabelle den kosten-optimalen Standort. Wie lautet das Ergebnis Ihrer Berechnungen?

2. Beziehen Sie in die Standortentscheidung auch den erwarteten Umsatz mit ein und ermitteln Sie den gewinnoptimalen Standort. Wie hoch ist der Gewinn an diesem Standort?

3. In eine differenzierte Standortanalyse müssen neben den rein quantitativen (z. B. die Kosten, ge-wichtet mit 50) auch die mehr qualitativen (nicht rechenhaften) Standortfaktoren mit einbezogen werden, so z. B. die Industrieproduktion (15), die vorhandenen Grundstücke (10), die behördliche Unterstützung (8), Kreditbürgschaften (7), die Konkurrenzverhältnisse (6) und die Infrastruktur (4). Die genannten Standortfaktoren sollen wie folgt bewertet werden: hoher Nutzen = 3 Punkte, nor-maler Nutzen = 2 Punkte, geringer Nutzen = 1 Punkt, keinerlei Nutzen = 0 Punkte. Ermitteln Sie den nutzenoptimalen Standort. → **Arbeitsvorlage**

4. Welche Feststellungen können Sie aufgrund der Nutzwertanalyse treffen? Vergleichen Sie hierbei auch das Ergebnis der Nutzwertanalyse mit dem der Kostenanalyse.

5. Vergleichen Sie das Vorgehen im vorliegenden Fall mit der Verfahrenstechnik bei der Ermittlung des nutzenoptimalen Standorts (Abschnitt 1.1.2).

6. Entscheiden Sie sich für einen der drei zur Auswahl stehenden Standorte und begründen Sie Ihre Entscheidung möglichst genau.

1.2 Der Kaufmann nach HGB

Ausgangssituation

■ **Auszug aus einer Seminarteilnehmerliste:**
(1) Albert Anders, Industriekaufmann in der WPV-AG
(2) Fritz Berger, Prokurist in einer Autozubehörhandlung
(3) Johanna Conzelmann, erste Verkäuferin im Modehaus Arabella
(4) Gustav Dieterle, Abteilungsleiter in einem Mineralölkonzern
(5) Dr. Else Emberger, Vorstandsvorsitzende der Raiffeisengenossenschaft
(6) Dr. rer. oec. Peter Feuchtenheimer, Diplomkaufmann
(7) Prof. Dr. Ernst-Wolf Krauter, Präsident der Industrie- und Handelskammer
(8) Andrea Gunzenhauser, Chefsekretärin bei einem Sportartikelhersteller
(9) Dr. jur. Andreas Lampert, Bankdirektor
(10) Prof. Dr. Dr. Manfred Pauly, Aufsichtsratsvorsitzender GEROG AG
(11) Emma Knöpfle, Inhaberin eines Zeitungskiosks am Bahnhof in F.

Frage 1: Wer von diesen Personen könnte Kaufmann im Sinne des HGB sein?

■ **Die geschäftlichen Dispositionen von Frau Knöpfle**

Die 65-jährige Emma Knöpfle (s. o.) betreibt ihren Zeitungskiosk schon seit mehr als 36 Jahren in eigener Regie. Das in der Bilanz des abgelaufenen Geschäftsjahres ausgewiesene Eigenkapital beträgt 9.285,30 Euro. Trotz des relativ geringen Einsatzes von Eigenkapital erzielt sie verhältnismäßig hohe Umsätze. Durch ihre freundliche Art und einen ausgeprägten Geschäftssinn ist es ihr nämlich gelungen, eine Stammkundschaft aufzubauen. Viele Bewohner von F., insbesondere natürlich die Bahnfahrer, kaufen regelmäßig ihre Zeitungen, Zeitschriften und Taschenbücher bei ihr. Die erzielten Umsätze ermöglichen Frau Knöpfle die Aufrechterhaltung eines gehobenen Lebensstandards.
Wegen eines sich verschlimmernden Hüftleidens sieht sich Frau Knöpfle jedoch gezwungen, künftig ihre unternehmerischen Aktivitäten ganz wesentlich einzuschränken. Um den Kiosk nicht schließen zu müssen und um die zahlreichen Stammkunden zu erhalten, möchte sie ihren Lebenspartner Otto Freund zum Prokuristen ernennen.

Frage 2: Wird Frau Knöpfle ihre geschäftlichen Pläne verwirklichen können?

Sachdarstellung

1. Warum zwischen Kaufleuten und Nichtkaufleuten unterschieden werden muss

Der Begriff des Kaufmanns ist ein Zentralbegriff des Handelsrechts. Als Recht des Kaufmanns muss es zuerst einmal festlegen, wer überhaupt zu den Kaufleuten und damit zu dem vom Gesetz erfassten Personenkreis gehört. Das Handelsgesetzbuch kann jedoch hierbei nicht dem allgemeinen Sprachgebrauch folgen, da der Begriff „Kaufmann" im Alltag sehr unterschiedliche Bedeutungen hat. Eine eindeutige Begriffsabgrenzung wäre bei einer so weiten Fassung des Kaufmannsbegriffs, wie er in der Wirtschaftspraxis üblich ist, kaum möglich.

Im Jahre 1998 wurde durch das Handelsrechtsreformgesetz u. a. auch der Kaufmannsbegriff neu geregelt. Seither wird nur noch zwischen dem **Kaufmann nach HGB** und dem **Nichtkaufmann** unterschieden. Für Letzteren kommt ausschließlich das BGB zur Anwendung. Im HGB werden vier Arten von Kaufleuten unterschieden: **Istkaufleute** (§ 1 Abs. 1), **Kannkaufleute** (§§ 2 und 3), **Kaufleute kraft Eintragung** (§ 5) und **Formkaufleute** (§ 6). Diese Kaufmannstypen werden im folgenden Abschnitt der Sachdarstellung noch eingehend erörtert.

Wichtig zu wissen ist, dass die Kaufmannseigenschaft grundsätzlich unabhängig ist vom Alter, Geschlecht, der Herkunft, der Religion, der Schul- oder Berufsausbildung, dem Geisteszustand oder den Vorstrafen des Gewerbetreibenden, ebenso vom Vorhandensein von Kapitaleigentum.

2. Die einzelnen Kaufmannsarten nach HGB

Istkaufleute (§ 1 HGB)

■ Zu dieser Gruppe von Kaufleuten gehören nach den Bestimmungen des § 1 Abs. 1 HGB **diejenigen, die ein Handelsgewerbe betreiben.** Was ein Handelsgewerbe ist, wird im Absatz 2 des § 1 HGB ausgeführt. Dieser Begriff umschließt jeden Gewerbebetrieb, der nach Art und Umfang einen in kaufmännischer Weise eingerichteten Geschäftsbetrieb erfordert. **Istkaufleute sind also Gewerbetreibende mit einer kaufmännischen Organisation.**

■ Dieser weit gefasste Begriff des Kaufmanns erfasst **nicht nur Produktions-, sondern auch Dienstleistungsbetriebe** wie z. B. Banken, Versicherungen, Händler, Makler, Handwerker, Betreiber von Fitness- und Bräunungsstudios, Nachhilfeeinrichtungen. Eine **Sonderstellung** in Bezug auf die Kaufmannseigenschaft nehmen **Land- und Forstwirte** ein.[1] **Nicht zu den Kaufleuten zählen die freiberuflich Tätigen**, so z. B. Ärzte, Architekten, Rechtsanwälte, Steuerberater, Wirtschaftsprüfer. Sie betreiben kein Handelsgewerbe im Sinne des § 1 HGB. Unabhängig von der Art der ausgeübten Tätigkeit ist **Voraussetzung für das Vorliegen eines Handelsgewerbes,** dass es sich um **eine andauernde, selbstständige und auf Gewinnerzielung ausgerichtete Tätigkeit** handelt.

■ Für diejenigen, die einen Gewerbebetrieb mit kaufmännischer Organisation unterhalten, besteht **Eintragungspflicht ins Handelsregister.** Istkaufleute sind jedoch unabhängig von einer Handelsregistereintragung **Kaufleute im Sinne des HGB, sobald sie ihre Geschäftstätigkeit aufnehmen.** Die Handelsregistereintragung hat in diesem Falle nur **rechtsbekundende (deklaratorische) Wirkung.**[2]

Kaufleute kraft Rechtsform (§ 6 HGB)

■ Zu dieser Gruppe von Kaufleuten zählen außer den **Kapitalgesellschaften** (AG, GmbH, KGaA) auch **eingetragene Genossenschaften** (e. G.) und **Versicherungsvereine auf Gegenseitigkeit** (VVaG). Alle juristischen Personen sind Kaufleute kraft Rechtsform; man bezeichnet sie deshalb auch als **Formkaufleute.** Ohne Rücksicht darauf, ob sie gewerblichen Charakter haben oder ob sie einen kaufmännischen Geschäftsbetrieb erfordern, müssen sie sich ins Handelsregister eintragen lassen, d. h., es besteht für sie **Eintragungspflicht.**

■ Im Gegensatz zu den Istkaufleuten wird die **Kaufmannseigenschaft erst durch die Eintragung ins Handelsregister erlangt,** nicht schon mit der Aufnahme der Geschäftstätigkeit. Zu beachten ist, dass die Kaufmannseigenschaft sich auf die jeweilige Gesellschaft als juristische Person bezieht, nicht auf das einzelne Vorstandsmitglied, einen Geschäftsführer oder einen Gesellschafter.

Kannkaufleute (§§ 2 und 3 HGB)

■ Zu dieser Gruppe von Kaufleuten gehören die **Inhaber von solchen Gewerbebetrieben, die keine kaufmännische Organisation erfordern,** also **Kleingewerbetreibende** (§ 1 Abs. 2, § 2 Abs. 1 HGB). Außerdem zählen zu den Kannkaufleuten auch die **Inhaber von land- und forstwirtschaftlichen Unternehmen oder Nebenbetrieben,** soweit diese nach Art und Umfang einen in kaufmännischer Weise eingerichteten Geschäftsbetrieb erforderlich machen.

■ Für Kannkaufleute besteht in Bezug auf das Handelsregister ein **Eintragungswahlrecht,** d. h., diese Gewerbetreibenden können sich ins Handelsregister eintragen lassen, sind jedoch dazu – im Gegensatz zu den Istkaufleuten – nicht verpflichtet. Von Vorteil für die Kleingewerbetreibenden ist, dass sie ein **Löschungsrecht** hinsichtlich der Handelsregistereintragung haben, das ihnen erlaubt, in den Rechtsstatus des Nichtkaufmanns zurückzuwechseln.

■ Lässt sich ein Kleingewerbetreibender oder ein Land- oder Forstwirt ins Handelsregister eintragen, so wird er rechtlich den anderen Kaufleuten gleichgestellt. Er ist dann Kaufmann nach HGB. Als solcher kann er künftig auch eine offene Handelsgesellschaft oder eine Kommanditgesellschaft gründen (§ 105 Abs. 2 HGB). Verzichtet er auf die Handelsregistereintragung, dann ist er Nichtkaufmann. Für ihn kommen dann nur die Vorschriften des Bürgerlichen Gesetzbuchs, jedoch nicht die des Handelsgesetzbuchs zur Anwendung.

■ Die **Entscheidungskriterien** dafür, ob ein Kleingewerbebetrieb vorliegt oder nicht, ob also Eintragungspflicht oder Eintragungswahlrecht gegeben ist, können **folgende Gesichtspunkte** sein: die Umsatzhöhe, das eingesetzte Betriebskapital, die Zahl der Mitarbeiter, die Größe des Geschäfts (z. B. die Verkaufsfläche), die Zahl der Zweigniederlassungen, die Zahl der Lieferanten und Kunden, die Höhe der Außenstände, die Inanspruchnahme von Bank- und Lieferantenkrediten, die Betriebsorganisation.

---

1 Auf die Erlangung der Kaufmannseigenschaft von Personen dieser Berufsgruppe wird im Zusammenhang mit der Darstellung des Kannkaufmanns eingegangen.

2 Näheres hierzu erfahren Sie im folgenden Abschnitt über das Handelsregister (1.3).

Kaufleute kraft Eintragung (§ 5 HGB)

Wer ins Handelsregister eingetragen ist, kann gegenüber einem anderen, der sich auf diese Eintragung beruft, nicht geltend machen, dass er kein Handelsgewerbe betreibe und dass demzufolge die Vorschriften des HGB für ihn keine Gültigkeit haben. **Wer nach außen den Anschein eines Kaufmanns erweckt, muss sich im Geschäftsleben auch als solcher behandeln lassen**, und zwar auch dann, wenn die Geschäftstätigkeit zwischenzeitlich den Umfang eines Kleingewerbebetriebs (ohne kaufmännische Organisation) angenommen hat **(Scheinkaufmann).**

3. Übersicht: Der Kaufmann nach HGB

Siehe folgende Seite.

4. Rechtliche Unterschiede zwischen Kaufleuten und Nichtkaufleuten

Für Kleingewerbetreibende sowie für Land- und Forstwirte stellt sich als Kannkaufleute die Frage, ob sie sich ins Handelsregister eintragen lassen sollen oder nicht. Mit der Eintragung erwerben sie die Kaufmannseigenschaft nach HGB, was einerseits mit **besonderen Rechten,** andererseits auch mit **zusätzlichen Pflichten** verbunden ist. Die folgende Gegenüberstellung gibt Aufschluss darüber, wie sich Kaufleute nach HGB von Nichtkaufleuten in ihren Rechten und Pflichten unterscheiden.

Unterscheidungs- merkmale	Kaufmann nach HGB	Nichtkaufmann (Privatperson)
(1) gesetzliche Grundlage	BGB und HGB	nur BGB
(2) mögliche Rechts- formen gewerb- licher Betäti- gung	alle Unternehmungsformen möglich	nur Gesellschaft bürgerlichen Rechts (BGB-Gesellschaft) möglich
(3) Firma	hat eigene Firma; sie kann bei Verkauf oder Verpachtung beibehalten werden.	keine eigene Firma; beim Tod des Unternehmers erlischt auch der Name des Gewerbebetriebs. Ein Nachfolger darf den Betrieb nicht unter gleichem Namen weiterführen. Entsprechendes gilt bei Verpachtung.
(4) Buchführungs- pflicht	volle Buchführungspflicht[1]; es müssen Inventare und Bilanzen erstellt und Handelsbücher geführt werden.	vereinfachte Aufzeichnungspflichten (sog. Mindestbuchführung), z. B. Erfassung der Wareneingänge und Warenausgänge mithilfe eines Tagebuchs.
(5) Prüfungs- und Rügepflicht	unverzüglich, d. h. ohne schuldhaftes Zögern	innerhalb von zwei Jahren nach Lieferung
(6) Prokuraerteilung	möglich	nicht möglich
(7) Übernahme einer Bürgschaft	mündlich oder schriftlich	Schriftform zwingend vorgeschrieben

---

1 Aufgrund eines am 11.07.2003 vom Bundesrat beschlossenen Gesetzes unterliegen rückwirkend vom 01.01.2003 an nur noch solche Betriebe der vollen Buchführungspflicht, die mehr als 350.000,00 Euro umsetzen oder mehr als 30.000,00 Euro Gewinn machen. Bisher lagen die Grenzen bei 260.000,00 Euro bzw. 25.000,00 Euro. Zweck des neuen Gesetzes ist der Bürokratieabbau. Für die genannten Kleinbetriebe reicht eine Einnahmen-Überschuss-Rechnung.

3. Übersicht:

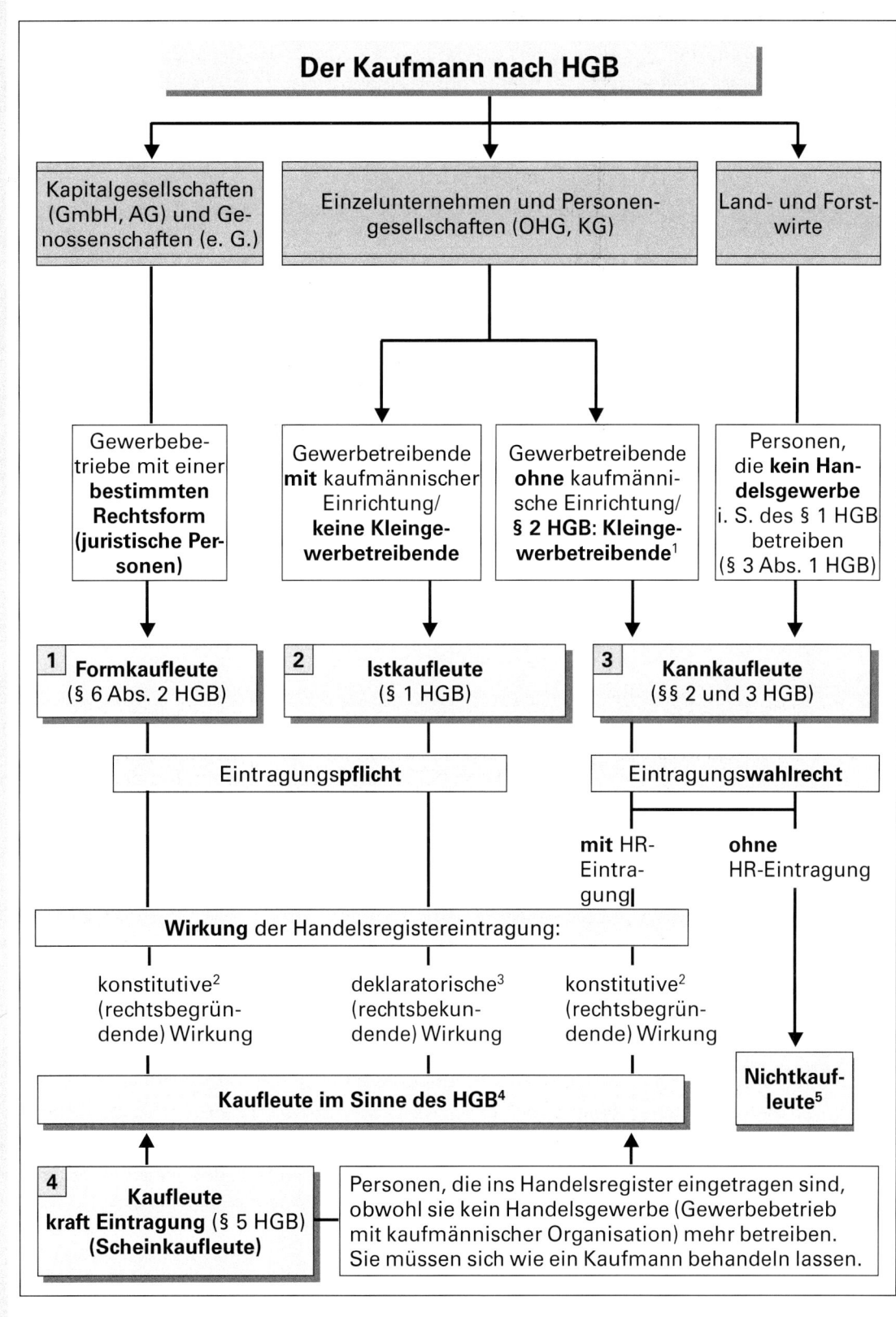

1 Nach **§ 105 Abs. 2 HGB** kann eine OHG bzw. KG auch dann gegründet werden, wenn **kein Handelsgewerbe** (Gewerbebetrieb mit kaufmännischer Organisation) nach **§ 1 Abs. 2 HGB** vorliegt. Die aus **Kleingewerbetreibenden** bestehende Gesellschaft entsteht als OHG durch **Eintragung der Rechtsform ins Handelsregister**. Diese Eintragung hat – wie beim kleingewerbetreibenden Einzelunternehmer – **rechtserzeugende (konstitutive) Wirkung**. Die **kleingewerbetreibende OHG bzw. KG** ist der OHG bzw. KG mit kaufmännischer Einrichtung (Istkaufmann nach § 105 Abs. 1) **rechtlich gleichgestellt.**

2 Die Kaufmannseigenschaft wird erst durch die Handelsregistereintragung erlangt; sie besteht nicht schon vorher. Vgl. Sie hierzu die folgende Fallstudie 1.3 Das Handelsregister, Sachdarstellung.

3 Die Kaufmannseigenschaft wird durch die Aufnahme des Geschäftsbetriebes erlangt, unabhängig von der Handelsregistereintragung.

4 Es gilt das HGB, subsidiär auch das BGB.

5 Es gilt nur das BGB.

Arbeitsvorlage 1: Wesensmerkmale des Kaufmannsbegriffs nach HGB

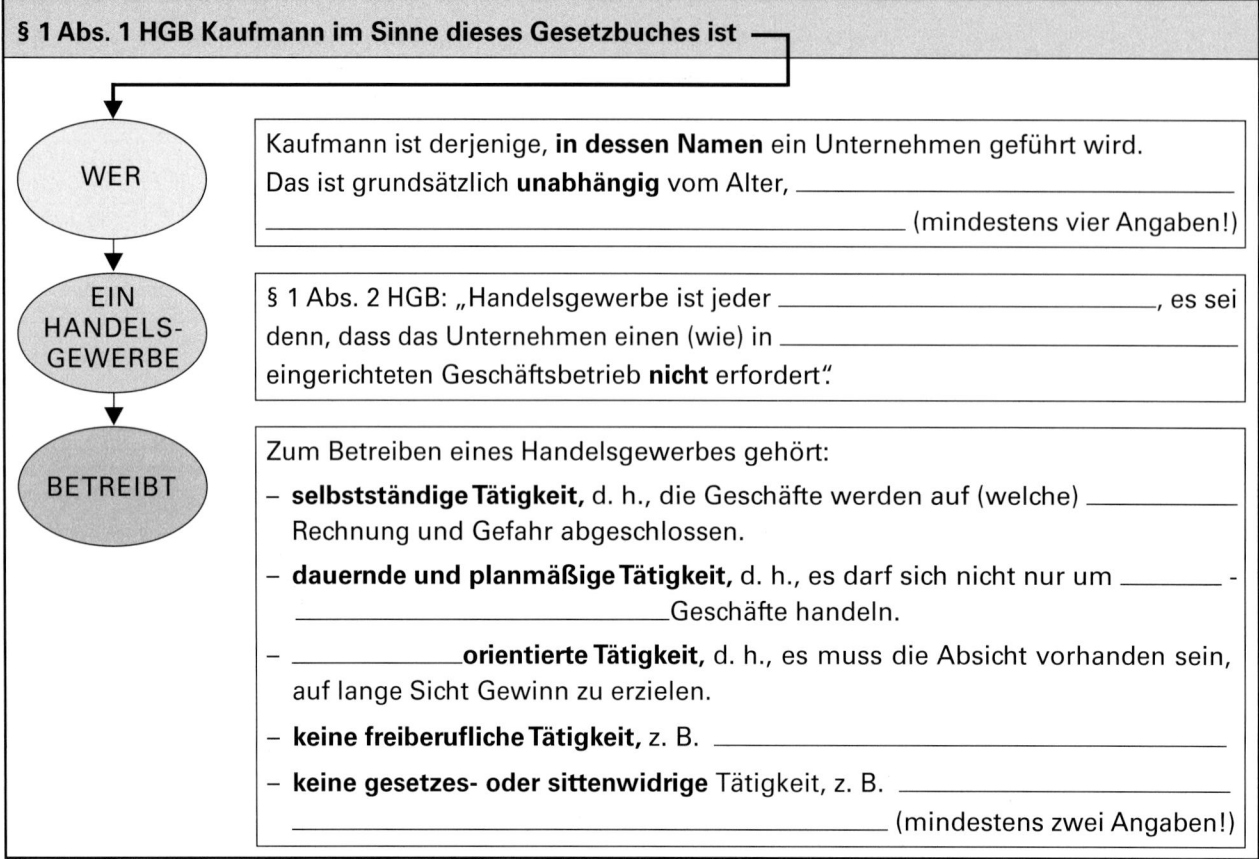

§ 1 Abs. 1 HGB Kaufmann im Sinne dieses Gesetzbuches ist

WER

Kaufmann ist derjenige, **in dessen Namen** ein Unternehmen geführt wird. Das ist grundsätzlich **unabhängig** vom Alter, _____ _____ (mindestens vier Angaben!)

EIN HANDELS- GEWERBE

§ 1 Abs. 2 HGB: „Handelsgewerbe ist jeder _____, es sei denn, dass das Unternehmen einen (wie) in _____ eingerichteten Geschäftsbetrieb **nicht** erfordert".

BETREIBT

Zum Betreiben eines Handelsgewerbes gehört:

– **selbstständige Tätigkeit,** d. h., die Geschäfte werden auf (welche) _____ Rechnung und Gefahr abgeschlossen.

– **dauernde und planmäßige Tätigkeit,** d. h., es darf sich nicht nur um _____ - _____Geschäfte handeln.

– _____**orientierte Tätigkeit,** d. h., es muss die Absicht vorhanden sein, auf lange Sicht Gewinn zu erzielen.

– **keine freiberufliche Tätigkeit,** z. B. _____

– **keine gesetzes- oder sittenwidrige** Tätigkeit, z. B. _____ _____ (mindestens zwei Angaben!)

 Arbeitsvorlage 2: Liegt eine kaufmännische Betätigung vor?

1. Eine Hausfrau verkauft auf einer Wohltätigkeitsveranstaltung selbst gefertigte Bastelarbeiten.
2. Walter T. ist Vorstand eines 900 Mitglieder starken Turn- und Sportvereins.
3. Ein Hobbyimker verkauft an Nachbarn und Bekannte etwa 20 bis 25 kg Honig pro Jahr.
4. Der pensionierte Finanzbeamte Waldemar S. spekuliert ab und zu an der Wertpapierbörse.
5. Ein wegen Trunkenheit am Steuer mehrfach Vorbestrafter erbt eine Spirituosengroßhandlung.
6. Schüler verkaufen auf einem Weihnachtsmarkt Eine-Welt-Artikel.
7. Ein Kunstmaler verkauft während einer privaten Gemäldeausstellung mehrere seiner Bilder.
8. Karl O. ist Inhaber einer Würstchenbude auf dem Münchner Oktoberfest.
9. Ein Schriftsteller signiert und verkauft nach einer Dichterlesung mehrere Exemplare eines neuen Romans.
10. Ein Kaninchenzuchtverein schenkt im Vereinsheim an die Mitglieder Getränke zu herabgesetzten Preisen aus.

 Arbeitsvorlage 3: Übungsaufgaben

Aufgabe 1: Entscheiden Sie, ob die im Folgenden genannten natürlichen und juristischen Personen und wirtschaftlichen Betätigungsfelder den Kaufmannsbegriff des HGB abdecken.

a) Industriekaufmann Fridolin Zoller, Abteilungsleiter und Prokurist bei der COMEC AG;

b) Thüringische Textil AG;

c) Ernst Bohl, Friseursalon, zwei Mitarbeiter, 200.000 Euro Jahresumsatz;

d) Camping „Schwabenland", 1 000 Stellplätze, sechs ständige Mitarbeiter;

e) Architekturbüro Walter Boss, fünf Angestellte, Jahresumsatz 2,2 Millionen Euro;

f) Fritz Ortner, Inhaber einer Pizza-Bude am Domplatz.

© Winklers 360620

Aufgabe 2: Ergänzen Sie die folgende Tabelle über den Kaufmannsbegriff nach HGB.

Gewerbe-treibende	gesetzliche Regelung	Kaufmanns-eigenschaft	Handelsregis-tereintragung	Wirkung der HR-Eintragung	Rechtsstellung des Gewerbe-treibenden
Kapitalgesell-schaften (AG, GmbH, e.G.)	§ 6 Abs. 2 HGB	Kaufmann kraft Rechtsform	Eintragungs-pflicht	konstitutiv (rechtsbegrün-dend)	Kaufmann im Sinne des HGB
Einzelunterneh-men und Perso-nengesellschaften (OHG, KG)	§§ 1 Abs. 2, 105 Abs. 1 und 2, 161 Abs. 2 HGB				
kleine Einzelunter-nehmen					
Land- und Forstwirte					

Arbeitsaufträge und Fragen zur Stofferschließung

1. Bevor Sie die in der Ausgangssituation gestellten Fragen beantworten können, müssen Sie sich zuvor mit dem Kaufmannsbegriff nach HGB beschäftigen. Lesen Sie zu diesem Zwecke die Ausführungen im **Abschnitt 1 der Sachdarstellung** aufmerksam durch. Falls Sie hierbei auf Unklarheiten stoßen, sollten Sie gezielte Fragen an Ihren BWL-Lehrer richten. Beantworten Sie danach die folgenden Auswertungs- und Verständnisfragen.
   a) Warum ist es erforderlich, den Begriff des Kaufmanns eindeutig festzulegen?
   b) Welche grundlegende Unterscheidung trifft das Handelsgesetzbuch in Bezug auf den Kaufmannsbegriff?
   c) Welche Typen von Kaufleuten werden in den §§ 1 bis 6 HGB geregelt?
   d) Welche persönlichen und sachlichen Eigenschaften sind nicht maßgeblich dafür, ob jemand Kaufmann im Sinne des HGB ist oder nicht?

2. Befassen Sie sich nun mit den einzelnen Kaufmannsarten nach HGB (Abschnitt 2 der Sachdarstellung) und der nachfolgenden Übersicht.
   a) Welche zwei Merkmale bestimmen den Begriff des Istkaufmanns?
   b) Welche Wirtschaftsbereiche zählen und welche zählen nicht zu der Gruppe der Istkaufleute?
   c) Welcher Art müssen die Tätigkeiten sein, wenn ein Handelsgewerbe vorliegen soll?
   d) Welcher Beziehungszusammenhang besteht zwischen Istkaufmannseigenschaft und der Handelsregistereintragung?
   e) Wer zählt zu den Kaufleuten kraft Rechtsform?
   f) Welcher Beziehungszusammenhang besteht zwischen Formkaufmannseigenschaft und der Handelsregistereintragung?
   g) Wer zählt zu den Kannkaufleuten?
   h) Welcher Beziehungszusammenhang besteht zwischen Kannkaufmannseigenschaft und der Handelsregistereintragung?
   i) Welches besondere Recht haben Kannkaufleute gegenüber den anderen Arten von Kaufleuten?
   j) Beschreiben Sie kurz die Rechtsstellung eines ins Handelsregister eingetragenen Kleingewerbetreibenden.
   k) Welche Kriterien entscheiden darüber, ob im Einzelfall eine Pflicht zur Eintragung ins Handelsregister besteht oder ob ein Eintragungswahlrecht gegeben ist?
   l) Was versteht man unter „Kaufleuten kraft Eintragung"?

3. Beantworten Sie nun die beiden Fragen der Ausgangssituation.
   a) Begründen Sie bei den elf Berufsbezeichnungen Ihre Entscheidung darüber, wer von den angeführten Personen Kaufmann im Sinne des HGB ist und wer nicht.
   b) Entscheiden Sie mit einer möglichst ausführlichen Begründung die Frage 2, ob Frau Knöpfle ihren Lebenspartner Otto Freund zum Prokuristen ernennen kann. Ziehen Sie bei der Erarbeitung einer Lösung auch die Ausführungen des **Abschnitts 4 der Sachdarstellung** hinzu.
   c) Nennen Sie kurz drei Vorteile, die mit dem Erwerb der Kaufmannseigenschaft für Frau Knöpfle verbunden sind.
   d) Welche Nachteile ergeben sich durch den Erwerb der Kaufmannseigenschaft für die Kioskeigentümerin? (Zwei Angaben)

4. Bearbeiten Sie zur Wiederholung und Festigung des Gelernten noch die **Arbeitsvorlage 1 bis 3**.

1.3 Das Handelsregister

Ausgangs-situation

```
(1)   Notariat Göppingen I
      Urkundenrolle 20 Nr ....

      Amtsgericht
(5)   - Registergericht -
      73033 Göppingen

(10)  Neuanmeldung einer Firma
      Hiermit melden wir unsere Firma,

          die VENTURA Leins & Päckert OHG,
(15)  zur Eintragung in das Handelsregister an.

      Es handelt sich um eine offene Handelsgesellschaft. Der Sitz der
      Gesellschaft ist Göppingen. Die Geschäftsräume befinden sich in
(20)  der Gustav-Adolf-Straße 12 in 73 033 Göppingen.

      Die Gesellschaft beginnt mit der Eintragung ins Handelsregister.
      Zum Gegenstand des Unternehmens gehören der An- und Verkauf und
      die Vermittlung von Immobilien, der Abschluss von Versicherungen
(25)  und Bausparverträgen sowie die Durchführung von Finanzierungen.

      Gesellschafter sind Andreas Leins, Kaufmann, Gustav-Adolf-Straße
      12 in Göppingen, geboren am 17. Oktober 1963, und Heinz Päckert,
      Kaufmann, daselbst, geboren am 15. November 1962.
(30)
      Wegen der vorhandenen kaufmännischen Einrichtung des Betriebs
      liegen die entsprechenden Unterlagen dem Registergericht bereits
      vor.

(35)  Jeder persönlich haftende Gesellschafter zeichnet seine Namens-
      unterschrift bei der Firma wie folgt:

      1. VENTURA Leins & Päckert OHG:

(40)  2. VENTURA Leins & Päckert OHG:

      Göppingen, 6. September 20..

      Beglaubigung
(45)
      Ich beglaubige hiermit als vor mir vollzogen, jeweils die Zeich-
      nung der Namensunterschriften bei der Firma VENTURA
      Leins & Päckert OHG von
      1. Herrn Andreas Leins, Kaufmann, wohnhaft ...
(50)  2. Herrn Heinz Päckert, Kaufmann, ...
      Herr Leins hat sich ausgewiesen durch Vorlage seines Führerscheins,
      Herr Päckert durch Vorlage seines Personalausweises.

      Göppingen, 6. September 20..
      Notariat Göppingen I, Notar
(55)
      Gründemann
```

Stempel: GRA II 1037/93 — Eingang: 04-09-10 — Nr./Anl.

Stempel: Gem. § 30 HGB geprüft

Sachdarstellung

1. Anmeldung zur Handelsregistereintragung
(HGB-Auszüge: Fassung vom 10. November 2006)

- **§ 12 HGB Anmeldungen zur Eintragung und Einreichungen**[1]: (1) Anmeldungen zur Eintragung in das Handelsregister sind elektronisch in öffentlich beglaubigter Form einzureichen. Die gleiche Form ist für eine Vollmacht zur Anmeldung erforderlich. Rechtsnachfolger eines Beteiligten haben die Rechtsnachfolge soweit tunlich durch öffentliche Urkunden nachzuweisen.
- **§ 29 HGB Anmeldung der Firma:** Jeder Kaufmann ist verpflichtet, seine Firma und den Ort seiner Handelsniederlassung bei dem Gericht, in dessen Bezirk sich die Niederlassung befindet, zur Eintragung in das Handelsregister anzumelden.
- **§ 33 HGB Juristische Person:** (1) Eine juristische Person, deren Eintragung in das Handelsregister mit Rücksicht auf den Gegenstand oder auf die Art und den Umfang ihres Gewerbebetriebs zu erfolgen hat, ist von sämtlichen Mitgliedern des Vorstands zur Eintragung anzumelden.
  (2) Der Anmeldung sind die Satzung der juristischen Person und die Urkunden über die Bestellung des Vorstands in Urschrift oder in öffentlich beglaubigter Abschrift beizufügen; ferner ist anzugeben, welche Vertretungsmacht die Vorstandsmitglieder haben. Bei der Eintragung sind die Firma und der Sitz der juristischen Person, der Gegenstand des Unternehmens, die Mitglieder des Vorstandes und ihre Vertretungsmacht anzugeben. Besondere Bestimmungen der Satzung über die Zeitdauer des Unternehmens sind gleichfalls einzutragen. (...)
- **§ 14 HGB Festsetzung von Zwangsgeld:** Wer seiner Pflicht zur Anmeldung oder zur Einreichung von Dokumenten zum Handelsregister nicht nachkommt, ist hierzu von dem Registergericht durch Festsetzung von Zwangsgeld anzuhalten. Das einzelne Zwangsgeld darf den Betrag von fünftausend Euro nicht übersteigen.

2. Eintragungen und Löschungen

- Eintragungen ins Handelsregister erfolgen grundsätzlich **auf Antrag;** ausnahmsweise werden sie von Amts wegen gemacht, z. B. bei Eröffnung und Beendigung eines Insolvenzverfahrens.
- Angaben, die im Handelsregister **rot unterstrichen** sind, gelten als **gelöscht.**

Ablauf des Eintragungsverfahrens: Die Anmeldung zur Eintragung in das Handelsregister sowie die zur Aufbewahrung bei dem Gericht bestimmte Zeichnungen von Unterschriften müssen vor Einreichung zum Handelsregister von einem Notar beglaubigt werden. Dann werden die Unterlagen in elektronischer Form an das Registergericht übermittelt und dort geprüft. Sofern keine Beanstandung besteht, trägt das Gericht die entsprechenden Inhalte ein. Ändern sich eintragungsrelevante Umstände, muss dies wiederum zur Eintragung beim Handelsregister angemeldet werden, damit die Aktualität der Informationen immer gewährleistet ist. Zusätzlich werden fast alle Neueinträge und Änderungen vom Registergericht von Amts wegen durch Veröffentlichung im Elektronischen Bundesanzeiger und einem weiteren Blatt (z. B. Tageszeitung) bekannt gemacht.
aus: http://www.stuttgart.ihk24.de/produktmarken/recht_und_fair_play/handel_und_gewerbe/Handelsregister-eintragung.jsp

3. Die Wirkung von Handelsregistereintragungen

- **Rechtserzeugende bzw. rechtsbegründende (konstitutive) Wirkung:** Die Rechtswirkung tritt erst durch die Handelsregistereintragung ein, nicht schon vorher. **Beispiel:** Kann- und Formkaufleute erlangen die Kaufmannseigenschaft nach HGB erst mit der Handelsregistereintragung.
- **Rechtsbekundende (deklaratorische) Wirkung:** Die Rechtswirkung ist schon <u>vor</u> der Handelsregistereintragung eingetreten; sie wird durch die Eintragung lediglich bestätigt (deklariert). **Beispiel:** Die **Kaufmanns-Eigenschaft von Istkaufleuten** (Gewerbetreibenden mit kaufmännischer Einrichtung).

---

1 Seit dem 1. Januar 2007 sind gemäß § 12 HGB (§ 11 Abs. 4 GenG, § 5 Abs. 2 PartGG) u. a. Anmeldungen zum Handelsregister elektronisch in öffentlich beglaubigter Form einzureichen. Die gleiche Form ist für eine Vollmacht zur Anmeldung erforderlich. Auch alle anderen Dokumente sind elektronisch einzureichen.
Ist eine Urschrift oder eine einfache Abschrift einzureichen oder ist für das Dokument die Schriftform bestimmt, genügt die Übermittlung einer elektronischen Aufzeichnung; ist ein notariell beurkundetes Dokument oder eine öffentlich beglaubigte Abschrift einzureichen, so ist ein mit einem einfachen elektronischen Zeugnis (§ 39 a des Beurkundungsgesetzes) versehenes Dokument zu übermitteln.
Diejenigen Schriftstücke, die bisher im Sonderband der Akte hinterlegt wurden (Schriftstücke, die der unbeschränkten Einsicht unterliegen wie z. B. Gesellschaftsverträge, Satzungen usw.), werden seit 01.01.2007 in einen elektronischen Registerordner aufgenommen, der dem Registerblatt zugeordnet ist.
Zur Einreichung von Anmeldungen und Dokumenten steht seit 01.01.2007 das elektronische Gerichts- und Verwaltungspostfach (EGVP) zur Verfügung. (Voraussetzung für die Einreichung ist der Download der EGVP-Software) aus: http://www.justizportal-bw.de/servlet/PB/menu/1203739/index.html

4. Einsichtnahme

Seit dem 01.01.2007 können Auskünfte aus den Registerblättern und den elektronischen Registerordnern (...) elektronisch erhalten werden, unter www.handelsregister.de (Registerportal 3).

Voraussetzung ist die eigenständige Registrierung bei diesem Portal. Reine Recherchen bedürfen keiner Registrierung.

Jeder Interessent kann seit dem 01.01.2007 auch in elektronischer Form einen Antrag auf Erteilung eines Ausdrucks entweder in Papierform oder in elektronischer Form aus dem Registerinhalt oder dem Registerordner (soweit dieser elektronisch geführt wird) stellen. Diese Anträge können Sie bei den zuständigen Registergerichten (...) stellen.

Das Registerportal eröffnet den Zugriff auf die automatisierten Registerabrufsysteme (§ 9 Abs. 1 HGB) der Länder und dient der Bekanntmachung der Eintragungen der Registergerichte (§ 10 HGB).

5. Öffentlicher Glaube der Eintragungen

Hierbei ist zwischen positiver und negativer Publizität zu unterscheiden.

- **Positive Publizität:** Ein Dritter muss alle eingetragenen und bekannt gemachten Tatsachen gegen sich gelten lassen. Etwas anderes gilt nur bei Rechtshandlungen, die innerhalb von 15 Tagen nach der Bekanntmachung vorgenommen werden, sofern der Dritte beweist, dass er die Tatsache weder kannte noch kennen musste (§ 15 Abs. 2 HGB).

  Beispiel: P wurde die Prokura wegen mehrerer Fehleinkäufe entzogen. Der Widerruf wird ordnungsgemäß ins Handelsregister eingetragen und bekannt gemacht. Um die von ihm durchgeführten Fehleinkäufe vergessen zu machen und um sein Image als tüchtiger Einkäufer aufzupolieren, kauft P vier Wochen nach Veröffentlichung der Handelsregistereintragung im Namen seiner Firma einen Posten Stahlrohre aus einer Insolvenzmasse ein. Die Geschäftsleitung verweigert daraufhin gegenüber dem Lieferer die Begleichung der Rechnung. Sie argumentiert, dass P zum Abschluss des Kaufvertrags nicht berechtigt gewesen sei; außerdem seien die benötigten finanziellen Mittel anderweitig verplant. Ergebnis: Es ist kein rechtswirksamer Kaufvertrag zwischen dem Verkäufer der Stahlrohre und dem Arbeitgeber von P zustande gekommen; P hat als <u>Vertreter ohne Vertretungsmacht</u> gehandelt. Der Verkäufer muss die eingetragene und bekannt gemachte Tatsache des Prokuraentzugs gegen sich gelten lassen.

- **Negative Publizität:** Solange eine einzutragende Tatsache **nicht** eingetragen und bekannt gemacht worden ist, kann sie einem Dritten **nicht** entgegengesetzt werden, es sei denn, dass sie diesem bekannt war (§ 15 Abs. 1 HGB).

  Beispiel: Aus Versehen wird im oben genannten Fall das Erlöschen der Prokura nicht zur Eintragung ins Handelsregister angemeldet. Das Rechtsgeschäft ist für den Arbeitgeber von P bindend, wenn der Verkäufer der Stahlrohre von dem Prokuraentzug bei P nichts wusste.

6. Elektronisches Handelsregister: Informationen aus einer Hand

Am 15. November 2006 ist das Gesetz über elektronische Handelsregister und Genossenschaftsregister sowie das Unternehmensregister (EHUG) im Bundesgesetzblatt verkündet worden. Das Gesetz trat am 1. Januar 2007 in Kraft. Damit wurde die erste gesellschaftsrechtliche EU-Richtlinie (Registerpublizität) umgesetzt. Das elektronische Handels- und Unternehmensregister soll die Handelsregistereintragungen beschleunigen sowie zu größerer Transparenz und zur Entbürokratisierung führen. Zugleich wird aber auch die Publizitätspflicht verschärft.

7. Andere öffentliche Register

Zu den weiteren vom Amtsgericht geführten Registern gehören ...
- **das Genossenschaftsregister:** Eintragung der Rechtsverhältnisse (Firma, Sitz, Statut, Vorstand) von eingetragenen Genossenschaften (e. G.);
- **das Partnerschaftsregister:** Eintragung der Rechtsverhältnisse (Name, Beruf, Sitz) von Partnerschaftsgesellschaften (Rechtsanwälte, Architekten, Steuerberater u. a.);
- **das Güterstandsregister:** Eintragung von Abweichungen vom gesetzlichen Güterstand in der Ehe und von Eheverträgen (nur auf Antrag);
- **das Vereinsregister:** Eintragung der Rechtsverhältnisse (Name, Vorstand, Sitz, Satzung) der eingetragenen Vereine (e. V.);
- **das Grundbuch:** Eintragung der im Amtsgerichtsbezirk gelegenen Grundstücke (Eigentumsverhältnisse, Lasten und Beschränkungen, Grundpfandrechte).

Arbeitsvorlage 1: Die Eintragung der VENTURA Leins & Päckert OHG ins Handelsregister

Handelsregister – **Abt. A** – des Amtsgerichts Göppingen		Blatt.......1...... mit Fortsetzung Blatt..............)			HRA *1581*
Nummer der Eintragung	a) Firma b) Ort der Niederlassung (Sitz der Gesellschaft) c) Gegenstand des Unternehmens (bei juristischen Personen)	Geschäftsinhaber, persönlich haftende Gesellschafter, Vorstand, Abwickler	Prokura	Rechtsverhältnisse	a) Tag der Eintragung und Unterschrift b) Bemerkungen
1	2	3	4	5	6
1	a) VENTURA Leins & Päckert OHG b) Göppingen	Andreas Leins, Kaufmann, Göppingen Heinz Päckert, Kaufmann, Göppingen		Offene Handelsgesellschaft. Beginn 20. September 20..	a) 20. Sept...

 Arbeitsvorlage 2:

Auszug aus einer Handelsregisterveröffentlichung im Amtsblatt (Südwestpresse/Neue Württembergische Zeitung/NWZ vom 6. Oktober 20..)

> ### Amtsgericht 73033 Göppingen
>
> **Handelsregister:**
> **Neueintragungen:**
> HRA 1581   20. September 20..
> VENTURA Leins & Päckert OHG, Sitz Göppingen, Gustav-Adolf-Straße 12. Offene Handelsgesellschaft. Beginn: 20. September 20.. Persönlich haftende Gesellschafter Andreas Leins, Kaufmann, Göppingen; Heinz Päckert, Kaufmann, Göppingen. Gegenstand des Unternehmens: An- und Verkauf von Immobilien, Vermittlung von Immobilien, Finanzierungen, Versicherungen und Bausparverträge.
>
> **Veränderungen:**
> HRB 1495   21. September 20..
> **Heinz Deuschle Graphische Werkstätten GmbH, Sitz Göppingen**
> Die Gesellschafterversammlung vom 22. Dezember 20.. hat die Änderung des Gesellschaftsvertrags in § 21 (Wettbewerbsverbot-Einfügung) beschlossen.
>
> **Löschungen:**
> HRB 1000   22. September 20..
> **Roland Gölz Verwaltungs-GmbH**, Sitz: Göppingen.
> Gesellschaft ist infolge Vermögenslosigkeit gemäß § 2 Abs. 1 LöG gelöscht worden.
>
> gez. *Schröder*
> Diplom-Rechtspfleger (FH)

Arbeitsaufträge und Fragen zur Stofferschließung

1. Von welcher Behörde wird das Handelsregister geführt? Lösungshinweis: Beachten Sie die Anschrift im obigen Schreiben.

2. Bei welchem Amtsgericht muss die Anmeldung der Firma erfolgen? Lesen Sie hierzu § 29 HGB.

3. In Zeile 29 f. wird im vorstehenden Schreiben auf die beim Registergericht bereits vorliegenden Unterlagen für eine vorhandene kaufmännische Einrichtung verwiesen.
   a) Was für Unterlagen können das sein?
   b) Wozu bedarf es dieses Nachweises?

4. Versuchen Sie aufgrund der bisher erarbeiteten Erkenntnisse eine Definition des Begriffs „Handelsregister" zu erarbeiten. Ergänzen Sie hierbei folgenden Satz: Das Handelsregister ist ein amtliches Verzeichnis, das vom (wem?)... (1.)... geführt wird und in das alle (wer?)... (2.)... eines Amtsgerichtsbezirks eingetragen werden.

5. Wer muss die Anmeldung einer Firma zur Eintragung ins Handelsregister vornehmen und wie nennt man diese Rechtshandlungen?

6. In welcher Form müssen Unterschriftszeichnungen bei der Anmeldung zur Eintragung ins Handelsregister eingereicht werden?

7. Welchen Zweck erfüllen diese Formvorschriften?

8. Was geschieht mit den notariell beglaubigten Unterschriften beim Registergericht?

9. Was hätte das Registergericht tun können, wenn die Firma VENTURA Leins & Päckert OHG ihrer Pflicht zur Anmeldung oder zur Zeichnung der Unterschrift nicht nachgekommen wäre? Lösungshinweis: Lesen Sie die entsprechende HGB-Vorschrift nach.

10. Betrachten Sie nun die aufgrund des Anmeldeantrags vorgenommene Handelsregistereintragung der Firma VENTURA:
    a) Die Eintragung dieser Firma erfolgt unter HRA 1581. Was bedeutet die Abkürzung „HRA"? **(Arbeitsvorlage 1)**
    b) Zu welcher Gesellschaftsform (Personen-/Kapitalgesellschaft) zählt die OHG?
    c) Welche Unternehmensformen werden unter HRA und welche unter HRB eingetragen?

11. Welche im obigen Schreiben aufgeführten Sachverhalte werden ins Handelsregister eingetragen?

12. Wo werden die Eintragungen im Handelsregister bekannt gemacht? Lesen Sie hierzu die entsprechende HGB-Bestimmung.

13. Betrachten Sie nun die vorstehend abgedruckte Veröffentlichung von Handelsregistereintragungen im Amtsblatt. **(Arbeitsvorlage 2)**
    a) In welche drei Bereiche sind die veröffentlichten Sachverhalte gegliedert?
    b) Was wird unter der Rubrik „Veränderungen" veröffentlicht?
    c) Was wird unter der Überschrift „Löschungen" bekannt gemacht?

14. Welche Rechtswirkung hat die Handelsregistereintragung der Firma VENTURA (Begründung)? Lesen Sie hierzu die Ausführungen der **Sachdarstellung (3)**.

15. Welche Rechtswirkung hätte die Eintragung einer Firma gehabt, die das Vorhandensein einer kaufmännischen Organisation nicht nachweisen kann?

16. Könnten Sie als Auszubildende(r) bzw. als Schüler(in) der Kaufmännischen Berufsschule ohne weiteres Einblick in das Handelsregister nehmen? Lesen Sie zur Beantwortung dieser Frage die entsprechenden HGB-Bestimmungen (Abschnitt 4 der Sachdarstellung) nach.

17. Welches weitergehende Recht haben Sie nach HGB im Hinblick auf die Eintragungen und die zum Handelsregister eingereichten Schriftstücke?

18. Angenommen, die Gesellschafter der VENTURA Leins & Päckert OHG hätten durch falsche Vermögensangaben eine kaufmännische Einrichtung ihres Unternehmens vorgetäuscht. Wie wird ein solches Unternehmen im Rechtsleben behandelt? Lesen Sie hierzu § 5 HGB.

19. Welche Aufgaben (Funktionen) erfüllt das Handelsregister? Stichworte: Information, Rechtssicherheit.

20. Kann man sich als Geschäftsmann auf die im Handelsregister eingetragenen Tatbestände verlassen? Lösungshinweis: Lesen Sie die **Sachdarstellung (5.)** und § 15 HGB aufmerksam durch.

21. Fertigen Sie eine stichwortartige Übersicht zum Thema Handelsregister an. Gehen Sie hierbei auf folgende Stichworte ein: (1) Begriff – (2) Eintragungen (wer? wie? was?) – (3) Gliederung – (4) Öffentlichkeit – (5) Rechtswirkungen.

1.4 Die Firma

1.4.1 Grundlegendes zur Firmenbildung

Ausgangs-situation

Frau Carola Siegloch betreibt in K. einen Blumenladen. Ihr Gewerbebetrieb erfordert keine kaufmännische Organisation im Sinne des § 1 Abs. 2 HGB. Dennoch möchte sich Frau Siegloch ins Handelsregister eintragen lassen – nicht zuletzt deshalb, um eine eigene Firma führen zu können.

Sachdarstellung

1. Der Begriff „Firma"

Eine Definition des Begriffs Firma findet sich im § 17 Abs. 1 HGB: **„Die Firma eines Kaufmanns ist der Name, unter dem er seine Geschäfte betreibt und die Unterschrift abgibt."**

Im Absatz 2 des § 17 HGB wird angegeben, dass ein Kaufmann seine Firma u. a. auch vor Gericht verwenden kann: Er kann unter seiner Firma klagen und verklagt werden.

2. Bestandteile der Firma

- Dazu gehören der eigentliche **Firmenkern** und die **Firmenzusätze**. Letztere können dem Firmenkern vorangestellt oder nachgestellt werden.

- Hinsichtlich der **Bildung des Firmenkerns** gibt es vier Möglichkeiten: (1) Angabe eines oder mehrerer Personennamen oder (2) des Gegenstands eines Unternehmens oder (3) von beidem oder (4) Angabe einer Fantasiebezeichnung. Je nachdem, was den Firmenkern bildet, unterscheidet man dementsprechend zwischen **Personen-, Sach-, Misch- und Fantasiefirma.**

- **Bezeichnungen für den Gegenstand eines Unternehmens** (z. B. Maschinenfabrik, EDV-Center, Logistik) können sowohl den Firmenkern als auch einen Firmenzusatz bilden. Beispiel: Logistik-Center GmbH – Franz Schneider e. K., Logistikcenter – Logistikcenter Frank Schneider KG.

3. Gesetzlich vorgeschriebene Firmenzusätze

- § 19 Abs. 1 HGB regelt die Firmenbildung bei Einzelkaufleuten, offenen Handelsgesellschaften und Kommanditgesellschaften.

  - Bei **Einzelkaufleuten** muss die Firma die Bezeichnung „eingetragener Kaufmann", „eingetragene Kauffrau" oder eine allgemein verständliche Abkürzung dieser Bezeichnung, beispielsweise „e. K.", „e. Kfm." oder „e. Kffr.", enthalten.

  - Bei einer **offenen Handelsgesellschaft** muss die Firma die Bezeichnung „offene Handelsgesellschaft" oder eine allgemein verständliche Abkürzung dieser Bezeichnung, z. B. OHG, enthalten.

  - Bei einer **Kommanditgesellschaft** muss die Firma die Bezeichnung „Kommanditgesellschaft" oder eine allgemein verständliche Abkürzung dieser Bezeichnung, z. B. KG, enthalten.

- § 4 AktG „Die Firma einer **Aktiengesellschaft** muss, auch wenn sie nach § 22 des Handelsgesetzbuchs oder nach anderen gesetzlichen Vorschriften fortgeführt wird, die Bezeichnung ‚Aktiengesellschaft' oder eine allgemein verständliche Abkürzung dieser Bezeichnung enthalten."

- § 4 GmbHG bestimmt, dass die Firma die Bezeichnung **„Gesellschaft mit beschränkter Haftung"** oder eine allgemein verständliche Abkürzung dieser Bezeichnung enthalten muss.

4. Pflichten des Kaufmanns in Bezug auf seine Firma

Nach § 29 HGB hat jeder Kaufmann die **Pflicht, seine Firma und den Ort seiner Handelsniederlassung beim zuständigen Amtsgericht zur Eintragung in das Handelsregister anzumelden.** Hierbei hat er seine Namensunterschrift unter Angabe der Firma zur Aufbewahrung beim Gericht zu zeichnen.

5. Unzulässiger Firmengebrauch

Nach § 37 Abs. 1 HGB kann **derjenige, der eine ihm nicht zustehende Firma gebraucht,** vom Registergericht zur **Unterlassung des Gebrauchs durch Festsetzung eines Ordnungsgelds** angehalten werden. Wird jemand in seinen Rechten in der Weise verletzt, dass **ein anderer seine Firma unbefugt gebraucht,** so kann er von diesem die **Unterlassung des Gebrauchs** verlangen; außerdem kann er möglicherweise auch **Schadensersatz** fordern.

6. Angaben auf Geschäftsbriefen

§ 37 a HGB verlangt von Kaufleuten, dass sie auf allen Geschäftsbriefen die **Firma,** den **Rechtsstatus des Unternehmens,** den **Ort der Handelsniederlassung,** das **Registergericht** und die **Nummer, unter der die Firma ins Handelsregister eingetragen ist,** angeben. Ausgenommen hiervon sind nur Mitteilungen im Rahmen einer bestehenden Geschäftsverbindung, die Ausnahme gilt jedoch nicht für Bestellscheine. Ähnliche Vorschriften enthält § 125 a HGB für die OHG und KG.

 Arbeitsvorlage 1: Bestandteile der Firma

Süddeutsche Messwerkzeuge (SMW) AG – Georg Meier OHG – Jakob Trefz und Söhne GmbH & Co. KG – Gebrüder Bahmer KG, Maschinenbau – Göppinger Kaliko- und Kunstlederwerke GmbH – Ziegelwerk Koch & Söhne OHG – Pago Elektrik KG – Ex-cell-O GmbH.

 Arbeitsvorlage 2: Bildung einer Firma

(1) Heinz Kaiser, Computerbedarf, Einzelunternehmen
(2) Fritz Köhler, Herbert Ungerer, Druckerei, offene Handelsgesellschaft
(3) Erich Weber (Vollhafter), Dieter Volz (Teilhafter), Fassadenbau, Kommanditgesellschaft
(4) Oskar Knaupp, Werber Straub, Hildegard Böhmer als Geschäftsführer einer GmbH, Holzbau
(5) Simon Speidel, Cäsar Völler, Elektro- und Kommunikationstechnik, GmbH als persönlich haftender Gesellschafter einer Kommanditgesellschaft
(6) Peter Fausel, Adelheid Keller, Druckmaschinen, Aktiengesellschaft

Arbeitsaufträge und Fragen zur Stofferschließung

1. Kann sich Frau Siegloch ohne weiteres ins Handelsregister eintragen lassen? Begründen Sie Ihren Standpunkt möglichst genau.

2. Was versteht man handelsrechtlich unter einer Firma? Lösungshinweis: Sachdarstellung, Abschnitt 1.

3. Welchen rechtlichen Status muss Frau Siegloch haben, wenn sie eine eigene Firma führen will?

4. Wie kann Frau Siegloch firmieren? Geben Sie vier verschiedene Beispiele mit unterschiedlichen Firmenarten an. Lösungshinweis: Sachdarstellung, Abschnitt 2.

5. Bei welchen Angelegenheiten zeichnet Frau Siegloch mit ihrer Firma, in welchen Fällen unterschreibt sie mit ihrem bürgerlichen Namen? Nennen Sie je zwei Beispiele. Vgl. Sie hierzu § 17 Abs. 2 HGB.

6. Teilen Sie die in der **Arbeitsvorlage 1** angeführten Firmen in die einzelnen Firmenbestandteile auf. Gehen Sie hierbei nach folgendem Muster vor:

vorangestellte Firmenzusätze	Firmenkern	nachgestellte Firmenzusätze
...	...	...

7. Bilden Sie mithilfe der Angaben in der **Arbeitsvorlage 2** je eine Personen- Sach-, Misch- und Fantasiefirma.

8. Welche handelsrechtlichen Pflichten hat Frau Siegloch in Bezug auf die Firma? Lösungshinweis: § 29 HGB.

9. Welche Angaben müssen nach § 37 a HGB von einem Kaufmann auf Geschäftsbriefen gemacht werden?

10. Was kann das Registergericht tun, wenn ein Kaufmann die gesetzlich vorgeschriebenen Angaben auf Geschäftsbriefen unterlässt?

1.4.2 Regeln (Grundsätze) der Firmenbildung

Ausgangs-situation

Beispielsammlung

Beispiel 1: In Göppingen gibt es laut Fernsprechbuch (Ausgabe 2009/10) 83 Personen mit dem Namen Mayer, darunter mehrere mit demselben Vornamen. Angenommen, in das Göppinger Handelsregister sei bereits ein Spielwarengeschäft Karl Mayer eingetragen und ein anderer Gewerbetreibender gleichen Namens und mit dem zweiten Vornamen Otto habe die Absicht, ein Haushaltswarengeschäft in Göppingen zu eröffnen. Wie kann das neu gegründete Geschäft firmieren?

Beispiel 2: Angenommen, der Inhaber des neu gegründeten Haushaltswarengeschäfts möchte jede Ähnlichkeit mit der bestehenden Firma gleichen Namens ausschließen und verwendet daher den Namen seines Freundes Fritz Schulz als Firmenkern. Um ganz sicher zu gehen, bringt er davor und dahinter jeweils noch den Zusatz an, durch den er sich deutlich von der bestehenden Firma abhebt. Er firmiert wie folgt: „Süddeutsche Haushaltswarenzentrale Fritz Schulz & Co., e. K." Ist eine solche Firmierung zulässig?

Beispiel 3: Der Inhaber des Spielwarengeschäfts Karl Mayer hat natürlich ein starkes Interesse daran, zu erfahren, welche Firma der das neue Haushaltswarengeschäft betreibende Kaufmann gleichen Namens führt. Wie kann er das in Erfahrung bringen?

Beispiel 4: Karl Mayer, als Inhaber des neu gegründeten Haushaltswarengeschäfts, erzielt in den ersten drei Jahren unerwartet hohe Umsätze. Um noch günstiger einkaufen zu können, entschließt er sich, in Eislingen (Fils), der Nachbarstadt von Göppingen, einen Filialbetrieb zu eröffnen. Wie kann Karl Mayer im Hinblick auf das Eislinger Geschäft firmieren?

Beispiel 5: Angenommen, der Haushaltswarenhändler Karl Mayer erwirbt das Haushaltswarengeschäft von Peter Müller in Geislingen (Steige), der es nach 45-jähriger Berufstätigkeit altershalber abgibt. Wie kann Karl Mayer im Hinblick auf das Geislinger Geschäft firmieren?

Sachdarstellung

1. Wozu man Firmengrundsätze benötigt

Die Firma ist durch Vorschriften im BGB (§ 12 Namensrecht), im HGB (§ 17 ff.), in der Gewerbeordnung (§ 15 a) sowie im Gesetz gegen den unlauteren Wettbewerb (§§ 3 und 4) geschützt. Das geschieht sowohl im Interesse der Firmeninhaber als auch derjenigen, die mit der betreffenden Firma zu tun haben. Personen und Institutionen, die mit einer Firma in Geschäftsverbindung treten, so insbesondere Lieferanten, Kreditgeber und Kunden, wollen an der Firmenbezeichnung erkennen können, mit wem sie es zu tun haben. Andererseits verkörpert jede gut eingeführte Firma einen Wert, der nur demjenigen zusteht, der ihn durch oft jahrzehntelanges Bemühen (z. B. durch Werbung) geschaffen hat. Deshalb muss die missbräuchliche Verwendung gut eingeführter Firmenbezeichnungen durch Nichtberechtigte untersagt werden. (Vgl. hierzu § 37 HGB und Sachdarstellung 5. im vorausgegangenen Abschnitt 1.4.1.) Der Gesetzgeber hat **für die Firmenbildung und -weiterführung strenge Regeln** erlassen. Sie werden als **„Firmengrundsätze"** bezeichnet und sollen im Folgenden anhand von fünf Beispielen erläutert werden.

2. Die Firmengrundsätze im Einzelnen

▪ **Grundsatz der Firmenunterscheidbarkeit oder Firmenausschließlichkeit** (§ 30 HGB):

– **An demselben Ort** darf es **keine zwei gleichen Firmen** geben. Der genannte Firmengrundsatz begründet somit ein Firmenmonopol in Bezug auf einen bestimmten Ort.

– Wenn zwei Gewerbetreibende denselben Vor- und Zunamen haben und wenn diese Namen als Firma verwendet werden sollen, dann muss der Firma ein Zusatz beigefügt werden, durch den sich die neu gegründete Firma von der bereits im Handelsregister eingetragenen deutlich unterscheidet. Je nachdem, ob eine Personen-, Sach-, Fantasie- oder gemischte Firma ins Handelsregister bereits eingetragen ist, kann der Inhaber eines neu zu gründenden Unternehmens eine von der bestehenden abweichende Art der Firmenbildung wählen. Ob eine Unterscheidung „deutlich" im Sinne des § 30 HGB ist, muss anhand der Umstände des Einzelfalls beurteilt werden. Das Hinzufügen eines abweichenden Rechtsformzusatzes (z. B. KG statt GmbH) begründet noch keine ausreichende Unterscheidung von zwei Firmen mit demselben Firmenkern. Im Übrigen wird die Firmenunterscheidbarkeit bei Einzelunternehmen dadurch erleichtert, dass sie nach dem neuen Firmenrecht außer einer Personenfirma auch eine Sach-, gemischte oder Fantasiefirma bilden können.

▣ Grundsatz der Firmenwahrheit und Firmenklarheit (§ 18 HGB)

Eine weitere Anforderung an die Firmenbildung ist die, dass die Firma **zur Kennzeichnung des Kaufmanns geeignet** sein muss; insbesondere muss sie **Unterscheidungskraft** besitzen und **darf keine Angaben enthalten, die geeignet sind, über die geschäftlichen Verhältnisse irrezuführen.** Bei der Bildung einer neuen Firma ist dem Grundsatz der Firmenwahrheit vor allem im Firmenkern zu entsprechen; dem Grundsatz der Firmenklarheit soll durch Anbringen von geeigneten Firmenzusätzen entsprochen werden.

▣ Grundsatz der Öffentlichkeit der Firma (§§ 29, 31 HGB und § 15 a Gewerbeordnung)

– Nach § 29 HGB ist jeder Kaufmann verpflichtet, seine Firma und den Ort seiner Handelsniederlassung zur **Eintragung in das Handelsregister** anzumelden. Hierbei hat er seine Namensunterschrift unter Angabe der Firma zur **Aufbewahrung beim Gericht** zu zeichnen.

– § 15 a Abs. 1 der Gewerbeordnung bestimmt, dass ein Gewerbetreibender an der Außenseite oder am Eingang des Geschäfts ein **Firmenschild** anbringen muss, das den **Familiennamen mit mindestens einem ausgeschriebenen Vornamen** in deutlich lesbarer Schrift enthält.

– § 31 HGB: Der Firmeninhaber muss eine **Änderung der Firma oder ihrer Inhaber** sowie eine **Verlegung** der Niederlassung an einen anderen Ort zur Eintragung ins Handelsregister **anmelden.** Dasselbe gilt beim **Erlöschen** der Firma.

▣ Grundsatz der Firmeneinheitlichkeit

Er besagt, dass jeder Kaufmann **für ein und dasselbe Handelsgewerbe immer nur eine Firma** führen kann. Hieraus ergeben sich Folgerungen für die Firmenbildung von Zweigniederlassungen (Filialen):

– Der Firmenkern muss durch die Firma der Hauptniederlassung (Zentrale) gebildet werden.

– Der Firmenzusatz soll auf die Eigenschaft des Unternehmens als Zweigniederlassung (Filiale) hinweisen.

– Die Firmenbildung muss den inneren Zusammenhang zwischen Hauptgeschäft und Filiale zum Ausdruck bringen.

▣ Grundsatz der Firmenbeständigkeit (Firmenfortführung) (§§ 22, 24 HGB)

– Ein Verbot, die alte Firma bei einem Inhaberwechsel weiterzuverwenden, wäre wirtschaftlich häufig nicht sehr sinnvoll, da eine **gut eingeführte Firma einen wirtschaftlichen Wert verkörpert,** der nach Möglichkeit erhalten werden sollte.

– Zu den Elementen, die den Firmen- oder Geschäftswert (goodwill) eines Unternehmens ausmachen, gehören der gute Ruf (das Image) eines Unternehmens, die Qualität, das Aussehen und das technische Niveau ihrer Produkte, des Weiteren ein günstiger Standort, ein langjähriger und weltumspannender Kundenstamm, eine gute Betriebsorganisation, eine erfolgreiche Forschungs- und Entwicklungsabteilung, eine fundierte Ausstattung mit Eigenkapital u. a.

– Je nachdem, ob eine Firma erstmalig verwendet oder ob sie weiterverwendet wird, unterscheidet man zwischen **ursprünglicher (originärer)** und **abgeleiteter (derivativer) Firma.** Für die zuerst genannte Firmenart gilt der Grundsatz der Firmenwahrheit; die abgeleitete (derivative) Firma wird vom Grundsatz der Firmenbeständigkeit beherrscht. Beide Grundsätze widersprechen sich zwar inhaltlich, müssen jedoch in der Wirtschaftspraxis häufig kombiniert angewandt werden.

– § 22 Abs. 1 HGB erlaubt die **Fortführung einer Firma beim Erwerb eines Handelsgeschäfts mit oder ohne einen das Nachfolgeverhältnis andeutenden Zusatz,** wenn der bisherige Geschäftsinhaber oder dessen Erben in die Fortführung der Firma ausdrücklich einwilligen.

– § 23 HGB bestimmt, dass die **Firma nicht ohne das Handelsgeschäft,** für welches sie geführt wird, **veräußert** werden kann.

– § 24 HGB regelt die **Fortführung der Gesellschaft bei Änderungen im Gesellschafterbestand.** Der Absatz 1 dieser Vorschrift ermöglicht die Fortführung einer bestehenden Firma auch dann, wenn neue Gesellschafter aufgenommen werden oder bisherige Gesellschafter aus einer Handelsgesellschaft ausscheiden, und wenn die Namen der bisherigen Gesellschafter Bestandteil des Firmenkerns sind. Allerdings bedarf es in diesem Falle der ausdrücklichen Einwilligung des ausscheidenden Gesellschafters.

– Der § 25 HGB ist mit „**Haftung des Erwerbers bei Firmenfortführung**" überschrieben. Im Absatz 1 wird festgelegt, dass derjenige, der ein Handelsgeschäft unter der bisherigen Firma mit oder ohne Beifügung eines das Nachfolgeverhältnis andeutenden Zusatzes fortführt, für alle im Betrieb begründeten Verbindlichkeiten des früheren Inhabers haftet. Die im erworbenen Betrieb begründeten Forderungen gehen auf den neuen Inhaber über, falls der bisherige Inhaber oder seine Erben in die Firmenfortführung eingewilligt haben.

- § 26 HGB **begrenzt die Haftung des neuen Inhabers** für die Verbindlichkeiten des früheren Inhabers bei Firmenfortführung **auf fünf Jahre.**
- § 28 HGB regelt den **Eintritt eines Gesellschafters in das Geschäft eines Einzelkaufmanns.** Die Haftung des eintretenden Gesellschafters ist weitgehend analog zur Haftung des Erwerbers eines Unternehmens bei Firmenfortführung geregelt (vgl. § 25 HGB).

⌐ Arbeitsvorlage 1: Übersicht

Möglichkeiten der Firmierung bei Übernahme eines bereits bestehenden Handelsgewerbes (Einzelkaufmann)

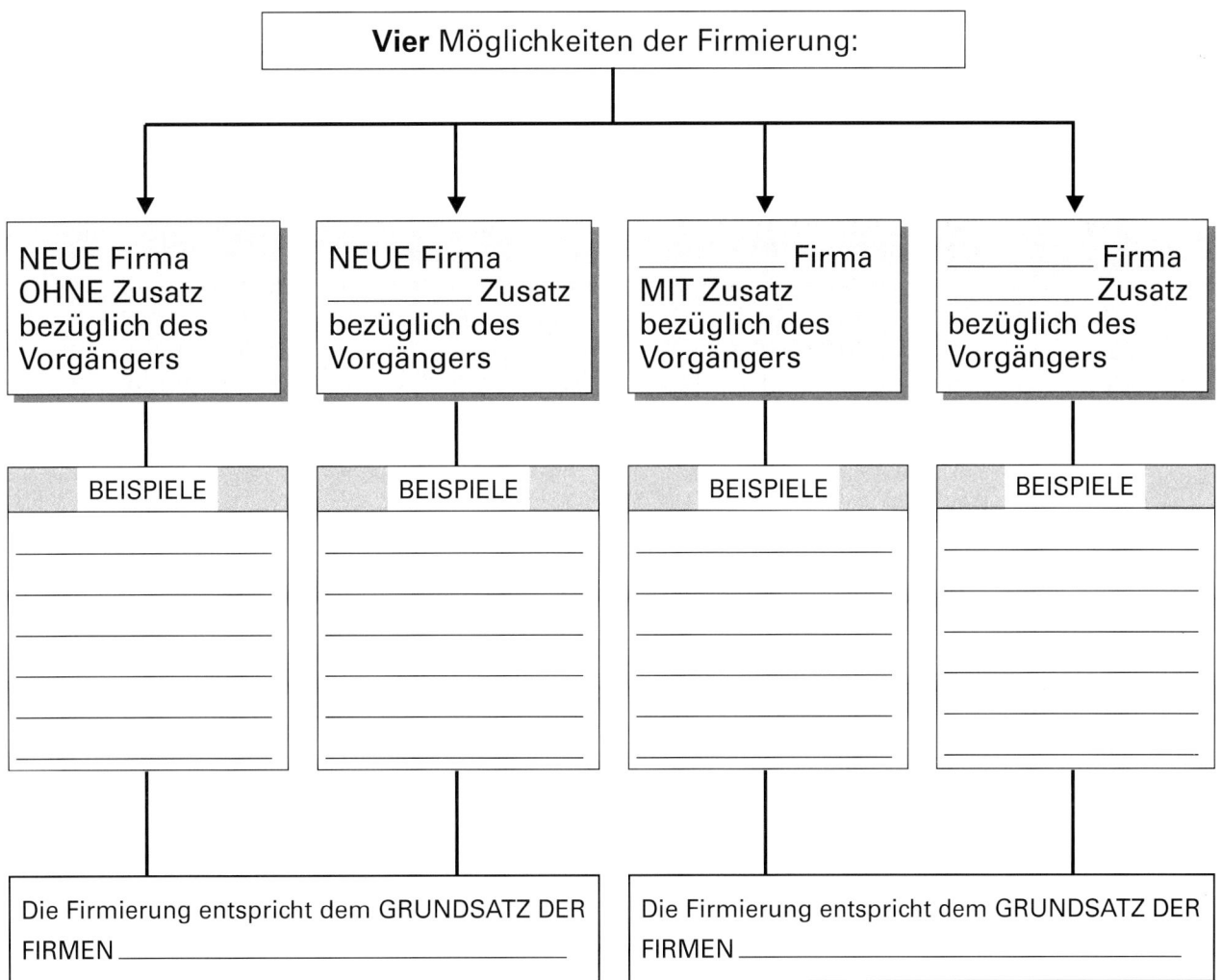

Bisheriger Geschäftsinhaber: Peter Müller (Einzelkaufmann) – Neuer Geschäftsinhaber: Karl Mayer (Einzelkaufmann)

Vier Möglichkeiten der Firmierung:

| NEUE Firma OHNE Zusatz bezüglich des Vorgängers | NEUE Firma _____ Zusatz bezüglich des Vorgängers | _____ Firma MIT Zusatz bezüglich des Vorgängers | _____ Firma _____ Zusatz bezüglich des Vorgängers |

BEISPIELE | BEISPIELE | BEISPIELE | BEISPIELE

Die Firmierung entspricht dem GRUNDSATZ DER FIRMEN_____

Die Firmierung entspricht dem GRUNDSATZ DER FIRMEN_____

Arbeitsvorlage 2: Übersicht

Möglichkeiten der Firmierung bei einer Änderung im Gesellschafterbestand*

3 Fälle

SACHVERHALT I:

§ 24 Abs. 1 (1. Alternative) HGB:

Eintritt eines _____ - _____ in das Geschäft eines _____ , sodass ein _____ - unternehmen (OHG, KG) entsteht.

FIRMIERUNG:

Zwei Möglichkeiten:

– **Bildung einer** _____ **Firma** nach den für die jeweilige Rechtsform (KG, OHG) geltenden Bestimmungen (Vgl. § 19 HGB).

– _____ **der bisherigen Firma.** Es ist hierbei nicht erforderlich, einen _____ - _____ zusatz anzubringen.

HINWEIS: Soweit ein Einzelunternehmen oder eine Personengesellschaft von einer AG oder GmbH übernommen wird, sind § 4 Abs. 2 AktG und § 4 GmbHG zu beachten.

SACHVERHALT II:

§ 24 Abs. 1 (2. Alternative) HGB:

Eintritt eines neuen _____ - _____ in eine _____ - _____ (= _____ - _____ des Gesellschafterbestands).

FIRMIERUNG:

Zwei Möglichkeiten:
Siehe bei **Sachverhalt I!**

* Einzusetzende Begriffe (angegeben im Singular und ohne Beugungsendung):
Ausscheiden – Einzelfirma – Einzelkaufmann – Erweiterung – Firma – Fortführung – Gesellschaft (4 ×) – Handelsgesellschaft – Nachfolger – Name – neue (2 ×) – Verminderung – Zustimmung

SACHVERHALT III:

§ 24 Abs. 1 (3. Alternative) HGB:

_____ eines Gesellschafters aus einer Handelsgesellschaft) = _____ - _____ des Gesellschafterbestands, evtl. entsteht ein einzelkaufmännisches Handelsgewerbe).

FIRMIERUNG:

Zwei Möglichkeiten:

– **Bildung einer** _____ **Firma.**
– **Fortführung der bisherigen Firma.**

Zwei Voraussetzungen:

◼ _____ des ausscheidenden Gesellschafters oder seiner Erben, falls sein _____ in der _____ enthalten ist (§ 24 Abs. 2 HGB).

◼ Anbringung eines _____ - _____ zusatzes („Inhaber", „Nachfolger" usw.) zum Gesellschaftszusatz, falls durch den Austritt des Gesellschafters eine _____ - _____ firma entstanden ist.

Arbeitsvorlage 3: Übung zur Firmenbildung

> (1) Ein Schreinermeister richtet sich neben seiner Werkstatt einen 50 m² großen Verkaufsraum für Möbel ein. Er firmiert mit „Franz Steiner e. K., Einrichtungshaus".
>
> (2) Ein Aussteiger kauft sich einen heruntergekommenen Bauernhof und stellt dort in handwerklicher Arbeit Tonwaren (Vasen und Gefäße) her. Die Firma lautet: Siegfried Kunz e. K., Tonwarenfabrikation.
>
> (3) Am Umsatz eines Autohändlers sind Gebrauchtwagen zu 80 %, Neuwagen zu 20 % beteiligt. Der Ausstellungsraum ist 25 m² groß; ausgestellt wird nur ein Modell: Firmierung: „Autosalon F. Kurz KG".
>
> (4) Nach dem Tode von Kurt Walz, dem Inhaber einer Maschinenfabrik, verkaufen die Erben das Geschäft an die TEXMA-AG, die es – ohne die ausdrückliche Zustimmung der Erben einzuholen – unter der alten Firma „Kurt Walz e. K., Maschinenbau" weiterführt.
>
> (5) Franziska Pross hat ein 22 m² großes Geschäftslokal mit einem kleinen Schaufenster in einer Kreisstadt gemietet, in dem sie Mineralien an- und verkauft. Firmierung: „Mineralienbörse Franziska Pross e. Kffr."
>
> (6) Die Inhaberin eines 20 m² großen Blumenladens firmiert mit „Blumenhaus Karin Sommer e. Kffr."
>
> (7) Frau Thusnelda Schnarr betreibt ein Gemischtwarengeschäft in einer Landgemeinde mit 450 Einwohnern. Sie wählt als Firmenzusatz die Bezeichnung „Warenhaus".
>
> (8) Ein Möbelgeschäft mit einer ständigen Ausstellungsfläche von der Größe eines Fußballplatzes (über 5 000 m²) firmiert mit dem Zusatz „Möbelzentrale", obwohl am Ort ein noch größeres Möbelgeschäft seinen Sitz hat.
>
> (9) Ein Chemiker stellt in einer gemieteten Fabrikhalle (68 m²) verschiedene Haar- und Körperpflegemittel her. Firmierung: „Wilhelm Wagner e. K., Fabrik für chemische Erzeugnisse".
>
> (10) Walter Moser betreibt im Zentrum von Esslingen (Neckar) ein Lederwarengeschäft. Die Firma lautet: Walter Moser e. K., Lederwaren. Sein 23-jähriger Sohn, der denselben Namen wie sein Vater hat, eröffnet in Oberesslingen auch ein Lederwarengeschäft. Er firmiert wie folgt: „Walter Moser jun. e. K., Lederwaren".

Arbeitsaufträge und Fragen zur Stofferschließung

1. Befassen Sie sich nach dem Durchlesen der Beispiele 1 bis 5 der Ausgangssituation mit den nachfolgenden Ausführungen der Sachdarstellung. Stellen Sie bei Bedarf Fragen an Ihren BWL-Lehrer. Beantworten Sie danach die folgenden Auswertungsfragen.

2. Fragen zum **Beispiel 1:**

a) Was besagt die Vorschrift des § 30 Abs. 1 HGB?

b) Was muss getan werden, wenn zwei Kaufleute denselben Vor- und Zunamen haben und wenn diese Namen als Firma verwendet werden sollen? (Vgl. § 30 Abs. 2 HGB.)

c) Wie bezeichnet man den in § 30 HGB verankerten firmenrechtlichen Grundsatz? (Vgl. Sachdarstellung.)

d) Was begründet dieser im § 30 HGB verankerte Grundsatz für jede ins Handelsregister eingetragene Firma?

e) Welcher Zweck wird mit diesem Grundsatz des Firmenrechts verfolgt?

f) Welche Firma kann für das neu gegründete Haushaltswarengeschäft gewählt werden? Führen Sie hierzu fünf konkrete Beispiele an. Lösungshinweis: Überlegen Sie sich hierbei, ob eine Erweiterung des Firmenkerns und der Firmenzusätze möglich ist und wie diese Erweiterungen kombiniert werden können.

3. Fragen zum **Beispiel 2:**

a) Kann Karl Mayer den Namen seines Freundes für seine eigene Firma verwenden? (Begründung!)

b) Welche Eigenschaft muss der Firmenkern zum Zeitpunkt der Gründung eines Unternehmens aufweisen?

c) Ist die Verwendung der im Beispiel genannten Firmenzusätze zulässig? (Begründung!)

d) Welche Eigenschaft müssen Firmenzusätze aufweisen?

4. Fragen zum **Beispiel 3:**

a) Welche Pflicht hat der das Haushaltswarengeschäft betreibende Karl Mayer nach § 15 a Gewerbeordnung?

b) Welche Pflicht hat der Haushaltswarenhändler Karl Mayer nach § 29 HGB?

c) Welche weiteren Pflichten hat ein Firmeninhaber nach erfolgter Eintragung gegenüber dem Handelsregister? Lösungshinweis: § 31 HGB.

d) Auf welche Weise kann der Spielwarenhändler Karl Mayer erfahren, was über den das Haushaltswarengeschäft betreibenden Kaufmann gleichen Namens ins Handelsregister eingetragen wurde?

e) Auf welche Art und Weise wird die Firma eines Kaufmanns nach außen hin bekannt gemacht? (Zwei Angaben)

f) Was muss nach den Bestimmungen der Gewerbeordnung (§ 15 a Abs. 2) auf dem Firmenschild zusätzlich noch angebracht werden, wenn die Firma mit dem bürgerlichen Namen eines Gewerbetreibenden nicht identisch ist? Welchen Zweck hat diese Vorschrift?

5. Fragen und Arbeitsaufträge zum **Beispiel 4:**

a) Was besagt der Grundsatz der Firmeneinheitlichkeit?

b) Wie müssen bei der Firmenbildung von Zweigniederlassungen (Filialen) Firmenkern und Firmenzusatz gestaltet werden?

c) Wie kann das Eislinger Zweiggeschäft des Karl Mayer firmieren?

d) Welchen Zusammenhang muss eine derartige Firmenbildung erkennbar machen?

e) Nennen Sie vier Beispiele für Firmenbildungen mit Zweiggeschäften aus der Wirtschaftspraxis.

6. Fragen und Arbeitsaufträge zum **Beispiel 5:**

a) Was müsste beim Erwerb des Haushaltswarengeschäfts von Peter Müller mit der Firma geschehen, wenn der Grundsatz der Firmenwahrheit zur Anwendung käme?

b) Warum wäre ein Verbot, die alte Firma bei Inhaberwechsel weiterzuverwenden, wirtschaftlich häufig nicht sehr sinnvoll?

c) Welche Elemente machen den Firmen- oder Geschäftswert (goodwill) eines Unternehmens aus?

d) Welches Recht räumt wegen des Firmenwerts der Gesetzgeber demjenigen ein, der ein bestehendes Handelsgewerbe übernimmt? (Vgl. § 22 HGB)

e) Welchem firmenrechtlichen Grundsatz widerspricht das Recht zur Firmenfortführung?

f) In welcher Weise kann nach § 22 Abs. 1 HGB Karl Mayer die bisherige Firma weiterführen?

g) Mit welchen Firmenzusätzen ist es möglich, eine Beziehung zwischen der alten und der neuen Firma herzustellen?

h) Was ist nach § 22 Abs. 1 HGB die Voraussetzung für eine Firmenfortführung?

i) Welche Anlässe für eine Firmenfortführung werden in den §§ 22 bis 24 HGB genannt?

j) Wäre es möglich, dass Peter Müller dem Kaufmann Karl Mayer nur seine Firma verkauft und dass das Haushaltswarengeschäft an einen anderen veräußert wird? (Vgl. § 23 HGB.)

k) Die **Arbeitsvorlage 1** zeigt in Form einer Übersicht, welche Möglichkeiten der Firmierung bei Übernahme eines bereits bestehenden Handelsgewerbes (Einzelkaufmann) bestehen.

l) In der **Arbeitsvorlage 2** werden in übersichtlicher Form Möglichkeiten der Firmierung bei einer Änderung im Gesellschafterbestand aufgezeigt. Ergänzen Sie mithilfe der vorgegebenen Stichwörter und der angegebenen Paragrafen diese Übersicht.

7. Beurteilen Sie die in der **Arbeitsvorlage 3** angeführten Fälle danach, ob die jeweils angegebene Firma zulässig ist und gegen welchen Firmengrundsatz gegebenenfalls verstoßen wurde.

Handlungsfeld 2: Vertragswesen

2.1   Rechts- und Geschäftsfähigkeit

Ausgangssituation

Die Familie Lehmann, Nordring 87, 73033 Göppingen, besteht aus sechs Personen: (1) Säugling Agathe, ½ Jahr alt; (2) Bruno, 6 Jahre, geht noch in den Kindergarten; (3) Christoph, 15 Jahre, besucht das sechsjährige Wirtschaftsgymnasium; (4) der 17-jährige Dietmar macht eine Ausbildung zum Einzelhandelskaufmann; (5) Mutter Erika, 40 Jahre alt, hilft aushilfsweise im Geschäft ihres Mannes mit und ist im Übrigen Hausfrau; (6) Vater Fritz Lehmann, 42, betreibt ein Schreibwaren-Selbstbedienungsgeschäft.

[Fall 1]

Drei Monate nach der Geburt von Agathe starb die vermögende Tante Frieda und vermachte dem Säugling ihr ganzes Vermögen (zwei große Wohnhäuser und 600.000,00 € in bar).

(a) Kann Agathe Erbe dieses Vermögens werden? (Mit Begründung)

(b) Wie wäre der Fall zu beurteilen, wenn Tante Frieda ihren Lieblingshund Cäsar als Alleinerben eingesetzt hätte?

(c) Eines der beiden Wohnhäuser muss dringend renoviert werden. Wer entscheidet über diese Angelegenheit und besorgt die Abwicklung dieser und aller übrigen Rechtsgeschäfte, die mit der Verwaltung des ererbten Vermögens zusammenhängen?

[Fall 2]

(a) Im vergangenen Jahr ist der 15-jährige Christoph mit Zustimmung seines Vaters einem Jugendbuchklub beigetreten. Die Beitrittserklärung wurde auch vom Vater unterschrieben. Ist Christoph damit Mitglied des Buchklubs geworden?

(b) Da Christoph neuerdings Gitarrenunterricht nimmt, außerdem aktiv Fußball spielt und einen ausgedehnten Freundeskreis hat, kommt er nur noch wenig zum Lesen. Er kündigt daher ohne vorherige Rücksprache mit seinem Vater mit einem Einschreibebrief an den Jugendbuchklub seine Mitgliedschaft zum nächsten Termin. Ist die Kündigung rechtswirksam?

[Fall 3]

Vorige Woche nahm der 6-jährige Bruno heimlich Geld aus seiner Sparbüchse und kaufte dafür im benachbarten Bäckerladen eine Menge Süßigkeiten.

(a) Können die Eltern vom Geschäftsinhaber das Geld zurückverlangen?

(b) Kann der Geschäftsinhaber die Ware zurückverlangen? Wer trägt den Schaden, falls eine Rückgabe der Ware nicht möglich sein sollte?

(c) Wie wäre der Fall zu beurteilen, wenn Bruno im Bäckerladen einen Geldbeutel abgibt, in dem sich ein Zettel mit der Aufschrift „10 Brötchen" und das entsprechende Geld befindet?

[Fall 4]

Der 17-jährige Dietmar ließ sich unlängst ohne Wissen seiner Eltern von einem Vertreter zur Bestellung eines zehnbändigen Handbuchs über Betriebswirtschaftslehre überreden. Der Gesamtpreis beträgt 125,00 €.

(a) Inwiefern unterscheidet sich dieses Rechtsgeschäft von demjenigen des Falles 2 (b)?

(b) Ist dieser Abschluss rechtsgültig? (Begründung)

(c) Angenommen, der Vater ist strikt gegen diesen Kauf.

(ca) Wie ist die Rechtslage, wenn Dietmar den Kauf mit seinen eigenen Ersparnissen finanziert?

(cb) Angenommen, Dietmars Ersparnisse reichen zu einer vollständigen Bezahlung nicht aus. Dietmar leistet lediglich eine Anzahlung von 25,00 € und verpflichtet sich monatlich 10,00 € abzuzahlen. Als Gegenleistung erhält er zunächst die Bände 1 und 2 des Handbuchs ausgehändigt.
   — Wie ist die Rechtslage? Muss der Verlag die Anzahlung zurückerstatten, wenn Dietmars Vater es verlangt?

— Muss Dietmar in diesem Falle die beiden bereits erhaltenen Bände wieder zurückgeben?

(d) Tante Olga hört von dieser Auseinandersetzung zwischen Vater und Sohn und schenkt Dietmar 125,00 € zum Kauf dieser Bücher. Kann Dietmar nach Belieben über dieses Geld verfügen, d. h., kann er Eigentümer werden? (Dietmars Eltern sind auf Tante Olga nicht gut zu sprechen; sie lehnen Geschenke von ihr für ihren Sohn ab.)

[Fall 5]

Der 17-jährige Dietmar hat inzwischen seine Ausbildungsabschlussprüfung zum Einzelhandelskaufmann trotz des gekauften Handbuchs über Betriebswirtschaftslehre nur mit Ach und Krach bestanden.

(a) Kann Dietmar nun das Geschäft seines Vaters, der vor kurzem wegen der vielen Aufregungen in seiner Familie einen Herzinfarkt erlitten hat, in voller Alleinverantwortung übernehmen? (Begründung)

(b) Damit Dietmar in das Geschäft seines Vaters einsteigen kann, kündigt er rechtzeitig und ordnungsgemäß bei seinem Arbeitgeber. Ist die Kündigung des 17-Jährigen rechtswirksam? (Begründung)

(c) Wäre die Kündigung Dietmars auch dann wirksam gewesen, wenn er die Absicht gehabt hätte Berufsfußballer zu werden?

(d) Dietmar hat aus seiner Ausbildungzeit noch eine Woche Urlaub zu beanspruchen. Kann er selbst diesen Anspruch geltend machen?

(e) Angenommen, Dietmar habe inzwischen entsprechend den Bestimmungen des § 112 BGB das väterliche Geschäft übernommen.

(ea) Könnte er ohne weiteres eine neue Verkaufstheke kaufen, obwohl sein Vater strikt dagegen ist? (Preis: 1.750,00 €)

(eb) Weil Dietmar die andauernden Streitigkeiten mit seinem Vater satt hat, kauft er sich kurzerhand eine Eigentumswohnung. Kann Dietmar einen solchen Kaufvertrag ohne Weiteres abschließen?

Sachdarstellung

Teil 1:

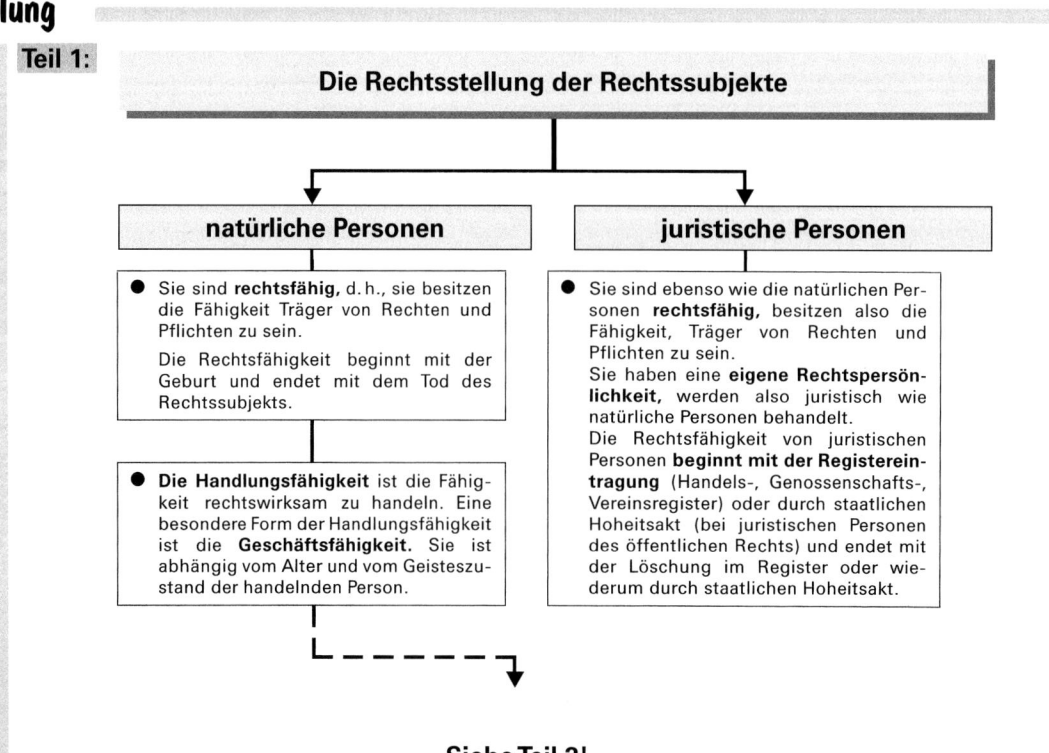

Siehe Teil 2!

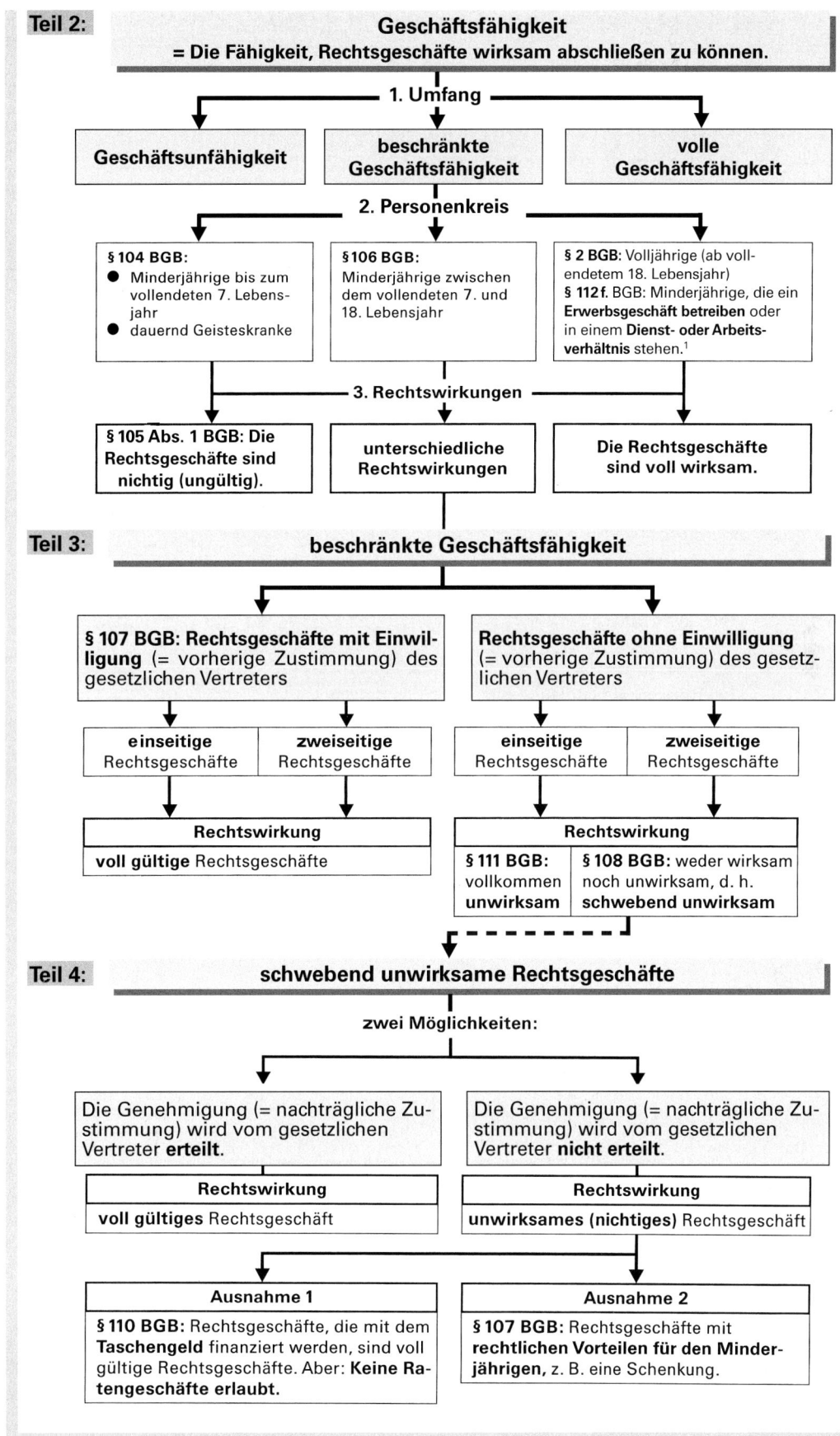

Teil 2:

Geschäftsfähigkeit
= Die Fähigkeit, Rechtsgeschäfte wirksam abschließen zu können.

1. Umfang

| Geschäftsunfähigkeit | beschränkte Geschäftsfähigkeit | volle Geschäftsfähigkeit |

2. Personenkreis

§ 104 BGB:
● Minderjährige bis zum vollendeten 7. Lebensjahr
● dauernd Geisteskranke

§ 106 BGB:
Minderjährige zwischen dem vollendeten 7. und 18. Lebensjahr

§ 2 BGB: Volljährige (ab vollendetem 18. Lebensjahr)
§ 112 f. BGB: Minderjährige, die ein **Erwerbsgeschäft betreiben** oder in einem **Dienst- oder Arbeitsverhältnis** stehen.[1]

3. Rechtswirkungen

§ 105 Abs. 1 BGB: Die Rechtsgeschäfte sind nichtig (ungültig).

unterschiedliche Rechtswirkungen

Die Rechtsgeschäfte sind voll wirksam.

Teil 3: **beschränkte Geschäftsfähigkeit**

§ 107 BGB: Rechtsgeschäfte mit Einwilligung (= vorherige Zustimmung) des gesetzlichen Vertreters

Rechtsgeschäfte ohne Einwilligung (= vorherige Zustimmung) des gesetzlichen Vertreters

| **einseitige** Rechtsgeschäfte | **zweiseitige** Rechtsgeschäfte | **einseitige** Rechtsgeschäfte | **zweiseitige** Rechtsgeschäfte |

Rechtswirkung
voll gültige Rechtsgeschäfte

Rechtswirkung

§ 111 BGB: vollkommen **unwirksam**

§ 108 BGB: weder wirksam noch unwirksam, d. h. **schwebend unwirksam**

Teil 4: **schwebend unwirksame Rechtsgeschäfte**

zwei Möglichkeiten:

Die Genehmigung (= nachträgliche Zustimmung) wird vom gesetzlichen Vertreter **erteilt.**

Rechtswirkung
voll gültiges Rechtsgeschäft

Die Genehmigung (= nachträgliche Zustimmung) wird vom gesetzlichen Vertreter **nicht erteilt.**

Rechtswirkung
unwirksames (nichtiges) Rechtsgeschäft

Ausnahme 1
§ 110 BGB: Rechtsgeschäfte, die mit dem **Taschengeld** finanziert werden, sind voll gültige Rechtsgeschäfte. Aber: **Keine Ratengeschäfte erlaubt.**

Ausnahme 2
§ 107 BGB: Rechtsgeschäfte mit **rechtlichen Vorteilen für den Minderjährigen,** z. B. eine Schenkung.

Arbeitsauftrag

Lösen Sie mithilfe der Ausführungen in der **Sachdarstellung** den „Fall Lehmann" (Ausgangssituation).

---

1 Volle Geschäftsfähigkeit besteht nur in Bezug auf die damit zusammenhängenden Rechtsgeschäfte, nicht allgemein.

2.2 Wichtige Vertragsarten im Überblick

Ausgangs-situation

Nach ihrer Ausbildung zur Bankkauffrau hatte die 20-jährige Sabine Schweizer einen Arbeitsplatz bei der Volksbank Böblingen bekommen.

Bisher hatte Sabine noch bei ihren Eltern gewohnt, in einem kleineren Ort in der Nähe von Karlsruhe, wo sie auch ihre Ausbildung absolviert hatte. Um nicht jeden Tag die weite Strecke nach Böblingen fahren zu müssen, entschloss sie sich, dort eine eigene kleine Wohnung zu suchen. In der Böblinger Zeitung stieß sie auch bald auf eine interessant klingende Wohnungsanzeige.

Sabine beschloss sofort einen Besichtigungstermin mit dem Vermieter, Herrn Maier, zu vereinbaren. Nach der Besichtigung war Sabine begeistert und nach einem kurzen Gespräch mit Herrn Maier wurden sie sich auch tatsächlich einig. Sabine würde die Wohnung bekommen und nach Böblingen ziehen.

Um den Umzug gut über die Bühne zu bringen und keine wichtige Erledigung zu vergessen, schrieb sich Sabine eine Checkliste, auf der sie notierte, was sie noch alles zu tun hatte:

Checkliste:

- Möbel Gammerdinger (Einrichtung aussuchen)

- Oma und Tante Sophia besuchen (die sind immer großzügig)

- Schneider Großmann (alte Vorhänge kürzen lassen)

- Maler Rother (Schlafzimmer streichen lassen)

- Elektriker Kraus (Lampen anbringen lassen)

- Kreissparkasse Karlsruhe (Kredit besorgen)

Arbeitsaufträge und Fragen zur Stofferschließung

1. Untersuchen Sie, mit Hilfe der §§ 433, 516, 611, 651, 631, 488, 535 und 581 BGB, welche unterschiedlichen Rechtsgeschäfte Sabine im Rahmen ihres Umzuges abschließt.
Ergänzen Sie die **Arbeitsvorlage** entsprechend dem vorgegebenen Beispiel, indem Sie die verschiedenen Rechtsgeschäfte analysieren.

2. Finden Sie zu jeder der untersuchten Vertragsarten ein weiteres typisches Beispiel.

Arbeitsvorlage: Vertragsarten im Überblick

Art des Rechtsgeschäfts	§§ BGB	Vertragspartner	Pflichten der Vertragspartner	Typisches Beispiel
Kaufvertrag	433	Verkäufer Käufer	V: - Übergabe der Sache und des Eigentums K: - Zahlung des Kaufpreises - Abnahme der Sache	Möbelkauf
	516			
	611			
	651			
	631			
	488			
	535			
	581			

2.3 Angebotsinhalte

Ausgangs-situation

Auszug aus einem Angebotsschreiben der Tuchfabrik Pfeiffer, Paulinenstraße 9, 70178 Stuttgart an die Tuchgroßhandlung Otto Scholz, Gartenstraße 20, 18119 Rostock.

Ihr Zeichen, Ihre Nachricht vom	Unsere Zeichen, unsere Nachricht vom	Telefon, Name 0711 123456	Datum
p/w..-10-05	a/s		..-10-09

Angebot

Wir danken für Ihre Anfrage und bieten an:

①   <u>Kleiderstoffe</u>

Nummer	816	817	818	819	
② Gewicht	500	525	550	575	je lfd. M.
③ zu €	36,50	38,00	40,00	45,00 je m

④ bei einer Mindestabnahme von zwei Ballen zu je 50 m. Bei Bestellung kleinerer Mengen erhöhen sich die Preise um 10 %.

⑤ Für die Verpackung berechnen wir 1 % des Warenwertes.

⑥ Die Preise gelten ab Fabrik.

⑦ Die Tuche Nr. 816 und 817 können sofort geliefert werden, die Auslieferung der Tuche Nr. 818 und 819 kann innerhalb von zwei Wochen nach Bestellungseingang erfolgen.

⑧ Wir gewähren unseren Kunden ein Ziel von zwei Monaten. Bei Zahlung binnen vierzehn Tagen nach Rechnungstellung erhalten Sie 2 % Skonto.

⑨ Erfüllungsort und Gerichtsstand für beide Teile ist Stuttgart.

Mit freundlichen Grüßen
TUCHFABRIK PFEIFFER

ppa. *Schneider*
Schneider

Arbeitsvorlage 1: Der mögliche Inhalt eines Angebots

① _____

② _____

③ _____

④ _____

⑤ _____

⑥ _____

⑦ _____

⑧ _____

⑨ _____

Arbeitsvorlage 2

Wie kann die Übernahme der Beförderungskosten vertraglich geregelt werden?

Versandweg und Versandkosten	Der Verkäufer trägt:	Der Käufer trägt:	vertragliche Klausel[1]:
Verkäufer ➤ Rollgeld Wiegegeld Verladekosten	Kosten	Kosten	① _____ _____
Versandbahnhof ➤ Frachtkosten	Kosten bis _____ _____	Kosten ab _____ _____	② _____ _____
Bestimmungs-Bhf. ➤ Abladekosten Rollgeld	Kosten bis _____ _____	Kosten ab _____ _____	③ _____ _____ _____
Käufer ➤	Kosten	Kosten	④ _____ _____ _____

Regelung Nr. ... entspricht den gesetzlichen Bestimmungen (Transportkostenübernahme beim Versendungskauf).

1 **Einzusetzende Begriffe:**

frei Haus – frei Waggon – ab Fabrik – frei Bestimmungsbahnhof – ab Versandbahnhof – ab Werk – frei Lager – frei dort – ab Lager – frei Keller – frachtfrei – ab hier – unfrei.

Arbeitsvorlage 3

	Welche Vereinbarungen über die Lieferzeit können getroffen werden?			
Lfd.-Nr.	**Beispiele**	**Lieferzeit-klauseln[1]**	**Merkmale des Kaufs**	**Art des Kaufs**
1	Bestellung eines Mercedes-Krankenwagens mit mehreren Spezialvorrichtungen		Die Lieferung erfolgt entweder innerhalb einer vereinbarten Frist oder zu einem bestimmten Zeitpunkt.	**Termin- oder Zeitkauf**
2	Bestellung eines Hochzeits-straußes, Braut-kleids, Tauf-kissens, einer Geburtstagstorte		Das ganze Geschäft steht und fällt mit der Einhaltung des verein-barten Liefertermins, d. h., die rechtzeitige Lieferung ist Hauptbe-dingung des Kaufver-trages (§ 376 HGB).	**Fixkauf**
3	Kauf von Gar-nen durch eine Tuchfabrik (be-schränkte Lager-möglichkeiten)		Der Lieferungszeit-punkt ist in das Er-messen des **Käufers** gestellt, d. h., er ruft die Ware nach Belie-ben in Teilmengen oder als Ganzes ab (unbestimmte Liefer-termine).	**Kauf auf Abruf**
4	Weizenlieferun-gen aus Übersee		Der Lieferungszeit-punkt ist in das Ermes-sen des **Verkäufers** gestellt, d. h., er macht dem Käufer Mitteilung, sobald die Ware bereit-steht (unbestimmte Liefertermine).	**Kauf gegen Andienung**
5	Bestellung eines Gastwirts: 100 hl Bier; monatl. Umsatz: ≈ 12 hl		Die Lieferung erfolgt in Teilmengen zu be-stimmten vertraglich vereinbarten Lieferter-minen.	**Teillieferungs-kauf**

1 **Einzusetzende Lieferzeitklauseln:**

Lieferung in monatlichen Teilmengen von je 12 hl – Lieferung auf Abruf – Lieferung drei Monate nach Auftragserteilung – Lieferung Ende September 20 .. – Lieferung bis zum 5. Oktober spätestens – Lie-ferung am 1. September fest (fix, genau, präzise) – Lieferung je nach Bedarf des Kunden – Lieferung nach Mitteilung des Verkäufers, sobald die Ware bereitsteht – Lieferung von je 10 hl am 1. Montag eines Monats – Lieferung auf Wunsch des Käufers – Lieferung innerhalb von drei Monaten.

Arbeitsvorlage 4

Welche Zahlungsarten[1] gibt es?

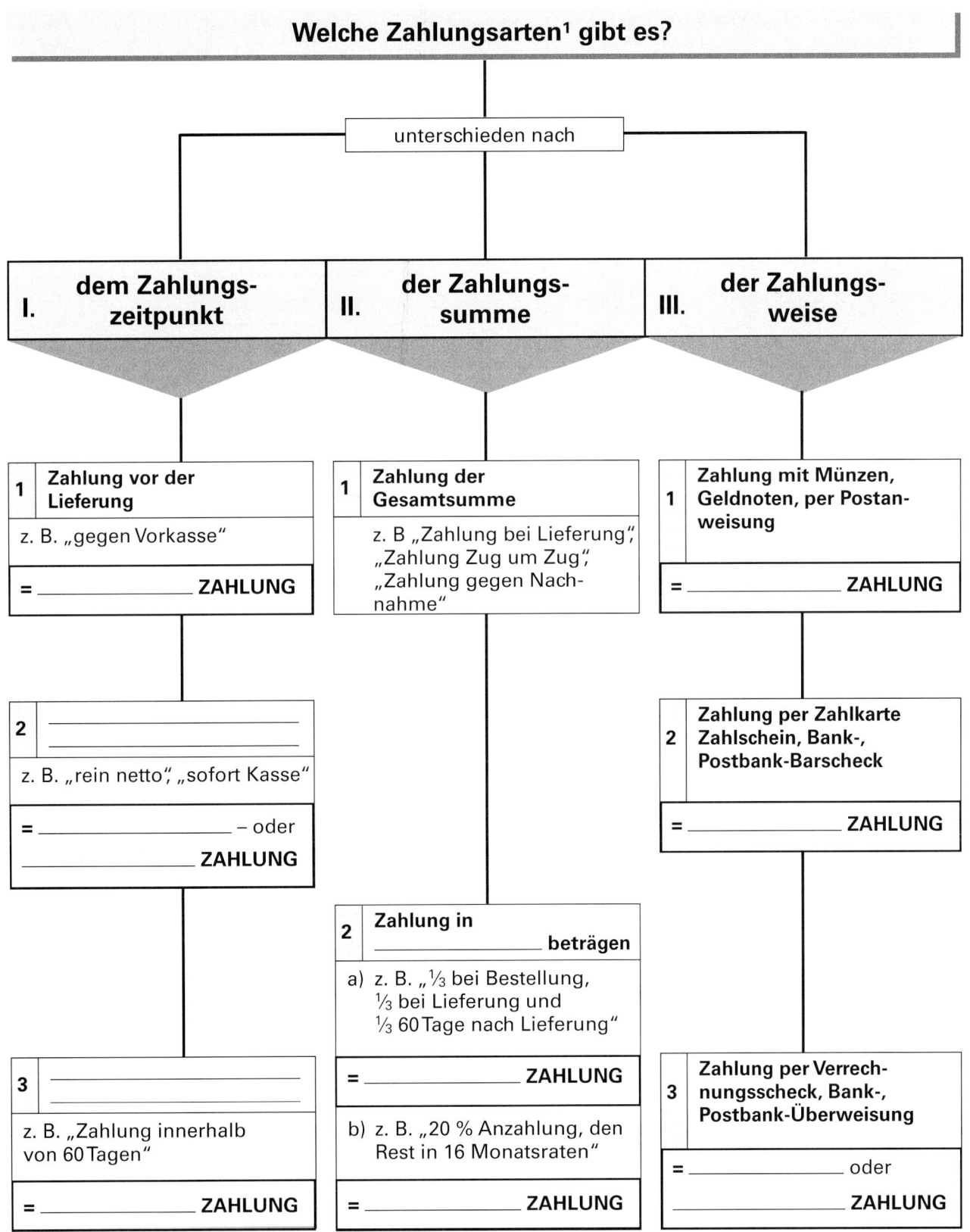

unterschieden nach

I. dem Zahlungszeitpunkt

1 Zahlung vor der Lieferung

z. B. „gegen Vorkasse"

= _____ ZAHLUNG

2 _____

z. B. „rein netto", „sofort Kasse"

= _____ – oder
_____ ZAHLUNG

3 _____

z. B. „Zahlung innerhalb von 60 Tagen"

= _____ ZAHLUNG

II. der Zahlungssumme

1 Zahlung der Gesamtsumme

z. B „Zahlung bei Lieferung", „Zahlung Zug um Zug", „Zahlung gegen Nachnahme"

2 Zahlung in _____ beträgen

a) z. B. „$\frac{1}{3}$ bei Bestellung, $\frac{1}{3}$ bei Lieferung und $\frac{1}{3}$ 60 Tage nach Lieferung"

= _____ ZAHLUNG

b) z. B. „20 % Anzahlung, den Rest in 16 Monatsraten"

= _____ ZAHLUNG

III. der Zahlungsweise

1 Zahlung mit Münzen, Geldnoten, per Postanweisung

= _____ ZAHLUNG

2 Zahlung per Zahlkarte Zahlschein, Bank-, Postbank-Barscheck

= _____ ZAHLUNG

3 Zahlung per Verrechnungsscheck, Bank-, Postbank-Überweisung

= _____ oder
_____ ZAHLUNG

1 **Einzusetzende Zahlungsarten:**

Bar – Bargeld – bargeldlose – gemischte – halbbare – nachträgliche – Raten – Sofort – Teil – unbare – Voraus.

Arbeitsvorlage 5

In welchen Formen kann Rabatt gewährt werden?[1]

| Rabatt | → | = ein **Preisnachlass**, der aus verschiedenen **Gründen**, in verschiedenen **Formen** und zu verschiedenen **Zeitpunkten** gewährt werden kann. |

Gründe der Rabattgewährung

Bar- oder Sofortzahlung

= _____ rabatt (_____)

Bezug größerer Mengen einer Ware

= _____ rabatt

Weiterverkauf einer Ware

= _____ - oder
_____ rabatt

Regelm. Einkauf beim gleichen Lieferer

= _____ rabatt

Zugehörigkeit zu einem bestimmten Personenkreis (z. B. Betriebsangehöriger)

= _____ rabatt

Kauf von Ware außerhalb der Saison

= _____ rabatt

Rabatt aus Anlass eines bestimmten Jubiläums

= _____ rabatt

Rabatt zu besonderen Anlässen, z. B. Schlussverkauf

= _____ rabatt

Formen der Rabattgewährung

● **als Preisnachlass**

Einheitlich für alle Kunden (ohne Rücksicht auf die jeweilige Bestellmenge)

a) _____ rabatt

Gestaffelt je nach Umfang der Bestellung, z. B. bei Abnahme von 100 St. 2,78 €; bei Abnahme von 500 St. 2,50 €.

b) _____ rabatt

● **als Mengennachlass**

= _____ rabatt

2 Unterarten:

a) Beispiel 1: Bei Abnahme von 20 Flaschen eine Flasche gratis.* | _____ -

b) Beispiel 2: Bei Abnahme von 20 Flaschen werden nur 19 berechnet.* | _____ -

* Die gelieferte Menge (21 bzw. 20 St.) ist stets 100 %.

Zeitpunkt der Rabattgewährung

Rabatt, der bei sofortiger Zahlung des Rechnungsbetrages fällig wird.

= _____ rabatt oder _____

Rabatt, der erst nach Ablauf eines Geschäftsjahres fällig wird, z. B. bei Abnahme einer bestimmten Warenmenge oder bei Erzielung eines bestimmten Umsatzes.

= _____ (= nachtr. gewährter Rabatt)

1 **Einzusetzende Rabattarten:**

Barzahlung – Bonus – Draufgabe – Dreingabe – Einheits – Händler – Jubiläums – Mengen – Natural – Personal – Saison – Skonto (2×) – Sofort – Sonder – Staffel – Treue – Vereins – Wiederverkäufer.

Arbeitsvorlage 6

Was versteht man unter dem „Erfüllungsort"?

Arten des Erfüllungsorts

vertraglicher EO

natürlicher EO

gesetzlicher EO

Zwei Möglichkeiten:

■ **EO-Vereinbarung zugunsten des Käufers:** „EO und Gerichtsstand für beide Teile ist der Wohn- oder Geschäftssitz des Käufers."

■ **EO-Vereinbarung zugunsten des Verkäufers:** „EO und Gerichtsstand für beide Teile ist der Wohn- oder Geschäftssitz des Verkäufers."

EO-Vereinbarungen können **ausdrücklich** oder **stillschweigend** getroffen werden.

Der wirtschaftlich Stärkere wird versuchen seinen Wohn- oder Geschäftssitz dem Geschäftspartner als EO vorzuschreiben.

Er kommt dann in Betracht, wenn eine **vertragliche Vereinbarung** über den EO **nicht getroffen** wurde und wenn sich das aus den **besonderen Umständen** oder der **Art des jeweiligen Kaufs** ergibt.

Beispiel: Lieferung von Teer an eine bestimmte Straßenbaustelle.

Er kommt immer dann in Betracht, wenn **weder** ein **vertraglicher noch** ein **natürlicher EO** gegeben ist. Es ist immer der **Wohn- oder Geschäftssitz des Schuldners.** Bei <u>Warenschulden</u> ist es der <u>Wohn- oder Geschäftssitz des Verkäufers</u>, bei <u>Geldschulden</u> der <u>Wohn- oder Geschäftssitz des Käufers.</u>

Bedeutung des Erfüllungsorts

EO: Leistungsort

EO: Ort des Gefahrübergangs

EO: Gerichtsstand (Klageort)

Es ist der **Ort, an dem der Schuldner seine Leistung (Lieferung oder Zahlung) zu bewirken und der Gläubiger sie anzunehmen hat.** Am EO hat der Schuldner seine **Leistungspflicht erfüllt.**

Es ist der **Ort, an dem die** <u>Gefahr (d. h. das Risiko) des zufälligen Untergangs und der zufälligen Verschlechterung</u> **auf den Vertragspartner übergeht.**

Bei <u>Warenschulden</u> ist das der **Wohn- oder Geschäftssitz des Verkäufers.**

<u>Geldschulden</u> müssen nach § 270, Abs. 1 BGB auf Kosten und Gefahr des Schuldners dem Gläubiger übermittelt werden. Geldschulden sind sog. **Bring- oder Schickschulden.** Deshalb ist der EO (Wohn- oder Geschäftssitz des Käufers) in diesem Fall nicht identisch mit dem Ort des Gefahrübergangs (Wohn- oder Geschäftssitz des Verkäufers).

Es ist der **Ort, an dem bei Streitigkeiten aus dem Kaufvertrag die Klage eingereicht und der Prozess durchgeführt** wird (§ 12 f. ZPO).

Geklagt wird an dem für den **Wohn- und Geschäftssitz des Schuldners** zuständigen Gericht.

<u>Von der gesetzlichen Regelung abweichende Gerichtsstandsvereinbarungen</u> sind <u>nur unter Vollkaufleuten</u> (also bei zweiseitigen Handelskäufen) <u>zulässig</u> (§ 38 ZPO).

Arbeitsaufträge und Fragen zur Stofferschließung

1. Leiten Sie aus dem vorstehenden Brief die möglichen Inhalte eines Angebots (Nr. 1 bis 9) ab. **(Arbeitsvorlage 1)**

2. Die QUALITÄT der Ware bestimmt sich im vorliegenden Beispiel nach dem Gewicht der Stoffe. Was gilt, wenn – anders als im vorliegenden Fall – keinerlei Vereinbarungen über die zu liefernde Qualität der Ware im Kaufvertrag getroffen werden? Lösungshinweis: §§ 243 BGB, 360 HGB.

3. Wie nennt man den in Punkt 4 des Angebots vermerkten Zuschlag? Warum wird er erhoben?

4. Beurteilen Sie die im Angebot enthaltene VERPACKUNGSKOSTENregelung mithilfe von § 448 BGB. Unterscheiden Sie hierbei zwischen Aufmachungs-(= Verkaufs- oder Übergabe-)Verpackung und der Versand- bzw. Transportverpackung.

5. Im Hinblick auf die Übernahme der TRANSPORTKOSTEN können im Kaufvertrag unterschiedliche Regelungen getroffen werden.
   a) Beurteilen Sie die Beförderungskostenregelung des Angebots mithilfe von § 448 BGB. Unterscheiden Sie hierbei zwischen Platz- und Versendungskauf.
   b) Verschaffen Sie sich einen Überblick über mögliche Beförderungskostenregelungen im Kaufvertrag, indem Sie im Unterrichtsgespräch mit Ihrem BWL-Lehrer die **Arbeitsvorlage 2** ergänzen. Markieren Sie diejenige Lösung, die der gesetzlichen Regelung entspricht.

6. Auch im Hinblick auf die LIEFERZEIT können im Kaufvertrag sehr differenzierte Regelungen getroffen werden.
   a) Angenommen, im Kaufvertrag wären keine besonderen Lieferzeitregelungen enthalten. Innerhalb welcher Frist müsste dann die Tuchfabrik Pfeiffer liefern? Lösungshinweis: § 271 BGB.
   b) Wie kann man einen Kauf mit gesetzlicher Lieferfrist bezeichnen? Lösungshinweis: Ein solcher Kauf ist innerhalb von einigen Tagen bzw. sofort abzuwickeln.
   c) Vertraglich können sehr unterschiedliche Lieferzeitklauseln vereinbart werden. Sie sind als einzusetzende Begriffe in **Arbeitsvorlage 3** angegeben, ebenso die jeweiligen Kaufarten. Ergänzen Sie die Übersicht über die vertraglichen Lieferzeitvereinbarungen (Arbeitsvorlage 3).

7. Auch die ZAHLUNGSBEDINGUNGEN sind für die Annahme oder Ablehnung eines Angebots von Wichtigkeit.
   a) Verschaffen Sie sich zunächst einen Überblick über die verschiedenen Zahlungsmöglichkeiten, indem Sie **Arbeitsvorlage 4** ergänzen.
   b) Vervollständigen Sie die Übersicht über die verschiedenen Rabattarten **(Arbeitsvorlage 5)**.

8. Abschließend sollten Sie sich noch mit den Ausführungen über den ERFÜLLUNGSORT beschäftigen **(Arbeitsvorlage 6)**. Stellen Sie bei Unklarheiten Fragen an Ihren BWL-Lehrer. Überprüfen Sie sodann Ihr durch Selbststudium angeeignetes Wissen mithilfe folgender Fragen:
   a) Was heißt „Erfüllungsort"? (Drei Angaben)
   b) Was bedeutet „Ort des Gerichtsstands"?
   c) Wonach bestimmt sich der Ort des Gerichtsstands?
   d) Was für eine Art Erfüllungsort- und Gerichtsstandsvereinbarung enthält das vorliegende Angebot? Lösungshinweis: vertragliche bzw. gesetzliche Regelung. Zu wessen Gunsten erfolgt diese Regelung? (Begründung)
   e) Welchen Wortlaut würde eine Erfüllungsort- und Gerichtsstandsvereinbarung zugunsten des Kunden haben?
   f) Angenommen, es wäre über den Erfüllungsort und Gerichtsstand keinerlei Vereinbarung getroffen worden. Welcher Erfüllungsort und Gerichtsstand würde dann gelten? Beschreiben Sie diese Regelung.
   g) Bei der Fahrt nach Rostock erleidet der Fahrer, der mit der Beförderung beauftragten Speditionsfirma einen Herzinfarkt. Die gelieferten Kleiderstoffe werden durch den Unfall völlig unbrauchbar. Muss die Tuchfabrik bei der im Angebot verzeichneten Erfüllungsortregelung nun nochmals liefern?
   h) Wo müsste die Tuchgroßhandlung Scholz klagen, wenn sie der Ansicht ist, ...
      ha) dass die Tuchfabrik Pfeiffer kostenlos Ersatz liefern muss,
      hb) dass der Rechnungsbetrag nicht bezahlt werden muss, weil sie keine Ware erhalten hat?
   i) Warum sind von der gesetzlichen Regelung abweichende Gerichtsstandsvereinbarungen nur unter Kaufleuten zulässig?
   j) Angenommen, die Tuchgroßhandlung Scholz bezahlt den Rechnungsbetrag in der Weise, dass sie das Geld einem inkassoberechtigten Handlungsreisenden der Tuchfabrik Pfeiffer mitgibt, der unterwegs einen tödlichen Verkehrsunfall erleidet. Das Fahrzeug samt dem darin befindlichen Geld werden ein Raub der Flammen. Muss Scholz nochmals zahlen?

2.4   Bindung an ein Angebot

Ausgangs-situation

> Angebot eines Weingroßhändlers (V) an einen Kunden (K): Badischer Qualitätswein, Müller-Thurgau, Bereich Kaiserstuhl-Tuniberg, 2005er, Erzeugerabfüllung. Preis pro Literflasche (ohne Pfand): 3,29 €. Lieferung frei Haus. Zahlung innerhalb von 10 Tagen mit 2 % Skonto oder innerhalb von 30 Tagen rein netto Kasse.

Variationen einer Ausgangssituation

Variante 1: Angenommen, das obige Angebot sei dem Kunden K in Form eines **Briefes,** datiert vom 1. März 20.., unterbreitet worden. Das Angebotsschreiben trifft am 3. März 20.., bei K ein. Am frühen Morgen desselben Tags fährt K eine Woche lang zum Skifahren nach Österreich. Das Angebot bleibt während dieser Zeit ungeöffnet im Briefkasten liegen. Sofort nach seiner Rückkehr aus dem Urlaub bestellt K 500 Flaschen des o. g. Weines entsprechend den Angebotsbedingungen. Muss V liefern?

Variante 2: Angenommen, das obige Angebot sei dem K **telefonisch** unterbreitet worden. Während des Telefongesprächs hat K keinerlei Neigung erkennen lassen, auf das Angebot des V einzugehen. Am nächsten Tag ruft K zurück und erteilt einen Auftrag über 400 Flaschen des angebotenen Weins. In der Zwischenzeit hat aber V sämtliche Vorräte an einen Großkunden verkauft. Muss V liefern?

Variante 3: Angenommen, das obige Angebot enthalte den **Zusatz: „Ohne Gewähr".** Muss V liefern, wenn K rechtzeitig und im Einklang mit den Angebotsbedingungen bestellt?

Variante 4: Angenommen, das obige Angebot enthalte den **Zusatz: „Unverbindlicher Preis".** Muss V zum Angebotspreis liefern?

Variante 5: Angenommen, das obige Angebot enthalte den **Zusatz: „Solange Vorrat reicht".** Muss V auch dann liefern, wenn sämtliche Vorräte verkauft sind?

Variante 6: Angenommen, im obigen Angebot wäre eine **Lieferzeit von 4 Wochen** angegeben, und zwar mit dem **Zusatz: „Ohne Gewähr".** Muss V die Lieferzeit einhalten?

Variante 7: Angenommen, das obige Angebotsschreiben enthalte den **Zusatz: „gültig bis 15. März 20..".** K bestellt am 18. März. Muss V liefern?

Variante 8: Angenommen, das obige Angebot enthalte **differenzierte Preisangaben:**
— bei Abnahme von mindestens 100 Flaschen   Preis 3,29 €
— bei Abnahme von mindestens 500 Flaschen   Preis 3,09 €
K bestellt 200 Flaschen zu je **3,09 €.** Muss V so liefern, wie K bestellt hat?

Variante 9: Angenommen, das obige **Angebot** sei dem K **per Telefax** übermittelt worden. K bestellt 300 Flaschen, und zwar rechtzeitig und in Übereinstimmung mit den Angebotsbedingungen. Die **Bestellung erfolgt per Postkarte.** Ist ein Kaufvertrag zustande gekommen?

Variante 10: Angenommen, K hätte ein briefliches Angebot rechtzeitig und in voller Übereinstimmung mit den Angebotsbedingungen angenommen. K **bestellte** per Brief (Poststempel vom **5. März**). Weil die Postbediensteten gerade streiken, wurde **die Sendung erst am 12. März von der Post an V ausgeliefert.** Die Lagervorräte des V waren an diesem Tag bereits restlos abgebaut. Muss V trotzdem liefern?

Variante 11: Angenommen, der Weingroßhändler V möchte den oben genannten Wein **möglichst schnell verkaufen.** Er **bietet** deshalb seinen **ganzen Lagerbestand von 1 000 Flaschen** nicht nur **einem,** sondern **mehreren Kunden gleichzeitig** an. V ist der Auffassung: „Wer zuerst kommt, mahlt zuerst!"
Muss V liefern, wenn nicht nur ein Kunde, sondern **drei Kunden jeweils 1 000 Flaschen bestellen?**

Variante 12: Angenommen, im **Beispiel 11** bemerkt V am Tag nach dem Absenden der Angebotsschreiben, dass ihm durch sein Vorgehen **in rechtlicher Hinsicht Probleme entstehen** könnten. Er **widerruft** deshalb noch **am selben Tag** alle brieflichen Angebote **per Fax.** Ist V an seine **Angebote gebunden** oder wird er von der Bindung frei?

Sachdarstellung

Beschreibung der einzelnen Angebotsarten

1. Unbefristete Angebote

■ **Angebote unter Anwesenden**

Dazu gehören **alle mündlichen Angebote**, z. B. Angebote, die durch einen Handlungsreisenden oder einen Handelsvertreter (jeweils mit Abschlussvollmacht) abgegeben werden, des Weiteren telefonische Angebote. Nach § 147 Abs. 1 BGB kann ein solches Angebot **nur sofort**, also nur solange das Gespräch dauert, angenommen werden. Der Antrag ist also in dem Moment erloschen, in dem einer der beiden Geschäftspartner den Hörer auflegt.

■ **Angebote unter Abwesenden**

Darunter fallen **alle schriftlichen Angebote**, z. B. briefliche, fernschriftliche, telegrafische Angebote oder Angebote per Telefax.
Nach § 147 Abs. 2 BGB ist der **Anbieter so lange an das Angebot gebunden, wie er unter regelmäßigen Umständen mit dem Eingang einer Antwort** (Bestellung) **rechnen kann**. Bei brieflichen Angeboten gilt folgende Formel: 2 Tage Hinreise des Briefs + 3 Tage Überlegungsfrist für den Kunden + 2 Tage Rückreise = 7 Tage Gesamtgeltungsdauer des Angebots. Die nicht rechtzeitige Bestellung gilt rechtlich als Antrag vonseiten des Kunden (§ 150 BGB). Ein Kaufvertrag kommt in diesem Falle dann zustande, wenn V den Antrag des K annimmt, z. B. indem er liefert oder eine Auftragsbestätigung schickt.

2. Befristete Angebote

§ 148 BGB: Hat der Anbietende eine Frist gesetzt, so ist die **Annahme nur innerhalb dieser Frist** möglich. Die verspätete Bestellung ist ein Antrag des K, der von V angenommen oder abgelehnt werden kann. Mögliche Angebotszusätze: „Bis zum … lieferbar", „Nur noch diesen Monat lieferbar", „Nur noch bis Jahresende lieferbar."

3. Völlig unverbindliche Angebote

Angebote dieser Art enthalten eine sog. **„Freizeichnungsklausel"**, z. B. „freibleibend", „unverbindlich", „ohne Verpflichtung", „keine Gewähr", „ohne Obligo", „ohne Risiko". Solche freibleibenden (völlig unverbindlichen) Angebote stellen eine Aufforderung an den anderen Teil dar seinerseits ein bindendes Angebot zu machen.

4. Teilweise unverbindliche Angebote

■ **Angebote ohne Preisbindung**

Durch Zusätze wie „Preise freibleibend", „Preise ohne Gewähr", „Preise vorbehalten", „unverbindliche Preise" oder Ähnliches schließt der Verkäufer seine Bindung an die angegebenen Angebotspreise aus.

■ **Angebote ohne Mengenbindung**

Mögliche Zusätze: „solange Vorrat reicht", „begrenzter Lagervorrat", „nur in begrenzten Mengen lieferbar." Ist der Vorrat verkauft, besteht für den Verkäufer keine weitere Lieferverpflichtung.

■ **Angebote ohne Lieferzeitbindung**

Es besteht keine Bindung des V in Bezug auf die angegebene Lieferzeit, so z. B. bei Angaben wie „Lieferzeit vorbehalten", „Lieferzeit nicht bindend", „Lieferzeit unverbindlich" im Angebot.

5. Angebote mit erloschener Bindung

■ **Angebote, die mit Änderungen angenommen werden:**

§ 150 Abs. 2 BGB: Eine Annahme, die erweitert, eingeschränkt oder sonstwie abgeändert wird, gilt als Ablehnung des Antrags, verbunden mit einem neuen Antrag. Ein Angebot kann also immer nur so angenommen werden, wie es abgegeben wurde. Es muss sich bei Angebot und Annahme um zwei inhaltlich übereinstimmende Willenserklärungen handeln, wenn ein Kaufvertrag zustande kommen soll.

■ **Angebote, deren Annahme nicht schnell genug übermittelt wird:**

Die Bindung des Verkäufers an sein Angebot erlischt, wenn die Annahme des Antrags nicht auf mindestens gleich schnelle Art und Weise übermittelt wird wie der Antrag selbst.

■ **Angebote, deren Annahme wegen Beförderungsverzögerung zu spät beim Verkäufer eintrifft:**

Trifft eine Bestellung (die Annahme eines Angebots) infolge einer Beförderungsverzögerung verspätet beim Verkäufer ein (erkennbar am Poststempel!), so muss V seinem Kunden unverzüglich den verspäteten Eingang mitteilen. Der Verkäufer wird dann von seiner Lieferpflicht befreit. (§ 149 Abs. 1 BGB)

■ **Angebote, die vom Verkäufer rechtzeitig widerrufen werden:**

Nach § 130 Abs. 1 BGB ist ein Angebot dann wirksam geworden, wenn es dem Empfänger bereits zugegangen ist. Es muss in den Machtbereich des Empfängers gelangt sein, z. B. in seinen Briefkasten. Solange das nicht der Fall ist, kann eine Offerte rechtswirksam widerrufen werden. Der Widerruf sollte aber möglichst vor, spätestens muss er jedoch gleichzeitig mit dem Angebot beim Käufer eintreffen. Um das zu erreichen, sollte für den Widerruf eine schnellere Übermittlungsform als für das Angebot gewählt werden, z. B. Telefon oder Fax.

6. Voll gültige Angebote

Bietet V mehreren Kunden gleichzeitig einen bestimmten Warenvorrat an, so ist er nach § 145 BGB an dieses Angebot gebunden.

 Arbeitsvorlage: siehe folgende Seite.

Arbeitsaufträge

1. Lesen Sie die Ausgangssituation durch und studieren Sie sodann möglichst eingehend die Sachdarstellung. Richten Sie bei Bedarf Fragen an Ihren BWL-Lehrer.

2. Bearbeiten Sie nun die Varianten 1 bis 12 der Ausgangssituation. Stützen Sie sich bei der Erarbeitung der Lösungen auf die Ausführungen der Sachdarstellung. Bei Bedarf wenden Sie sich an Ihren BWL-Lehrer; er wird Ihnen Lösungshinweise geben.

3. Versuchen Sie die durch Selbststudium und Schüler-Lehrer-Gespräche erworbenen Erkenntnisse in der Weise anzuwenden, dass Sie eine Übersicht über die Bindungsformen des Angebots ergänzen **(Arbeitsvorlage).**

Arbeitsvorlage

Ist der Verkäufer an sein Angebot gebunden?

Bindungsformen des Angebots

Angebote mit vollständiger Bindung	Angebote ohne jede Bindung (freibleibende Angebote)
Angebote, die **keinerlei Zusätze** enthalten, durch die die **Bindung** an das Angebot ganz oder teilweise **ausgeschlossen** wird, z. B. _____ _____ _____	Angebote mit einer _____ **klausel,** z. B._____ _____ _____

unbefristete Angebote	befristete Angebote
▨ Angebote unter **An**wesenden, z. B. alle _____ Angebote; Geltungsdauer: nur solange die _____- _____ dauert. ▨ Angebote unter **Ab**wesenden, z. B. _____ Angebote; Geltungsdauer (Brief): _____ Tage.	Die Bindung an das Angebot ist **vollständig,** jedoch nur bis zum angegebenen_____ (zeitliche Einschränkung), z. B. _____ _____ _____

Angebote mit teilweisem Ausschluss der Bindung = teilweise unverbindliche Angebote	Angebote mit erloschener Bindung
▨ Angebote **ohne Preisbindung,** z. B. _____ _____ _____ ▨ Angebote **ohne Mengenbindung,** z. B. _____ _____ ▨ Angebote **ohne Lieferzeitbindung,** z. B. _____ _____ _____ _____ _____	▨ Angebote, dle **mlt Änderungen angenommen** wurden, z. B. mit einem Zahlungsziel von 60 Tagen statt der ursprünglich vorgesehenen _____Tage. ▨ Angebote, deren **Annahme nicht schnell genug übermittelt** wurde, z. B., wenn ein Faxangebot in Form einer _____ lichen Bestellung angenommen wird. ▨ Angebote, deren **Annahme wegen** _____- _____ **verzögerung zu spät** beim Verkäufer **eintrifft.** ▨ Angebote, die vom Verkäufer rechtzeitig _____ werden. Ein Widerruf ist nicht mehr möglich, wenn das Angebot bereits _____ ist.

2.5 Angebotsvergleich

a) Zur Vergrößerung ihrer Produktionskapazität benötigt die Pressenwerke Schneider GmbH & Co. KG in Essen fünf Drehautomaten eines bestimmten Typs. Mithilfe der Anlagen- und der Bezugsquellendatei werden drei Herstellerfirmen ermittelt, die nach einer spezifizierten Anfrage die gewünschten Automaten wie folgt anbieten:

Angebotsinhalte (rechnerische Größen)	F. Heller GmbH, Eisenach (Anbieter A)	Hess. Maschinenbau AG, Offenbach (Anbieter B)	Kreidler & Söhne, Maschinenbau, Kaiserslautern (Anbieter C)
Rechnungspreis Zahlungsbedingungen	80.000,00 € Ziel: 30 Tage, 3 % Skonto bei Zahlung innerhalb von 30 Tagen	84.000,00 €; 5 % Liefererrabatt; Zahlung 30 Tage nach Rechnungseingang; 2 % Skonto bei Zahlung innerhalb von 4 Wochen	78.500,00 € Ziel: 60 Tage rein netto Kasse
Bezugskosten Fracht, Rollgeld	480,00 €	326,00 €	frei Haus
Transportversicherung:	240,00 €	200,00 €	—
Montagekosten	1.280,00 €	1.070,00 €	900,00 €

Lösungshinweise:

— Es wird unterstellt, dass die Pressenwerke Schneider die Möglichkeit des Skontoabzugs nutzen.

— Außerdem wird vorausgesetzt, dass in Bezug auf die technische Leistungsfähigkeit der Drehautomaten, also hinsichtlich des Funktionswerts der Maschinen, keine ins Gewicht fallenden Unterschiede bestehen.

b) Zur Erleichterung der Entscheidungsfindung hat der Einkaufssachbearbeiter Krause für die Geschäftsleitung eine **Tabelle** erstellt, in der **außer dem Bezugspreis** auch **nicht rechenhafte (qualitative) Bestimmungsgrößen** für die Auftragsvergabe vermerkt sind.

Angebotsinhalte (qualitative Aspekte)	Anbieter A	Anbieter B	Anbieter C
Serviceleistungen	kostenlose Inspektion der Maschine sechs Monate nach Inbetriebnahme	ein Jahr Garantie für fehlerfreies Funktionieren des Automaten	drei kostenlose Inspektionen nach Wahl des Käufers
Schulung der Mitarbeiter	eigenes Schulungszentrum, 5-tägige kostenfreie Lehrgänge für die Kundenmitarbeiter	einmalige Unterweisung der Mitarbeiter des Kunden nach der Installation der Maschine (4- bis 8-stündig)	Einführung der Mitarbeiter in einem eintägigen Lehrgang beim Kunden, ausführliches Informationsmaterial für die Lehrgangsteilnehmer
Beratung	Demonstration der Leistungsfähigkeit der Maschine im Schulungszentrum	Besuch von Handlungsreisenden, aufwändiges Prospektmaterial	Besuch von Ingenieuren mit hoher Fachkompetenz, Demonstrationsobjekte (Industrieerzeugnisse)

Angebotsinhalte (qualitative Aspekte)	Anbieter A	Anbieter B	Anbieter C
Wirtschaftlichkeit der Produktion	relativ hoher Energieverbrauch	Verschleißerscheinungen bei hoher Kapazitätsauslastung, relativ hoher Ausschuss	niedriger Maschinenstundensatz (niedrige Produktionskosten)
Lieferzeit	zwei Monate nach Auftragseingang	sechs Wochen nach Bestellungseingang	drei Monate nach Bestellungseingang

Sachdarstellung

1. Gründe für die Durchführung von Angebotsvergleichen

Es gibt gute Gründe dafür, vor der Auftragserteilung an einen bestimmten Lieferer bei mehreren Anbietern einer Ware Angebote einzuholen und die Offerten miteinander zu vergleichen. Unternehmer, die beim erstbesten Anbieter bestellen, laufen nämlich Gefahr, dass sie zu teuer einkaufen. Die zu hohen Beschaffungskosten schmälern unter sonst gleichen Umständen den Gewinn. In Anbetracht der immer stärkeren Globalisierung der Märkte und bei dem damit verbundenen erhöhten Konkurrenzdruck kann durch eine unsachgemäße Beschaffungspolitik letztlich die Existenz eines Unternehmens gefährdet werden.

2. Voraussetzungen für Angebotsvergleiche

Die Durchführung von Angebotsvergleichen hat zur Voraussetzung, dass die zu vergleichende Ware annähernd gleiche Qualität, Beschaffenheit, Aufmachung und Ausstattung usw. aufweist, denn es lässt sich stets nur Gleiches mit Gleichem vergleichen. Ist diese Bedingung in etwa gegeben, so müssen die angegebenen Rechnungs- bzw. Listenpreise, um sie vergleichbar zu machen, auf einen gemeinsamen Nenner gebracht werden. Als solcher gilt der Bezugs- oder Einstandspreis der Ware. Wie er ermittelt wird, ist in **Arbeitsvorlage 1** dargestellt.

3. In den Angebotsvergleich einzubeziehende Faktoren (Kriterien)

Neben rein rechnerischen Gesichtspunkten wie Rabatt, Skonto, Verpackungs- und Beförderungskosten spielen für die Beurteilung eines Angebots auch andere Faktoren eine mehr oder weniger große Rolle, so z. B. die Lieferzeit, die Beratung, die Serviceleistungen, die Schulung der Mitarbeiter, die Finanzierungsmöglichkeiten.

Welchen Faktoren bei der Entscheidung über die Annahme oder die Ablehnung eines Angebots die Hauptbedeutung zukommt, hängt vom Einzelfall ab. Wie noch zu zeigen sein wird, ist die Zahl der Einflussfaktoren auf die Lieferantenauswahl ziemlich groß. Je nach den im jeweiligen Unternehmen bestehenden Verhältnissen werden unterschiedliche Prioritätenskalen bei der Auftragsvergabe maßgeblich sein. Wird z. B. eine Ware dringend benötigt, so muss – auch bei einem höheren Bezugspreis – dem Lieferer mit der kürzesten Lieferzeit der Auftrag erteilt werden. Umsatzeinbußen oder Produktionsstörungen wären sonst die unvermeidliche Folge.

Um im Einzelfall die richtige Entscheidung treffen zu können, bedarf es eines geschulten und erfahrenen Einkäufers. Für welches Angebot er sich im Einzelfall auch entscheidet, die Auftragsvergabe sollte bei aller Subjektivität der Bewertung einzelner Kriterien rational nachvollziehbar sein.

Arbeitsvorlage 1: Ermittlung des Bezugspreises (quantitative Aspekte)

Anbieter / Kalkulation	A	B	C
Rechnungspreis — Liefererrabatt (0/5/0 %)			
Zieleinkaufspreis — Liefererskonto (3/2/0 %)			
Bareinkaufspreis + Fracht, Rollgeld + Transportkosten + Montagekosten			
Bezugspreis			

 Arbeitsvorlage 2: Einbeziehung von qualitativen Aspekten in den Angebotsvergleich
(Berücksichtigung rechenhafter und nicht rechenhafter Gesichtspunkte)

Angebotsinhalte (Bestimmungsfaktoren)	Gew. %	A			B			C		
		R	EP	GP	R	EP	GP	R	EP	GR
Bezugspreis	20									
Serviceleistungen	25									
Schulung der Mitarbeiter	20									
Beratung	15									
Wirtschaftlichk. d. Produktion	12									
Lieferzeit	8									
Summe	100									

Abkürzungen:
Gew. = **Gew**ichtung
R = **R**angordnung (Rang 1, 2 oder 3)
EP = **E**inzel**p**unkte: für Rang 1 = 4 Punkte, für Rang 2 = 2 Punkte, für Rang 3 = 0 Punkte

GP = **G**ewichtete (Einzel-)**P**unkte: Multiplikation der festgestellten Einzelpunkte mit der jeweiligen Gewichtungsprozentzahl

 Arbeitsvorlage 3: Auszug aus einem Zeitungsartikel

Technik allein ist zu wenig
Der Maschinenbau will seine Chancen durch mehr Service verbessern

Frankfurt/Main. Die Technik spielt im Maschinenbau längst nicht mehr die Rolle, die ihr früher zugemessen wurde. Auch der Preis ist in den Augen des Kunden nicht der dominierende Faktor. Bei einer Kaufentscheidung rangieren Beratung, Qualität, Schulung der Mitarbeiter des Kunden weit vor diesen beiden Kriterien, wie unlängst eine Umfrage des Branchenverbandes VDMA ergab. Auch das Gütesiegel „Made in Germany" zieht nicht mehr so wie früher. Konsequenz: Die deutschen Maschinenbauer stellen sich um. Sie müssen sich viel stärker als in der Vergangenheit daran orientieren, was der Kunde mit den Maschinen eigentlich machen will und wie er sie Gewinn bringend einsetzen kann.

(...) Weil die Maschine aber allein nicht genügt, sind längst auch Dienstleistungen rund um das Produkt gefragt und ein entscheidender Wettbewerbsfaktor: Software, Engineering, Beratung, Schulung, Finanzierung, eventuell sogar das Betreiben der Anlagen. Letztlich zeigt sich auch im Verhältnis zwischen Maschinenbauer und Kunde eine ähnliche Entwicklung wie zwischen Autoherstellern und Zulieferern: Es müssen immer mehr Aufgaben des Kunden übernommen werden, will man im Geschäft bleiben.

Dies führt (...) zu einem bislang nicht gekannten Preis- und Wettbewerbsdruck. Andererseits aber eröffnen sich neue Chancen, weil die Technik bei der Entscheidung für den Kauf einer Anlage oder Maschine an Bedeutung verliert. Um die Produktkosten zu senken und im internationalen Wettbewerb zu bestehen, müssen sich die Firmen des deutschen Maschinen- und Anlagenbaus stärker öffnen als bisher und zu Kooperationen untereinander, in Einzelfällen auch mit Kunden bereit sein. Nicht Wissen ist Macht, sondern das Zusammenführen von Wissen, weil es noch mehr Macht schafft, sagt Joachim Achenbach vom Antriebstechnikhersteller Lust. Nur so könnten die Hersteller nicht nur den Bedürfnissen der Kunden gerecht werden, sondern auch das enorme Potenzial zur Kostensenkung, das die Mikroelektronik bietet, wirklich ausschöpfen.

Arbeitsvorlage 4: Nicht rechenhafte (qualitative) Entscheidungsgründe für die Annahme oder Ablehnung eines Angebots

[1] Größerer Werbeaufwand eines Lieferers (größere Vertriebsaktivität)

[2] größerer Bekanntheitsgrad eines Herstellers

[3] höhere Finanzkraft eines Herstellers

[4] kürzere Lieferzeit

[5] Möglichkeit zu Gegengeschäften

[6] höherer Jahresgewinn einer Lieferfirma

[7] günstigerer Standort eines Lieferanten

[8] längere Tradition eines Anbieters (z. B. ein seit über 100 Jahren bestehendes Unternehmen)

[9] größere Zuverlässigkeit des Lieferers (z. B. strikte Einhaltung der vereinbarten Lieferfristen)

[10] höhere Steuerbelastung eines Lieferers

[11] Einhaltung einer gleich bleibenden Qualität der Erzeugnisse (konstanter Qualitätsstandard)

[12] geringere Reklamationsanfälligkeit der Erzeugnisse

[13] das Alter und der Familienstand des anbietenden Unternehmers

[14] kulantes Verhalten des Lieferers bei Reklamationen

[15] höhere Kapitalrentabilität bei einem Lieferer

[16] höherer Auftragsbestand (geringere Kapazitätsreserven) bei einem Lieferer

[17] bessere Wirtschaftlichkeit eines Anbieters

[18] eingehende fachmännische Beratung

[19] Rechtsform des Anbieterunternehmens

[20] Zahl der Mitarbeiter im Anbieterunternehmen

[21] Sicherung der Ersatzteilversorgung

[22] fehlende Mindestabnahmemengen

[23] die Produktionsprogramm- bzw. Sortimentsgestaltung beim Anbieterunternehmen

[24] die Zahl der Tochtergesellschaften eines Herstellerbetriebs

[25] persönliche Bindungen zwischen Besteller und Anbieter

[26] der Marktanteil eines Lieferanten

[27] das Fehlen von vertraglichen Vorbehalten (z. B. Eigentumsvorbehalt)

[28] die Höhe der freiwilligen Sozialleistungen in einem Herstellerbetrieb

[29] das Betriebsklima in einem Anbieterunternehmen

[30] keine Erfüllungsort- und Gerichtsstandsvereinbarungen zuungunsten des Käufers

[31] längeres Zahlungsziel

[32] gut ausgebautes Kundendienstnetz eines Herstellers

[33] der Bekanntheitsgrad der Betriebsfußballmannschaft eines Herstellerbetriebs

[34] Verhinderung von Abhängigkeiten gegenüber einem bestimmten Lieferer

[35] der gute Ruf eines Unternehmens

[36] steigender Aktienkurs einer Lieferfirma

[37] Kapitalbeteiligung an Lieferunternehmen (sog. verbundene Unternehmen)

[38] der Grad der Eigen- bzw. Fremdfinanzierung einer Lieferfirma

[39] politische, religiöse, weltanschauliche Aspekte

[40] die Zahl der Gesellschafter in einer Herstellerfirma

[41] die Umweltverträglichkeit der Produkte

[42] das Unternehmensleitbild (die Unternehmensphilosophie) eines Produzenten

[43] Zertifizierung des Herstellers.

Arbeitsaufträge und Fragen zur Stofferschließung

1. Beschäftigen Sie sich zunächst einmal mit den Ausführungen der Sachdarstellung und beantworten Sie danach folgende Auswertungsfragen:

a) Warum ist es für jeden Unternehmer ratsam, Angebotsvergleiche durchzuführen?

b) Welche Voraussetzung muss gegeben sein, um Angebotsvergleiche durchführen zu können?

c) Welcher gemeinsame Nenner gilt bei Preisvergleichen?

d) Warum ist ein Angebot mit einem niedrigeren Bezugspreis nicht unbedingt das bessere Angebot?

e) Erklären Sie, warum es keine für alle Unternehmen und alle Produkte einheitliche Prioritätsskala der Entscheidungskriterien gibt.

f) „Im Einkauf liegt der halbe Gewinn!" – Was hat diese Aussage mit dem Thema „Angebotsvergleich" zu tun?

g) Welche Anforderungen stellt die Auswahl des besten Angebots an den Einkäufer? (Begründung)

h) Weshalb sollte sich ein Hersteller bei der Beschaffung wichtiger Zulieferteile nicht auf einen einzigen Lieferanten konzentrieren?

2. Ermitteln Sie nun entsprechend den gegebenen Angebotsbedingungen den Bezugspreis der Drehautomaten. (ANGEBOTSANALYSE IM ENGEREN SINNE – **Arbeitsvorlage 1.**)

3. Beziehen Sie in die Entscheidungsfindung auch die in der Ausgangssituation (Teil b) genannten qualitativen Aspekte mit ein (ANGEBOTSANALYSE IM WEITEREN SINNE). Bedienen Sie sich hierbei der **Arbeitsvorlage 2.** Sie enthält alle für die Auftragsvergabe wesentlichen Kriterien, gewichtet nach ihrer Bedeutung für die Pressenwerke Schneider.

a) Ermitteln Sie für jedes einzelne Kriterium zunächst die Rangfolge (1 bis 3), danach die zu vergebenden Einzelpunkte und die gewichteten Punkte.

b) Berechnen Sie anschließend für jedes Angebot die Gesamtpunktzahl.

c) Für welches Angebot werden Sie sich entscheiden? (Begründung)

4. Beurteilen Sie die in den **Arbeitsvorlagen 1 und 2** praktizierte Vorgehensweise, indem Sie mindestens zwei Vor- und Nachteile dieser Entscheidungsmethode herausarbeiten.

5. Schlagen Sie eine Vorgehensweise vor, die von dem dargestellten Verfahren (Arbeitsauftrag 3) abweicht. Begründen Sie die von Ihnen vorgeschlagene Methode der Lieferantenauswahl. Lösungshinweis: Anknüpfungspunkte für eine Modellvariation können die in die Bewertung einbezogenen Bestimmungsfaktoren, ihre Gewichtung oder die Rangordnungsfolge sein.

6. Bisher wurden in die Angebotsanalyse nur kaufmännische Gesichtspunkte einbezogen. Die beim Kauf der Drehautomaten zu berücksichtigenden technischen Aspekte sind Bestandteil einer Wertanalyse.[1] Sie ermittelt den Funktionswert eines Produkts.

a) Lesen Sie den oben stehenden Ausschnitt eines Zeitungsartikels [→ **Arbeitsvorlage 3**] aufmerksam durch und kommentieren Sie das Verhältnis von kaufmännischen und technischen Einflussgrößen bei der Auftragsvergabe.

b) Welche Konsequenzen werden den deutschen Anlagen- und Maschinenbauern aus dem in a) festgestellten Sachverhalt empfohlen?

7. Zwar sind es in der Regel – je nach Produkt und den im jeweiligen Unternehmen herrschenden Verhältnissen – jeweils nur einige wenige Gesichtspunkte, die den Ausschlag für die Auftragsvergabe an einen bestimmten Anbieter geben. Insgesamt gesehen ist jedoch die Zahl der Einflussfaktoren ziemlich groß.

Damit Sie eine Vorstellung von den für die Auftragsvergabe möglicherweise relevanten Bestimmungsfaktoren bekommen, sollten Sie die **Arbeitsvorlage 4** in der Weise bearbeiten, dass Sie die darin enthaltenen „Blindgänger", also alle nicht relevanten Entscheidungskriterien, herausstreichen. Beachten Sie, dass es hierbei „fließende" Übergänge gibt. Begründen Sie gegebenenfalls Ihre Entscheidung.

8. Um in Zukunft die Lieferantenauswahl bei der Beschaffung von Anlagegütern, Roh-, Hilfs- und Betriebsstoffen zu vereinfachen, beauftragt Sie Ihr Chef ein Formblatt zu entwickeln, in dem wichtige Entscheidungsgesichtspunkte samt den jeweiligen Beurteilungen für jeweils zwei Angebote enthalten sind. Versuchen Sie einen solchen Vordruck für Angebotsvergleiche (Checkliste) zu entwerfen. Hierbei können Sie die in **Arbeitsvorlage 4** registrierten Einflussfaktoren in mehrere Gruppen einteilen. Beispiel für die Grobgliederung eines solchen Angebotsvergleichsvordrucks:

I. Allgemeine Angaben zu den Angeboten – II. Preisbestimmende Faktoren – III. Güte und Menge der Ware bestimmende Faktoren – IV. Die allgemeinen Geschäftsbedingungen (AGB) betreffende Faktoren – V. Den Service betreffende Faktoren – VI. Die Person des Anbieters betreffende Faktoren – VII. Sonstige Faktoren – VIII. Entscheidung.

---

1 Vgl. Stierand, Arbeitsmaterialien zur Wirtschaftslehre: Beschaffung, Winklers, Darmstadt 2005, S. 15.

2.6 Die BGB-Vorschriften über Allgemeine Geschäftsbedingungen (AGB)

Ausgangssituation

MÖBELHAUS GLOBAL
... die ganze Welt des Wohnens

Karin Steiner
Holzheimer Straße 32
73037 Göppingen

MÖBELHAUS GLOBAL
Königstraße 24–26
Postfach 12 48
70376 Stuttgart

Telefon: 0711 70128-132

Bankverbindungen:
Volksbank Stuttgart
408 322 (BLZ 600 500 00)
Württembergische Girokasse Stuttgart
844 322 (BLZ 600 512 00)
Postbank Stuttgart
16790-803 (BLZ 600 100 70)

USt-IdNr.: DE 987654321

Telefon und Lieferadresse des Käufers
07161 87004

siehe Anschrift

Bestellnummer	Verkäufer/-in	VK	Datum
123 456	Frau Daniel	28	..-05-18

Pos.	Artikelnummer	Menge	Modellbezeichnung, Modell Holzart, Stoff, Design	Einzelpreis (Euro)	Summe (Euro)
1	825003	1	Stehlampe, Fuß 6016/080, 2-flg., Serienschaltung	483,00	
		1	Schirm	477,00	
2	825093	1	Deckenleuchte, Holzraum	560,00	

Rechnungsbetrag inkl. Mehrwertsteuer		1.520,00

Besondere Vereinbarungen:

Vereinbarter Liefertermin:
ca. 14 Tage

Vereinbarte Zahlungsweise
Barzahlung bei Lieferung (Scheck)

Wir behalten uns die Bestätigung dieses Auftrages vor. Unsere Preise sind Nettopreise bei Barzahlung, verstehen sich also ohne jeden Abzug. Skonti und Rabatte sind durch reelle Preisgestaltung in unserem Nettopreissystem bereits in Abzug gebracht. Unser Fahrpersonal ist verpflichtet, bei Lieferung fällige Beträge zu kassieren.

Hiermit bestelle ich die oben aufgeführten Waren und erkenne den Inhalt der umseitigen Lieferungs- und Zahlungsbedingungen, die Vertragsbestandteil sind, an.

Karin Steiner

Unterschrift des Bestellers

Sachdarstellung

1. Gefährliche und unwirksame Klauseln

In vielen Wirtschaftsbereichen wird versucht den Endverbraucher durch unausgewogene Klauseln in den Allgemeinen Geschäftsbedingungen in seinen Rechten zu beschneiden. Natürlich können nicht sämtliche in der Praxis vorkommenden „faulen" Machenschaften und üblen Tricks in einzelnen Gesetzesvorschriften erfasst werden. Um auch solche AGB-Klauseln aufzufangen, die durch die Einzelregelungen nicht erfasst werden, enthalten die AGB-Vorschriften des BGB eine sog. **Generalklausel.** In der Generalklausel des § 307 BGB wird zum Ausdruck gebracht, dass **AGB-Klauseln unwirksam sind, wenn sie den Vertragspartner des Verwenders entgegen den Geboten von Treu und Glauben unangemessen benachteiligen.**

Die AGB-Vorschriften teilen die AGB-Klauseln in zwei Gruppen ein: **§ 308 BGB** enthält **Klauselverbote mit Wertungsmöglichkeit** und **§ 309 BGB** solche **ohne Wertungsmöglichkeit.** Die erstgenannten Klauseln bezeichnet man auch als „gefährliche Klauseln", weil bei ihnen die Gefahr, dass der Endverbraucher übervorteilt wird, ziemlich groß ist. Doch kommt es auf die Prüfung (Wertung) des Einzelfalles an, ob eine unangemessene Benachteiligung vorliegt oder nicht. Die in § 309 BGB aufgeführten Klauseln sind hingegen <u>absolut verboten</u> und daher ohne Einschränkung unwirksam. Es kommt hier nicht auf die Wertung des Einzelfalles an.

Damit Sie in Zukunft im Wirtschaftsleben Ihre Rechte als Verbraucher wahrnehmen können, sollten Sie natürlich wissen, welche Klauseln in den AGB nicht zulässig sind. Durch insgesamt 15 Rechtsfälle soll Ihnen verdeutlicht werden, was in den AGB alles geregelt werden kann (→ **Arbeitsvorlagen 1 und 2**).

2. Die Bedeutung der AGB im Wirtschaftsleben

AGB finden heutzutage in nahezu allen Bereichen des Wirtschaftslebens Anwendung, so z. B. im Handel, in der Produktion, im Dienstleistungssektor, bei Banken und Versicherungen. Zu den AGB zählen nach § 305 Abs. 1 S. 1 BGB **„alle für eine Vielzahl von Verträgen vorformulierten Vertragsbedingungen, die eine Vertragspartei (Verwender) der anderen Vertragspartei bei Abschluss eines Vertrages stellt".** Das Gegenstück zu den AGB sind die einzelnen ausgehandelten Vertragsbedingungen.

AGB tragen dem Bedürfnis der Wirtschaft nach Standardisierung und Normierung von Kaufvertragsvereinbarungen Rechnung. Durch die weitgehend einheitliche Ausgestaltung von Kaufverträgen wird im täglichen Geschäftsleben eine wesentliche Zeit- und Kostenersparnis erreicht, die über Preisvorteile letztlich auch dem Abnehmer zugute kommt.

<u>Die gesetzliche Regelung der AGB</u> verfolgte das <u>Ziel</u>, „ ... auch bei Verwendung Allgemeiner Geschäftsbedingungen ... zu einem angemessenen <u>Ausgleich der Interessen beider Vertragsparteien</u> zu gelangen". Der Hauptgrund für die gesetzliche Verankerung der AGB war jedoch die <u>Verbesserung des Verbraucherschutzes</u>. „Dies bedeutet allerdings nicht, dass Handelsgeschäfte unter Kaufleuten generell vom Anwendungsbereich dieses Gesetzes ausgenommen sind ... " (Vgl. § 310 S. 1 BGB).

Arbeitsvorlage 1: Rechtsfälle zu § 308 BGB (Klauselverbote mit Wertungsmöglichkeit – gefährliche Klauseln)

[1] Elektromeister E betreibt ein Einmannunternehmen; er führt vor allem Installationsarbeiten durch. Besonders in Zeiten guter Baukonjunktur gerät E häufig in Terminnot. Weil er sich aber Geschäfte nicht entgehen lassen will, nimmt er in seine AGB folgende Klausel auf: „Ausführung der Aufträge baldmöglichst."

[2] Im Pelzwarengeschäft Häfele steigt der Verkauf kurz vor Weihnachten erfahrungsgemäß ziemlich stark an. Es kommt dann regelmäßig zu Lieferungsengpässen und zum Lieferungsverzug mit allen unangenehmen Begleiterscheinungen.

Mehrfach sind schon Kunden wegen Nichteinhaltung der Lieferfrist vom Kaufvertrag zurückgetreten. Um sich vor derartigen Umsatzverlusten zu schützen, schreibt Kürschnermeister H in die auf der Rückseite der Bestellformulare angebrachten AGB folgende Klausel hinein: „Bei Überschreitung des vereinbarten Liefertermins kann uns der Besteller nach Ablauf einer Wartefrist von zwei Monaten eine Nachfrist von sechs Wochen setzen. Erfolgt bis zum Ablauf dieser Nachfrist keine Lieferung, kann der Kunde vom Vertrag zurücktreten."

[3] Die Hausfrau Olga N hat in einem hiesigen Möbelgeschäft eine Kücheneinrichtung mit einer Resopal-Arbeitsplatte bestellt; geliefert wird eine Arbeitsplatte in Schieferausführung zu einem fast doppelt so hohen Preis. Die Kundin verweigert daraufhin die Annahme der Lieferung. In einem anschließenden Telefonanruf macht sie der Inhaber des Möbelgeschäfts darauf aufmerksam, dass er sich in seinen AGB Änderungen hinsichtlich der Ausführungsart und der Farbe vorbehalten habe. Muss Frau N die gelieferte Kücheneinrichtung annehmen und bezahlen?

[4] Frau P hat vor zwei Wochen im Elektrofachgeschäft E eine Waschmaschine für 740,00 € erworben, und zwar gegen Ratenzahlung (400,00 € Anzahlung, den Rest in vier Vierteljahresraten von je 100,00 €). Da ihr Sohn ab sofort kein Schüler-BAföG mehr erhält, ist sie nicht in der Lage, ihren Ratenzahlungsverpflichtungen pünktlich nachzukommen. Sie stellt daher die Waschmaschine dem Elektrogerätehändler zur Verfügung. Er verrechnet die geleistete Anzahlung als Entschädigung für die Benutzung (Wertminderung) des Kaufgegenstands. Frau P hat die Waschmaschine seit dem Kauf insgesamt dreimal benutzt.

[5] Auszug aus den AGB eines Reisebusunternehmens: „Der Veranstalter hat das Recht, fest gebuchte und bereits bezahlte Reisen ohne Angabe von Gründen abzusagen."

 Arbeitsvorlage 2: Rechtsfälle zu § 309 BGB (Klauselverbote ohne Wertungsmöglichkeit – absolutverbotene Klauseln)

[1] „Treten bis zur Auslieferung des Kaufgegenstands Preiserhöhungen ein, so gehen sie zulasten des Käufers." (Autohaus)

[2] „Für Schäden, die bei der Montage von Einrichtungsgegenständen durch Arbeitskräfte unseres Hauses verursacht werden, übernehmen wir keinerlei Haftung." (Möbelfachgeschäft)

[3] „Der Kunde hat nur innerhalb von drei Monaten nach Lieferung das Recht, Gewährleistungsansprüche geltend zu machen." (Textil-Versandhaus)

[4] „Das Recht auf Ersatzlieferung für gelieferte Ware kann nur dann in Anspruch genommen werden, wenn der Rechnungsbetrag in vollem Umfang beglichen wurde."

[5] „Soweit der Kunde Gewährleistungsansprüche in der Weise geltend macht, dass er Nachbesserung verlangt, muss er alle dadurch entstehenden Aufwendungen, insbesondere die Wege-, Arbeits- und Materialkosten, selbst tragen."

[6] „Die von uns gelieferten Glastüren sind stoß- und trittfest. Schadensersatzansprüche wegen eines Materialfehlers können nicht geltend gemacht werden."

[7] „Für Sachmängel, die sich auf die von uns verarbeiteten Rohstoffe beziehen, trägt der Kunde die Beweislast."

[8] „Mängel an den von uns gelieferten Geräten werden kostenlos beseitigt; weitergehende Ansprüche können vom Kunden nicht geltend gemacht werden."

[9] „Im Falle des Lieferungsverzugs kann der Kunde erst nach Ablauf einer Nachfrist von sechs Monaten vom Vertrag zurücktreten oder Schadensersatz wegen Nichterfüllung verlangen."

[10] „Der Käufer ist verpflichtet, den vereinbarten Kaufpreis auch dann zu bezahlen, wenn die gelieferte Ware Mängel aufweist."

© Winklers 360658

Arbeitsvorlage 3:

Die BGB-Vorschriften über allgemeine Geschäftsbedingungen

allgemeine Vorschriften	unwirksame Klauseln	Bedeutung

§ 305 Abs. 1 S. 1 BGB: Was versteht man unter AGB?

– _____

– Sie gelten für _____

§ 305 Abs. 2 BGB: Unter welchen Voraussetzungen werden AGB wirksam?

– _____

– Möglichkeit zur _____
_____
_____

§ 305 c BGB: Was sagen die Bestimmungen zu „überraschenden" (ungewöhnlichen) Klauseln?

Sie werden _____
Vertragsbestandteil.

§ 305 b BGB: Welche Bedeutung haben Individualabreden?

Sie haben gegenüber den AGB den _____

§ 306 BGB: Wie steht es mit der Wirksamkeit des Kaufvertrags bei überraschenden Klauseln?

_____
_____
_____

§ 307 BGB: Was besagt die Generalklausel?

Unwirksam sind alle Klauseln, die einen Vertragspartner entgegen den Geboten
von _____ und
_____ unangemessen
_____

§ 308 BGB: Welche „gefährlichen" Klauseln (mit Wertungsmöglichkeit) können in den AGB stehen?

Beispiele: _____
_____
_____
_____
_____
_____

§ 309 BGB: Was sind absolut verbotene AGB-Klauseln (Klauseln ohne Wertungsmöglichkeit)?

Beispiele: _____
_____
_____
_____
_____
_____

Wo finden AGB Anwendung?

_____
_____
_____
_____

Welche Vorteile ergeben sich aus der Anwendung von AGB?

_____
_____
_____

Welche Nachteile ergeben sich aus der Anwendung von AGB?

_____
_____
_____

Welchen Grundsatz verfolgt das BGB für den Abschluss von Verträgen? Wie verhalten sich die AGB zu diesem Grundsatz?

_____
_____
_____

Welche Zielsetzung verfolgen die AGB-Bestimmungen im BGB?

_____
_____

Arbeitsaufträge und Fragen zur Stofferschließung

1. Befassen Sie sich zunächst einmal mit der Ausgangssituation: Wie kommt im obigen Falle ein Kaufvertrag zustande? (Hinweis: Beachten Sie hierbei einen bestimmten Vermerk auf dem Bestellformular: „Wir behalten uns die Bestätigung dieses Auftrags vor.")

2. Warum mussten in diesem Falle außer der Lieferzeit und der Zahlungsweise keine weiteren Vertragsbedingungen ausgehandelt werden?

3. Welche Sachverhalte können in den AGB geregelt sein? (Acht Beispiele nennen.)

4. Was versteht man unter AGB? Lesen Sie den § 305 BGB.

5. Angenommen, das Einrichtungshaus GLOBAL würde Bestellformulare und Auftragsbestätigungen verwenden, die keinerlei Hinweise auf die AGB enthalten und auf deren Rückseite die AGB nicht abgedruckt sind. Wäre es möglich, dass die AGB trotzdem Vertragsbestandteil sind, weil deren Einbeziehung in der Möbelbranche üblich ist? Lesen Sie § 305a BGB.

6. Zwei Monate nach der Lieferung der Lampen erhält Frau Steiner vom Möbelhaus GLOBAL ein Päckchen mit Spezial-Glühlampen zugeschickt. Die beiliegende Rechnung ist auf den Betrag von 21,90 € ausgestellt. Beim genauen Durchlesen der AGB stellt Frau Steiner fest, dass sie sich ungewollt dazu verpflichtet hat, jährlich einmal eine derartige Sendung abzunehmen. Lesen Sie hierzu § 305c BGB.

7. Im obigen Fall wurde eine Lieferzeit von ca. zwei Wochen vereinbart. Angenommen, in den AGB des Möbelhauses GLOBAL wäre folgende Klausel zu finden: „Lieferzeiten, die mit dem Kunden vereinbart wurden, können bis zu einem Monat überschritten werden, ohne dass der Lieferer in Lieferungsverzug gerät." Lesen Sie hierzu § 305b BGB.

8. Frau Steiner ist über diese Verkaufsmasche des Einrichtungshauses GLOBAL (siehe 6.) so sehr verärgert, dass sie am liebsten den ganzen Kaufvertrag rückgängig machen möchte. Lesen Sie § 306 BGB.

9. Halten Sie die Ergebnisse Ihrer Überlegungen in einer Übersicht über die AGB-Bestimmungen im BGB fest. Teilen Sie diese Übersicht in drei Spalten auf (linke Spalte: Allgemeine Vorschriften, mittlere Spalte: unwirksame Klauseln, rechte Spalte: Bedeutung). Ergänzen Sie zunächst die linke Spalte **(Arbeitsvorlage 3)**

10. Lesen Sie die Sachdarstellung über gefährliche und unwirksame Klauseln (1.).

    a) Wozu bedarf es einer Generalklausel?

    b) Was beinhaltet die AGB-Generalklausel?

    c) Was sind Klauselverbote mit bzw. ohne Wertungsmöglichkeit?

11. Lösen Sie die Rechtsfälle der **Arbeitsvorlage 1**.

12. Bearbeiten Sie sodann die Rechtsfälle **der Arbeitsvorlage 2**.

13. Wiederholen Sie die erarbeiteten Ergebnisse in der Weise, dass Sie die mittlere Spalte der Übersicht über die AGB-Bestimmungen im BGB ergänzen. **(Arbeitsvorlage 3)**.

14. Beschäftigen Sie sich abschließend noch mit der Bedeutung der AGB im Wirtschaftsleben (Sachdarstellung 2.). Beantworten Sie danach die Auswertungsfragen der rechten Spalte der Übersicht über die AGB-Bestimmungen im BGB **(Arbeitsvorlage 3)**.

2.7 Eigentumsvorbehalt

2.7.1 Einfacher (gewöhnlicher) Eigentumsvorbehalt

Ausgangs-situation

Die Cosmetic GmbH, Gera, liefert am 4. Februar 20.. diverse Kosmetikartikel an die Omega Warenhandelsgesellschaft in Schweinfurt. Rechnungsbetrag: 18.175,00 €. Vereinbarte Zahlungsbedingung: „Zahlung gegen Dreimonatsakzept". Die Lieferung der Ware soll unter Eigentumsvorbehalt erfolgen.

Arbeitsvorlage: Die Besitz- und Eigentumsverhältnisse bei diesem Kauf

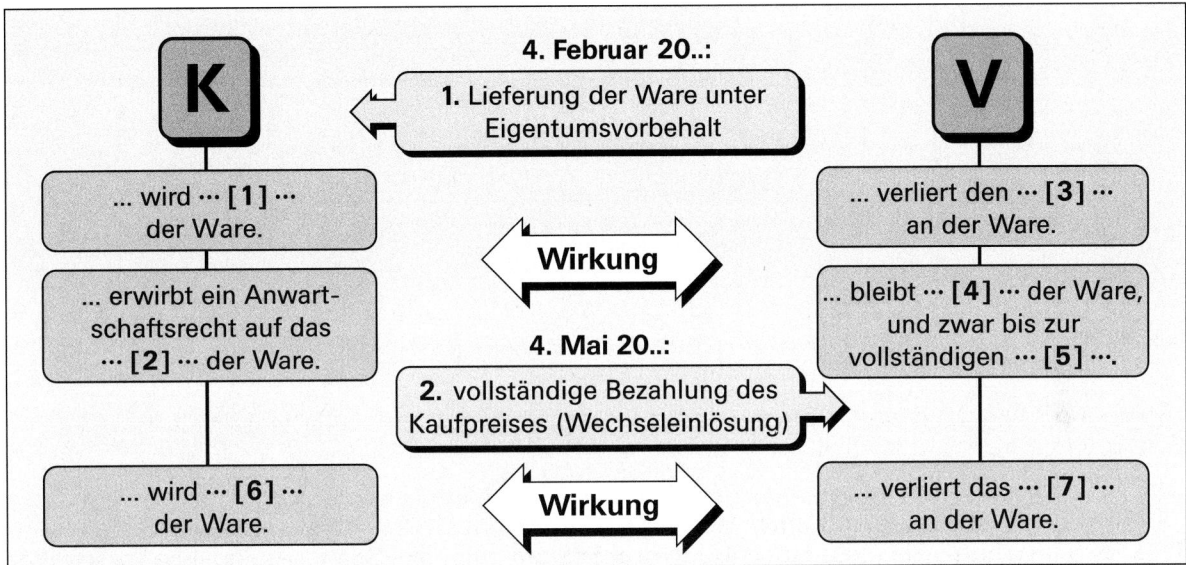

Arbeitsaufträge und Fragen zur Stofferschließung

1. Bei welchen Geschäften der Cosmetic GmbH ist Lieferung unter Eigentumsvorbehalt erforderlich, bei welchen nicht?

2. Welchen Zweck verfolgt die Cosmetic GmbH mit einer solchen Vereinbarung?

3. Wie könnte die Vertragsklausel lauten, durch die ein Eigentumsvorbehalt an der gelieferten Ware vereinbart wird? Nennen Sie zwei Beispiele.

4. Wo sind derartige Vertragsklauseln zu finden?

5. Erläutern Sie die Wirkungen des einfachen Eigentumsvorbehalts anhand der oben stehenden Skizze. Wie lauten die Lösungswörter [1] bis [7]? Notieren Sie die Lösungswörter auf Ihrem Arbeitsblatt.

6. Lesen Sie § 449 BGB. Inwiefern unterscheidet sich die Lieferung von Ware unter Eigentumsvorbehalt von einem gewöhnlichen Barkauf (Zug-um-Zug-Geschäft)?

7. Könnte der Eigentumsvorbehalt auch mündlich (z.B. telefonisch) zwischen dem Marketingleiter der Cosmetic GmbH und dem Einkaufsleiter der Schweinfurter Warenhandelsgesellschaft vereinbart werden? Wenn ja, welchen Nachteil hätte eine solche Vereinbarung?

8. Wie werden die in den Allgemeinen Geschäftsbedingungen der Cosmetic GmbH enthaltenen Klauseln über den Eigentumsvorbehalt Vertragsbestandteil?

9. Angenommen, der Eigentumsvorbehalt sei zwischen den oben genannten Vertragspartnern rechtswirksam zustande gekommen. Welches Recht hat die Cosmetic GmbH, wenn die Warenhandelsgesellschaft den Wechsel am Verfalltag „platzen" lässt, ihn also nicht einlöst? Vergleichen Sie hierzu § 449 BGB.

10. Angenommen, die Omega Warenhandelsgesellschaft gerät nicht nur in Zahlungsverzug, sondern meldet kurze Zeit später auch noch Insolvenz an. Überlegen Sie, wer Eigentümer der gelieferten Ware ist und ob sie Bestandteil der Insolvenzmasse werden kann.

11. Angenommen, ein Gläubiger der Omega Warenhandelsgesellschaft möchte die unter Eigentumsvorbehalt gelieferte Ware pfänden. Geht das?

2.7.2 Verlängerter und erweiterter Eigentumsvorbehalt

Ausgangs-situation

Beispiele für Kreditgeschäfte:

① Die Sächsischen Möbelwerke GmbH, Chemnitz, liefert an die Möbelgroßhandlung Fritz Groß KG, Bayreuth, fünf Schlafzimmereinrichtungen Modell Erzgebirge, Gesamtpreis einschließlich Mehrwertsteuer: 58.650,00 €. Der Besteller beabsichtigt die Möbel so schnell wie möglich weiterzuverkaufen.

② Eine Wollfabrik liefert im Just-in-time-Verfahren täglich größere Mengen Wolle an eine Strickwarenfabrik.

③ Eine Fahrradfabrik liefert 20 Mountainbikes an einen Fahrradhändler, in dessen Lager kurz nach Erhalt der Ware ein Feuer ausbricht, wodurch die gelieferten Räder beschädigt und teilweise sogar ganz vernichtet werden (kein Versicherungsschutz).

④ Ein Feinkosthändler liefert Lebensmittel an ein Hotel, wo sie unmittelbar danach zur Speiseherstellung verwendet werden.

⑤ Eine Glaserei baut Kunststofffenster in einen Neubau ein.

⑥ Eine Süßwarengroßhandlung kauft 500 kg Pfefferminzbonbons mit Schokoladenüberzug, die sie zur Herstellung einer Bonbonmischung verwendet.

Sachdarstellung

Mögliche Vertragsklausel:
Eigentumsvorbehalt bei Weiterverarbeitung der gelieferten Ware

„Der Käufer ist befugt, die unter Eigentumsvorbehalt gelieferte Ware zu verarbeiten. Die Verarbeitung erfolgt durch den Käufer für den Verkäufer. Der Verkäufer erwirbt als Hersteller im Sinne des § 950 BGB das Eigentum an der neuen Ware, während der Käufer die Sache für den Verkäufer in Verwahrung hält."

Arbeitsvorlage 1: Auszug aus den Allgemeinen Geschäftsbedingungen (AGB) der Sächsischen Möbelwerke GmbH, Chemnitz:

§ 7

Wir als Lieferfirma behalten uns gemäß § 449 BGB das Eigentum an den von uns gelieferten Waren bis zur vollständigen Bezahlung des Kaufpreises vor.

§ 8

Der Käufer darf im Rahmen eines ordnungsgemäßen Geschäftsverkehrs über die Ware verfügen, jedoch darf er sie weder verpfänden noch sicherungsübereignen.[1]

§ 9

Die Forderungen des Käufers aus dem Weiterverkauf der Waren werden bereits jetzt zur Sicherheit an uns abgetreten.

§ 10

Der Käufer ist berechtigt, die abgetretenen Forderungen so lange einzuziehen, wie er seinen Zahlungsverpflichtungen uns gegenüber nachkommt. Eingezogene Beträge sind gesondert aufzubewahren und gegebenenfalls sofort an uns abzuführen.

§ 11

Der Käufer ist verpflichtet, uns Zugriffe Dritter auf die Ware oder auf die Forderungen sofort anzuzeigen. Außerdem ist die Ware gegen Feuer und Diebstahl zu versichern. Entsprechende Unterlagen sind uns auf Verlangen vorzuzeigen.

§ 12

Alle gelieferten Waren bleiben so lange Eigentum des Lieferers, bis sämtliche Forderungen, die sich aus der Geschäftsverbindung mit dem Kunden ergeben, ausgeglichen sind.

---

1 Verpfändet oder sicherungsübereignet werden Waren, um Kredite von Banken oder Lieferanten abzusichern. Bei der **Verpfändung** wird der Gläubiger (Kreditgeber) unmittelbarer Besitzer der verpfändeten Sache; Eigentümer bleibt der Schuldner (Kreditnehmer). Bei der **Sicherungsübereignung** erwirbt der Kreditgeber vorübergehend das Eigentum am sicherungsübereigneten Gegenstand, während der Kreditnehmer die Sache weiterbenutzt, also unmittelbarer Besitzer ist.

Arbeitsvorlage 2: Ablaufskizze: Eigentumsvorbehalt bei Weiterveräußerung der gelieferten Ware durch den Käufer

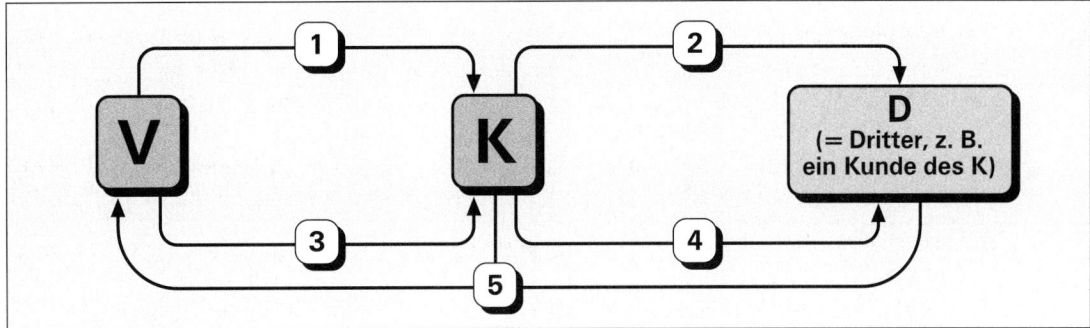

 Arbeitsvorlage 3

Formen des Eigentumsvorbehaltes

einfacher (gewöhnlicher) Eigentumsvorbehalt	verlängerter Eigentumsvorbehalt	erweiterter Eigentumsvorbehalt

ⓥ bleibt so lange **Eigentümer** der verkauften Ware, bis der

_____

endgültig bezahlt ist.

Anwendung bei . . .

– _____

– _____

  oder

– _____

der gelieferten Ware.

ⓚ wird zunächst nur

_____

_____ der Ware.

ⓚ wird zunächst nur

_____

der Ware. Er erwirbt ein

_____ recht

auf das Eigentum.

ⓚ bekommt von **ⓥ** das **Recht eingeräumt,** über die gelieferte Ware in bestimmter Weise zu

_____ .

Der Eigentumsvorbehalt bezieht sich auf

_____ vom Lieferer gelieferten Waren und besteht so lange, bis

_____ noch offen stehende Rechnungen beglichen sind.

Kommt **ⓚ** mit der Zahlung in **Verzug,** kann **ⓥ** vom Vertrag

_____ ,

d. h. _____

verlangen.

ⓥ hat dann einen _____ -

_____ anspruch in Bezug auf die gelieferte Ware.

ⓥ erwirbt ein _____ -

_____ recht

am neuen Produkt (bei Verarbeitung oder

_____),

oder **ⓚ** tritt seine

_____

gegenüber Dritten zur Sicherung an **ⓥ** ab (Bezeichnung:

_____).

Der Eigentumsvorbehalt erlischt somit **NICHT** mit der _____

des Kaufpreises für eine bestimmte Ware, sondern erst beim Ausgleich sämtlicher

_____

_____ .

Arbeitsaufträge und Fragen zur Stofferschließung

1. Stellen Sie bei den sechs oben angeführten Beispielen fest, was mit der gelieferten Ware geschieht, nachdem sie an den Käufer übergeben wurde.

2. Wie steht es in diesen sechs Fällen mit der Wirksamkeit des einfachen Eigentumsvorbehalts? Lösungshinweis: Überlegen Sie, ob ein Rücktritt vom Vertrag (Wandelung) und die Herausgabe der gelieferten Ware in diesen Fällen überhaupt möglich ist. Vergleichen Sie hierzu §§ 346, 946 ff. BGB.

3. Untersuchen Sie, woran sich die Lieferanten in den einzelnen Fällen evtl. schadlos halten könnten. Lösungshinweis: Überlegen Sie, was durch das Vorgehen des Käufers an Neuem entstanden ist. Lösungshinweis zu Fall 5: § 946 BGB.

4. Machen Sie Vorschläge, wie in den obigen Fällen der wirkungslos gewordene einfache Eigentumsvorbehalt durch einen verlängerten Eigentumsvorbehalt ersetzt werden könnte. Vergleichen Sie hierzu § 946 ff. BGB.

5. Im Folgenden soll das 1. Beispiel etwas genauer betrachtet werden.

   a) Angenommen, es wird nur ein einfacher Eigentumsvorbehalt zwischen den Vertragspartnern vereinbart. Kann der Käufer in diesem Falle die Möbel weiterveräußern? Lösungshinweis: Eigentumsverhältnisse klären.

   b) Angenommen, die Möbelgroßhandlung Fritz Groß KG schert sich nicht um solche „juristischen Spitzfindigkeiten" und verkauft die Möbel trotzdem weiter. Kann der Zweitkäufer Eigentümer der Möbel werden, obwohl die Groß KG selbst nicht Eigentümer ist? Lösungshinweis: § 932 BGB.

   c) Was kann vom Lieferer von vornherein getan werden, um solche nicht rechtmäßigen Weiterverkäufe zu verhindern? Lösungshinweis: Lesen Sie den Auszug aus den AGB der Sächsischen Möbelwerke GmbH.
   (Arbeitsvorlage 1)

   d) Warum haben sowohl V als auch K ein Interesse daran, dass die gelieferten Möbel möglichst schnell weiterverkauft werden?

   e) Wozu ist der Käufer gegenüber dem Lieferanten nach den AGB der Sächsischen Möbelwerke verpflichtet, wenn die Ware weiterveräußert wird?

   f) Welche weiteren Pflichten hat in diesem Falle die Fritz Groß KG als Käufer gegenüber dem Lieferer der Möbel?

   g) Betrachten Sie die Ablaufskizze der **Arbeitsvorlage 2**. Sie veranschaulicht den in den §§ 8 bis 11 der AGB (**Arbeitsvorlage 1**) geregelten verlängerten Eigentumsvorbehalt für den Fall, dass der Kunde die bezogene Ware an eigene Kunden weiterveräußert. Benennen Sie die Vorgänge ① bis ⑤.

6. Neben dem verlängerten Eigentumsvorbehalt gibt es auch noch den erweiterten Eigentumsvorbehalt. Er ist in § 12 der abgedruckten AGB (**Arbeitsvorlage 1**) geregelt und wird als Kontokorrentvorbehalt bezeichnet.

   a) Wie unterscheidet sich diese Form des Eigentumsvorbehalts vom einfachen (gewöhnlichen) Eigentumsvorbehalt?

   b) Was muss der Kunde, im Beispiel 1 die Fritz Groß KG, tun, um nach § 12 AGB Eigentümer der gelieferten Waren zu werden?

   c) Welche Vorteile hat die Vereinbarung eines erweiterten Eigentumsvorbehalts für den Lieferanten?

7. Betrachten wir noch kurz das 2. Beispiel. Lesen Sie hierzu die in der Sachdarstellung angeführte Vertragsklausel.

   a) Welches Recht erwirbt bei dieser Form des verlängerten Eigentumsvorbehalts der Lieferer? Wie ist die Rechtsposition des Käufers?

   b) Welche Probleme können entstehen, wenn sich der Eigentumsvorbehalt auf eine Sache bezieht, die später vom Käufer zusammen mit anderen Gegenständen verarbeitet wird?

8. Betrachten Sie abschließend noch Beispiel 6.

   a) Welche Form des Eigentumsvorbehalts kann bei Vermischung der gelieferten Ware vereinbart werden?

   b) Welches Recht hat der Lieferer in diesem Falle?

9. Fertigen Sie eine Übersicht über die verschiedenen Arten des Eigentumsvorbehalts an. (**Arbeitsvorlage 3**).

Handlungsfeld 3: Zahlungsverkehr mit Mahnwesen und Verjährung

3.1 Die Überweisung

Ausgangs-situation

Klaus Turzer ist Lehrer an der Kaufmännischen Berufsschule in Kornwestheim. Um seinen Unterricht aktuell und interessant zu gestalten, hat er sich mehrere neue Bücher beim Winklers Verlag bestellt. Als er diese Bücher erhält, liegt der Rechnung über 95,00 Euro ein Überweisungsvordruck sowie ein Schreiben „Rechnungsausgleich durch Bankeinzug" (s. 3.2 Das Lastschriftverfahren) bei.

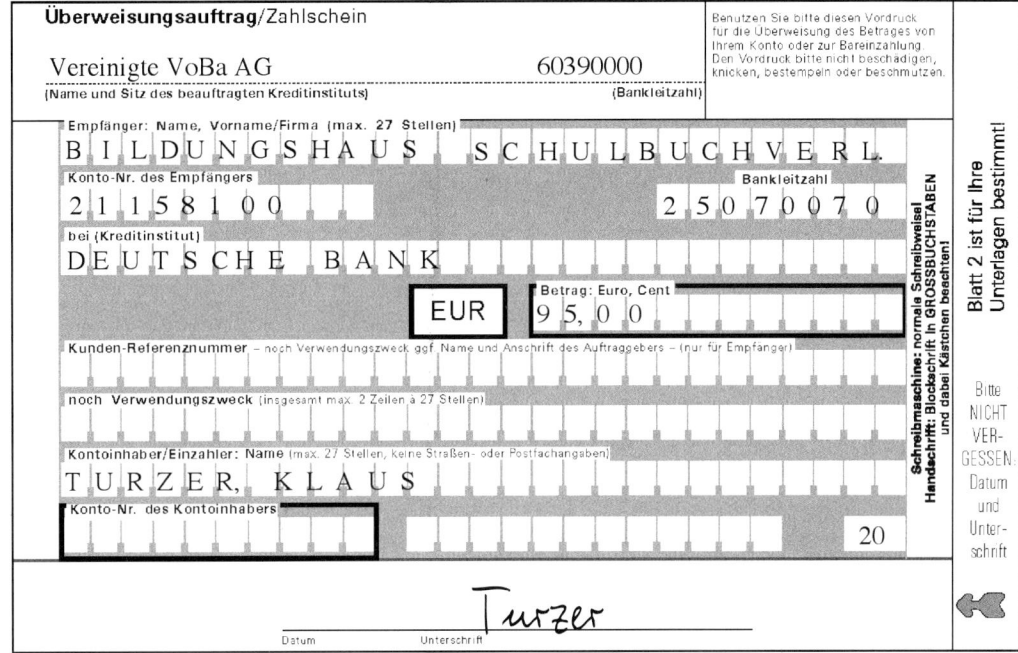

(Klaus Turzer ist Kunde der Vereinigten Volksbank Sindelfingen AG. BLZ: 60390000, Kto.-Nr.: 603968007. Seine Kundennummer beim Verlag lautet: 237449, die Rechnung wurde am 05.06.20.. ausgestellt.)

Sachdarstellung

Die Überweisung ist eine der am häufigsten genutzte, bargeldlose Zahlungsart. Viele Unternehmen fügen für ihre Kunden ihren Sendungen bereits einen vorbereiteten Überweisungsvordruck bei, der alle notwendigen Daten zur Zahlung enthält, der Kunde (Schuldner) muss dann nur noch seine Kontonummer und Bankverbindung ergänzen und den Vordruck mit Datum und Unterschrift versehen.

Durch die Überweisung beauftragt der Schuldner seine Bank, den geschuldeten Rechnungsbetrag von seinem Girokonto abzubuchen und auf das Konto seines Gläubigers zu übertragen.

Hierzu muss der Zahlungspflichtige einen Überweisungsvordurck ausfüllen, der, wie in der Ausgangssituation dargestellt, aufgebaut ist. Auch die Überweisungsmaske beim Onlinebanking ist nach diesem Schema aufgebaut.

Der reale (Papier-)Vordruck besteht in der Regel aus zwei Teilen: dem Original (Deckblatt) und einem Durchschlag, wobei das ausgefüllte Deckblatt der Bank des Schuldners als Buchungsbeleg dient. Den Durchschlag bekommt der Auftraggeber (Schuldner) als Beleg.

Der Zahlungsempfänger bekommt keinen besonderen Gutschriftsbeleg, er kann mithilfe seines Kontoauszugs feststellen, ob eine Gutschrift auf seinem Konto eingegangen ist.

Arten der Überweisung:

Einzelüberweisung

Die Einzelüberweisung entspricht der oben beschriebenen Darstellung.

Sammelüberweisung

Fallen mehrere Überweisungsaufträge an mehrere Zahlungsempfänger an, wie beispielsweise Lohn- und Gehaltszahlungen, kann man diese zu einer Sammelüberweisung zusammenfassen. Hierzu ist ein besonderes Formular notwendig.

Sammelüberweisungen besitzen zum einen den Vorteil, dass der Zahler Zeit und Aufwand spart, weil er nicht jede Überweisung einzeln, sondern nur einmal unterschreiben muss. Daneben sind sie billiger, weil die Bank nur eine Buchung vornehmen muss.

Dauerauftrag

Hierbei erteilt der Zahlungspflichtige seiner Bank einmal den Auftrag, regelmäßig von seinem Konto einen feststehenden Betrag zu einem bestimmten Termin auf das Konto des Zahlungsempfängers zu überweisen. Der Dauerauftrag ist gut geeignet für regelmäßig wiederkehrende Zahlungen, deren Höhe sich nicht verändert, wie z. B. Mietzahlungen, Nebenkosten ...

 Arbeitsvorlage

Schritte beim Ablauf des Zahlungsvorgangs bei einer klassischen Überweisung

Das mit der Unterschrift des Schuldners versehene Deckblatt verbleibt in der Bank des Zahlers als Buchungsbeleg.

Dem Schulnder wird der überwiesene Betrag belastet. Der Zahlungsempfänger entnimmt seinem Kontoauszug die dazugehörige Gutschrift. Sein Kontoauszug informiert ihn außerdem über Herkunft und Zweck der Zahlung.

Der Schuldner füllt den Überweisungsvordruck aus und unterschreibt ihn.

Die Bank des Schuldners erteilt (über die zuständigen Zentralen) der Bank des Zahlungsempfängers den Auftrag, dem Zahlungsempfänger den Überweisungsbetrag gutzuschreiben.

Der Zahlungspflichtige gibt den Überweisungsvordruck mit oder ohne Durchschlag am Bankschalter ab oder wirft ihn in den Briefkasten seiner Bank ein.

Arbeitsaufträge und Fragen zur Stofferschließung

Beschäftigen Sie sich zunächst mit der Ausgangssituation und den Informationen der Sachdarstellung und bearbeiten Sie anschließend die folgenden Fragen:

1. Welche Voraussetzungen sind notwendig, um eine Zahlung per Überweisung durchführen zu können?

2. a) Bringen Sie die in der **Arbeitsvorlage** beschriebenen Schritte in die richtige Reihenfolge, indem Sie ihnen die Nummern 1 bis 5 zuordnen.

b) Erklären Sie in eigenen Worten den Ablauf einer Online-Überweisung.

3. Füllen Sie den Überweisungsvordruck der Ausgangssituation mithilfe der angegebenen Daten aus.

4. Beschäftigen Sie sich mit der Bedeutung der Überweisung, indem Sie sich drei Vorteile gegenüber einer Barzahlung überlegen.

5. Beschreiben Sie die möglichen Arten der Überweisung.

6. a) Überlegen Sie sich fünf Beispiele, für die ein Dauerauftrag eine sinnvolle Zahlungsart darstellen würde.

b) Überlegen Sie sich drei Beispiele, für die ein Dauerauftrag nicht geeignet wäre.

3.2 Das Lastschriftverfahren

Neben dem Überweisungsvordruck enthielt die Büchersendung folgendes Schreiben von Winklers an Herrn Turzer:

Rechnungsausgleich durch Bankeinzug

Sehr geehrte Damen und Herren,

Sie wissen: Zeit ist Geld! Warum also nicht unsere Rechnungen durch Bankeinzug begleichen?

Durch das Bankeinzugsverfahren ersparen Sie sich die Überwachung Ihrer Zahlungstermine, das Ausschreiben und Versenden von Schecks oder Überweisungsaufträgen und den Ärger über Zahlungserinnerungen.

Wenn Sie diese Vorteile nutzen wollen, dann senden Sie die anhängende Einzugsermächtigung bitte ausgefüllt zurück.

Eine kleine Mühe, die sich bezahlt machen wird. Besten Dank dafür im Voraus.

Mit freundlichen Grüßen

Bildungshaus Schulbuchverlage
Westermann Schroedel Diesterweg
Schöningh Winklers GmbH

Bitte hier abtrennen!

Einzugsermächtigung

Hiermit ermächtige(n) ich/wir Winklers, Braunschweig, die von mir/uns zu entrichtenden Zahlungen ab sofort bei Fälligkeit zulasten meines/unseres Kontos

Nr. _____   Bankleitzahl _____

bei _____
(genaue Bezeichnung des kontoführenden Geldinstituts)

mittels Lastschrift einzuziehen. – Dieser Auftrag ist jederzeit widerruflich.

Wenn mein/unser Konto die erforderliche Deckung nicht aufweist, besteht keine Verpflichtung zur Einlösung durch das Geldinstitut.

Bildungshaus Schulbuchverlage
Westermann Schroedel Diesterweg
Schöningh Winklers GmbH
Postfach 33 20
38023 Braunschweig

Kunden-Nr.

Absender
(bitte in Blockschrift)

Name: _____

Straße: _____

PLZ/Ort _____

Datum/Unterschrift des Kto.-Inhabers oder Bevollmächtigten

Sachdarstellung

1. Wesensmerkmale

- Lastschriften sind **Einzugspapiere**, die **bei Sicht**, d. h. bei Vorlage, zahlbar sind; Teilzahlungen sind nicht zulässig.

- Die **Initiative** geht bei diesem Verfahren – im Gegensatz zum Dauerauftrag – vom **Zahlungsempfänger** aus. (Vergleichen Sie hierzu die Ausgangssituation.)

- **Anwendung** findet dieses Verfahren bei der Abbuchung von Beträgen in regelmäßiger oder unregelmäßiger Folge sowie in gleich bleibender oder wechselnder Höhe.

2. Die Abwicklung des Lastschrifteinzugs

① In einer „Vereinbarung über den Einzug von Forderungen mittels Lastschriften" verpflichtet sich der Zahlungsempfänger gegenüber seiner Bank nur solche Lastschriften einzureichen, für die eine Einzugsermächtigung des Zahlungspflichtigen vorliegt.

② Abmachung über den Lastschrifteinzug zwischen Zahler und Zahlungsempfänger. Die erste Inkassostelle (Bank des Zahlungsempfängers) wird durch den Zusatz „Einzugsermächtigung des Zahlungspflichtigen liegt dem Zahlungsempfänger vor" informiert; er ist rechts oben auf dem Lastschriftzettel aufgedruckt.

③ Der Zahlungsempfänger übersendet Magnetbänder oder Disketten mit Begleitmaterial an seine Bank.

④ Die mit dem Lastschrifteinzug beauftragte Bank erteilt ihren Kunden eine Kontogutschrift mit dem Zusatz „Eingang vorbehalten" („E.v."). Dieser Zusatz gibt der Inkassostelle das Recht Gutschriften rückgängig zu machen, wenn die Lastschrift vom Zahlungspflichtigen nicht eingelöst wird.

⑤ Die Lastschriftdaten werden mittels Datenfernübertragung über eine oder mehrere Zentralstellen zur Zahlstelle weitergeleitet. Das Inkasso der Lastschriften erfolgt grundsätzlich nach den Regeln des Überweisungsverkehrs, jedoch in umgekehrter Richtung, d. h. von der Bank des Zahlungsempfängers zur Bank des Zahlungspflichtigen.

⑥ Die Zahlstelle belastet das Konto des Zahlungspflichtigen, der seinerseits die Kontobelastung aus einem Kontoauszug entnehmen kann.

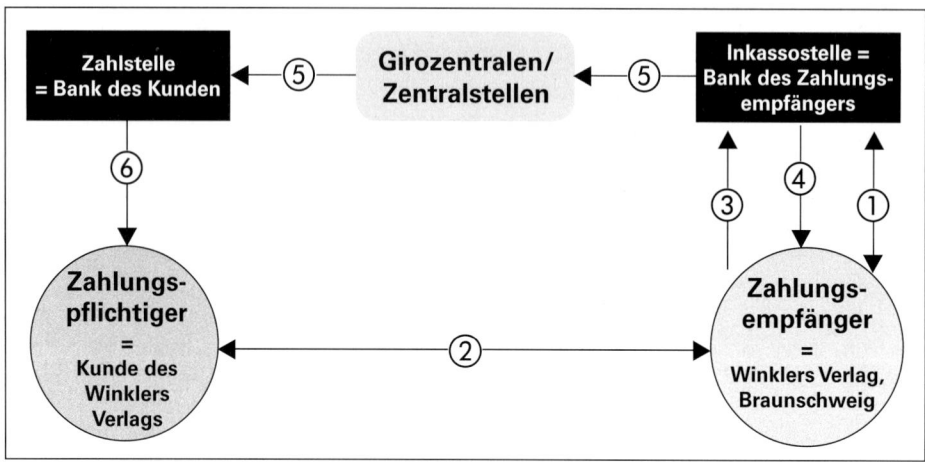

3. Formen des Verfahrens

▪ Beim **Einzugsermächtigungsverfahren** ermächtigt der Zahlungspflichtige den Zahlungsempfänger bestimmte Beträge durch Lastschriften einzuziehen. (Vergleichen Sie hierzu die Ausgangssituation.)

▪ Beim **Abbuchungsverfahren** ermächtigt der Zahlungspflichtige seine Bank, ohne vorherige Rückfrage Lastschriften eines bestimmten Zahlungsempfängers von seinem Konto abzubuchen.

Das Einzugsermächtigungsverfahren hat gegenüber dem Abbuchungsverfahren die größere praktische Bedeutung, weil es dem Zahlungspflichtigen das Recht einräumt, der vorgenommenen Belastung seines Kontos innerhalb von sechs Wochen zu widersprechen.

⌐ Arbeitsvorlage 1: Beispiele für Zahlungen

Lfd.-Nr.	Zahlungen	D	L	K
1	Hausratversicherung (vierteljährliche Zahlung)			
2	Kfz-Steuer (halbjährlich)			
3	Ausgleich von Verbindlichkeiten an einen Lieferer, zu dem regelmäßige Geschäftsverbindungen bestehen			
4	Monatsmiete für die Wohnung des Geschäftsinhabers			
5	Fernsprechgebühren (monatlich)			
6	Beitrag zur Industrie- und Handelskammer (vierteljährlich)			
7	Gasrechnung (monatlich, pauschal)			
8	Abführung der Sozialversicherungsbeiträge der Arbeiter und Angestellten			
9	monatliche Einzahlung von 100,00 € auf das Sparkonto			

Lfd.-Nr.	Zahlungen	D	L	K
10	Bezahlung eines Unfallschadens			
11	monatliche Rückzahlung eines Bankdarlehens (10 % der Darlehenssumme; 8 % Zins und 2 % Tilgung)			
12	vierteljährliche Zahlung der Bankzinsen für einen Kredit in laufender Rechnung			
13	Schulgeld für das Internat des Kindes			
14	Vereinsbeitrag (vierteljährlich 25,00 €)			
15	Kraftfahrzeugreparatur (während einer Geschäftsfahrt)			
16	Zeitschriftenabonnement (vierteljährlich)			
17	Abführung der Lohnsteuerabzüge der Arbeiter und Angestellten an das Finanzamt			
18	Ratenzahlungen für eine Kücheneinrichtung			
19	Bezahlung einer Maschinenreparatur (einmalige Angelegenheit)			
20	Beiträge zur Lebensversicherung			
21	Wasserrechnung (vierteljährlich, pauschal)			
22	Rundfunkgebühren			
23	Miete für einen Lagerraum			
24	Gewerbesteuernachzahlung			
25	Bausparkassenbeiträge			
26	Zeitungsanzeige (Werbung, einmalig)			
27	Begleichung der Rechnung für neu angeschafften Computer			
28	Spende aus Anlass einer Erdbebenkatastrophe in Nordafrika			
29	Abführung der vermögenswirksamen Leistungen für Arbeitnehmer (Ratensparvertrag)			
30	monatliche Umsatzsteuervorauszahlung an das Finanzamt			

 Arbeitsvorlage 2

Die Bedeutung des Lastschriftverkehrs[1]

a) Vorteile für den Zahlungspflichtigen

- Da sich das Ausschreiben und Versenden von Schecks und Überweisungen erübrigt und weil beim Lastschriftverfahren in hohem Maße die Datenverarbeitung eingesetzt wird (Datenträgeraustausch), erzielt er eine .... ersparnis.

- Da Lastschriftbuchungen häufig mit einer geringeren Gebühr als Überweisungsbuchungen belegt sind und da außerdem die Versandkosten von Schecks und Überweisungen entfallen, erreicht er eine .... ersparnis.

- Da er seine Zahlungstermine nicht mehr überwachen muss, ergibt sich für ihn eine weitere .... ersparnis.

- Da es nicht vorkommen kann, dass er wegen verspäteter Zahlung Skonti, Rabatte oder den Versicherungsschutz verliert, werden auf diese Weise auch Vermögens .... verhindert.

- Da er eine durch Einzugsermächtigung (nicht durch Abbuchungsverfahren) vorgenommene Lastschrift innerhalb von sechs Wochen an den Zahlungsempfänger zurückgeben kann, besteht für ihn keine Gefahr, dass sein Konto eine falsche .... erfährt.

1 **Einzusetzende Begriffe:**
   Arbeit (2 mal) – Buchhaltung – Buchung – Druck – Finanz- (Geld-, Kredit-) – Kosten – Liquidität (2 mal) – Mahn- – Mittel – Rechnung – Spielraum – Verluste (Schäden, Einbußen) – Zeit.

b) Nachteile für den Zahlungspflichtigen

- Da der Kontoinhaber stets für ausreichende Deckung auf seinem Konto sorgen muss, wird durch Lastschriften sein finanzieller .... eingeengt.
- Da der Zahlungsempfänger bestimmt, wann bestimmte Zahlungen zu leisten sind, hat der Zahlungspflichtige keine Möglichkeit mehr, bei .... engpässen seine Zahlung evtl. ein bisschen hinauszuschieben.
- Bei mangelhafter oder verspäteter Lieferung hat der Zahlende beim Abbuchungsverfahren keine Möglichkeit mehr, auf den Lieferer einen gewissen .... auszuüben, indem er die Zahlung zurückbehält.

c) Vorteile für den Zahlungsempfänger

- Da er selbst den Zahlungszeitpunkt bestimmt, kann der Zahlungsempfänger leichter mit seinen finanziellen .... disponieren.
- Da er bei Einreichung der Lastschriften sofort eine Gutschrift „Eingang vorbehalten" erhält, verbessert sich dadurch seine ....lage. Sein ....bedarf wird dadurch geringer.
- Da die erforderlichen Rechnungsdaten in der Lastschrift enthalten sind, erübrigt sich die Zusendung einer besonderen .... Dadurch wird der „Papierkrieg" im Rechnungswesen wesentlich verringert.
- Da alle Zahlungseingänge an einem Tag gebucht werden können, vereinfacht sich dadurch auch die Debitoren...........................
- Da die Zahlungseingänge anhand der zurückgegebenen Lastschriften problemlos kontrolliert werden können, vereinfacht sich auch das ....wesen.

Arbeitsaufträge und Fragen zur Stofferschließung

1. Beschäftigen Sie sich mit der Ausgangssituation und der nachfolgenden Sachdarstellung.

    a) Wer ermächtigt hier wen, wenn die vorgedruckte Einzugsermächtigung unterschrieben und an den Absender zurückgesandt wird?

    b) Wie nennt man dieses Verfahren?

    c) Wie unterscheidet sich dieses Verfahren vom Dauerauftrag? (Drei Angaben)

    d) Wie unterscheidet sich dieses Verfahren vom Abbuchungsverfahren?

    e) Warum ist für die Verlagskunden eine Unterschrift auf dem zugesandten Vordruck ohne Risiko?

    f) Wie sichert sich die Bank des Zahlungsempfängers gegenüber ihrem Kunden ab?

2. Wie unterscheiden sich Lastschriften von Überweisungen?

3. Was bedeutet eine Gutschrift mit dem Zusatz „E. v."?

4. Beschreiben Sie mithilfe der vorstehenden Skizze und der Ausführungen im Abschnitt 2 der Sachdarstellung die Abwicklung des Lastschrifteinzugs.

5. Kennzeichnen Sie die unten angeführten Beispiele für Zahlungen (**Arbeitsvorlage 1**) danach, ob sie im Dauerauftragsverfahren (D), im Lastschriftverfahren (L) oder in keinem von beiden Verfahren (K) ausgeführt werden können.

    Lösungshinweis: Ein Dauerauftrag ist immer dann anzugeben, wenn dies von den sachlichen Voraussetzungen her möglich ist.

    Lösungsbeispiel: (1)/D

6. Beschäftigen Sie sich mit der Bedeutung des Lastschriftverfahrens, indem Sie den Text der **Arbeitsvorlage 2** ergänzen. Vergleichen Sie mit diesem Text die in der Ausgangssituation aufgeführten Vorteile des Lastschrifteinzugs.

7. Wie würden Sie sich nun, nachdem Sie über das Lastschriftverfahren genauestens Bescheid wissen, als Kunde des Winklers Verlags entscheiden? (Begründung)

3.3 Die Bankkarte

Ausgangs-situation

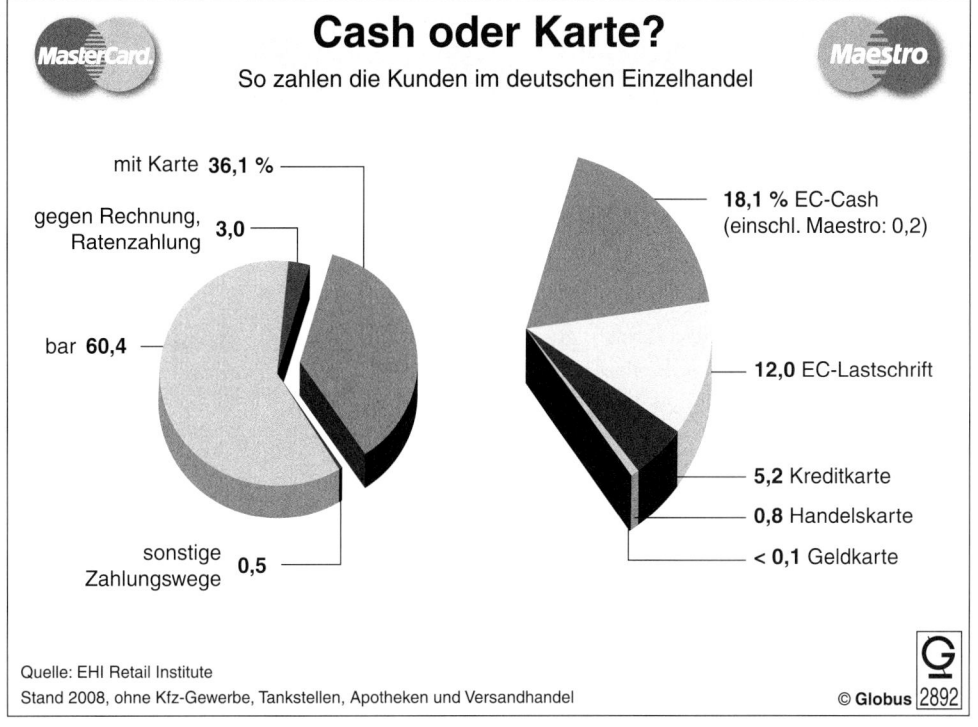

Cash oder Karte?
So zahlen die Kunden im deutschen Einzelhandel

mit Karte **36,1 %**

gegen Rechnung, Ratenzahlung **3,0**

bar **60,4**

sonstige Zahlungswege **0,5**

18,1 % EC-Cash (einschl. Maestro: 0,2)

12,0 EC-Lastschrift

5,2 Kreditkarte

0,8 Handelskarte

< 0,1 Geldkarte

Quelle: EHI Retail Institute
Stand 2008, ohne Kfz-Gewerbe, Tankstellen, Apotheken und Versandhandel
© Globus 2892

Sachdarstellung

1. Gundsätzliches zur Bankkarte

Die Bankkarte, je nach ausgebendem Kreditinstitut auch EC-Karte oder Maesto-Karte ge-nannt, ist eine in Deutschland sehr gebräuchliche Art bargeldlos zu bezahlen.

Mit Geheimzahl (PIN = Personal Identification Number) ausgestattete Bankkarten sind in Deutschland am meisten verbreitet. Ihre Nutzungsmöglichkeiten sind vielfältig. Beispiels-weise kann an Geldautomaten Bargeld vom Girokonto abgehoben werden, an elektroni-schen Kassen kann mit PIN oder Unterschrift bargeldlos bezahlt werden sowie kann die Zahlung mithilfe der integrierten Geldkarte erfolgen.

Das Maestro-Logo auf der Karte signalisiert, dass mit ihr weltweit an so genannten Akzep-tanzstellen bezahlt werden kann.

Die Kosten der bargeldlosen Zahlung trägt der Zahlungsempfänger, für den Kartennutzer ist sie kostenfrei.

2. Voraussetzungen für den Erwerb einer Bankkarte

für den Kartennutzer

▨ Angabe eines Girokontos, über das die Zahlungen abgewickelt werden

▨ Antrag für eine Bankkarte bei der Hausbank

für einen Händler

▨ Händler muss offizielle Akzeptanzstelle werden. Dafür muss er einen Händlervertrag mit einer Bank bzw. einem anerkannten Dienstleister abschließen. In diesem Vertrag erklärt sich der Händler bereit, die Bankkarte als Zahlungsmittel zu akzeptieren.

▨ Der Händler muss ein Terminal mit PIN-Pad erwerben oder mieten.

▨ Der Händler muss das Karten-Logo (z. B. Maestro) in seiner Geschäftsstelle für Kunden sichtbar anbringen.

Arbeitsvorlage: Elemente der Karte

Karten-Vorderseite

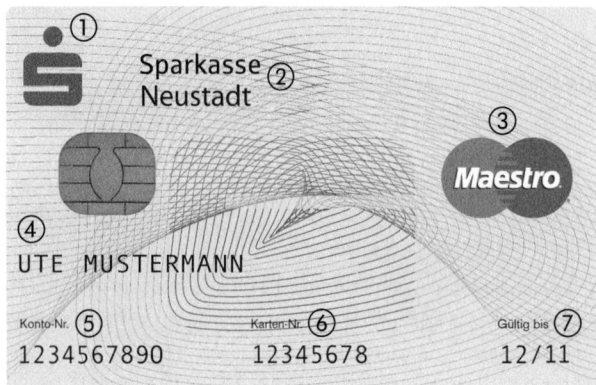

① _____   ⑤ _____

② _____   ⑥ _____

③ _____   ⑦ _____

④ _____

Karten-Rückseite

Bei Kartenvorlage werden Kartendaten, PIN und Verfügungsrahmen vom Magnetstreifen (alternativ: vom Chip) abgelesen.

① _____   ③ _____

② _____   ④ _____

3. Zahlungsmöglichkeiten mit der Bankkarte

a) Electronic-Cash (POS-Zahlung)

Hierbei erfolgt die Zahlung direkt im Geschäft, also am Ort des Verkaufes. Nachdem der Karteninhaber seine PIN eingegeben hat, wird über das zuständige Rechenzentrum seiner Bank online geprüft, ob Karte und PIN übereinstimmen, die Karte nicht gesperrt ist und die Kontodeckung ausreicht. Ist dies der Fall, wird die Zahlung innerhalb weniger Sekunden freigegeben und ausgeführt.

b) Elektronisches Lastschriftverfahren (ELV)

Das Elekrtonische Lastschriftverfahren ist dem in Kapitel 6.2 dargestellten „klassischen" Lastschriftverfahren sehr ähnlich. Im Geschäft wird die Bankkarte eingelesen, woraufhin ein Lastschriftbeleg ausgedruckt wird, den der Karteninhaber unterschreiben muss. Mit seiner Unterschrift erteilt er dem Zahlungsempfänger eine Einzugsermächtigung über den Rechnungsbetrag. Seine PIN-Nummer muss der Kunde nicht angeben, auch fehlen bei diesem Verfahren die Überprüfung der Zahlungsfähigkeit oder Kartensperrung. Für den Zahlungsempfänger ist es somit mit dem Risiko verbunden, dass er den Rechnungsbetrag nicht einziehen kann.

c) Zahlung mit der Geldkarte (Chip), „elektronische Geldbörse"

Der Chip auf der Geldkarte kann an speziellen Ladegeräten (Ladeterminals), z. B. in Banken mit „Bargeld in elektronischer Form", aufgeladen werden. Die Bezahlung mit der Geldkarte eignet sich vor allem für Zahlungen kleinerer Beträge z. B. Parkscheine, Busfahrscheine ...

Arbeitsaufträge und Fragen zur Stofferschließung

1. Erläutern Sie die Aussage der in der Ausgangssituation dargestellten Grafik.

2. Benennen Sie die in der **Arbeitsvorlage** dargestellten Kartenelemente.

3. a) Erläutern Sie die Unterschiede zwischen POS- Zahlung und ELV.

   b) Erklären Sie, welches Verfahren aus Sicherheitsgründen vorzuziehen ist.

4. Nennen Sie drei alltägliche Zahlungssituationen, in denen die „elektronische Geldbörse" zum Einsatz kommen kann.

5. Erstellen Sie eine Übersicht, in der Sie jeweils fünf Vor- und Nachteile der Bankkarte für Karteninhaber und Händler gegenüberstellen.

3.4 Das außergerichtliche (kaufmännische) Mahnverfahren

Ausgangs-situation

Die Weingroßhandlung Franz Scherf KG in Heilbronn lieferte am 15. April d. J. an das Hotel Imperial in Bamberg Weine und Spirituosen im Wert von 15.228,00 €. Die Rechnung Nr. 18477-C vom selben Tag ist zahlbar innerhalb von 10 Tagen mit 3 % Skonto oder nach 30 Tagen rein netto Kasse. Am 20. Mai d. J. ist der Rechnungsbetrag immer noch nicht beglichen. Welche Maßnahme ergreift die Scherf KG zunächst und welche weiteren Schritte können unternommen werden, wenn der Schuldner trotz aller Bemühungen nicht zahlt?

Sachdarstellung

1. Möglicher Ablauf des außergerichtlichen Mahnverfahrens

1. Erste Mahnung (Zahlungserinnerung)

Mögliche Form: Rechnungsabschrift, Kontoauszug, Übersendung eines neuen Angebots mit entsprechenden **Zusätzen,** die auf die **Fälligkeit der Rechnung** hinweisen und die **Bitte um Zahlung** enthalten. **Stil:** besonders höflich und zuvorkommend; z. B.: Abbildung eines Blumenstraußes. Text: Vergissmeinnicht erinnert daran: Der Betrag von ... € aus Rechnung Nr. ... vom ... ist bei uns noch nicht eingegangen. ...

2. Zweite Mahnung

Möglicher Inhalt: Bezugnahme auf erfolglose **Zahlungserinnerung.** Hinweis darauf, dass aus **Liquiditätsgründen** auf den pünktlichen Eingang der Außenstände bestanden wird. **Anlage:** ausgefülltes Überweisungsformular.

3. Dritte Mahnung

Möglicher Inhalt: Erneute Aufforderung zur Zahlung mit **Nachfristsetzung.** Hinweis auf die dem Kunden bei weiterer Zahlungsverzögerung entstehenden **Kosten.** Androhung, dass die ausstehende Forderung durch eine **Postnachnahme** oder ein **Inkassoinstitut** eingezogen wird.

4. Vierte Mahnung

Zusendung einer Postnachnahme oder Einziehungsauftrag durch ein Inkassoinstitut. Stattdessen ist eine **letzte Mahnung mit Nachfristsetzung (= Terminbrief)** und **Androhung gerichtlicher Maßnahmen** (Mahnbescheid oder Klage) möglich.

2. Kennzeichen des außergerichtlichen (kaufmännischen) Mahnverfahrens

Die Handhabung des außergerichtlichen Mahnverfahrens ist in der Praxis nicht einheitlich. Das jeweilige Vorgehen richtet sich nach Kundentyp, Branche, Konkurrenzverhältnissen, Ursachen der Nichtzahlung, Dauer der Geschäftsverbindung, der bisherigen Zahlungsweise u. a.. Es gibt daher **kein generelles, für jeden säumigen Kunden passendes außergerichtliches Mahnverfahren.** Eine Standardisierung des Mahnwesens kann zur Verärgerung von Kunden führen, da die Gründe für das Ausbleiben von Zahlungen recht vielschichtig sind. Durch entsprechende Software können im <u>automatischen Mahnverfahren</u> die Mahnbriefe individuell gestaltet werden. **Ziel des Mahnwesens ist** der **Einzug von Außenständen,** zugleich muss aber auch der **Kunde erhalten** bleiben.

Je mehr Mahnungen einem Kunden zugeschickt werden müssen, desto bestimmter wird der Ton; er darf jedoch nie unhöflich oder sogar beleidigend sein. Oft ist es vorteilhaft, persönliche Kontakte zum Kunden zu nutzen, um ihn zu einer Zahlung zu bewegen.

Wichtig für ein funktionierendes Mahnwesen ist eine **ständige Terminkontrolle der Außenstände.** Die EDV ermöglicht es dem Kaufmann, täglich eine Liste der fälligen Forderungen ausdrucken oder anzeigen zu lassen und die entsprechenden Maßnahmen im Rahmen des außergerichtlichen Mahnverfahrens einzuleiten.

Werden Forderungen durch **Inkassoinstitute** eingezogen, so können dem säumigen Schuldner die Inkassogebühren als Verzugsschaden in Rechnung gestellt werden (§ 288 Abs. 1 und 4 BGB). Nachteile: Die Kunden werden durch zu rigoroses Vorgehen des Inkassoinstituts verärgert und bevorzugen in Zukunft Konkurrenzunternehmen. Außerdem sind die Inkassogebühren relativ hoch.

Arbeitsvorlage 1: Auszüge aus Mahnschreiben (Textbausteine)

[1] Wir werden deshalb gegen Sie am ... d. M. den Erlass eines Mahnbescheids erwirken.

[2] Wir setzen Ihnen hiermit eine letzte Frist zur Zahlung des ausstehenden Rechnungsbetrags zuzüglich 8 % Verzugszinsen sowie Spesen in Höhe von ... € bis zum ... d. J.

[3] Wahrscheinlich haben Sie übersehen, dass die Rechnung Nr. ... vom ... über ... € noch nicht beglichen ist.

[4] Wir erinnern Sie daran, dass die Frist zur Zahlung der oben angeführten Rechnung seit einigen Tagen abgelaufen ist. Da Sie die von uns gelieferte Ware nicht beanstandet haben, muss der Grund der Zahlungsverzögerung bei Ihnen liegen.

[5] Sollte bis zu diesem Zeitpunkt kein Zahlungsausgleich stattgefunden haben, werden wir ohne weiteres Anschreiben den Erlass eines Mahnbescheids gegen Sie beantragen.

[6] Die Zahlung war bereits am ... fällig. Wir bitten höflichst um Ausgleich des Kontos.

[7] Sie haben unsere Postnachnahme vom ... nicht eingelöst. Wegen Ihres Verhaltens sehen wir uns gezwungen, unsere Forderung nunmehr gerichtlich durchzusetzen.

[8] Sicherlich liegt ein Versehen vor. Wir bitten Sie den ausstehenden Betrag in den nächsten Tagen zu überweisen.

[9] Unsere Buchhaltung konnte auch nach unseren beiden Mahnschreiben vom ... und vom ... einen Zahlungseingang nicht feststellen.

[10] Es ist nicht möglich, einzelnen Kunden Sonderkonditionen einzuräumen; willkürliche Zielverlängerungen lehnen wir ab.

[11] Trotz mehrfacher Aufforderung haben Sie bis heute die fällige Rechnung über ... € vom ... immer noch nicht beglichen.

[12] Leider haben Sie unsere Zahlungserinnerung vom ... nicht beachtet.

[13] Wir setzen Ihnen für die Begleichung unserer Rechnung vom ... über ... € eine letzte Frist bis zum ...

[14] Trotz eines Erinnerungsschreibens und einer nachfolgenden Mahnung haben Sie bis heute unsere Rechnung Nr. ... vom ... über ... € noch nicht beglichen.

[15] Wir wären sehr dankbar, wenn Sie uns das gerichtliche Vorgehen gegen Sie durch eine umgehende Überweisung des ausstehenden Rechnungsbetrags einschließlich der bisher angefallenen Mahngebühren und Verzugszinsen ersparen würden.

[16] Wir haben ein Inkassoinstitut damit beauftragt, den Rechnungsbetrag zuzüglich 10 % Verzugszinsen und Spesen laut unten stehender Aufstellung einzuziehen.

[17] Die Begleichung der Rechnung über ... € vom ... ist nunmehr seit mehr als einem Monat überfällig.

[18] Weil wir in den nächsten Tagen selbst dringenden Zahlungsverpflichtungen nachzukommen haben, sind wir auf den pünktlichen Eingang unserer Außenstände angewiesen.

[19] Heute erhielten wir die Nachricht, dass Sie die Bezahlung unserer Rechnung Nr. ... vom ... über ... € an das von uns beauftragte Inkassoinstitut verweigert haben.

[20] Zur Durchsetzung unserer Forderung bleibt uns nunmehr nichts anderes übrig, als gerichtlich gegen Sie vorzugehen. In Anbetracht unserer langjährigen Geschäftsbeziehungen setzen wir Ihnen eine letzte Zahlungsfrist bis zum ...

[21] Mit unserem Schreiben vom ... haben wir Sie an unsere offen stehende Rechnung Nr. ... vom ... über ... € erinnert. Bis heute ist jedoch Ihre Zahlung nicht bei uns eingegangen.

[22] Die Zahlungseingänge und Retouren der letzten Tage konnten noch nicht berücksichtigt werden. Falls der Ausgleich der Rechnung inzwischen erfolgt ist, betrachten Sie bitte diese Angelegenheit als erledigt.

[23] Nach unseren Zahlungsbedingungen sind Rechnungen 30 Tage nach Ausstellungsdatum fällig. Leider ist unsere Rechnung Nr. ... vom ... über ... € bisher noch nicht beglichen worden.

[24] Wir können nicht noch länger auf Ihre Zahlung warten. Sollten Sie bis zum ... den Rechnungsbetrag einschließlich 11 % Verzugszinsen und ... € Mahngebühr nicht bezahlt haben, werden wir einen Mahnbescheid beantragen oder Klage gegen Sie erheben.

[25] Für diese Rechnung, die wir Ihnen am Ausstellungstag im Original übersandten, vermissen wir den Eingang des Gegenwerts. Sie erhalten deshalb eine Kopie mit der Bitte um baldige Überweisung des fälligen Betrags.

[26] Falls Sie weiterhin so unpünktlich bezahlen, werden wir Sie in Zukunft nur gegen Barzahlung oder Vorauskasse beliefern.

Arbeitsvorlage 2: Die Zahlungsmoral in Deutschland

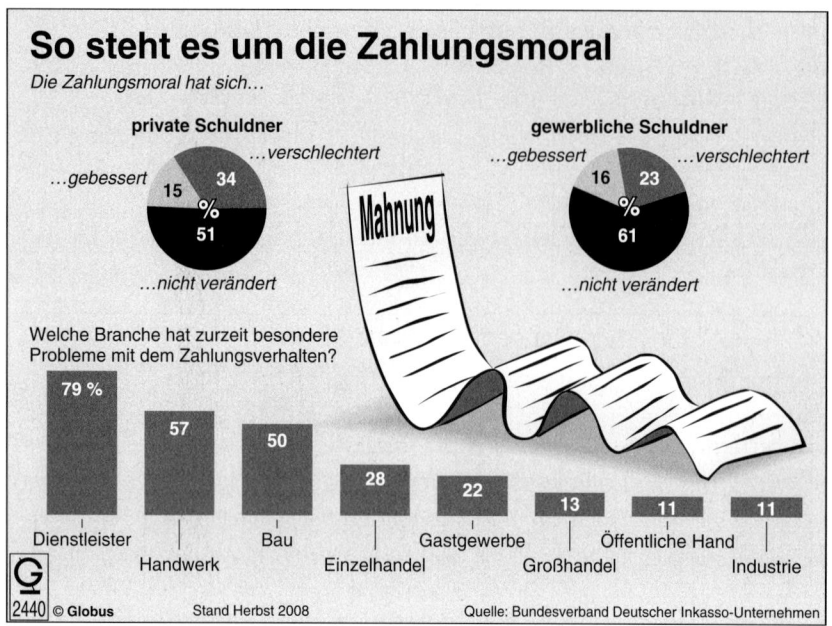

So steht es um die Zahlungsmoral

Die Zahlungsmoral hat sich...

private Schuldner

...gebessert ...verschlechtert
15 34
%
51
...nicht verändert

gewerbliche Schuldner

...gebessert ...verschlechtert
16 23
%
61
...nicht verändert

Welche Branche hat zurzeit besondere Probleme mit dem Zahlungsverhalten?

79 %	57	50	28	22	13	11	11
Dienstleister	Handwerk	Bau	Einzelhandel	Gastgewerbe	Großhandel	Öffentliche Hand	Industrie

G 2440 © Globus   Stand Herbst 2008   Quelle: Bundesverband Deutscher Inkasso-Unternehmen

 Arbeitsvorlage 3: eine Zeitungsmeldung:

Wirtschaftslage und Finanzierung im Mittelstand

Die Creditreform Wirtschaftsforschung wollte wissen, inwieweit sich die seit Beginn des Jahres geltenden veränderten Rahmenbedingungen auf die aktuelle Lage und die Perspektiven der Klein- und Mittelbetriebe (KMU) niedergeschlagen haben und befragte Anfang März 2007 knapp 4 000 Unternehmen aus dem Mittelstand.

Zahlungsverhalten der Kunden

Das Zahlungsverhalten der Kunden des Mittelstandes verbessert sich. Insgesamt geben 71,4 Prozent der Befragten an, dass die Kunden ihre Rechnungen nach maximal 30 Tagen beglichen haben. Vor einem Jahr behaupteten das noch zwei Drittel der Betriebe. Einen deutlichen Unterschied gibt es nach wie vor zwischen privaten und öffentlichen Kunden. Letztere warten erheblich länger mit dem Begleichen der Rechnung. Die befragten mittelständischen Unternehmen geben aktuell an, dass 64,6 Prozent der öffentlichen Auftraggeber innerhalb von einem Monat zahlen. Dagegen zahlen über drei Viertel der privaten Kunden ihre Rechnungen innerhalb der ersten 30 Tage (75,6 Prozent). Zu erheblichen Verzögerungen beim Rechnungseingang – Zahlungsfrist von über 90 Tagen – kommt es bei 2,6 Prozent der Befragten.

Zahlungsverhalten der Kunden des Mittelstandes			
Tage	**alle Kunden**	**private Kunden**	**öffentliche Kunden**
≤ 30	71,4 (68,5)	75,6 (72,3)	64,6 (62,9)
≤ 60	16,5 (18,9)	12,4 (15,8)	23,0 (23,7)
≤ 90	4,8 (5,3)	2,7 (2,7)	8,3 (9,3)
> 90	2,6 (2,9)	1,5 (2,1)	4,4 (1,2)
Angaben in % der Befragten, Rest. o. A., ( ) = Vorjahresangaben			

Solch säumige Schuldner belasten die Liquiditätslage der kleinen und mittelständischen Betriebe, da diese meist bei ihren Lieferanten in Vorleistung gehen müssen.

aus: www.ad-rem-verlag.de 06/2007

Im Zusammenhang mit der Eigenkapitalquote gewinnt auch das Thema Forderungsausfälle an Bedeutung. Forderungsverluste beeinträchtigen die Finanzlage des deutschen Mittelstandes. Der Zentralverband des deutschen Handwerks (ZDH) schreibt zu dieser Problematik: „Wenn offene Forderungen nicht pünktlich oder überhaupt nicht eingehen, können einerseits bestehende Aufträge nicht vorfinanziert werden und gehen verloren. Andererseits können Zahlungsverzögerungen und Forderungsausfälle in den Betrieben zu kurzfristigen Liquiditätsproblemen mit der Notwendigkeit der Zwischenfinanzierung führen und die schon schwache finanzielle Substanz der Betriebe weiter abbauen. Selbst leistungsfähige Betriebe können dadurch in eine existenzgefährdende Liquiditätsfalle geraten." Ein Beispiel verdeutlicht die Brisanz des Themas: Wenn nur 1.000 € Gewinn wegfallen, muss ein Unternehmen, das eine Umsatzrendite von 5 Prozent erzielt, 20.000 € an zusätzlichem Umsatz erwirtschaften, um diesen Verlust wieder aufzufangen. Kein Pappenstil für viele kleine und mittlere Unternehmen.

Durchschnittliche Forderungsausfälle des Mittelstandes in Prozent zum Umsatz	
bis 0,1 %	32,4 (29,0)
bis 1,0 %	39,9 (38,4)
über 1,0 %	13,8 (18,9)
keine Verluste	10,7 (10,2)
Angaben in % der Befragten, Rest. o. A., ( ) = Vorjahresangaben	

Immerhin berichten die befragten Betriebe von weniger Forderungsausfällen als 2006. Über keine oder nur sehr geringe Ausfälle freuen sich 43,1 Prozent der kleinen und mittleren Unternehmen. Das ist eine deutliche Steigerung zum vergangenen Frühjahr, als dieser Anteil bei 39,2 Prozent lag. Nach wie vor leidet die Baubranche am stärksten unter ausgefallenen Forderungen.

Arbeitsaufträge und Fragen zur Stofferschließung

1. Beschäftigen Sie sich zunächst einmal mit dem Ablauf und den Kennzeichen des außergerichtlichen (kaufmännischen) Mahnverfahrens. Beantworten Sie danach die folgenden Leitfragen:

a) Nach herrschender Auffassung ist eine Mahnung im rechtlichen Sinne nicht schon dann gegeben, wenn dem Schuldner eine Rechnungsabschrift, ein Kontoauszug oder ein neues Angebot übersandt wird. Damit die mit einer Mahnung verknüpften Rechtswirkungen eintreten, muss der Schuldner auf einen ganz bestimmten Tatbestand hingewiesen und zugleich zu einem bestimmten Handeln aufgefordert werden. Welche Wesensmerkmale kennzeichnen also eine Mahnung?

b) Was muss bei der Abfassung von Mahnschreiben beachtet werden? Lösungshinweise: Problem der Schematisierung von Mahnbriefen – Kundentypen – Ursachen des Nichtzahlens (Zahlungsunwilligkeit, Zahlungsunfähigkeit).

c) In welcher Form kann gemahnt werden? Welche Form der Mahnung ist in der Wirtschaftspraxis üblich und aus welchem Grund wird diese Form praktiziert?

d) Welche Ursachen kann es haben, wenn ein Schuldner gemahnt werden muss? Lösungshinweise: Hektik des Betriebsgeschehens – Zustand der Buchführung – Außenstände des Kunden – Finanzlage des Kunden – eingetretene Betriebsstörungen – Geisteshaltung des Kunden gegenüber seinen Gläubigern.

e) Warum ist es erforderlich, einen säumigen Schuldner zu mahnen? Lösungshinweise: rechtliche Absicherung der eigenen Ansprüche – Sicherung der Liquidität – Vermeidung von Verlusten – Eintritt der Verjährung. Erläutern Sie möglichst konkret (evtl. mit Beispielen), in welchem Beziehungszusammenhang diese Stichworte mit dem Mahnwesen stehen.

f) Welchen Hauptnachteil erleidet der Schuldner, wenn er nicht pünktlich bezahlt?

g) Welche Gesichtspunkte können maßgebend für die Vorgehensweise im kaufmännischen Mahnverfahren sein?

h) Was lässt sich über den bei den einzelnen Mahnschreiben anzuschlagenden Ton sagen?

i) Was spricht für und gegen einen Forderungseinzug durch ein Inkassoinstitut?

2. Beantworten Sie nun die in der Ausgangssituation gestellte Frage.

3. Nachdem Sie über das außergerichtliche Mahnwesen nun ganz gut Bescheid wissen, wollen wir uns im Folgenden etwas genauer mit den Inhalten der einzelnen Mahnschreiben befassen.

a) Um mit den in Mahnschreiben üblichen Formulierungen vertraut zu werden, sollten Sie sich mit den Ausführungen in der **Arbeitsvorlage 1** eingehend beschäftigen. Ordnen Sie die einzelnen Textbausteine jeweils einer der vier Mahnstufen zu. Beachten Sie, dass Überschneidungen möglich sind. Verfahren Sie hierbei am besten nach folgendem Schema: Mahnung 1: [3] – [4] – [6] – [8] usw. Mahnung 2: [12] – ... Mahnung 3: ... Mahnung 4: ...

b) Verfassen Sie durch Angabe der entsprechenden Ziffern der von Ihnen ausgewählten Textbausteine eine erste, zweite, dritte und vierte Mahnung zur oben angeführten Ausgangssituation.

Lösungsbeispiel: Erste Mahnung: [3] – [6] – [22]. Hinweis: Selbstverständlich sind Abwandlungen der vorgegebenen Formulierungen bzw. eigenständige Ausdrucksweisen jederzeit möglich, ja sogar erwünscht.

Angaben zum Schuldner: langjähriger Kunde; je nach Saison treten regelmäßig Liquiditätsengpässe auf; unregelmäßige Zahlungen, selten Skontoausnutzung.

4. Werten Sie das Globus-Schaubild **(Arbeitsvorlage 2)** aus.

5. Beschäftigen Sie sich anschließend noch mit den Studienergebnissen zum Zahlungsverhalten der Kunden des Mittelstandes **(Arbeitsvorlage 3)**.

a) Inwiefern hat sich das Zahlungsverhalten der Kunden des Mittelstandes verändert?

b) Welcher Unterschied im Zahlungsverhalten wird zwischen öffentlichen und privaten Kunden beschrieben?

c) Welche Probleme beschreibt der ZDH im Zusammenhang mit Forderungsausfällen bzw. -verzögerungen?

d) In welcher Branche leiden die Unternehmen besonders unter ausgefallenen Forderungen?

3.5 Die Verjährung

3.5.1 Wichtige Verjährungsfristen

Ausgangs-situation

Beispielsammlung:

① Am 25. Oktober 2008 kaufte der Jurastudent Peter Fuchs bei der Elektrowelt Laxmann GmbH ein TV-Gerät im Wert von 1.380,00 Euro.

a) Das Gerät wurde noch am selben Tag geliefert. Beim Auspacken bemerkte Fuchs, dass der Bildschirm deutliche Kratzer aufwies. Wann sind die Mängelansprüche des Käufers aus dem Kaufvertrag verjährt?

b) Der beschädigte Farbfernsehapparat wurde noch am gleichen Tag gegen ein einwandfreies Gerät ausgetauscht. Fuchs leistete am Tag der Lieferung lediglich eine Anzahlung von 80,00 Euro. Wann ist der Anspruch auf die Restzahlung verjährt?

c) Nachdem mit einem Terminbrief vom 26. Januar 2009 dem Studenten die Eröffnung eines Klageverfahrens angedroht wurde, macht er am 3. Februar 2009 eine Abschlagszahlung in Höhe von 50,00 Euro. Welche Wirkung hat diese Maßnahme auf die Verjährung?

d) Wegen der noch ausstehenden Restforderung der Elektrowelt Laxmann wird am 2. Mai 2009 ein Klageverfahren eröffnet. Dieses Verfahren wird am 3. April 2010 mit einem Urteil abgeschlossen, das den Studenten zur Zahlung der Restschuld einschließlich der Verzugszinsen sowie der Begleichung der Verfahrenskosten verpflichtet. Wie wirkt sich die Einleitung des Klageverfahrens auf die Verjährung aus?

e) Die Aufnahme einer Nebentätigkeit ermöglichte es Fuchs, seine Schulden bei der Elektrowelt Laxmann vollständig zu begleichen. Weil er sich künftig in vermehrtem Umfang seinem Studium widmen möchte, verkauft er das Fernsehgerät am 17. August 2010 an einen Studienkollegen zum Preis von 1.200,00 Euro. Fuchs verkürzt im Kaufvertrag die Verjährungsfrist auf ein Jahr. Ist dieses Vorgehen zulässig?

② N ließ in sein Wohnhaus Kunststoff-Fenster einbauen. Die Rechnung lautete über 13.280,00 Euro und war am 28.10.2008 fällig. N bemängelte am 12. Februar 2009 in einem Schreiben an den Hersteller, dass die Fenster entgegen den Angaben im Prospekt bei Temperaturen unter –10 Grad Celsius innen anlaufen und keine klare Sicht ermöglichen.

③ R hat am 28.09.2008 dem S sein Mountainbike für eine Geländetour im Gebirge ausgeliehen. Trotz mehrfacher Mahnungen hat er das Fahrrad bis zum Jahresende immer noch nicht zurückerhalten.

④ Am 25. März 2005 wurde A ohne eigenes Verschulden in einen Verkehrsunfall verwickelt. Die Rechnung für die Instandsetzung seines Autos wurde am 4. April 2005 ausgestellt und beläuft sich auf 4.580,00 Euro. Sie wurde von der Versicherung des Unfallverursachers nach einer Woche in voller Höhe beglichen. Mehr als vier Jahre später, am 18. Mai 2009, wird bei einer TÜV-Kontrolle ein weiterer Schaden am Fahrzeug des A erkennbar, der eindeutig auf den Verkehrsunfall im März 2005 zurückzuführen ist. Der damalige Unfallverursacher weigert sich die Reparaturkosten in Höhe von 1.280,00 Euro zu begleichen; er ist der Meinung, dass der Anspruch nach drei Jahren verjährt ist. Wer hat Recht?

Sachdarstellung

1. Übersicht: Die Verjährung von Ansprüchen
Siehe folgende Seite.

2. Erläuterungen zu den Verjährungsvorschriften des BGB

▪ **Verjähren** können immer nur Ansprüche. Ein Anspruch ist das Recht, von einem anderen ein Tun oder Unterlassen zu verlangen (§ 194 Abs. 1 BGB).

▪ **Die Regelverjährungsfrist von drei Jahren** beginnt erst mit der Entstehung des Anspruchs und der Kenntnis des Gläubigers. Aus diesen beiden Gründen kann sich der Eintritt der Verjährung erheblich über den Zeitraum von drei Jahren hinaus verlängern. Um dem Schuldner ein gewisses Maß an Rechtssicherheit zu geben, hat der Gesetzgeber bei der regelmäßigen Verjährung eine **absolute Grenze (sog. Höchstfrist)** festgesetzt. Sie beträgt bei Schadensersatzansprüchen aus unerlaubten Handlungen 30 Jahre und bei sonstigen Schadensersatzansprüchen zehn Jahre (§ 199 Abs. 2 und 3 BGB).

Sachdarstellung (1.): Übersicht

Die Verjährung von Ansprüchen

1. Gesetzliche Regelung

§ 438 Abs. 1 Ziff. 3 BGB | § 195 BGB | § 196 BGB | § 197 BGB

2. Verjährungsfristen

2 Jahre (Abkürzung der Regelverjährung) | 3 Jahre (regelmäßige Verjährungsfrist) | 10 Jahre | 30 Jahre

3. Art der Ansprüche

Es verjähren ...

– Mängelansprüche[1] aus einem Kauf- oder Werkvertrag, z. B. Ansprüche auf Nacherfüllung (Beseitigung des Mangels oder Lieferung einer mangelfreien Sache), auf Schadens- und Aufwandsersatz. **Sonderregelungen für Mängelansprüche** – bei einem Bauwerk – bei Sachen, die in ein Gebäude fest eingebaut wurden: 5 Jahre (§ 438 Abs. 1 Ziff. 2 und § 634 a Abs. 1 BGB).	– alle Ansprüche, für die keine besonderen Verjährungsfristen festgelegt sind, z. B. Anspruch auf Kaufpreiszahlung; – alle Ansprüche aus Vertragsverletzungen, z. B. Lieferungs-, Annahme- und Zahlungsverzug; – Ansprüche bei arglistigem Verschweigen eines Mangels; – Ansprüche, die regelmäßig wiederkehrende Leistungen und Unterhaltsleistungen zum Inhalt haben.	– Ansprüche im Zusammenhang mit Grundstücken, so beispielsweise solche auf Übertragung des Eigentums oder eines anderen Rechts (§ 196 BGB); – alle sonstigen Schadensersatzansprüche[2] ohne Rücksicht auf die Kenntnis oder grob fahrlässige Unkenntnis (§ 199 Abs. 3 Ziff. 1 BGB); – alle Ansprüche aus Kauf- und Werkverträgen (spätest möglicher Zeitpunkt, Höchstfrist) (§ 199 Abs. 5 BGB).	– Herausgabeansprüche aus Eigentum und anderen dinglichen Rechten; – familien- und erbrechtliche Ansprüche; – rechtskräftig festgestellte Ansprüche; – Ansprüche aus vollstreckbaren Titeln; – Ansprüche aus einem Insolvenzverfahren (§ 197 Abs. 1 Ziff. 1–5 BGB); – Ansprüche auf Erstattung der Kosten der Zwangsvollstreckung (§ 197 Abs. 1 Ziff. 6) – Mängelansprüche, soweit sie sich auf Grundstücke und Rechte am Grundstück beziehen (§ 438 Abs. 1 Ziff. 1 BGB).

4. Beginn der Verjährung

– **bei Kaufverträgen** entweder mit **Ablieferung der Kaufsache** (Mobilien) oder mit der **Übergabe** (Immobilien, § 438 Abs. 2 BGB); – **bei Werkverträgen** mit der **Abnahme des Werks.** Vereinbarung einer **einjährigen Verjährungsfrist beim Kauf von gebrauchten Sachen** möglich (Verbrauchsgüterkauf, § 475 Abs. 2 BGB) Maßgeblich für den V-Beginn ist die Übergabe der Sache.	... **am Schluss des Kalenderjahres, in dem der Anspruch entstanden ist** (**§ 199 Abs. 1 BGB**). Subjektive Voraussetzungen: **Der Gläubiger** muss sowohl die Person des Käufers als auch die Umstände kennen, die seine Kaufpreisforderung begründen.	... im Normalfall mit der **Entstehung oder Fälligkeit des Anspruchs.** Das **Verjährungsende** ist also im Gegensatz zur Regelverjährungsfrist grundsätzlich nicht der 31.12., sondern ein Datum während des Jahres (§ 200 BGB).	Es gilt das **Gleiche wie für die zehnjährige Verjährungsfrist.** § 201 S. 1 BGB: Die Verjährung von Ansprüchen der in § 197 Abs. 1 Nr. 3 bis 6 bezeichneten Art beginnt mit der Rechtskraft der Entscheidung, der Errichtung des vollstreckbaren Titels oder der Feststellung im Insolvenzverfahren, nicht jedoch vor der Entstehung des Anspruchs.

Sonderregelung:
Die oben erwähnte **fünfjährige Verjährungsfrist** bei Bauwerksmängeln und Mängeln von Sachen, die in Gebäuden eingebaut wurden (§ 438 Abs. 1 Ziff. 2 BGB), **beginnt mit der Übergabe des Grundstücks** (§ 438 Abs. 2 BGB).

---

1 Nicht der Verjährung unterliegen die Rechte auf Minderung und auf Rücktritt, da es sich hierbei juristisch nicht um Ansprüche, sondern um Gestaltungsrechte handelt. (Vgl. § 438 Abs. 4 in Verbindung mit § 218 Abs. 1 BGB)
2 Das sind Schadensersatzansprüche, die nicht zu den im Absatz 2 des § 199 BGB angeführten Schadensersatzansprüchen gehören.

Vertragliche Abänderung gesetzlicher Verjährungsvorschriften. Die Verjährungsfristen können durch vertragliche Vereinbarung verkürzt oder verlängert werden. Die Grenzen sind in § 202 BGB und für den Verbrauchsgüterkauf in § 475 Abs. 2 BGB festgelegt. So kann die Haftung wegen Vorsatz <u>nicht</u> im Voraus durch Rechtsgeschäft erleichtert werden.

– Bei **Ansprüchen aus der Mängelhaftung (Gewährleistungsansprüchen)** ist es möglich, die Verjährungsfrist vertraglich auch auf unter zwei Jahre zu verkürzen. Beim Verbrauchsgüterkauf sind Verkürzungen der gesetzlichen Verjährungsfristen zum Nachteil des Verbrauchers grundsätzlich nicht erlaubt. Lediglich beim Kauf gebrauchter Sachen ist bei einem Verbrauchsgüterkauf eine Verkürzung der Verjährungsfrist auf ein Jahr zulässig (§ 475 Abs. 2 BGB).

– Nicht erlaubt ist eine Verkürzung der Verjährungsfrist in Allgemeinen Geschäftsbedingungen bei Bauwerksmängeln und bei Mängeln der in einem Bauwerk verwendeten Sachen (§ 438 Abs. 1 Ziff. 2 a und b) auch dann, wenn eine vertragliche Abweichung von den gesetzlichen Vorschriften möglich ist. Andererseits kann die Verjährungsfrist durch Rechtsgeschäft nicht über die Obergrenze von 30 Jahren hinaus verlängert werden.

3. Neubeginn und Hemmung der Verjährung

▧ Nach § 212 BGB beginnt die **Verjährungsfrist nochmals von vorne zu laufen**, wenn der Schuldner dem Gläubiger gegenüber das Bestehen einer **Schuld anerkennt.** Das Schuldanerkenntnis kann erfolgen durch **Abschlagszahlung, Zinszahlung, Sicherheitsleistung** oder in anderer Weise. Neu beginnt die Verjährungsfrist auch dann zu laufen, wenn eine gerichtliche oder behördliche **Vollstreckungshandlung** vorgenommen oder beantragt wird (§ 212 Abs. 1 BGB).

▧ Die **Hemmung** der Verjährung ist in den §§ 203 bis 208 BGB geregelt. Der Zeitraum der Hemmung wird nicht in die Verjährung eingerechnet; dadurch **verlängert sich die jeweilige Verjährungsfrist um den Zeitraum der Hemmung.**

> Normales Verjährungsende
> + Zeitraum der Hemmung
> _____
> = Hinausgeschobenes Verjährungsende

– Bei Verhandlungen dauert die Hemmung an, bis der andere Teil die Fortsetzung der Verhandlungen verweigert (§ 203 BGB). Die Verjährung tritt in diesem Falle frühestens drei Monate nach dem Ende der Hemmung ein.

– Gegebenheiten, die eine Hemmung der Verjährung durch Rechtsverfolgung bewirken, werden in § 204 Abs. 1 Ziff. 1 bis 14 BGB aufgezählt. Dazu gehören u. a. die Klageerhebung, die Zustellung eines Mahnbescheids, die Anmeldung eines Anspruchs im Insolvenzverfahren, des Weiteren die berechtigte Leistungsverweigerung (z. B. bei Stundung, § 205 BGB). Auch soweit der Gläubiger aufgrund von höherer Gewalt daran gehindert ist, seinen Anspruch rechtlich zu verfolgen, ist die Verjährung gehemmt.

– § 204 Abs. 2 BGB bestimmt, dass bei Hemmung der Verjährung durch Rechtsverfolgung die Hemmung sechs Monate nach der rechtskräftigen Entscheidung oder anderweitigen Beendigung des Verfahrens endet.

Arbeitsaufträge und Fragen zur Stofferschließung

1. Befassen Sie sich zunächst einmal mit der Übersicht in der Sachdarstellung, die alles Wissenswerte über die Verjährung enthält, um die in der Ausgangssituation angeführten praktischen Fälle lösen zu können.

2. Beantworten Sie mithilfe der Ausführungen in der Sachdarstellung noch folgende Auswertungsfragen:

a) Was ist Gegenstand der Verjährung und wie lässt sich dieses Recht definieren?

b) Warum kann sich der Eintritt der Verjährung bei der Regelverjährungsfrist erheblich über den Zeitraum von drei Jahren hinaus verlängern?

c) Ist es möglich, gesetzliche Verjährungsfristen durch Rechtsgeschäft zu verlängern oder zu verkürzen? Lösungshinweis: §§ 202, 475 Abs. 2 BGB.

d) Was versteht man unter Hemmung der Verjährung?

e) Welche Gegebenheiten führen zu einer Hemmung der Verjährung?

f) Wann endet grundsätzlich die Hemmung der Verjährung in Fällen der Rechtsverfolgung?

g) Nennen Sie vier Gegebenheiten, die einen Neubeginn der Verjährung bewirken?

3. Versuchen Sie im Unterrichtsgespräch mit Ihrem BWL-Lehrer die Fälle (1) bis (4) der Ausgangssituation zu lösen.

3.5.2 Wesensmerkmale der Verjährung

Ausgangssituation

Der volljährige Berufsschüler S kaufte im Schreibwarengeschäft Kühnle, wo er persönlich bekannt ist, am 15. Juni 2005 Schreibwaren und Arbeitsgeräte im Wert von 196,00 €. Da er nicht genug Bargeld bei sich hatte, erfolgte die Lieferung auf Rechnung. Entgegen seinem Versprechen, den fälligen Rechnungsbetrag sofort zu überweisen, blieb die Zahlung aus.

Daraufhin erhielt S vom Lieferer am 1. August 2005 eine Zahlungserinnerung und jeweils einen Monat später je eine Mahnung. Die dritte Mahnung erfolgte mit eingeschriebenem Brief und mit der Androhung der Zusendung eines Mahnbescheids im Falle der Nichtzahlung.

Danach geriet die Angelegenheit beim Lieferer aus unerklärlichen Gründen in Vergessenheit. Erst am 15. Januar 2009 stellt der Gläubiger beim Amtsgericht einen Antrag auf Klageerhebung.

Arbeitsaufträge und Fragen zur Stofferschließung

1. Wie wird das Amtsgericht auf die Initiative der Schreibwarenhandlung Kühnle reagieren? (Begründung)

2. Bedeutet die Reaktion des Amtsgerichts, dass der Anspruch der Schreibwarenhandlung Kühnle endgültig erloschen ist? Lesen Sie § 214 BGB.

3. Welche Wirkung haben die Zahlungserinnerung und die drei außergerichtlichen Mahnungen auf die Verjährung?

4. Welche Wirkung hätten gerichtliche Maßnahmen gehabt, die die Firma Kühnle im Anschluss an die außergerichtlichen Mahnungen hätte einleiten können, so z.B. die Zusendung eines Mahnbescheids oder die Beantragung eines Klageverfahrens?
Lösungshinweis: § 204 Abs. 1 BGB.

5. Angenommen, der Geschäftsinhaber taucht noch am gleichen Tag (15. Januar 2007) bei S auf und verlangt von ihm die Bezahlung der noch offen stehenden Rechnung. Wie wird S reagieren, wenn er nach wie vor in großen Finanznöten ist und die inzwischen eingetretene Rechtslage kennt? Begründung?

6. Angenommen, S wird am 15. Januar 2007 vom Geschäftsinhaber so eingeschüchtert, dass er sich bei seiner Oma 250,00 € „leiht" und den Rechnungsbetrag samt Verzugszinsen, Mahngebühren und sonstige Kosten begleicht. Kann er den Kaufpreis zurückfordern, wenn er tags darauf von der wahren Rechtslage Kenntnis erlangt? Vgl. Sie hierzu § 214 Abs. 2 BGB.

7. Abschließend sollten Sie sich die Frage stellen, welchen Sinn die Verjährung hat. Lösungshinweise: Was müssten Schuldner mit ihren Geschäftsbelegen tun, wenn es keine Verjährung gäbe? In welche Schwierigkeiten würden Schuldner nach längerer Zeit geraten?

8. Um solche Rechtsunsicherheit zu vermeiden, übt der Gesetzgeber Druck auf die Vertragsparteien aus. Sie müssen für eine reibungslose und zügige Abwicklung der Rechtsgeschäfte sorgen, andernfalls gelten die Ansprüche als verjährt.
   a) Welchem Ziel dient die Verjährung demgemäß?
   b) Welche Ungerechtigkeit nimmt der Gesetzgeber bei der Durchsetzung dieses Ziels bewusst in Kauf?

9. In den von S unterschriebenen AGB der Firma Kühnle wird auch die Verjährung geregelt.
   a) Kann der Schreibwarenhändler in seinen AGB die Verjährung völlig ausschließen? Lösungshinweis: § 202 Abs. 1 BGB.
   b) Könnte er durch eine entsprechende Klausel in seinen AGB die gesetzliche Verjährungsfrist verdoppeln oder um die Hälfte kürzen? (§ 202 BGB).

10. Ergänzen Sie zur Wiederholung und Festigung des Gelernten die folgende **Arbeitsvorlage.**

Arbeitsvorlage:

Übersicht:

Die Verjährung (V)

1. Gegenstand der Verjährung (§ 194 BGB)

Verjähren können immer nur Ansprüche. Ein **Anspruch** beinhaltet das Recht, von einem anderen ein_____ oder _____ zu verlangen.

2. Verjährungsfristen für einzelne Ansprüche (§§ 195 ff., 438 Abs. 1, 634 BGB)

2 Jahre: Mängelansprüche aus einem _____ - oder _____ vertrag.

3 Jahre: Die regelmäßige Verjährungsfrist gilt für ...
- alle Ansprüche, für die keine _____ V-Fristen festgelegt sind, z. B. Ansprüche auf _____ zahlung;
- Ansprüche aus Vertragsverletzung, z. B. aus _____ verzug;
- Ansprüche aus _____ Verschweigen eines Mangels, aus _____ wiederkehrenden Leistungen und Unterhaltsverpflichtungen.

5 Jahre: Mängelansprüche bei einem_____oder bei Sachen, die in ein Gebäude (wie?)_____ eingebaut wurden.

10 Jahre: – Ansprüche im Zusammenhang mit_____(z. B. Übertragung des Eigentums);
- _____ersatzansprüche und Ansprüche aus Kauf- und _____ verträgen (Höchstfrist).

30 Jahre: – _____ansprüche aus Eigentum;
- familien- und _____ rechtliche Ansprüche;
- Ansprüche aus rechtskräftig festgestellten _____, z. B. Urteilen;
- vollstreckbare Ansprüche aus einem _____ verfahren.

3. Beginn der V-Frist (§ 199 ff. BGB)

Regelmäßige V-Frist: Sie beginnt mit dem_____, in dem der Anspruch _____ ist.

Andere V-Fristen: Sie beginnen mit der_____des Anspruchs, soweit nicht ein_____ V-Beginn bestimmt ist.

4. Besonderheiten der V (§§ 203 ff./212 f. BGB)

Hemmung (H) der V:
  Begriff: Der Zeitraum der H. wird nicht in die V _____ eingerechnet; das V-Ende wird also um den Zeitraum der H _____.
- **Gegebenheiten,** die zu einer H der V führen: z. B. _____
_____

Neubeginn der V: bei Schuldanerkenntnis (z. B. _____ oder _____ des Schuldners oder bei einer Zwangs _____ (§ 212 Abs. 1 BGB).

5. Wirkungen und Zweck der V (§ 214 ff. BGB)

Ist ein Anspruch verjährt, so kann er (wie?) _____ nicht mehr geltend gemacht werden. Der Schuldner hat ein _____ recht.
Ohne die V würden die Schuldner sehr häufig in _____ schwierigkeiten geraten. Die V dient damit der _____ sicherheit.

6. Die rechtsgeschäftliche Regelung der V (§ 202 BGB)

Grundsätzlich können die V-Fristen durch Rechtsgeschäft _____ oder _____ werden.
Ausnahmen:
- Die V bei <u>Haftung wegen Vorsatzes</u> kann <u>nicht</u> im Voraus durch Rechtsgeschäft _____ werden.
- Eine <u>Verlängerung der V-Frist</u> durch Rechtsgeschäft über den Zeitraum von_____Jahren hinaus ist <u>nicht</u> möglich.

4.1 Die Schlechtleistung (mangelhafte Lieferung)

4.1.1 Teilabschnitte der zeitlichen und organisatorischen Abwicklung einer Schlechtleistung (5-Phasen-Schema)

Ausgangs-situation

Auszug aus einem Schreiben der Firma Feinkost-Moser, Ulm, an den Lieferer Herbert Kaiser & Söhne, Esslingen, vom 20. März 20..:

... im vergangenen Monat sind infolge von Krankheiten zwei Mitarbeiter unseres Unternehmens überraschend ausgefallen.
Daher kommen wir erst heute dazu, Ihre Lieferung vom 3. d. M.
zu überprüfen.

(5) Leider mussten wir feststellen, dass die italienischen Spinat-
nudeln teilweise zerbrochen und von grauem Aussehen sind; im
Übrigen riechen sie modrig. Wir vermuten, dass es sich um alte
Ware handelt.

Außerdem beschwerte sich heute Morgen eine Kundin über den völ-
(10) lig ungenießbaren Lachs in Dosen. Die Überprüfung der restlichen 54 Dosen aus Ihrer Lieferung in unserem Lager ergab, dass
die Mehrzahl deutliche Verformungen aufweist, die ohne Zweifel
auf verdorbene Ware schließen lassen. Wir können unseren Kunden
natürlich keine der Dosen mehr zum Kauf anbieten.

(15) Von den bestellten 120 Flaschen Retsina boutari (0,7 l) wurden
nur 100 Flaschen geliefert, und zwar – entgegen der Bestellung
– nicht Weißwein, sondern Roséwein.

Wir stellen Ihnen sämtliche beanstandeten Waren zur Verfügung.
Bitte schicken Sie uns noch diese Woche die von uns tatsächlich
(20) bestellten Lebensmittel in einwandfreier Qualität und in der
richtigen Menge.

Wir bitten Sie, bei der Ausführung unserer Aufträge in Zukunft
ein wenig sorgfältiger zu verfahren.

Mit freundlichen Grüßen

Sachdarstellung

Bei der Bearbeitung einer Schlechtleistung im Betrieb lassen sich rein theoretisch insgesamt fünf Phasen unterscheiden, die sich in der Wirtschaftspraxis teilweise überschneiden.

1. Die eingetroffene Ware wird geprüft (Phase I)

Hierbei ist zwischen der **äußeren Kontrolle einer Warensendung** und der **Material- oder Artikelkontrolle** zu unterscheiden.

■ **Äußere Kontrolle**

Sie betrifft die Überprüfung der Empfängeranschrift, die Kontrolle der Art und Menge der angelieferten Einheiten sowie des Zustands der Versandverpackung.

– Durch die **Überprüfung der Empfängeranschrift** sollen Falschlieferungen ausgeschlossen werden. Bei ungenauen oder ähnlich lautenden Adressangaben kann es vorkommen, dass Sendungen in einem Betrieb abgeliefert werden, die für einen anderen Empfänger bestimmt sind. Solche Falschlieferungen blockieren kostbaren Lagerraum und verursachen bis zu ihrer Abholung zusätzlich Kosten. Sie sind deshalb zu vermeiden.

– Nach der Adressenkontrolle wird überprüft, ob die angelieferten Einheiten (z. B. Container, Paletten, Kisten, Kartons) **art- und mengenmäßig** mit den **Angaben auf den Transportpapieren übereinstimmen.**

– Die **Überprüfung der Versandverpackung** ist deshalb bedeutsam, weil bei vorhandener Beschädigung vermutet werden kann, dass die Sendung einen Transportschaden erlitten hat.

■ **Verhalten des Warenempfängers**

Sind bei der äußeren Kontrolle **keine Beanstandungen** festgestellt worden, so wird der Empfänger der Ware oder ein Mitarbeiter des Lagers dem Anlieferer die ordnungsgemäße Übergabe der Ware bestätigen. Werden hingegen bei der Überprüfung einer Lieferung **Fehler festgestellt,** so kann der Empfänger wie folgt reagieren:

– **Zurückweisung (Nichtannahme) der Ware,** z. B. bei Falschlieferungen (ein anderer Empfänger ist angegeben), bei Zusendung nicht bestellter Ware oder bei vorzeitig gelieferter Ware (Fixkauf).

– Der Empfänger **nimmt die Ware an** und lässt sich vom Anlieferer durch Unterschrift auf dem Transportpapier den vorgefundenen **Tatbestand bestätigen** (Tatbestandsmeldung), so beispielsweise bei einer unvollständigen Lieferung (drei statt vier Kisten), bei falsch gelieferten Einheiten (Kartons statt Kisten) und bei beschädigter Verpackung oder Ware.

■ **Material- oder Artikelkontrolle**

Wenn sich bei der äußeren Kontrolle keine Beanstandungen ergeben, dann wird die Ware **ausgepackt** und einer **Prüfung unterzogen.**

– Als **Unterlagen** können dafür die Bestellscheinkopie, der Lieferschein, die Versandanzeige, der Packzettel, eine mitgeschickte Rechnung, die Auftragsbestätigung sowie Muster und Proben herangezogen werden.

– Der **Umfang der Prüfung** richtet sich nach der Art der erhaltenen Ware. Bei vertretbaren Sachen (Massenartikeln) werden im Allgemeinen nur Stichproben gemacht; eine Prüfung jedes einzelnen Artikels wäre in diesem Falle zu aufwändig.

– Das **anzuwendende Prüfungsverfahren** ist je nach Warenart verschieden. Bei Lebensmitteln werden z. B. Geschmacks- und Geruchsproben gemacht, bei Stoffen sind es Knitter- und Zerreißproben, bei Metallen Druck-, Dehn- oder chemische Proben.

■ **Ausstellung einer Prüf- und Wareneingangsmeldung**

– Die Ergebnisse der Material- oder Artikelkontrolle werden regelmäßig in einer **Prüfmeldung** schriftlich festgehalten. Sie dient als Grundlage für die Abfassung einer Mängelrüge und für die Geltendmachung von Gewährleistungsansprüchen durch den Käufer.

– Werden bei der Überprüfung der Ware **keine Mängel festgestellt,** dann stellt das Lager eine **Wareneingangsmeldung** aus und schickt diese an die Einkaufsabteilung. In diesem Vordruck sind die wichtigsten Angaben über die Lieferung (Art und Menge der Ware, Versandart) vermerkt. Anschließend wird die Ware ins Lager transportiert.

---

2. Bei der Warenprüfung werden Mängel festgestellt (Phase II)

Welcher Art die Mängel sein können, die bei der Warenprüfung festgestellt und danach in der **Prüfmeldung** schriftlich festgehalten werden, zeigt die folgende **Übersicht.**

---

3. Die festgestellten Mängel werden beim Lieferer angezeigt – Abfassung einer Mängelrüge (Phase III)

■ **Wortlaut einer Mängelrüge:** Siehe Ausgangssituation.

■ **Praktische Bedeutung**

Durch die Mängelrüge (Reklamation) zeigt der Käufer dem Verkäufer an, dass die Lieferung mangelhaft war, dass es sich also um eine Schlechtleistung handelt. **Eine rechtzeitige Mängelanzeige ist die Voraussetzung dafür, dass der Käufer seine Gewährleistungsansprüche geltend machen kann.** „Unterlässt der Käufer die Anzeige, so gilt die Ware als genehmigt, es sei denn, dass es sich um einen Mangel handelt, der bei der Untersuchung nicht erkennbar war" (§ 377 Abs. 2 HGB). § 377 Abs. 4 HGB bestimmt, dass der Käufer seine Rechte wahrt, wenn er die Mängelanzeige rechtzeitig absendet.

Phase II: Übersicht

Mängelarten

Sachmängel (§ 434 BGB)	Rechtsmängel (§ 435 BGB)
Ein solcher liegt vor, wenn die Sache zum Zeitpunkt des Gefahrübergangs **nicht** die **vereinbarte Beschaffenheit** aufweist, z. B. wenn sie beschädigt oder verdorben ist.	In diesem Falle ist die verkaufte Sache **nicht frei von Rechten Dritter**. Beispielsweise hat ein Dritter ein **Pfandrecht** an der verkauften Sache oder er ist deren **Eigentümer** (so u. a. bei gestohlenen Sachen).

Falls **keine besondere Vereinbarung** über die Beschaffenheit einer Sache getroffen wurde, können folgende Gegebenheiten einen Sachmangel begründen:

☐1 Die gelieferte Ware **eignet sich nicht für die nach dem Vertrag vorausgesetzte Verwendung.** § 434 Abs. 1 S. 2 Ziff. 1 BGB	☐2 Die gelieferte Ware **weist nicht die Beschaffenheit auf,** die bei Sachen der gleichen Art **üblich** ist und **vom Käufer erwartet** werden kann. § 434 Abs. 1 S. 2 Ziff. 2 BGB	☐3 Die **tatsächlichen Eigenschaften** einer Ware entsprechen **nicht** den **in der Werbung hervorgehobenen Eigenschaften** bzw. Qualitäten. § 434 Abs. 1 S. 2 Ziff. 3 BGB
☐4 Die gelieferte Ware wurde vom Verkäufer oder seinem Erfüllungsgehilfen **unsachgemäß montiert.** § 434 Abs. 2 S. 1 BGB	☐5 Der gelieferten Ware wurde eine **mangelhafte Montageanleitung** beigefügt, sodass Probleme beim Zusammenfügen der Einzelteile entstehen. § 434 Abs. 2 S. 2 BGB	☐6 Die gelieferte Ware war **nicht bestellt** worden oder wurde **nicht** in der **bestellten Menge** geliefert (Falsch- oder Aliudlieferung/Zuwenig- oder Mankolieferung). § 434 Abs. 3 BGB

BEACHTE: Sach- und Rechtsmängel werden hinsichtlich der Rechtsfolgen (Gewährleistungsansprüche) gleichgestellt.

Sachdarstellung Phase III: Mängelrüge – *Fortsetzung*

Die Mängelanzeige ist eine empfangsbedürftige Willenserklärung, für die eine bestimmte Form im Gesetz nicht vorgeschrieben ist. Aus Beweisgründen sollte sie aber schriftlich abgefasst werden. Inhaltlich gehört zu den wichtigsten Bestandteilen eines solchen Schreibens die genaue Spezifizierung der festgestellten Mängel sowie die Geltendmachung der Gewährleistungsansprüche.

◾ **Die Prüfungs- bzw. Rügefrist**

– **Der Zeitpunkt,** bis zu dem es möglich ist, einen festgestellten Mangel beim Lieferer zu rügen, ist von **zwei Gesichtspunkten** abhängig:

   • einmal von der **Art des festgestellten Mangels** (offener/versteckter oder arglistig verschwiegener Mangel),

- zum anderen von der **Rechtsposition** der am Kaufvertrag Beteiligten (Kaufmann/Nichtkaufmann).

– **Mängel im Hinblick auf ihre Erkennbarkeit**

Offene Mängel sind bei einer sorgfältigen Warenprüfung erkennbar, so z. B. zerbrochene Nudeln, Kratzer, Leimflecken bei Möbeln.

Versteckte Mängel sind nicht sofort erkennbar, sie zeigen sich erst später, z. B. bei der Ingebrauchnahme oder bei der Verarbeitung der Kaufsache. Beispiel: fehlende Farbechtheit oder Knitterfreiheit von Stoffen.

– **Arglistig verschwiegene Mängel**

Es sind **nicht sofort erkennbare Mängel**, die zudem vom Verkäufer **absichtlich verheimlicht** werden, um den **Käufer nicht vom Abschluss des Kaufvertrags abzuhalten**. Beispiel: Ein Unfallauto wird auf eine entsprechende Frage des Käufers hin als normaler Gebrauchtwagen verkauft.

– **Übersicht:**

Art des Mangels (Erkennbarkeit)	Prüfungs- bzw. Rügefristen	
	... für Kaufleute	**... für Nichtkaufleute**
offene Mängel	**unverzüglich,** d. h. ohne schuldhaftes Zögern, also „unverzüglich nach der Ablieferung durch den Verkäufer" (§ 377 Abs. 1 und 2 HGB).	innerhalb von **zwei Jahren** (§ 438 Abs. 1 Ziff. 3 BGB). Die **Beweislast** für das Vorhandensein eines Mangels trägt grundsätzlich der Käufer. **Sonderregelung für den Verbrauchsgüterkauf:** Wird ein Mangel innerhalb von sechs Monaten angezeigt, dann muss der Verkäufer beweisen, dass die Ware zum Zeitpunkt des Gefahrübergangs mangelfrei war, andernfalls muss er für den Mangel haften. Nach sechs Monaten trägt der Käufer die Beweislast (sog. **Beweislastumkehr**; siehe hierzu die Vorschriften zum Verbrauchsgüterkauf, §§ 474 ff. und 355 ff. BGB).
versteckte Mängel	**unverzüglich nach dem Entdecken** des Mangels, jedoch **innerhalb von zwei Jahren** (§ 438 Abs. 1 Ziff. 3 BGB, § 377 Abs. 3 HGB).	
arglistig verschwiegene Mängel	**unverzüglich nach dem Entdecken** des Mangels, jedoch **innerhalb von drei Jahren** (§ 438 Abs. 3 S. 1 BGB, § 377 Abs. 5 HGB)	

4. Der Käufer macht Gewährleistungsansprüche geltend (Phase IV)

▓ **Voraussetzungen für die Geltendmachung von Ansprüchen aus der Sachmängelhaftung (Gewährleistungsansprüchen):**

– **Vorhandensein eines Schuldverhältnisses,** z. B. Kauf-, Werk-, Werklieferungs-, Miet-, Pachtvertrag.

– Es muss ein **Sachmangel** im Sinne des § 434 BGB **vorliegen.**

– Der Sachmangel muss bereits **zum Zeitpunkt des Gefahrübergangs** vorgelegen haben (§ 434 Abs. 1 S. 1 BGB).

– Der **Käufer** darf den **Mangel bei Abschluss des Kaufvertrags nicht gekannt** haben (§ 442 Abs. 1 S. 1 BGB).

– Falls dem **Käufer** ein **Mangel infolge grober Fahrlässigkeit unbekannt** geblieben ist, so kann er die Rechte wegen dieses Mangels nur dann geltend machen, wenn der **Verkäufer den Mangel arglistig verschwiegen** oder eine **Garantie** für die Beschaffenheit der Sache **übernommen** hat (§ 442 Abs. 1 S. 2 BGB).

▓ **Rechte, die der Käufer geltend machen kann:** siehe **Übersicht** auf der folgenden Seite.

5. Der Käufer verfügt über die mangelhafte Ware (Phase V)

Es gibt **drei Möglichkeiten,** wie über die Ware bei Schlechtleistung verfügt werden kann:

▓ Der Käufer **behält** die Ware, z. B. wenn er vom Lieferer einen **Preisnachlass** erhält. In diesem Fall wird der Käufer Eigentümer der Ware.

▓ Der Käufer stellt dem Verkäufer die Ware **zur Verfügung.** In diesem Falle muss zwischen Versendungs- und Platzkauf unterschieden werden.

Phase IV: Übersicht

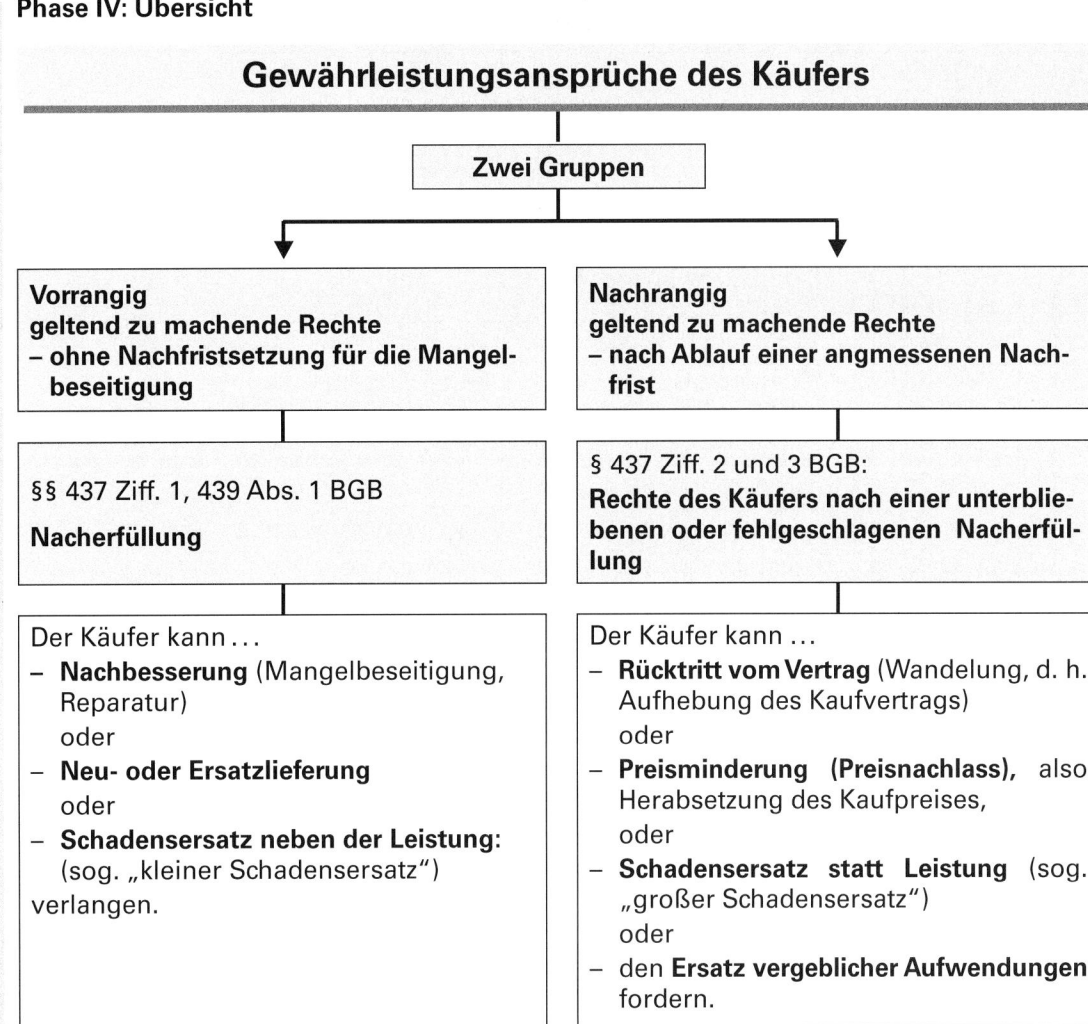

Sachdarstellung Phase V – *Fortsetzung*

– Für den **Versendungskauf** gilt § 379 Abs. 1 HGB. Die Ware muss aufbewahrt werden; sie darf nicht einfach an den Verkäufer zurückgeschickt werden. Grund: Vermeidung unnötiger Transportkosten.

– Beim **Platzkauf** darf der Käufer die Ware an den Verkäufer zurücksenden.

▪ **Leicht verderbliche Ware.** Nach § 379 Abs. 2 HGB kann der Käufer einen Notverkauf durchführen lassen, wenn Gefahr im Verzuge ist.

Arbeitsvorlage: Beispielsammlung für Mängelarten

(1) Kauf einer Armbanduhr, die täglich eine halbe Stunde nachgeht.

(2) Kauf einer Sauna zum Selberbauen. Die Montageanleitung ist in finnischer Sprache abgefasst.

(3) Bierlieferung: Statt des bestellten Hefeweizenbiers wird Kristallweizenbier geliefert.

(4) Beim Einbau einer Kücheneinrichtung wird versehentlich die Lichtleitung angebohrt.

(5) Lieferung von Felgen, die nicht zu den für den jeweiligen Autotyp benötigten Reifen passen.

(6) Auf einem Flug von Frankfurt nach New York wird weder Essen noch Trinken serviert.

(7) Statt der bestellten zwölf Kartons zu je sechs Flaschen werden nur zehn Kartons Rotwein Aspacher Trollinger mit Lemberger geliefert.

(8) Ein Auto, das mehr als fünf Liter je 100 km verbraucht, wird in einem Werbeprospekt als 3-Liter-Auto angepriesen.

(9) Eine Markise wird so montiert, dass sie schon bei einem leichten Windstoß herunterfällt. Die unter der Markise frühstückende vierköpfige Familie erleidet Verletzungen am Kopf und an den Beinen.

(10) Ein neuwertiger Laserdrucker zieht nach dem Ausdruck einer knappen Seite regelmäßig ein neues Blatt ein und setzt den Druckvorgang fort.

Arbeitsaufträge und Fragen zur Stofferschließung

1. Wie Sie aus der umfangreichen Sachdarstellung entnehmen können, ist das Thema Schlechtleistung (mangelhafte Lieferung) ziemlich komplex. Damit Sie einen ersten Überblick über das zu behandelnde Thema bekommen, sollten Sie sich zunächst einmal mit der als Ausgangssituation angeführten Mängelrüge befassen. Beantworten Sie danach die folgenden Leitfragen.

   a) In welche fünf Phasen kann die Abwicklung der Schlechtlieferung bei der Firma Feinkost-Moser eingeteilt werden?

   b) Wie ist die Mängelrüge (-anzeige) der Firma Feinkost-Moser inhaltlich aufgebaut? Geben Sie etwa sechs Gesichtspunkte an.

   c) Welche zwei Gesichtspunkte stehen im Mittelpunkt einer solchen Mängelrüge?

   d) Was soll mit einer Mängelrüge bezweckt werden?

2. Auf die Einzelheiten der in der Ausgangssituation angeführten Mängelrüge werden wir in anderem Zusammenhang noch zurückkommen. Befassen Sie sich jetzt mit den Ausführungen über die Warenprüfung (**Sachdarstellung Phase 1**) und beantworten Sie danach die folgenden Auswertungsfragen.

   a) In welche zwei Hauptabschnitte (-phasen) kann die Warenprüfung eingeteilt werden?

   b) Welche Maßnahmen umschließt die äußere Kontrolle der Warensendung?

   c) Was soll durch die Überprüfung der Empfängeranschrift erreicht werden?

   d) Welche Bedeutung hat die Überprüfung der Versandverpackung?

   e) Wie wird sich der Warenempfänger verhalten, wenn bei der äußeren Kontrolle der Ware Mängel festgestellt werden?

   f) Was geschieht mit der Ware, wenn die Material- oder Artikelkontrolle keinerlei Beanstandungen ergeben hat?

   g) Welche schriftlichen Unterlagen können für die Material- oder Artikelkontrolle herangezogen werden?

   h) Wonach richtet sich der Umfang der Prüfung des gelieferten Materials?

   i) Nennen Sie drei Beispiele für die bei der Material- oder Artikelkontrolle angewendeten Prüfverfahren.

   j) Wie werden die Ergebnisse der Material- oder Artikelkontrolle festgehalten und wozu dient diese Unterlage?

   k) Welche Aufgabe und welchen Inhalt hat die Wareneingangsmeldung?

3. Bei der Warenprüfung können unterschiedliche Arten von Mängeln zum Vorschein kommen. Studieren Sie die Übersicht über die Mängelarten (**Sachdarstellung Abschnitt 1, Phase 2**) und beantworten Sie die folgenden Auswertungsfragen.

   a) In welche zwei Bereiche werden die Mängelarten im BGB eingeteilt (Grobeinteilung)?

   b) Wie werden Sach- und Rechtsmängel hinsichtlich der Rechtsfolgen behandelt?

   c) Welche Gegebenheiten können einen Sachmangel begründen? (Feineinteilung, sechs Angaben)

   d) Bearbeiten Sie die Beispiele der **Arbeitsvorlage** in der Weise, dass Sie die jeweilige Art des Sachmangels bestimmen.

   e) Welche Arten von Mängeln wurden bei der Überprüfung der Lieferung der Firma Kaiser & Söhne im Einzelnen festgestellt? Wie unterscheidet sich der Mangel bei den Spinatnudeln vom Mangel in Bezug auf den Lachs?

4. In der **Phase 3 der Sachdarstellung** geht es um die Anzeige der festgestellten Mängel und die dabei einzuhaltenden Prüfungs- und Rügefristen.

   a) Ist für die Mängelrüge eine bestimmte Form vorgeschrieben? Könnte sie auch mündlich (z. B. telefonisch) abgegeben werden? Was spricht für die Schriftform?

   b) Von welchen Gegebenheiten ist es abhängig, wie lange festgestellte Mängel beim Lieferer gerügt werden können?

   c) Was versteht man unter versteckten Mängeln?

   d) Wann muss die Firma Feinkost-Moser die festgestellten Mängel rügen? (Begründung)

   e) Wie lange hat eine Kundin von Feinkost-Moser Zeit, eine italienische Salami zu überprüfen und zu rügen? (Begründung)

   f) Vor welches Problem sieht sich eine Kundin gestellt, wenn Sie den bei Feinkost-Moser gekauften Parma-Schinken erst nach einem Jahr auf seine Qualität hin überprüft?

   g) Was heißt „unverzüglich", was heißt demgegenüber „sofort"?

h) Entscheiden Sie begründet, ob die Firma Feinkost-Moser die vorgeschriebene Rügefrist eingehalten hat oder nicht.

i) Welche negativen Rechtsfolgen können sich für die Firma Feinkost-Moser ergeben, wenn die gesetzlich vorgeschriebene Rügefrist nicht eingehalten wird? Lesen Sie § 377 Abs. 2 HGB.

j) Wie beurteilen Sie die im HGB geregelten Rechtsfolgen bei Nichteinhaltung der Rügefrist unter praktischen Gesichtspunkten?

5. In der **Phase 4 der Sachdarstellung** werden die einzelnen Gewährleistungsansprüche des Käufers bei Schlechtleistung dargestellt.

a) In welche zwei Gruppen werden die Gewährleistungsansprüche im BGB eingeteilt?

b) Wie unterscheiden sich die beiden Gruppen von Gewährleistungsansprüchen hinsichtlich der Voraussetzungen für ihre Geltendmachung?

c) Welche einzelnen Ansprüche kann der Käufer geltend machen, wenn er Nacherfüllung fordert?

d) Welche Rechte hat der Käufer nach einer unterbliebenen oder fehlgeschlagenen Nacherfüllung?

e) Welche Absicht verfolgt der Gesetzgeber, wenn er dem Käufer zunächst einmal das Recht auf Nacherfüllung zubilligt, ehe er ihm die Geltendmachung weitergehender Rechte zugesteht?

6. Die **letzte Phase** bei der Abwicklung einer Schlechtleistung ist das Verfügen über die Ware (Phase 5 der Sachdarstellung).

a) In der Mängelrüge der Ausgangssituation stellt die Firma Feinkost-Moser dem Lieferer die mit Mängeln behafteten Waren zur Verfügung. Kann Moser diese Waren ohne weiteres an den Verkäufer zurückschicken?

b) Unter welchen Voraussetzungen könnte die Firma Feinkost-Moser die mit Mängeln behafteten Waren behalten und weiterverkaufen?

4.1.2 Analyse der Gewährleistungsansprüche des Käufers

Ausgangssituation

Ein Pausengespräch zwischen Schülern nach einer BWL-Stunde:

Alexandra: „Nach dem, was wir bisher im Unterricht besprochen haben, ist mir in Bezug auf die Käuferrechte bei mangelhafter Lieferung so manches noch nicht ganz klar. Beispielsweise hätte ich gerne gewusst, ob der Käufer eine Neulieferung auch dann verlangen kann, wenn das Kaufobjekt bloß einen klitzekleinen Fehler aufweist, z. B. einen kaum sichtbaren Kratzer auf der Unterseite einer Schreibtischplatte. Auch würde mich interessieren, wer bei einer Nachbesserung all die damit zusammenhängenden Kosten tragen muss."

Ulla: „Da wir gerade von Nachbesserung reden: Für mich ist Nachbesserung und Nacherfüllung ein und dasselbe; ich sehe da keinen Unterschied."

Kevin: „Dass Nacherfüllung mehr ist als bloße Nachbesserung ist mir schon klar. Was mir Probleme bereitet, ist, dass im BGB zwischen einem ‚Schadensersatz neben der Leistung' und einem ‚Schadensersatz statt der Leistung' unterschieden wird."

Methehan: „Den Unterschied kann ich dir erklären. Mich stört an den gesetzlichen Regelungen, dass der Käufer immer zuerst Nacherfüllung verlangen muss, ehe er z. B. Preisminderung oder Rücktritt vom Vertrag verlangen kann. Das ist doch Quatsch!"

Sachdarstellung

1. Erläuterungen zur Nacherfüllung

▪ Sinn der Regelung

Alle Ansprüche des Käufers basieren auf einer **verschuldeten oder unverschuldeten Pflichtverletzung des Verkäufers,** nämlich auf einer **mangelhaften Lieferung.** Durch die Nacherfüllung soll zunächst einmal der Zustand hergestellt werden, der ohne das Auftreten des Mangels, also bei einer einwandfreien Leistung des Verkäufers, bestehen würde. Durch die Möglichkeit der Nacherfüllung erhält der Verkäufer gewissermaßen eine **zweite Chance,** zur Erfüllung seiner Vertragspflicht ordnungsgemäß zu liefern.

■ **Ablaufbedingungen der Nacherfüllung**

– Eine Nacherfüllung gilt als fehlgeschlagen, wenn zwei Nachbesserungsversuche erfolglos waren.

– Der Verkäufer muss die im Zusammenhang mit der Nacherfüllung anfallenden Kosten tragen, so beispielsweise Transport-, Wege-, Arbeits- und Materialkosten (§ 439 Abs. 2 BGB).

■ **Begrenzung des Käuferwahlrechts**

Die **Nacherfüllung** kann **vom Verkäufer verweigert** werden, wenn sie mit **unverhältnismäßig hohen Kosten verbunden** ist oder wenn **besondere Umstände vorliegen** (§§ 439 Abs. 3, 440 BGB). So wird bei geringwertigen Sachen (z. B. Schrauben) die Nacherfüllung regelmäßig durch Ersatzlieferung erfolgen, weil in diesem Falle eine Nachbesserung mit verhältnismäßig hohen Kosten verbunden ist. Außerdem ist die Geltendmachung dieses Rechts auf Ersatzlieferung dann sinnvoll, wenn die mangelhafte Sache nicht verwendbar ist und deshalb durch eine gleichartige mangelfreie Sache ersetzt werden muss. Das ist nur bei vertretbaren Sachen (Gattungswaren) möglich. Andererseits kann der Verkäufer die vom Käufer verlangte Ersatzlieferung verweigern, wenn der Mangel durch bloßes Auswechseln eines Teilstücks der verkauften Sache behoben werden kann, z. B. wenn bei einem Staubsauger lediglich ein Teil des beschädigten Saugrohrs ausgewechselt werden muss.

Bei Speziesgütern (einmalige Sachen, Unikate wie z. B. ein Modellkleid, ein Originalgemälde, ein Kunstwerk) ist die Nacherfüllung auf die Nachbesserung beschränkt, da eine Ersatz- oder Neulieferung in diesem Falle nicht möglich ist (§ 275 Abs. 1 BGB).

■ **Schadensersatz neben der Leistung**

Er wird auch als sog. „kleiner Schadensersatz" bezeichnet. Der Verkäufer muss hierbei dem Käufer die Kosten ersetzen, die dieser für die Feststellung und Beseitigung des Schadens (z. B. Abschlepp-, Anwalts-, Reise-, Hotelkosten) sowie für den Ausfallschaden (z. B. Nutzungsausfall, Mietwagenkosten) aufwenden muss (§ 280 Abs. 1 BGB: Ersatz des Mangelfolgeschadens).

2. Erläuterungen zu den nachrangigen Käuferrechten

■ **Rücktritt vom Kaufvertrag** (§§ 323 ff., 346 ff., 437 Ziff. 2, 440 BGB)

Durch den Rücktritt des Käufers wird ein bestehender Kaufvertrag aufgehoben. Die Aufhebung des Kaufvertrags erfolgt in der Weise, dass der Käufer einseitig den Rücktritt erklärt: Eine ausdrückliche Zustimmung des Verkäufers ist hierzu nicht erforderlich. Der Rücktritt verpflichtet die Vertragsparteien zur Rückgabe der bereits empfangenen Leistungen. Der Käufer muss die erhaltene Ware zurückschicken, der Verkäufer bereits geleistete Zahlungen des Käufers erstatten.

Ist die Rückgewähr der empfangenen Leistung nicht möglich, weil sie verbraucht, veräußert, verarbeitet, umgestaltet oder belastet wurde oder untergegangen ist, dann muss Wertersatz geleistet werden (§ 346 Abs. 2 BGB).

■ **Preisminderung** (§§ 437 Ziff. 2, 441 BGB)

In diesem Falle behält der Käufer die mangelhafte Ware und erhält vom Verkäufer einen Preisnachlass, z. B. 25 % Rabatt in Form einer Gutschrift. Die Preisminderung selbst wird in der Regel durch Schätzung ermittelt. Hat der Käufer den Kaufpreis bereits bezahlt, dann muss der Verkäufer ihm den Mehrbetrag erstatten (§ 441 Abs. 4 BGB). Die Geltendmachung des Minderungsrechts macht nur dann Sinn, wenn die Kaufsache noch verwendbar ist.

Das Recht auf Preisminderung wird durch Erklärung gegenüber dem Verkäufer ausgeübt, sobald die Nacherfüllung fehlgeschlagen ist oder verweigert wurde.

■ **Schadensersatz statt der Leistung** (§§ 280 ff., 437 Ziff. 3, 440 BGB)

Der Käufer verzichtet auf die Leistung und fordert den Ersatz des entstandenen Schadens, z. B. Umsatzeinbußen, Produktionsausfall. **Voraussetzung** für die Geltendmachung dieses Rechts ist, dass der **Schuldner die Pflichtverletzung zu vertreten** hat, dass ihm also aus seinem Verhalten ein Vorwurf gemacht werden kann (§ 280 Abs. 1 S. 2 BGB); außerdem muss die **Pflichtverletzung erheblich** sein (§ 281 Abs. 1 S. 3 BGB). Ein Verschulden des Verkäufers wird beispielsweise dann vorliegen, wenn er den Mangel fahrlässig oder arglistig verschwiegen oder wenn er falsche Angaben über Eigenschaften (z. B. über die Laufleistung von Autoreifen, die gefahrene Kilometerzahl bei Kraftfahrzeugen) gemacht hat.

Der sog. „große Schadensersatz" betrifft den gesamten Schaden, den der Käufer durch die vom Verkäufer zu vertretende Nichterfüllung des Kaufvertrags erleidet. Er umfasst Schäden an der Kaufsache selbst (Mangelschäden) und Schäden, die an anderen Sachen oder an Personen eingetreten sind (Mangelfolgeschäden). Dazu gehören auch etwaige Mehrkosten für den Erwerb einer gleichwertigen fehlerfreien Sache. Insgesamt muss der Käufer so gestellt werden, wie wenn der Verkäufer den Kaufvertrag ordnungsgemäß erfüllt hätte (Ersatz des positiven Interesses).

Schadensersatz statt der Leistung kann der Käufer auch dann verlangen, wenn er bereits vom Kaufvertrag zurückgetreten ist (§ 325 BGB). Beide Rechte können alternativ oder gleichzeitig geltend gemacht werden.

◾ **Ersatz vergeblicher Aufwendungen** (§§ 284, 437 Ziff. 3 BGB)

Dieses Recht kann der Käufer **anstelle des Schadensersatzes statt der Leistung** geltend machen, wenn er Aufwendungen „im Vertrauen auf den Erhalt der Leistung gemacht hat und billigerweise machen durfte". Der Käufer tritt vom Kaufvertrag zurück und macht den Ersatz vergeblicher Aufwendungen geltend, so beispielsweise die Druckkosten für einen Werbeprospekt, in dem die mangelhafte Sache angepriesen wird.

3. Übersicht: Voraussetzungen für die Geltendmachung der einzelnen Käuferrechte bei Schlechtleistung

Beispiel für die Deutung der Tabelle: Rücktritt vom Vertrag setzt den Ablauf einer angemessenen Nachfrist („ja") sowie das Vorliegen eines erheblichen Mangels („ja") voraus, jedoch kein Verschulden des Verkäufers („nein").

Voraussetzungen → Käuferrechte ↓	Ablauf einer angemessenen Nachfrist	Verschulden des Verkäufers	Vorliegen eines erheblichen Mangels (kein Bagatellschaden)
vorrangige Rechte			
(1) Nacherfüllung			
(a) Nachbesserung	nein	nein	nein
(b) Ersatzlieferung	nein	nein	ja
(2) Schadensersatz **neben** der Leistung	nein	ja	nein
nachrangige Rechte			
(3) Rücktritt vom Vertrag	ja	nein	ja
(4) Preisminderung	ja	nein	nein
(5) Schadensersatz **statt** Leistung	ja	ja	ja
(6) Ersatz vergeblicher Aufwendungen	ja	ja	ja

◾ Wie aus der obigen Tabelle zu ersehen ist, kann der Käufer die **nachrangigen Gewährleistungsansprüche immer erst dann in Anspruch nehmen, wenn eine von ihm gesetzte angemessene Frist zur Nacherfüllung erfolglos abgelaufen ist.** Die Nacherfüllung hat also Vorrang (Priorität) vor der Geltendmachung weiterer Rechte des Käufers.

◾ Eine **Nachfristsetzung ist ausnahmsweise** in folgenden Fällen **nicht erforderlich** (vgl. §§ 275, 323 Abs. 2 Ziff. 1 bis 4, 326 Abs. 5, 440 S. 1 BGB):
– wenn der Verkäufer die **Nacherfüllung verweigert**:
– wenn der Verkäufer bei einem **Termin- oder Fixkauf** nicht leistet;
– wenn die Leistung für den Verkäufer **nicht zumutbar** ist;
– wenn die Nacherfüllung **unmöglich** ist.

◾ Für die **Geltendmachung von Schadensersatzansprüchen** und dem **Ersatz vergeblicher Aufwendungen** ist stets **Verschulden des Verkäufers** die Voraussetzung; außerdem muss tatsächlich ein Schaden entstanden sein.

◾ **Ersatzlieferung** und **Rücktritt vom Vertrag** kann der Käufer immer nur dann verlangen, wenn ein **erheblicher Mangel**, also kein Bagatellschaden, vorliegt. Dasselbe gilt vom Schadensersatz statt Leistung und vom Ersatz vergeblicher Aufwendungen.

Arbeitsaufträge und Fragen zur Stofferschließung

1. Bearbeiten Sie zunächst einmal mithilfe der Ausführungen in der Sachdarstellung die in der Ausgangssituation von den Schülern aufgeworfenen Fragen.

    a) Was antworten Sie auf die erste Frage von Alexandra, ob ein Käufer auch bei Bagatellschäden eine Ersatzlieferung verlangen kann? Welches Recht würden Sie in diesem Falle als Käufer geltend machen?

    b) Welche Antwort geben Sie auf die zweite Frage von Alexandra, wer bei einer Nachbesserung all die damit zusammenhängenden Kosten tragen muss?

    c) Klären Sie Ulla darüber auf, was der Unterschied zwischen Nachbesserung und Nacherfüllung ist.

    d) Beantworten Sie Kevins Frage nach dem Unterschied zwischen „Schadensersatz neben der Leistung" und „Schadensersatz statt der Leistung".

    e) Warum ist es – entgegen der Meinung von Methehan – kein „Quatsch", wenn der Gesetzgeber die Nacherfüllung als vorrangig geltend zu machendes Recht einstuft und die Geltendmachung von Ansprüchen wie Rücktritt vom Vertrag und Preisminderung erst nach einer unterbliebenen oder fehlgeschlagenen Nacherfüllung ermöglicht?

2. Versuchen Sie sich die häufig sehr ins Einzelne gehende Materie der Gewährleistungsrechte des Käufers durch ein genaues Studium der Sachdarstellung mithilfe der folgenden Leitfragen zu erschließen.

    a) Welche Gegebenheiten müssen vorliegen, damit eine Nacherfüllung als fehlgeschlagen eingestuft und nachrangige Ansprüche vom Käufer geltend gemacht werden können? (Zwei Angaben)

    b) In welchen Fällen kann der Verkäufer ein Nacherfüllen verweigern? (Drei Angaben)

    c) Nennen Sie zwei praktische Beispiele für Situationen, in denen typischerweise die Nacherfüllung durch Ersatzlieferung erfolgt.

    d) Bei bestimmten Gütern (Kaufobjekten) ist die Nacherfüllung auf die Nachbesserung beschränkt, weil Ersatzlieferung nicht möglich ist. Welche Güter sind das?

    e) Beschreiben Sie das nachrangige Recht des Käufers auf Rücktritt (vom Vertrag) durch Angabe von drei Wesensmerkmalen.

    f) Welche drei Voraussetzungen müssen erfüllt sein, damit ein Käufer Schadensersatz statt Leistung verlangen kann?

    g) Welche Schäden muss ein Verkäufer ersetzen, wenn sein Kunde Anspruch auf „großen Schadensersatz" geltend macht?

    h) Kann ein Käufer auch dann Schadensersatz statt Leistung verlangen, wenn er bereits vom Kaufvertrag zurückgetreten ist und wenn er demzufolge mit dem Verkäufer nicht mehr in einer Vertragsbeziehung steht? (Begründung)

    i) Erläutern Sie möglichst anhand eines konkreten Beispiels, was das Recht auf „Ersatz vergeblicher Aufwendungen" beinhaltet.

    j) Werten Sie die vorstehende Tabelle über die Geltendmachung der Käuferrechte bei Schlechtleistung aus.

    ja) Was ist die Voraussetzung für die Geltendmachung nachrangiger Gewährleistungsansprüche?
    jb) Welche Käuferrechte setzen ein Verschulden des Lieferers voraus?
    jc) Welche vor- und nachrangigen Käuferrechte können auch beim Vorliegen eines Bagatellschadens geltend gemacht werden?

    k) Nennen Sie drei Gegebenheiten, bei denen der Käufer keine Nachfrist setzen muss, um nachrangige Gewährleistungsansprüche geltend machen zu können. (Mindestens drei Angaben)

4.2 Die Nicht-rechtzeitig- oder Zu-spät-Lieferung (Lieferungsverzug)

4.2.1 Ein Käufer wartet vergeblich auf die Lieferung

Ausgangs-situation

Auszug aus einem Telefax des Radcenters Grün & Braun KG in Braunschweig an die Zweirad Union GmbH in Eschwege:

```
                                                            ..-04-10
Unser Auftrag Nr. 68475 vom 25. Februar - Lieferungsverzug

Sehr geehrte Damen und Herren,

in Ihrer Auftragsbestätigung vom 3. März d. J. sicherten Sie uns die
Lieferung folgender Räder bis Anfang April verbindlich zu:

        25 Sporträder nach besonderer Aufstellung,
        Gesamtpreis 18.753,00 €;
        50 Jugendräder nach besonderer Aufstellung,
        Gesamtpreis 12.456,00 €.

Leider haben wir die Räder bis heute nicht erhalten. Da wir zur Er-
öffnung der diesjährigen Fahrradsaison vom 28. bis 30. April eine
VERKAUFSSCHAU veranstalten wollen, benötigen wir die bestellten Räder
dringend. Wir setzen Ihnen daher für die Lieferung eine

        Nachfrist bis 20. April. d. J.

Falls Sie bis zum angegebenen Zeitpunkt nicht liefern, werden wir vom
Kaufvertrag zurücktreten und uns bei einem anderen Lieferanten ein-
decken. Für eventuell entstehende Kosten machen wir Sie haftbar.

Wir hoffen, dass Sie im Interesse einer weiteren guten Geschäftsbe-
ziehung den oben genannten Lieferungstermin einhalten werden.

Mit freundlichen Grüßen ...
```

Auszug aus dem Antwortschreiben der Zweirad Union GmbH:

```
                                                            ..-04-14
Ihr Auftrag vom 25. Februar d. J.

Wegen der Lieferungsverzögerung von 25 Sporträdern und 50 Jugend-
rädern nach besonderer Aufstellung bitten wir um Entschuldigung.
Leider ist unsere Lackieranlage wegen einer erforderlich gewordenen
Großreparatur mehrere Tage lang ausgefallen. Inzwischen funktioniert
sie wieder einwandfrei.

Wir versichern Ihnen, dass wir die Lieferung innerhalb der von Ihnen
gesetzten Frist nachholen werden. Für die geplante Verkaufsausstel-
lung stellen wir Ihnen umfangreiches Display- und Prospektmaterial
zur Verfügung.

Mit freundlichen Grüßen ...

Anlage
Display- und Prospektmaterial
```

Sachdarstellung

1. Begriffliche Einordnung

Die Nicht-rechtzeitig- oder Zu-spät-Lieferung ist wie die noch zu behandelnde Nicht-rechtzeitig- oder Zu-spät-Zahlung eine **besondere Form des Schuldnerverzugs.** In dem einen Fall schuldet der Verkäufer die Lieferung der Ware, in dem anderen Fall ist der Käufer Schuldner eines Geldbetrags. Der Gegenbegriff zum Schuldnerverzug ist der Annahme- oder Gläubigerverzug.

- Verzug
  - → Schuldnerverzug
    - → Nicht-rechtzeitig- oder Zu-spät-Lieferung
    - → Nicht-rechtzeitig- oder Zu-spät-Zahlung
  - → Gläubigerverzug
    - → Annahmeverzug

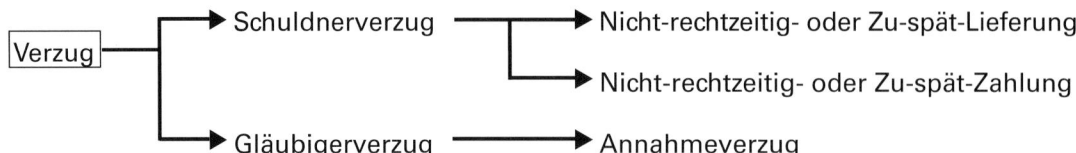

2. Übersicht:

Voraussetzungen für das Vorliegen einer Nicht-rechtzeitig-Lieferung

Die Lieferung muss **fällig** sein, d. h., der Liefertermin muss eingetreten oder überschritten sein.	Der Lieferer muss nach der Fälligkeit **gemahnt** worden sein. Ausnahmen hiervon: siehe unten!	Der Lieferer hat die Verzögerung **verschuldet,** d. h., er hat sie zu vertreten.	Es muss für den Lieferer möglich sein, die Leistung **nachzuholen**.
§ 271 BGB: Eine Lieferung kann erst zum **vereinbarten Zeitpunkt** verlangt werden. Fehlt es an einer entsprechenden Vereinbarung, dann ist die Lieferung sofort fällig.	§ 286 Abs. 1 BGB: Durch eine **Mahnung** des Gläubigers, die nach dem Eintritt der Fälligkeit erfolgt, gerät der Schuldner in Verzug. Von diesem Grundsatz gibt es die nachstehend angeführten **Ausnahmen.**	§§ 276, 286 Abs. 4 BGB: Der Lieferer **haftet für Vorsatz** und **grobe Fahrlässigkeit,** nicht aber für höhere Gewalt (z. B. Streik, Unwetter). Der Lieferer kommt nicht in Verzug, wenn er den Umstand der Verzögerung nicht zu vertreten hat.	§ 275 Abs. 1 BGB: Kann die Lieferung **nicht mehr nachgeholt** werden, weil beispielsweise das Kaufobjekt nicht mehr existiert, dann liegt Unmöglichkeit der Leistung vor.

Nach § 286 Abs. 2 BGB ist eine Mahnung nicht erforderlich, …

wenn der **Lieferzeitpunkt kalendermäßig bestimmt ist,** z. B. „Lieferung am 10. Juli 20..“ – „Lieferung Mitte August“ – „Lieferung Ende September“ – „Lieferung bis zum 15. März 20..“	wenn der **Lieferzeitpunkt an ein bestimmtes Ereignis geknüpft** ist und sich **von diesem aus kalendermäßig genau berechnen lässt,** z. B. „Lieferung innerhalb von 30 Tagen ab Bestelldatum“ – „Lieferung 14 Tage nach Auftragsbestätigung“.	wenn der **Lieferer sich selbst in Verzug setzt,** indem er erklärt, dass er nicht liefern kann oder erst zu einem späteren Zeitpunkt liefern will (ernsthafte und endgültige Leistungsverweigerung).	wenn aus **besonderen Gründen unter Abwägung der beiderseitigen Interessen der sofortige Eintritt des Verzugs gerechtfertigt ist,** so z. B. wenn Gefahr im Verzug ist (offenes Dach – fehlende Dachziegel).

3. Erläuterungen zu den einzelnen Voraussetzungen

- **Fälligkeit der Leistung:** Beim Termin- und Fixkauf ist der Lieferzeitpunkt kalendermäßig bestimmt oder bestimmbar. Dasselbe gilt von dem Fall, dass einer Lieferung ein bestimmtes Ereignis vorausgeht (z. B. eine Anzahlung), von dem sich der Lieferzeitpunkt nach dem Kalender genau berechnen lässt (§ 286 Abs. 2 Ziff. 2 BGB). Das ist z. B. bei der Vertragsklausel „Lieferung vier Wochen nach Anzahlung" der Fall.

▪ **Verschulden** betrifft die Haftung für Vorsatz und Fahrlässigkeit. Nach § 276 Abs. 2 BGB handelt derjenige fahrlässig, der die im Verkehr erforderliche Sorgfalt außer Acht lässt. Vorsatz bedeutet Kenntnis der Tatumstände und Wollen des Erfolgs. § 276 Abs. 3 BGB bestimmt, dass dem Schuldner die Haftung wegen Vorsatz nicht im Voraus erlassen werden kann.

Im Zusammenhang mit dem Lieferungsverzug von Bedeutung ist der Tatbestand, dass der Verkäufer als Warenschuldner aus dem Inhalt des Schuldverhältnisses heraus bei Gattungssachen (Massenware) regelmäßig das sog. Beschaffungsrisiko trägt. Das heißt, er muss zum vereinbarten Termin aus der Gattung heraus rechtzeitig liefern können, muss also lieferfähig sein (§ 276 Abs. 1 BGB).

▪ **Unmöglichkeit der Leistung:** Der Verkäufer wird von seiner Leistungspflicht befreit, wenn die Lieferung für ihn oder für jedermann unmöglich geworden ist (§ 275 Abs. 1 BGB). Beispiel: Kauf eines Originalgemäldes, das vor der Übergabe beim Transport zum Käufer vernichtet wird. Der Verkäufer muss den eingetretenen Schaden nur dann ersetzen, wenn er die eingetretene Unmöglichkeit verschuldet hat, z. B. bei grober Missachtung der Straßenverkehrsordnung (§§ 281 Abs. 1, 283 BGB).

Arbeitsaufträge und Fragen zur Stofferschließung

1. Befassen Sie sich zunächst einmal mit der **Ausgangssituation**.

a) Welchen Zweck verfolgt das Telefax des Radcenters Grün & Braun KG an die Zweirad Union GmbH?

b) Das vorgenannte Fax enthält mehrere Daten. Versuchen Sie die einzelnen Zeitangaben in eine Reihenfolge zu bringen. Erläutern Sie anhand der zeitlich geordneten Daten den bisherigen Ablauf des Kaufgeschäfts. Wie lassen sich die einzelnen Phasen juristisch deuten?

c) Welchen Zweck verfolgt die Zweirad Union GmbH mit der Zurverfügungstellung von Display- und Prospektmaterial?

d) Um welche zwei Probleme geht es im vorliegenden Fall? Lösungshinweis: Das eine Problem betrifft den Verkäufer, das andere den Käufer.

2. Ein Lieferer gerät nur dann in Lieferungsverzug, wenn bestimmte Voraussetzungen gegeben sind.

a) Welche vier Voraussetzungen müssen für das Vorliegen einer Nicht-rechtzeitig-Lieferung erfüllt sein?

b) Für welches Handeln kann die Zweirad Union GmbH ganz allgemein haftbar gemacht werden?

c) Welche Gegebenheiten müssten vorliegen, damit die Zweirad Union GmbH trotz Lieferfristüberschreitung nicht in Lieferungsverzug gerät? Lösungshinweis: Überprüfen Sie die Verschuldensfrage.

d) In welchen Fällen gerät ein Lieferer auch ohne Mahnung in Verzug?

e) Welche Rechtsfolgen ergeben sich für einen Lieferer, für den die Lieferung aus irgendeinem Grunde unmöglich wird, z. B. weil die zu liefernden Fahrräder einem Brand zum Opfer fallen?

f) Entscheiden Sie begründet, ob die Zweirad Union GmbH in Lieferungsverzug geraten ist und ob demzufolge eine Nicht-rechtzeitig- oder Zu-spät-Lieferung vorliegt.

g) Um welche Art von Verzug geht es in dieser Fallstudie? Was ist das Gegenstück zu dieser Art von Verzug?

4.2.2 Der Käufer macht seine Rechte geltend

Ausgangs-situation

Bei der weiteren Bearbeitung der vorliegenden Fallstudie ist davon auszugehen, dass sich die Zweirad Union GmbH in Eschwege in Lieferungsverzug befindet. Die nähere Begründung dafür haben Sie bei der Erledigung des Arbeitsauftrags 2. f) geliefert.
Das Radcenter Grün & Braun KG muss nun gegenüber dem säumigen Lieferer seine Rechte geltend machen.

Sachdarstellung

1. Übersicht:

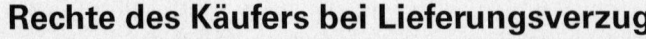

Rechte des Käufers bei Lieferungsverzug

Rechte, die ohne Nachfristsetzung geltend gemacht werden können.	**Rechte, die erst nach erfolglosem Ablauf einer angemessenen Nachfrist in Anspruch genommen werden können.**

Nachträgliche Erfüllung des Kaufvertrags,

d. h. Lieferung der Ware.

Nachträgliche Erfüllung und Ersatz des Verzögerungsschadens,

z. B. Mahn-, Schreib-, Telefon- und Rechtsanwaltskosten, entgangener Gewinn (§§ 280 Abs. 1 und 2, 286 BGB).
Den Anspruch auf Ersatz des Verzugsschadens hat der Käufer auch dann, wenn er später Schadensersatz statt Leistung geltend macht.

Auch nach Ablauf einer angemessenen Nachfrist kann der Käufer nach wie vor auf der **Erfüllung des Kaufvertrags durch Nachlieferung** bestehen. Der Nacherfüllungsanspruch geht erst unter, wenn der Gläubiger statt der Leistung eines der folgenden beiden Rechte oder beide Rechte zugleich fordert.

Rücktritt vom Kaufvertrag (§§ 323 f., 346 ff. BGB)	**Schadensersatz statt Leistung (§ 280 ff. BGB)**

Näheres zu diesen beiden Rechten des Käufers kann den entsprechenden **Ausführungen zur Schlechtleistung** entnommen werden (Sachdarstellung, Phase 4, Abschnitt 4).

Ersatz vergeblicher Aufwendungen (§ 284 BGB)

z. B. Erstattung von Vertragskosten, Kosten für wertlos gewordenes Prospektmaterial.

Dieses Recht kann **anstelle** von Schadensersatz statt Leistung geltend gemacht werden.

2. Erläuterungen zu den einzelnen Käuferrechten

▪ **Nachfristsetzung beim Rücktritt**

Sie ist nach § 323 Abs. 2 BGB in folgenden Fällen **nicht erforderlich:**
– wenn der Verkäufer die **Nachlieferung verweigert;**
– wenn ein **Termin- oder Fixkauf** vorliegt;
– wenn **besondere Umstände** vorliegen, die unter Abwägung der beiderseitigen Interessen einen sofortigen Rücktritt rechtfertigen.

Der Käufer muss die **Nachfristsetzung nicht mit einer Androhung** an den Verkäufer **verknüpfen,** er (der Käufer) werde nach Fristablauf die Ware nicht mehr annehmen (Entbehrlichkeit der Ablehnungsandrohung).

▪ **Schadensersatz statt Leistung**

Voraussetzung für die Geltendmachung dieses Rechts ist, dass den Verkäufer ein **Verschulden** an der zu späten Lieferung trifft. Das wird regelmäßig dann der Fall sein, wenn für die zu liefernde Ware längere Lieferzeiten bestehen und wenn der Verkäufer zu spät bei seinem eigenen Lieferanten (Händler, Hersteller) bestellt. Schadensersatz statt Leistung kann der

Käufer auch dann fordern, wenn er zuvor vom Kaufvertrag zurückgetreten ist; **diese beiden Rechte können also alternativ oder gleichzeitig in Anspruch genommen werden.**

Termin- und Fixkauf

Bei beiden Kaufarten ist der Lieferzeitpunkt kalendermäßig genau bestimmt oder bestimmbar. Beim Fixkauf jedoch **steht und fällt das ganze Geschäft mit der Einhaltung des Liefertermins** (z. B. Lieferung einer Geburtstagtorte, eines Brautkleids, von Knallkörpern für Silvester). Auf die besondere Bedeutung des Leistungszeitpunkts muss durch bestimmte **Klauseln beim Lieferdatum** ausdrücklich hingewiesen werden, so z. B. durch eine vertragliche Regelung wie „Lieferung am 27. April fix" (fest, präzise, genau, exakt).

Bei einem Fixgeschäft kann der Käufer das Rücktrittsrecht oder den Anspruch auf Schadensersatz statt Leistung unmittelbar nach Ausbleiben der Lieferung geltend machen; er muss **nicht den Ablauf einer angemessenen Nachfrist abwarten.** Schadensersatz statt Leistung kann der Käufer jedoch nur verlangen, wenn ein **Verschulden des Lieferers** vorliegt. Auch beim Fixkauf kann der Käufer **Erfüllung des Kaufvertrags** fordern; er muss dies jedoch **unverzüglich** nach dem Überschreiten des vereinbarten Liefertermins dem Lieferer **mitteilen** (§§ 323 BGB, 376 HGB).

Haftung des Lieferers während des Verzugs

Der Verkäufer als Warenschuldner **haftet** während des Verzugs für jeden Grad der **Fahrlässigkeit.** Wegen der ausgebliebenen Lieferung muss er auch für **Zufall** einstehen, sofern der entstandene Schaden nicht auch bei rechtzeitiger Lieferung eingetreten wäre (§ 287 BGB).

3. Schadensberechnung

Grundsatz: Der durch den Lieferungsverzug geschädigte Käufer muss **so gestellt** werden, wie wenn der **Kaufvertrag ordnungsgemäß erfüllt** worden wäre (§ 249 BGB); gegebenenfalls muss der **entstandene Schaden durch Geldleistungen ausgeglichen** werden (§ 251 BGB).

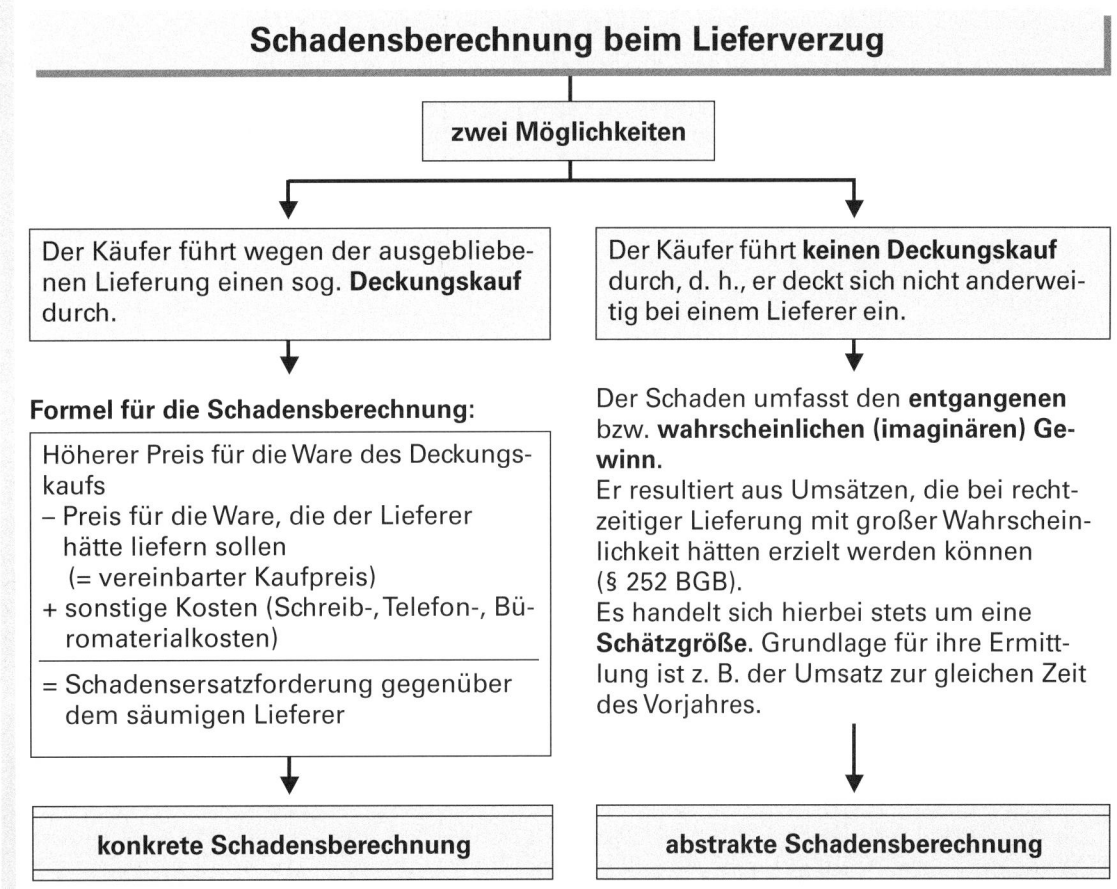

Schadensberechnung beim Lieferverzug

zwei Möglichkeiten

| Der Käufer führt wegen der ausgebliebenen Lieferung einen sog. **Deckungskauf** durch. | Der Käufer führt **keinen Deckungskauf** durch, d. h., er deckt sich nicht anderweitig bei einem Lieferer ein. |

Formel für die Schadensberechnung:

Höherer Preis für die Ware des Deckungskaufs
– Preis für die Ware, die der Lieferer hätte liefern sollen
  (= vereinbarter Kaufpreis)
+ sonstige Kosten (Schreib-, Telefon-, Büromaterialkosten)

= Schadensersatzforderung gegenüber dem säumigen Lieferer

Der Schaden umfasst den **entgangenen** bzw. **wahrscheinlichen (imaginären) Gewinn.**
Er resultiert aus Umsätzen, die bei rechtzeitiger Lieferung mit großer Wahrscheinlichkeit hätten erzielt werden können (§ 252 BGB).
Es handelt sich hierbei stets um eine **Schätzgröße.** Grundlage für ihre Ermittlung ist z. B. der Umsatz zur gleichen Zeit des Vorjahres.

konkrete Schadensberechnung

abstrakte Schadensberechnung

Das pünktliche Einhalten einer vereinbarten Lieferfrist kann auch durch **Zahlung einer Geldsumme als Strafe (Vertrags- oder Konventionalstrafe)** gewährleistet werden. Sobald der **Lieferer in Verzug** geraten ist, kann der Käufer die **Zahlung der Konventionalstrafe fordern** (§ 339 BGB), und zwar **unabhängig** davon, wie hoch der **tatsächlich entstandene Schaden** ist.

Arbeitsaufträge und Fragen zur Stofferschließung

1. Befassen Sie sich mit dem **1. und 2. Abschnitt der Sachdarstellung** und beantworten Sie danach folgende Auswertungsfragen.

a) In welche zwei Gruppen lassen sich diese Käuferrechte einteilen?

b) Welches Recht macht das Radcenter mit dem als Ausgangssituation abgedruckten Fax geltend?

c) Welches weitere Recht könnte das Radcenter in diesem Mahnschreiben eventuell auch noch geltend machen?

d) Was könnte das Radcenter von dem säumigen Lieferanten ersetzt verlangen? (Drei konkrete Beispiele anführen.)

e) Welches weitere Recht des Käufers wird von der Geltendmachung dieses Anspruchs nicht beeinträchtigt?

f) Wegen der Nichteinhaltung des vereinbarten Liefertermins kann das Radcenter erst dann weitergehende Ansprüche geltend machen, wenn eine dem Lieferer eingeräumte angemessene Frist abgelaufen ist. Was soll durch diese Nachfrist bewirkt werden?

g) Begründen Sie, ob die vom Radcenter dem säumigen Lieferer gesetzte Nachfrist „angemessen" ist.

h) Nennen Sie Gegebenheiten, bei denen sich eine Nachfristsetzung erübrigt.

2. Angenommen, in das Fertigwarenlager der Zweirad Union, wo die zum Abtransport an das Radcenter Grün & Braun bereitgestellten Räder stehen, schlägt am 15. April 20.. der Blitz ein und die Räder werden ein Raub der Flammen.

a) Wer haftet für den Schaden, den das Radcenter durch den Lieferungsausfall erleidet?

b) Begründen Sie diese Haftungsregelung.

3. Angenommen, die Zweirad Union liefert die Räder erst am 25. April 20.., also drei Tage vor Eröffnung der geplanten Verkaufsschau. Welche Rechte kann das Radcenter in diesem Falle geltend machen?

4. Begründen Sie, von welchem Recht das Radcenter in den folgenden Fällen Gebrauch machen wird:

a) Die für die Verkaufsschau benötigten Räder werden bis zum Ablauf der gesetzten Nachfrist nicht geliefert, können jedoch kurzfristig anderweitig bezogen werden, allerdings zu einem höheren Preis.

b) Wie Fall 4 a), jedoch räumt der neue Lieferer dem Radcenter einen einmaligen Sonderpreis ein, weil er mit dieser Firma ins Geschäft kommen möchte.

c) Wegen der ausgebliebenen Lieferung muss die geplante Verkaufsausstellung auf einen späteren Zeitpunkt verschoben werden.

5. Um Streitigkeiten bei der Berechnung des Schadensersatzes zu vermeiden, können im Kaufvertrag bestimmte Vereinbarungen zwischen Lieferer und Kunden getroffen werden.

a) Wie bezeichnet man solche Vereinbarungen?

b) Welchen Wortlaut könnte eine solche Vereinbarung haben?

c) Angenommen, die Lieferung erfolgt zwei Tage nach dem vereinbarten Termin. Ein konkreter Schaden ist dem Käufer dadurch nicht entstanden. Muss der Lieferer trotzdem die vereinbarte Strafe bezahlen?

6. Angenommen, für die geplante Verkaufsschau werden mobile Ausstellungseinrichtungen in Containerform angemietet. Mangels anderweitiger Lagerungsmöglichkeiten muss die Lieferung der bestellten Räder exakt am Tag vor der Ausstellungseröffnung, also am 27. April 20.., spätestens um 12:00 Uhr, erfolgen. Entsprechende Klauseln sind in den Kaufvertrag aufgenommen worden.

a) Beschäftigen Sie sich möglichst eingehend mit den Besonderheiten beim Fixkauf. Wie unterscheidet sich ein Fixkauf von einem Terminkauf?

b) Nennen Sie drei praktische Beispiele für Fixkäufe.

c) Auf welche Tatbestände kommt es an, wenn der Käufer Rechte geltend machen will, weil der Lieferer beim Fixkauf in Verzug geraten ist?

d) Welches Recht kann das Radcenter geltend machen, wenn die Zweirad Union am 27. April nicht bis 12:00 Uhr liefert, und zwar ...

da) wegen eines Verkehrsunfalls auf der Autobahn, an dem der Fahrer des Lieferer-Lkws schuldlos ist;

db) wegen Grippeerkrankung mehrerer Lkw-Fahrer im Liefererwerk.

7. Angenommen, in einer Volkswirtschaft würde sich unter den Wirtschaftssubjekten eine Mentalität breit machen, die es mit der Einhaltung von vereinbarten Lieferterminen nicht so genau nimmt. Welche betriebs- und volkswirtschaftlichen Konsequenzen könnten sich aus einer solchen Haltung ergeben?

4.3 Annahmeverzug

Ausgangs-situation

Auszug aus einem Fax der Nova Möbelwerke GmbH, Koblenz, an das Einrichtungshaus Clement in Kassel

```
                                                              ..-07-10
Annahmeverzug

Sehr geehrte Damen und Herren,

am 18. Februar d. J. bestellten Sie bei uns

        2 Schlafzimmer, Modell „Sommernachtstraum" und
        3 Wohnzimmer, Modell „Exklusiv".

Gestern teilte uns unser Fahrer um 15:30 Uhr telefonisch mit, dass
Sie die Annahme der Möbel verweigert haben. Dies geschah ohne Angabe
von Gründen.

Weil wir die Ladefläche unseres Lkw auf der Rückfahrt dringend
benötigten, haben wir unseren Fahrer angewiesen die Möbel im Kronen-
Lagerhaus, Berliner Straße 99, in Kassel einzulagern. Die Einlage-
rung erfolgte auf Ihre Kosten und Ihre Gefahr.

Wir weisen Sie darauf hin, dass die von Ihnen bestellten Möbel ord-
nungsgemäß, rechtzeitig und am vereinbarten Ort angeliefert wurden.
Mit unserem Schreiben vom 2. Juli d. J. hatten wir die Lieferung der
Möbel ausdrücklich angekündigt. Wegen der Nichtannahme der Ware be-
finden Sie sich deshalb in Annahmeverzug.

Falls Sie die eingelagerten Möbel bis zum 20. d. M. nicht abholen,
werden wir zwei Tage nach diesem Datum am Lagerungsort eine Verstei-
gerung durchführen.

Wir hoffen jedoch, dass Sie es nicht zu einer solchen Aktion kom-
men lassen und damit unsere seither angenehme Geschäftsverbindung
unnötigerweise belasten.

Bitte nennen Sie uns möglichst bald die Gründe für Ihr Verhalten und
nehmen Sie zu unserem Schreiben Stellung.
```

Auszug aus dem Antwortschreiben des Einrichtungshauses Clement vom 14. Juli 20..

```
                                                              ..-07-14
Ihre Lieferung vom 9. Juli d. J.

Sehr geehrte Damen und Herren,

wegen der schlechten Konjunktur in der Möbelbranche besteht bei uns
zurzeit ein spürbarer Liquiditätsengpass. Wir können die Möbel sofort
annehmen, wenn Sie bereit sind uns ein Zahlungsziel von drei Monaten
(Wechselakzept) einzuräumen.
```

Sachdarstellung

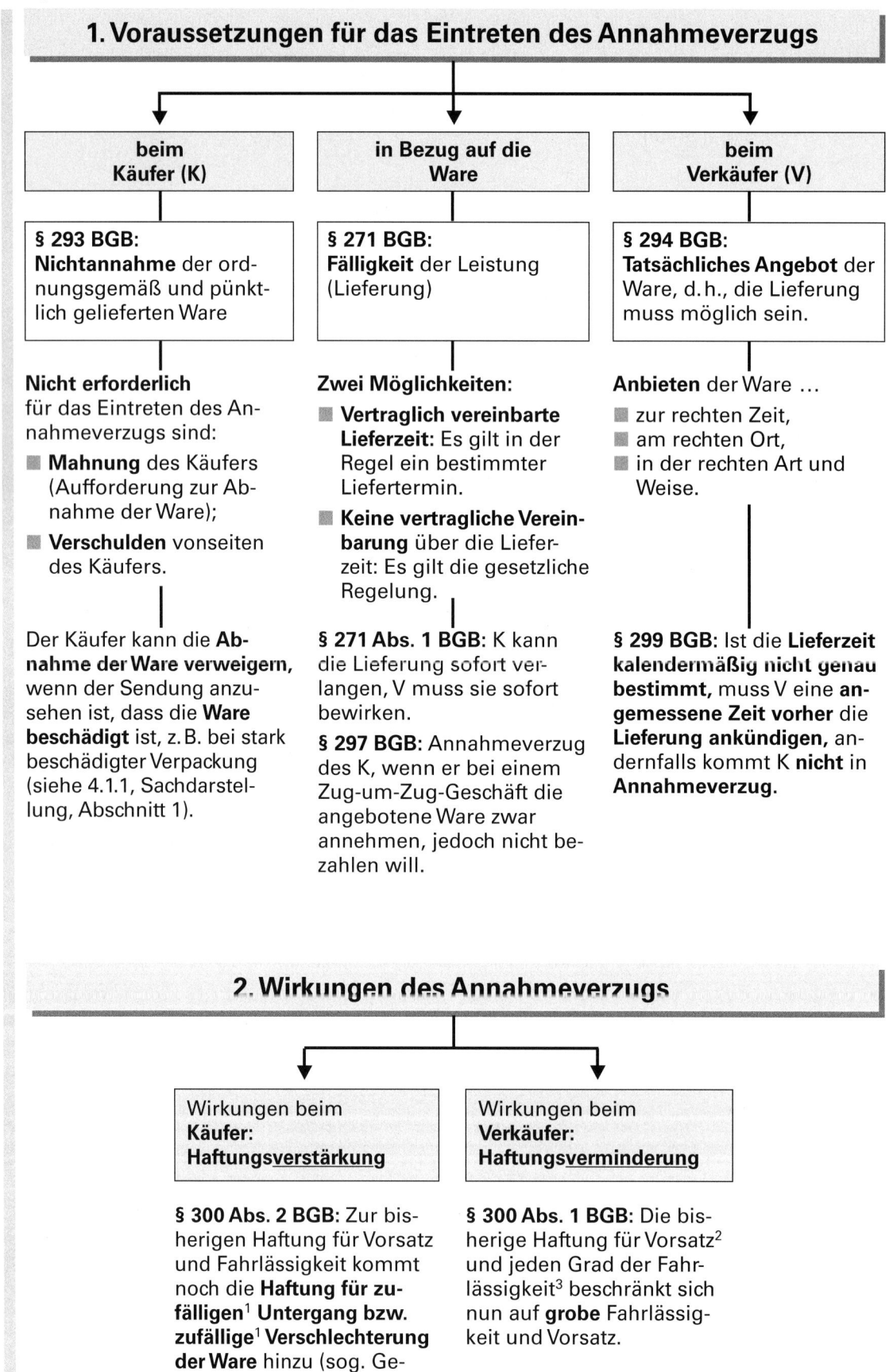

1. Voraussetzungen für das Eintreten des Annahmeverzugs

beim Käufer (K)	in Bezug auf die Ware	beim Verkäufer (V)
§ 293 BGB: **Nichtannahme** der ordnungsgemäß und pünktlich gelieferten Ware	**§ 271 BGB:** **Fälligkeit** der Leistung (Lieferung)	**§ 294 BGB:** **Tatsächliches Angebot** der Ware, d.h., die Lieferung muss möglich sein.

beim Käufer (K)

Nicht erforderlich für das Eintreten des Annahmeverzugs sind:
- **Mahnung** des Käufers (Aufforderung zur Abnahme der Ware);
- **Verschulden** vonseiten des Käufers.

Der Käufer kann die **Abnahme der Ware verweigern**, wenn der Sendung anzusehen ist, dass die **Ware beschädigt** ist, z.B. bei stark beschädigter Verpackung (siehe 4.1.1, Sachdarstellung, Abschnitt 1).

in Bezug auf die Ware

Zwei Möglichkeiten:
- **Vertraglich vereinbarte Lieferzeit:** Es gilt in der Regel ein bestimmter Liefertermin.
- **Keine vertragliche Vereinbarung** über die Lieferzeit: Es gilt die gesetzliche Regelung.

§ 271 Abs. 1 BGB: K kann die Lieferung sofort verlangen, V muss sie sofort bewirken.

§ 297 BGB: Annahmeverzug des K, wenn er bei einem Zug-um-Zug-Geschäft die angebotene Ware zwar annehmen, jedoch nicht bezahlen will.

beim Verkäufer (V)

Anbieten der Ware …
- zur rechten Zeit,
- am rechten Ort,
- in der rechten Art und Weise.

§ 299 BGB: Ist die **Lieferzeit kalendermäßig nicht genau bestimmt**, muss V eine **angemessene Zeit vorher** die **Lieferung ankündigen**, andernfalls kommt K **nicht** in **Annahmeverzug**.

2. Wirkungen des Annahmeverzugs

Wirkungen beim Käufer: Haftungs<u>verstärkung</u>	Wirkungen beim Verkäufer: Haftungs<u>verminderung</u>
§ 300 Abs. 2 BGB: Zur bisherigen Haftung für Vorsatz und Fahrlässigkeit kommt noch die **Haftung für zufälligen[1] Untergang bzw. zufällige[1] Verschlechterung der Ware** hinzu (sog. Gefahrtragung).	**§ 300 Abs. 1 BGB:** Die bisherige Haftung für Vorsatz[2] und jeden Grad der Fahrlässigkeit[3] beschränkt sich nun auf **grobe** Fahrlässigkeit und Vorsatz.

---

1 **Zufall** liegt immer dann vor, wenn kein Verschulden (Vorsatz oder Fahrlässigkeit) feststellbar ist. Rechtlich vielfach gleichgestellt mit höherer Gewalt.
2 **Vorsatz** bedeutet Kenntnis der Tatumstände und Wollen des Erfolgs.
3 **Fahrlässig** handelt, wer die im Geschäftsleben erforderliche Sorgfalt außer Acht lässt (§ 276 Abs. 2 BGB)

3. Rechte des Lieferers beim Annahmeverzug

Fall 1: <u>**V besteht auf ordnungsgemäßer Erfüllung**</u> <u>des Kaufvertrags</u> (Abnahme der Ware durch den Käufer).

① **Ware sofort verkaufen,**	② **Ware einlagern lassen (§ 373 Abs. 1 HGB),**

wenn es sich um **leicht verderbliche** Ware handelt, z.B. Obst, Gemüse, Fische.

anschließend

Notverkauf vornehmen (§ 373 Abs. 2 S. 2/ § 379 Abs. 2 HGB).

②a **Selbsthilfeverkauf** durchführen (§ 373 Abs. 2 HGB).

②b **Klage auf Abnahme** der Ware.

Entstehung von Verkaufs-, Versteigerungskosten

Entstehung von Lager-, Verkaufs- und Versteigerungskosten

Lager-, Transport-, Gerichts-, Rechtsanwalts- kosten

③ **Belastung des Käufers mit den entstandenen Kosten (§ 304 BGB)**

Fall 2: <u>**V verzichtet auf die ordnungsgemäße Erfüllung**</u> <u>des Kaufvertrags.</u> Er **nimmt** die **Ware zurück** und **veräußert** sie an **andere Abnehmer. Voraussetzung:** K und V einigen sich auf einen **Rücktritt vom Kaufvertrag** (Wandelung).

Anwendungsfälle:
– V zeigt gegenüber einem guten Kunden **Entgegenkommen.**
– Die **Kreditwürdigkeit** des Kunden hat sich in der Zwischenzeit deutlich verschlechtert, z.B. meldet der Kunde Vergleich an oder lässt mehrere Wechsel „platzen".
– V kann die Ware **anderweitig** zu einem **höheren Preis** verkaufen.

4. Der Selbsthilfeverkauf (SHV) – § 373 Abs. 2 HGB

 K*   **V***

I. EINLEITUNG DES VERFAHRENS

① **Mitteilung** über die Einlagerung der Ware
+ **Fristsetzung** für die Annahme
+ **Androhung** des Verkaufs nach Ablauf der gesetzten Frist

② **Mitteilung** über Ort und Zeitpunkt des Verkaufs

II. DURCHFÜHRUNG DES VERFAHRENS
Zwei Probleme:

③ **Wo** soll der SHV durchgeführt werden?
  – **Normalfall:** am Ort des Käufers (Wohn- bzw. Geschäftssitz)
  – **Ausnahmefall:** an einem geeigneten anderen Ort, falls kein angemessener Erlös zu erwarten ist.

④ **Wer** führt ihn durch?
  – **Die Ware hat einen Markt- oder Börsenpreis:** Freihändiger Verkauf durch einen Handelsmakler.
  – **Die Ware hat keinen Markt- oder Börsenpreis:** Öffentliche Versteigerung oder durch einen öffentlich bestellten Versteigerer.

Beachten Sie, dass **V** und **K** bei der Versteigerung **mitbieten** können.

 K   **V**

III. BEENDIGUNG DES VERFAHRENS

⑤ **Mitteilung** von der Durchführung des SHV

⑥ **Abrechnung für Rechnung des säumigen Käufers** (Versteigerungsgebühren, evtl. Mindererlös werden in Rechnung gestellt.)

* Abkürzungen: K = Käufer; V = Verkäufer

Arbeitsaufträge und Fragen zur Stofferschließung

1. Analysieren Sie das vorstehend abgedruckte Schreiben der Nova Möbelwerke GmbH an das Einrichtungshaus Clement in Kassel (Ausgangssituation) in der Weise, dass Sie den Aufbau des Briefs angeben.

2. Vor welchem Problem stehen die Nova Möbelwerke? Welche Entscheidung würden Sie in diesem Falle treffen? (Begründung). Lösungshinweis: Zahlungsziel.

3. Beschäftigen Sie sich mit den gesetzlichen Vorschriften über den Annahmeverzug in der Weise, dass Sie die Aussagen der **Sachdarstellung (1. und 2.)** mithilfe der angegebenen Paragrafen überprüfen.

4. Überprüfen Sie mithilfe der Ausführungen in der **Sachdarstellung (1.),** ob das Einrichtungshaus Clement in Annahmeverzug geraten ist.

5. Vergleichen Sie die Voraussetzungen für das Eintreten des Lieferungsverzugs mit denen beim Annahmeverzug. Welche Unterschiede ergeben sich?

6. In welchem Falle könnte das Einrichtungshaus Clement zu Recht die Annahme der pünktlich gelieferten Möbel verweigern?

7. Angenommen, es handelt sich im vorliegenden Fall um ein sog. Zug-um-Zug-Geschäft gemäß § 298 BGB.

a) Was versteht man unter einem solchen Geschäft?

b) Wodurch kann das Einrichtungshaus in diesem Falle in Annahmeverzug geraten?

8. Was muss ein Lieferer vor der Absendung der Ware tun, wenn der Lieferzeitpunkt nicht eindeutig bestimmt ist?

9. Welche Rechtswirkungen hat der Annahmeverzug auf ...

a) das Einrichtungshaus Clement,

b) die Nova Möbelwerke?

10. Angenommen, die Nova Möbelwerke bestehen auf der Erfüllung des Kaufvertrags. Welche Möglichkeiten haben sie, um „zu ihrem Geld" zu kommen?

11. Nennen Sie Beispiele für Kosten, die die Nova Möbelwerke gegebenenfalls dem Einrichtungshaus Clement in Rechnung stellen können.

12. In welchen Fällen wird ein Lieferer auf Erfüllung, d. h. auf Abnahme der pünktlich und ordnungsgemäß gelieferten Ware bestehen?

13. In welchen Fällen kann es angebracht erscheinen, dass die Nova Möbelwerke auf die Erfüllung des Kaufvertrags verzichten und die Ware an andere Abnehmer veräußern?

14. Lesen Sie im HGB die Bestimmungen über den Selbsthilfeverkauf (§ 373 Abs. 2) nach. Studieren Sie sodann die vorstehende Ablaufskizze. Halten Sie danach einen Kurzvortrag über den Selbsthilfeverkauf.

4.4 Die Nicht-rechtzeitig- oder Zu-spät-Zahlung (Zahlungsverzug)

Ausgangssituation

Auszug aus einem Schreiben der Dr. Erich Schöne GmbH, Körperpflegemittel, Bremen, an die „parfümerie exclusive", Inhaberin: Jessica Braun, Oldenburg:

```
Rechnungsausgleich

Sehr geehrte Frau Braun,

wir lieferten Ihnen unter Eigentumsvorbehalt am 12. April d. J. di-
verse Kosmetika im Wert von 3.241,00 Euro. Als Zahlungsbedingungen
hatten wir vereinbart: bei Zahlung innerhalb von 10 Tagen 3 % Skonto
oder 30 Tage netto ab Rechnungsdatum.

Leider ist unsere Rechnung bis zum heutigen Tag noch nicht beglichen
worden. Bitte überweisen Sie uns den oben angeführten Rechnungsbetrag
für Rechnung Nr. 88427-9 umgehend.
```

Anmerkung: Dem obigen Schreiben ging eine **Zahlungserinnerung** durch **Übersendung einer Rechnungskopie** am 20. Mai 20.. voraus. Lieferungs- und Rechnungsdatum sind identisch.

Sachdarstellung

1. Der Zahlungsverzug als spezielle Form des Schuldnerverzugs

▓ **Voraussetzungen des Zahlungsverzugs.** Wie die Nicht-rechtzeitig- oder Zu-spät-Lieferung ist die Nicht-rechtzeitig- oder Zu-spät-Zahlung eine besondere Form des Schuldnerverzugs. Deshalb gelten für den Zahlungsverzug im Prinzip dieselben Voraussetzungen wie für den Lieferungsverzug, nämlich **Fälligkeit, Mahnung** und **Verschulden**.[1] Im Gegensatz zur Nicht-rechtzeitig- oder Zu-spät-Lieferung spielt die Nachholbarkeit einer Leistung im Zusammenhang mit Geldschulden keine Rolle, da Geld stets Gattungscharakter hat und deshalb jederzeit austauschbar ist.

▓ **Fälligkeit der Zahlung.** Falls der Zahlungszeitpunkt weder vertraglich geregelt noch aus den Umständen zu entnehmen ist, kann der Verkäufer die Zahlung sofort verlangen, der Käufer kann sie sofort bewirken (§ 271 Abs. 1 BGB).

▓ **Mahnung des Käufers.** Um einen säumigen Zahler in Zahlungsverzug zu setzen, muss er **nach Fälligkeit grundsätzlich gemahnt** werden. **Ausnahmen** von dieses Regel sind in § 286 Abs. 2 BGB genannt.[1] Eine Mahnung ist außerdem entbehrlich, wenn 30 Tage nach Fälligkeit und Zugang einer Rechnung vergangen sind (sog. **30-Tage-Regel;** Näheres siehe unten!); dann kommt der Käufer als Schuldner automatisch in Zahlungsverzug.

▓ **Verschulden des Käufers.** § 286 Abs. 4 BGB bestimmt, dass der Käufer **nicht** in Zahlungsverzug gerät, solange die Zahlung infolge eines Umstands unterbleibt, den er **nicht zu vertreten** hat. **Beim Zahlungsverzug kann jedoch Verschulden stets als gegeben angenommen** werden, weil derjenige, der einen Kaufvertrag abschließt und später den Kaufpreis nicht begleichen kann, seine Pflichten aus dem Kaufvertrag verletzt. Es ist ein allgemein anerkannter Rechtsgrundsatz, dass der Schuldner für seine finanzielle Leistungsfähigkeit einzustehen hat. „Geld hat man zu haben. Wer kein Geld hat, ist selber schuld." Also hat der Käufer als Schuldner sein Nichtleistenkönnen stets zu vertreten; er muss zahlungsfähig sein.

▓ **Rechte des Verkäufers,** wenn der Käufer in Zahlungsverzug ist. Analog zu den Rechten des Käufers im Lieferungsverzug werden die Rechte des Verkäufers beim Zahlungsverzug in zwei Gruppen eingeteilt: in Rechte, die unmittelbar **nach Eintritt des Zahlungsverzugs** geltend gemacht werden können und in solche, die erst **nach Ablauf einer angemessenen Nachfrist** in Anspruch genommen werden können.

Zur erstgenannten Kategorie von Rechten gehört der **Anspruch auf Erfüllung** (Nachholung der Zahlung) sowie die Verbindung dieses Rechts mit dem **Anspruch auf Ersatz des Verzugsschadens** (§ 280 Abs. 1 BGB). Der Verzugsschaden umfasst den Ersatz der durch den Zahlungsverzug entstandenen Kosten (z. B. Mahnkosten wie Porto, Schreibkosten, Anwaltsgebühren, Bankspesen, Kreditprovision) und die Verzugszinsen.

Nach erfolglosem Ablauf einer angemessenen Nachfrist kann der Verkäufer **Rücktritt vom Kaufvertrag** (§§ 323 f., 346 f. BGB) und/oder **Schadensersatz statt Leistung** (§ 281 f. BGB) fordern. Außerdem kann der Verkäufer den **Ersatz vergeblicher Aufwendungen** verlangen (§ 284 BGB).

▓ **Nachfristsetzung für den säumigen Zahler.** Einer Nachfrist für die Nachholung der ausstehenden Zahlung bedarf es dann nicht, wenn der Käufer die Zahlung verweigert oder wenn besondere Umstände vorliegen (§§ 281 Abs. 2, 323 Abs. 2 BGB).

▓ **Rücktritt und Schadensersatz und Schadensersatz statt Leistung.** Die im Zusammenhang mit der Schlechtlieferung und der Nicht-rechtzeitig-Lieferung gemachten Ausführungen zu diesen beiden Ansprüchen gelten grundsätzlich auch für die Nicht-rechtzeitig-Zahlung. Das Recht auf Rücktritt vom Kaufvertrag wird der Verkäufer immer dann beanspruchen, wenn die Ware noch vorhanden ist und wenn sie problemlos, möglicherweise sogar zu günstigeren Bedingungen, weiterverkauft werden kann. Häufig stößt jedoch die Rückabwicklung der gegenseitig bewirkten Leistungen in der Wirtschaftspraxis auf Schwierigkeiten, weil die Ware in der Zwischenzeit weiterverarbeitet oder weiterverkauft wurde.

2. Die Besonderheiten des Zahlungsverzugs

▓ **Die 30-Tage-Regel für die Inverzugsetzung.** Zahlt ein Käufer einen fälligen Rechnungsbetrag nicht, ohne dafür einen berechtigten Grund zu haben, dann verletzt er eine seiner Pflichten aus dem Kaufvertrag. Er gerät **spätestens 30 Tage nach Zugang einer Rechnung und Fälligkeit** in Zahlungsverzug (§ 286 Abs. 3 S. 1 BGB). Dieser Automatismus gilt immer nur dann, wenn **keine vertragliche Regelung** über den Zahlungszeitpunkt existiert, wenn

---

[1] Siehe hierzu die Ausführungen zum Lieferungsverzug (Abschnitt 4.2.1, Sachdarstellung 3).

also die gesetzliche Regelung über die Leistungszeit zur Anwendung kommt (§ 271 BGB). Wurde zwischen den Vertragspartnern ein bestimmtes Zahlungsziel vertraglich vereinbart, dann gerät der Käufer schon vor Ablauf der ab Fälligkeit laufenden 30-Tagesfrist in Zahlungsverzug, wenn als Zahlungszeitpunkt ein Termin nach dem Kalender festgelegt wurde oder wenn er bei einem unbestimmten Zahlungstermin vorher gemahnt wurde. Außerdem gilt die 30-Tage-Regelung gegenüber einem **Schuldner, der Verbraucher** ist, nur dann, „wenn auf diese Folgen in der Rechnung oder Zahlungsaufstellung besonders hingewiesen worden ist" (§ 286 Abs. 3 S. 1 BGB).

▪ **Höhe der Verzugszinsen.** Nach § 288 BGB ist eine Geldschuld während des Verzugs zu verzinsen. Der **Verzugszinssatz** beträgt bei **bürgerlichen Rechtsgeschäften** (Privatkäufen) und **einseitigen Handelskäufen** (Verbrauchsgüterkäufen) für das Jahr **fünf Prozentpunkte über dem Basiszinssatz.** Für Rechtsgeschäfte, an denen ein Verbraucher nicht beteiligt **(zweiseitige Handelsgeschäfte)** ist, wurde der Zinssatz auf **acht Prozentpunkte über dem Basiszinssatz** festgelegt. Falls der Verkäufer aus irgendeinem Rechtsgrund höhere Zinsen verlangen kann, sind diese anzusetzen. Auch ist es nicht ausgeschlossen, einen durch die verspätete Zahlung entstandenen weiteren Schaden dem säumigen Käufer in Rechnung zu stellen, so beispielsweise höhere Bankzinsen für eine infolge der Zahlungsverzögerung notwendig gewordene Kreditaufnahme (§ 288 Abs. 2 bis 4 BGB).

▪ **Der Basiszinssatz.** Zu den wichtigsten Wesensmerkmalen dieser Größe zählen die folgenden: Er verändert sich zum 1. Januar und 1. Juli eines jeden Jahres. Das Ausmaß der Veränderung richtet sich danach, wie die Bezugsgröße seit der letzten Veränderung des Basiszinssatzes gestiegen oder gefallen ist. Als Bezugsgröße fungiert der Zinssatz für die Hauptrefinanzierungsoperation der Europäischen Zentralbank. Maßgeblich ist der Zinssatz vor dem ersten Kalendertag des betreffenden Halbjahres (§ 247 Abs. 1 BGB). Die Höhe des jeweils gültigen Basiszinssatzes kann dem **Wirtschaftsteil der Tageszeitung** entnommen werden.

3. Die Zahlungsmoral in Europa

Zahlungsverzug in Tagen

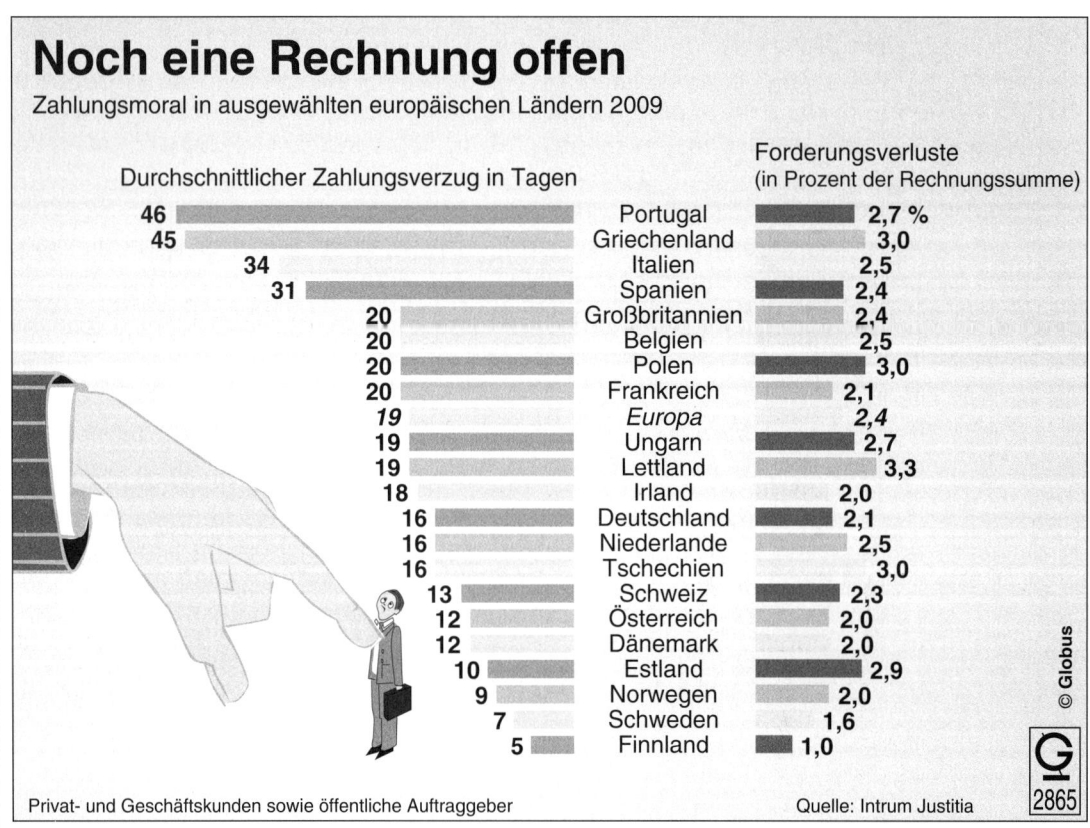

Noch eine Rechnung offen

Zahlungsmoral in ausgewählten europäischen Ländern 2009

Durchschnittlicher Zahlungsverzug in Tagen		Forderungsverluste (in Prozent der Rechnungssumme)
46	Portugal	2,7 %
45	Griechenland	3,0
34	Italien	2,5
31	Spanien	2,4
20	Großbritannien	2,4
20	Belgien	2,5
20	Polen	3,0
20	Frankreich	2,1
19	*Europa*	2,4
19	Ungarn	2,7
19	Lettland	3,3
18	Irland	2,0
16	Deutschland	2,1
16	Niederlande	2,5
16	Tschechien	3,0
13	Schweiz	2,3
12	Österreich	2,0
12	Dänemark	2,0
10	Estland	2,9
9	Norwegen	2,0
7	Schweden	1,6
5	Finnland	1,0

Privat- und Geschäftskunden sowie öffentliche Auftraggeber

Quelle: Intrum Justitia

© Globus 2865

Arbeitsaufträge und Fragen zur Stofferschließung

1. Analysieren Sie das als **Ausgangssituation** abgedruckte Schreiben.

   a) Wann war die in diesem Schreiben erwähnte Rechnung fällig?

   b) Wie nennt man ein derartiges Schreiben?

   c) Welche Inhaltspunkte weist ein solches Schreiben auf?

   d) Welches sind die zwei wichtigsten Inhaltspunkte eines solchen Schreibens?

2. Im Folgenden sollen insbesondere die Voraussetzungen für die Inverzugsetzung des Käufers, der „parfümerie exclusive", überprüft werden.

   a) Wann ist eine Zahlung fällig, wenn im Kaufvertrag keinerlei Angaben über den Zahlungszeitpunkt gemacht werden?

   b) Warum ist die vorstehende Mahnung im vorliegenden Fall ohne rechtliche Bedeutung für die Inverzugsetzung des Kunden?

   c) Warum hat die „parfümerie exclusive" das Nichtbezahlen-Können einer Liefererrechnung stets zu vertreten?

   d) Ab welchem Datum befindet sich der Kunde, die „parfümerie exclusive", in Zahlungsverzug? (Begründung)

   e) Was versteht man unter der 30-Tage-Regelung im Zusammenhang mit dem Zahlungsverzug?

   f) Welche Einschränkung gilt für die 30-Tage-Regelung bei einem Verbrauchsgüterkauf?

   g) Angenommen, die in der Ausgangssituation erwähnte Rechnung sowie der ihr zugrunde liegende Kaufvertrag enthalten keinerlei Zahlungsvereinbarung. Ab wann befindet sich die „parfümerie exclusive" in Zahlungsverzug, wenn vonseiten der Dr. Erich Schöne GmbH weder eine Zahlungserinnerung noch eine Mahnung erfolgt?

   h) Angenommen, es existiere zwischen den beiden Kaufvertragspartnern der Ausgangssituation keine Zahlungsvereinbarung. Ab welchem Zeitpunkt befindet sich die „parfümerie exclusive" in Zahlungsverzug, wenn sie am 3. Juni 20.. das vorstehend abgedruckte Mahnschreiben erhält?

   i) Angenommen, der Kaufvertrag zwischen der Dr. Erich Schöne GmbH und der „parfümerie exclusive" enthält die Zahlungsbedingung „Zahlbar bis 12. Mai 20.." Ab wann befindet sich der Käufer in Zahlungsverzug?

   j) Die „parfümerie exclusive" liefert am 27. August 20.. an die Schauspielerin Eva Kühne verschiedene Kosmetika im Wert von 235,00 €. Angaben über Zahlungsmodalitäten sind in der Rechnung vom gleichen Tag nicht enthalten, ebenso wenig besondere Hinweise. Am 15. Dezember desselben Jahres ist der Rechnungsbetrag immer noch offen.

      ja) Wann gerät Frau Kühne in Zahlungsverzug?

      jb) Angenommen, Frau Kühne wird am 12. September 20.. von der „parfümerie exclusive" gemahnt. Wie viel Euro Verzugszinsen können ihr bei einem Basiszinssatz von 3,07 % in Rechnung gestellt werden?
Lösungshinweis: Berechnung nach der Euro-Zinsmethode (Tage kalendergenau, das Jahr zu 360 Tagen).

3. Es ist nun die Frage zu beantworten, welche Rechte die Dr. Erich Schöne GmbH geltend machen kann, wenn „parfümerie exclusive" sich in Zahlungsverzug befindet.

   a) Welche Rechte kann die Dr. Erich Schöne GmbH unmittelbar nach Inverzugsetzung ihres Kunden in Anspruch nehmen?

   b) Welche weitergehenden Rechte kann die Erich Schöne GmbH unter welcher Voraussetzung geltend machen?

   c) Welchen Verzugsschaden könnte der Lieferer gegebenenfalls seinem Kunden in Rechnung stellen?

   d) Wie viel Prozent Verzugszinsen kann die Dr. Erich Schöne GmbH ihrem Kunden in Rechnung stellen?

   e) Wie viel Prozent Verzugszinsen könnte die „parfümerie exclusive" einer ihrer Kundinnen bei ausbleibender Zahlung in Rechnung stellen?

   f) Ab welchem Datum können von der Dr. Erich Schöne GmbH Verzugszinsen berechnet werden?

   g) Was versteht man unter dem sog. Basiszinssatz? (Drei Merkmale angeben)

   h) Mit welcher Klausel im Kaufvertrag hätte die Zahlung höherer Zinsen vereinbart werden können?
Lösungshinweis: Der jeweils gültige Basiszinssatz kann als Berechnungsgrundlage herangezogen werden.

i) Wie viel Euro Verzugszinsen wird die Dr. Erich Schöne GmbH der „parfümerie exclusive" berechnen, wenn der Rechnungsbetrag am 15. Juli 20.. beglichen wird?

j) Welchen Sinn macht es, wenn der Gesetzgeber die säumigen Zahler mit relativ hohen Verzugszinsen belastet?

k) Nennen Sie zwei Gegebenheiten dafür, dass sich eine besondere Nachfristsetzung für die Zahlung erübrigt.

l) Angenommen, die Dr. Erich Schöne GmbH möchte nach Ablauf einer angemessenen Nachholfrist für den Käufer vom Kaufvertrag zurücktreten und gleichzeitig Schadensersatz statt Leistung geltend machen.

Kann die Dr. Erich Schöne GmbH beide Rechte gleichzeitig in Anspruch nehmen, falls die Voraussetzungen dafür gegeben sind?

m) Angenommen, die Dr. Erich Schöne GmbH entschließt sich nach mehreren erfolglosen Mahnungen dazu, vom Kaufvertrag zurückzutreten.

ma) Nennen Sie zwei Gegebenheiten, die einen solchen Schritt als sinnvoll erscheinen lassen.

mb) Welche praktischen Hemmnisse können sich der beim Rücktritt vom Kaufvertrag zu veranlassenden „Rückgewähr der gegenseitig bewirkten Leistungen" entgegenstellen?

4. Beurteilen Sie kurz die Zahlungsmoral in Europa.

5.1 Handlungsvollmacht

Ausgangs-situation

Herr Schäuble zieht sich altershalber allmählich aus dem Geschäftsleben zurück

Der Seniorchef der Baustofftechnik Schäuble GmbH, Memmingen, Herr Karl Schäuble, wird im Laufe dieses Geschäftsjahres 65 Jahre alt. Seine angeschlagene Gesundheit macht es erforderlich, dass er von seinen vielfältigen geschäftlichen Verpflichtungen, vor allem von Routineangelegenheiten, entlastet wird. Deshalb ermächtigt der Firmeninhaber seinen langjährigen Einkaufsleiter, Dieter Schwarz, dazu, alle Geschäfte selbstverantwortlich vorzunehmen und abzuwickeln, die in der Baustoffgroßhandlung üblicherweise vorkommen.

Die Baustofftechnik Schäuble GmbH informiert ihre Geschäftspartner (Kunden, Lieferanten, Banken, Versicherungen u. a.) von der Vollmachterteilung durch folgendes Rundschreiben:

```
...                                Memmingen, 12. Oktober 20..

Vollmachterteilung


Sehr geehrte Damen und Herren,

ich habe meinem langjährigen Einkaufsleiter,

        Herrn Dieter Schwarz,

mit Wirkung vom 1. Oktober d. J. Handlungsvollmacht gemäß § 54
Abs.1 des Handelsgesetzbuchs erteilt.

Der Bevollmächtigte wird seine Unterschrift in der am Schluss
dieses Schreibens angegebenen Form abgeben.

Mit freundlichen Grüßen

BAUSTOFFTECHNIK SCHÄUBLE GMBH

Karl Schäuble
Karl Schäuble

Herr Schwarz unterschreibt:
BAUSTOFFTECHNIK SCHÄUBLE GMBH

i. V. Schwarz
Schwarz
```

Sachdarstellung

1. Arten der Handlungsvollmacht

- **Allgemeine Handlungsvollmacht (Generalhandlungsvollmacht)**
  - Gesetzliche Regelung: § 54 HGB
  - Umfang: alle **gewöhnlichen** Geschäfte eines **bestimmten** Handelsgewerbes, d. h. nur branchenspezifische, keine außergewöhnlichen Geschäfte
  - Zeichnung: i. V. (in Vollmacht, in Vertretung)
  - Sondervollmacht erforderlich für die in § 54 Abs. 2 HGB genannten Geschäfte

- **Artvollmacht (Gattungsvollmacht)**
  - Umfang: Die Vollmacht bezieht sich auf **Rechtsgeschäfte derselben Art**, z. B. einkaufen, verkaufen, Geld kassieren, Rechnungen begleichen (Buchhalter)
  - Kennzeichen: ständig wiederkehrende Tätigkeiten
  - Zeichnung: wie bei allgemeiner Handlungsvollmacht (i. V.)

- Einzel- oder Sondervollmacht (Spezialvollmacht)
  — Wesensmerkmal: einmaliges Tätigwerden, z.B. Einkassieren einer fälligen Rechnung
  — Zeichnung: i. A. (im Auftrag)

2. Ausführungsformen der Handlungsvollmacht

Die **allgemeine Handlungsvollmacht** kann an mehrere Angestellte im Unternehmen in der Weise erteilt werden, dass entweder jedem Bevollmächtigten **allein (Einzelvollmacht)** oder **mehreren Bevollmächtigten zusammen** das Vertretungsrecht eingeräumt wird. Im zweiten Fall sind die Rechtsgeschäfte nur gültig, wenn die Bevollmächtigten **gemeinsam handeln und unterschreiben (Gesamtvollmacht)**.

3. Untervollmachten

Jeder Bevollmächtigte kann im Rahmen seiner jeweiligen Vollmacht Untervollmachten einräumen. Der **allgemein** Bevollmächtigte kann also **Art-** und **Einzelvollmachten** erteilen; der **Artbevollmächtigte** nur **Einzelvollmachten**.

4. Erteilung

— **Wie?** Ausdrücklich (mündlich, schriftlich) oder auch stillschweigend (sog. Duldungsvollmacht). Keine Handelsregistereintragung, aber häufig Information der Geschäftsfreunde durch Rundschreiben.

— **Wer?** Voll- oder Minderkaufleute, Prokuristen, Gesellschafter, Generalbevollmächtigte.

5. Besondere Formen

— Vollmacht eines **Handelsvertreters** oder eines **Handlungsreisenden**
  - Gesetzliche Regelung: § 55 HGB
  - Wesen der Vollmacht: Artvollmacht
  - Rechte nach § 55 Abs. 4 HGB: Entgegennahme von Mängelanzeigen, von Erklärungen über zur Verfügung gestellte Ware und über geltend gemachte Rechte der Kunden

— Vollmacht von **Ladenangestellten**
  - Gesetzliche Regelung: § 56 HGB
  - Wesen der Vollmacht: Artvollmacht
  - Rechte der Ladenangestellten: Verkauf von Ware, Rücknahme mangelhafter Ware, Kassieren von Geldbeträgen (außer bei Einrichtung zentraler Kassen)

6. Sonstige Beschränkungen der Handlungsvollmacht

Sie braucht ein Dritter nur dann gegen sich gelten lassen, wenn er sie kannte oder kennen musste (§ 54 Abs. 3 HGB).

7. Beendigung der Vollmacht

Die Vollmacht **erlischt ...**

— bei Beendigung des Dienstvertrags (z. B. durch Kündigung);
— bei Widerruf (jederzeit möglich);
— bei freiwilliger (Liquidation) oder zwangsweiser Auflösung des Geschäfts (Insolvenz).

Beim **Wechsel des Geschäftsinhabers** erlischt die Handlungsvollmacht nur, wenn sie der neue Inhaber **widerruft**. Sie erlischt **nicht** beim **Tod** des Geschäftsinhabers.

8. Vertreter ohne Vertretungsmacht

Wer **keine Vertretungsmacht** hat, z. B. weil ihm die Vollmacht entzogen wurde, und trotzdem im Namen eines anderen handelt oder wer seine Vertretungsbefugnisse überschreitet, **haftet selbst**.

Arbeitsaufträge und Fragen zur Stofferschließung

1. Beschäftigen Sie sich zunächst einmal mit der vorstehenden **Ausgangssituation** und der danach folgenden **Sachdarstellung** der Handlungsvollmacht.

   Beantworten Sie sodann die folgenden Fragen, die sich auf die Art der erteilten Vollmacht beziehen.

   a) Welche Art von Handlungsvollmacht wurde Herrn Schwarz erteilt?
   b) Welche zwei Wesensmerkmale weist diese Art Handlungsvollmacht auf?
   c) Welche Vollmacht hatte Herr Schwarz als Einkaufsleiter?
   d) Wodurch unterscheidet sich die Vollmacht, die Herr Schwarz als Einkaufsleiter hatte, von der Einzel- oder Sondervollmacht (Spezialvollmacht)?
   e) Welche Stellen sind in Ihrem Betrieb oder in Ihnen bekannten Betrieben mit Artvollmacht ausgestattet?

f) Welche Positionen in einem Unternehmen haben diejenigen Personen inne, die allgemeine Handlungsvollmacht (Gesamtvollmacht) haben?

g) Welche persönlichen Voraussetzungen muss ein Mitarbeiter, der mit Handlungsvollmacht ausgestattet werden soll, erfüllen?

h) Aus welchen wirtschaftlichen und organisatorischen Gründen werden Vollmachten erteilt?

2. Die folgenden Fragen stehen im Zusammenhang mit dem Umfang der erteilten Vollmacht. Welche der folgenden Rechtsgeschäfte kann der Handlungsbevollmächtigte Schwarz nicht rechtsverbindlich für seine Firma vornehmen? Lesen Sie zuvor § 54 Abs. 2 HGB. Notieren Sie die Lösung unter Angabe des jeweiligen Kennbuchstabens auf Ihrem Arbeitsblatt und geben Sie nach Möglichkeit eine Begründung für Ihre Entscheidung an.

a) Kauf eines Grundstücks im Werte von 120.000,00 €;

b) Einlösung eines auf die Bautechnik Schäuble GmbH gezogenen Wechsels, Wechselsumme 40.000,00 €;

c) Gewährung eines Preisnachlasses an einen Kunden aufgrund einer Mängelrüge;

d) Umwandlung der Baustoffgroßhandlung in eine Diskothek;

e) Aufnahme eines Darlehens in Höhe von 400.000,00 € bei der hiesigen Volksbank;

f) Entlassung eines Arbeiters;

g) Eintragenlassen einer Grundschuld auf ein Betriebsgrundstück zur Absicherung eines Bankkredits;

h) Verkauf von Dachziegeln gegen Akzept, Rechnungsbetrag 60.000,00 €;

i) Begleichung einer Verbindlichkeit bei einem Lieferanten durch Banküberweisung, 43.200,00 €;

j) Beauftragung des Angestellten Körner 500 Waschbetonplatten, 40 × 40, zu bestellen;

k) Annahme eines Sonderangebots der Süddeutschen Keramik AG über Wandplatten, Bestellwert: 18.000,00 €;

l) Kauf eines neuen Gabelstaplers für das Lager, Kaufpreis 36.520,00 €;

m) Annahme eines Wechsels, der von einem Lieferanten auf die Baustofftechnik Schäuble GmbH gezogen wurde;

n) Verkauf eines der Firma gehörenden Wohnhauses, 580.000,00 €;

o) Einkauf von 12 000 l Heizöl;

p) Einstellung eines Lagerarbeiters;

q) Führung eines Prozesses vor dem Arbeitsgericht gegen die frühere Angestellte Berta Hofmann.

3. Angenommen, der Firmeninhaber, Herr Schäuble, ordnet an, Herr Schwarz müsse bei allen Geschäften zusammen mit dem Buchhalter Pfleiderer, der ebenfalls allgemeine Handlungsvollmacht hat, unterschreiben. Welchen Sinn hat eine solche Anordnung?

4. Fragen im Zusammenhang mit der Art und Weise der Vollmachtserteilung:

a) Muss Herr Schäuble seinem Angestellten Schwarz die allgemeine Handlungsvollmacht persönlich übertragen?

b) Könnte Herr Schäuble dem Angestellten Schwarz die Handlungsvollmacht auch in der Weise übertragen, dass er seinen Angestellten ganz einfach gewähren lässt, so z. B. wenn er (Schäuble) sich auf Reisen befindet oder wenn er krank ist?

c) Ist es erforderlich, dass Schäuble seine Geschäftsfreunde von der Bevollmächtigung seines Angestellten Schwarz durch Rundschreiben in Kenntnis setzt?

d) Muss die Erteilung der Handlungsvollmacht ins Handelsregister eingetragen werden?

e) Ist es zulässig, wenn Schwarz Geschäftsbriefe in der folgenden Weise unterschreibt? BAUSTOFFTECHNIK SCHÄUBLE GMBH   *Schwarz*

5. Fragen im Zusammenhang mit dem Erlöschen der allgemeinen Handlungsvollmacht:

a) Angenommen, Herr Schäuble als Alleingesellschafter der Baustofftechnik GmbH erliegt einem Herzinfarkt. Ist damit auch die Handlungsvollmacht des Dieter Schwarz erloschen? Lösungshinweis: Bedenken Sie, dass gerade dann, wenn der wichtigste Mann im Unternehmen, der Firmeninhaber, stirbt, das Unternehmen in seiner Funktionsfähigkeit aufrechterhalten werden muss.

b) Würde die Vollmacht von Schwarz weiter bestehen, wenn Schäuble sein ganzes Geschäft altershalber verkauft?

c) Angenommen, Schwarz würde seine Stellung kündigen, weil er von einer Konkurrenzfirma die Stelle eines Abteilungsleiters (mit Prokura) angeboten bekommt. Erlischt dann seine Vollmacht?

d) Was müsste vonseiten des Unternehmers geschehen, damit die Handlungsvollmacht des Schwarz erlischt?

e) Angenommen, der Handlungsbevollmächtigte Schwarz hätte schon mehrmals die ihm zustehende Vertretungsbefugnis überschritten, außerdem hätte er einige für die Baustofftechnik GmbH sich ungünstig auswirkende Geschäfte abgeschlossen. Muss Herr Schäuble, wenn er seinem Angestellten die Handlungsvollmacht entziehen will, so etwas wie eine Kündigungsfrist einhalten?

5.2   Prokura

Anmeldung einer Prokuraerteilung zur Eintragung ins Handelsregister

◆◆◆ DREIPUNKT POLSTERMÖBELFABRIK ◆◆◆
Hermann Weiss GmbH
Friedrich-List-Str. 72, 79117 Freiburg im Breisgau

```
Amtsgericht
– Registergericht –
Münsterplatz 7
79106 Freiburg i.Br.                             26. März 20..

Prokuraerteilung

Ich werde Herrn Gerhard Lamprecht, wohnhaft in Staufen
(i. Br.), Im Wiesengrund 10, mit Wirkung vom 1. April 20..
Prokura erteilen. Er ist berechtigt die Firma allein zu
vertreten.

Ich beantrage hiermit die Eintragung der Prokuraerteilung ins
Handelsregister.

Mit freundlichen Grüßen

DREIPUNKT POLSTERMÖBELFABRIK
HERMANN WEISS GMBH

Weiss
Weiss

PS: Herr Lamprecht wird wie folgt zeichnen:

DREIPUNKT POLSTERMÖBELFABRIK
HERMANN WEISS GMBH

ppa. Lamprecht
Lamprecht

Der mir persönlich bekannte Herr Gerhard Lamprecht aus Staufen
im Breisgau hat die vorstehende Unterschrift heute in meiner
Gegenwart eigenhändig vollzogen.

Freiburg, den 26. März 20..

Dr. Groß
```

Sachdarstellung

1. Umfang der Vertretungsmacht (§ 49 HGB):

alle gerichtlichen und außergerichtlichen Geschäfte und Rechtshandlungen in **irgendeinem** Handelsgewerbe, also auch **branchenfremde** und **außergewöhnliche** Rechtsgeschäfte.

2. Arten:

— **Einzelprokura:** der Prokurist handelt allein; er ist allein zeichnungsberechtigt.

— **Gesamt- oder Kollektivprokura:** mehrere Prokuristen handeln gemeinsam.

— **Gemischte Prokura:** der Prokurist handelt zusammen mit einem Einzelunternehmer, mit einem geschäftsführenden Gesellschafter einer OHG oder KG, dem Geschäftsführer einer GmbH oder dem Vorstandsmitglied einer Aktiengesellschaft ("gemischte Gesamtvertretung").

— **Filialprokura:** der Prokurist hat Vollmacht nur für eine bestimmte Niederlassung (§ 50 Abs. 3 HGB).

3. Erteilung:

— **We**r kann Prokura erteilen? Der Inhaber eines Handelsgewerbes (Kaufmann im Sinne des § 1 HGB) oder die gesetzlichen Vertreter einer Handelsgesellschaft (z. B. Vorstandsmitglieder einer AG).
— **Wie** wird Prokura erteilt? Stets ausdrücklich (mündliche oder schriftliche Erklärung), Eintragung ins Handelsregister.

4. Zeichnung des Prokuristen:

stets mit Zusatz pp. oder ppa. (per procura)

5. Beschränkungen der Prokura:

— **Im Innenverhältnis** (Verhältnis zwischen Prokurist und Vollmachtgeber): beliebig beschränkbar.
— **Im Außenverhältnis** (Verhältnis Unternehmung — Geschäftspartner): Beschränkungen sind Dritten gegenüber unwirksam (§ 50 Abs. 1 HGB).

6. Rechtsgeschäfte, die ein Prokurist nicht vornehmen kann (sog. „höchstpersönliche" Rechtsgeschäfte):

— Bilanz unterschreiben
— Steuererklärungen unterschreiben
— Eid leisten für den Unternehmer
— Handelsregistereintragungen anmelden
— Geschäft verkaufen
— Prokura erteilen
— Gesellschafter aufnehmen

7. Erlöschen der Prokura:

Die Prokura erlischt ...
— wenn sie widerrufen wird (was jederzeit möglich ist),
— wenn das ihr zugrunde liegende Anstellungsverhältnis endet (z. B. durch Kündigung),
— wenn das Unternehmen freiwillig aufgelöst (Liquidation) oder
— wenn es zwangsweise aufgelöst wird (Insolvenz).
Kein Erlöschen der Prokura beim Tod des Geschäftsinhabers oder beim Wechsel des Eigentümers. Die Prokura bleibt bis zur Löschung im Handelsregister bestehen, es sei denn, dem Dritten war der Widerruf bekannt (z. B. durch Rundschreiben).

Arbeitsvorlage 1:　Aushändigung der Ernennungsurkunde

◆◆◆ DREIPUNKT POLSTERMÖBELFABRIK ◆◆◆
Hermann Weiss GmbH
Friedrich-List-Str. 72, 79117 Freiburg im Breisgau

```
Herrn
Gerhard Lamprecht
im Hause                                    1. April 20..


Erteilung von Prokura


Sehr geehrter Herr Lamprecht,


hiermit erteile ich Ihnen für unsere Firma, die Dreipunkt Pol-
stermöbelfabrik Hermann Weiss GmbH in Freiburg i. Br.,


        Einzelprokura.


Die Prokura umfasst nicht den Ankauf von Grundstucken und die
Akzeptierung von Wechseln.


Ich wünsche Ihnen für Ihre Arbeit in unserem Unternehmen weiter-
hin viel Freude und unternehmerisches Geschick.


Mit freundlichen Grüßen ...
```

Arbeitsvorlage 2: Benachrichtigung von Geschäftspartnern

✦✦✦ DREIPUNKT POLSTERMÖBELFABRIK ✦✦✦
Hermann Weiss GmbH
Friedrich-List-Str. 72, 79117 Freiburg im Breisgau

```
Westfälische Stoffweberei
Klaus Hartmann GmbH & Co. KG
Daimlerstraße 104
44892 Bochum                                    1. April 20..

Prokuraerteilung

Sehr geehrter Herr Hartmann,

ich habe heute dem Leiter meiner Marketingabteilung, Herrn
Gerhard Lamprecht,
        Einzelprokura
erteilt. Die Eintragung der Vollmacht ins Handelsregister wurde
beim Amtsgericht Freiburg beantragt.

Es freut mich sehr, dass ich auf diese Weise Herrn Lamprecht
für seine langjährige treue Mitarbeit, seinen Fleiß und seine
Gewissenhaftigkeit auszeichnen konnte. Bitte nehmen Sie von
der unten stehenden Handzeichnung meines neuen Prokuristen
Kenntnis.

Mit freundlichen Grüßen           Herr Lamprecht wird wie folgt
                                  zeichnen:
DREIPUNKT POLSTERMÖBELFABRIK      DREIPUNKT POLSTERMÖBELFABRIK
HERMANN WEISS GMBH                HERMANN WEISS GMBH
```

```
Weiss                             ppa. Lamprecht
```

 Arbeitsvorlage 3: Veröffentlichungen in den „Breisgauer Nachrichten"

Wirtschaftsteil, Rubrik „Personalien":

„Mit Wirkung vom 1. April 20.. wurde Gerhard Lamprecht, Marketingleiter der Dreipunkt Polstermöbelfabrik Hermann Weiss GmbH in Freiburg, Prokura erteilt. Gerhard Lamprecht wurde damit für seine Leistung und seinen Einsatz während seiner bisherigen Tätigkeit in dem Unternehmen ausgezeichnet."

Amtlicher Teil:

Veröffentlichungen des Amtsgerichts Freiburg, Abteilung Registergericht (Handelsregister) am 18. April 20..: HRB 1088: 26. März 20..: Dreipunkt Polstermöbelfabrik Hermann Weiss GmbH, Freiburg. Einzelprokura für Gerhard Lamprecht, Staufen i. Br.

 Arbeitsvorlage 4 Siehe folgende Seite.

Arbeitsaufträge und Fragen zur Stofferschließung

1. Lesen Sie die oben stehenden Schriftstücke und Zeitungsveröffentlichungen im Zusammenhang mit der Prokuraerteilung an Herrn Lamprecht aufmerksam durch. Falls Ihnen irgendwelche Sachverhalte unklar sein sollten, so wenden Sie sich mit entsprechenden Fragen an Ihren BWL-Lehrer. Beschäftigen Sie sich sodann mit der Sachdarstellung zur Prokura. Erörtern Sie einzelne, noch unklare Sachverhalte im Gespräch mit Ihrem Lehrer.

2. Beantworten Sie nach eingehendem Studium der Arbeitsunterlagen folgende Fragen im Zusammenhang mit der Prokuraerteilung.

Arbeitsvorlage 4

Beschränkung der Prokura

Beschränkungen sind möglich

im _____ verhältnis
(= Verhältnis von_____
zum _____)

Nichtbeachtung der Beschränkungen
bedeutet:
Der Prokurist hat seine Pflichten aus dem
_____ vertrag verletzt.

Mögliche Folgen:
– _____
_____
– _____
_____

Beschränkungen sind nicht möglich

im _____ verhältnis
(= Verhältnis von_____
zu _____)

Werden Beschränkungen der Prokura im **Innen**verhältnis missachtet, so ist das Rechtsgeschäft im **Außen**verhältnis in vollem Umfang gültig*/ nicht gültig.*

* Nichtzutreffendes streichen

Beschränkungen, die ohne Handelsregistereintragung wirksam werden

– **Gesetzliche Einschränkungen.**
Dazu gehören die sog. _____
Rechtshandlungen, die nur der Geschäftsinhaber
selbst vornehmen kann, z.B. _____

– _____ **Einschränkungen.**
Sie wirken nur im _____ verhältnis,
nicht dagegen im _____ verhältnis.

Beschränkungen, die erst mit der Handelsregistereintragung wirksam werden

Es handelt sich hierbei um **Abweichungen von der Einzelprokura.**
Drei Formen:
– _____
_____
– _____
_____
– _____
_____

a) Die Prokura ist eine besonders weitgehende Vollmacht. Welches Verhältnis muss zwischen dem Firmeninhaber und dem zu Bevollmächtigenden bestehen?

b) Welche Rechtsstellung muss derjenige inne haben, der einem anderen Prokura erteilen will?

c) Welche Personen können — je nach Rechtsform der Unternehmung — Prokura erteilen? Vergleichen Sie § 48 Abs. 1 HGB.

d) Herr Lamprecht bekam bei der Ernennung zum Prokuristen eine besondere Ernennungsurkunde ausgehändigt (**Arbeitsvorlage 1**).

   da) Welchen Vorteil hat dieses Vorgehen? (Lösungshinweis: Achten Sie auf den Inhalt des Schriftstücks.)

   db) Welche andere Form der Prokuraerteilung wäre auch noch möglich gewesen?

e) Der Lohnbuchhalter Schäfer ist der Auffassung, dass Herr Lamprecht schon allein durch seine herausragende Stellung als Marketingleiter des Unternehmens die Vollmachten eines Prokuristen inne hätte und dass man auf eine besondere Erklärung eigentlich hätte verzichten können. Schäfer bezeichnet das ganze Drumherum bei der Prokuraerteilung Lamprechts als „Schaumschlägerei". Hat er Recht? Lesen Sie § 48 Abs. 1 HGB (letzter Halbsatz).

f) Herr Lamprecht zeichnet mit „ppa." (per procura) vor seiner Unterschrift.

   fa) Welchen Zusatz könnte Herr Lamprecht auch noch verwenden?

   fb) Könnte Herr Lamprecht auch ohne jeden Zusatz unterschreiben?

g) Hätte Herrn Lamprecht Prokura auch in der Weise erteilt werden können, dass er seinen nunmehr fast 65-jährigen Chef zunehmend entlastet und dass der Firmeninhaber dem Vorgehen seines Angestellten nicht widerspricht?

h) Herr Lamprecht wurde bekanntlich am 1. April vom Firmeninhaber zum Prokuristen ernannt. Angenommen, die bereits am 26. März beantragte Eintragung der Prokuraerteilung ins Handelsregister erfolgt erst am 3. April; die Veröffentlichung der Eintragung im Amtsblatt wird – wie aus den Unterlagen (**Arbeitsvorlage 3**) ersichtlich ist – erst am 18. April vorgenommen.
Kann Herr Lamprecht trotz fehlender Handelsregistereintragung am Tag nach seiner Ernennung einen Millionenkredit bei der Hausbank der Dreipunkt Polstermöbelfabrik aufnehmen, wenn die Bank über die Prokuraerteilung informiert wird?

i) Als Lamprecht fünf Tage nach seiner Ernennung (am 6. April 20..) ein besonders ungünstiges Geschäft (Einkauf von synthetischen Bezugsstoffen mit nicht mehr modischem Design) mit der Westfälischen Stoffweberei Bochum (**Arbeitsvorlage 2**) abschließt, verweigert der Firmeninhaber Weiss die Bezahlung der Rechnung mit dem Hinweis auf die noch nicht erfolgte Handelsregisterveröffentlichung der Prokuraerteilung. Mit Recht?

3. Nehmen Sie Stellung zu den folgenden Fragen nach dem Umfang der Prokura.

a) Welche Rechtsgeschäfte kann Herr Lamprecht als Prokurist rechtswirksam abschließen? Lesen Sie § 49 Abs. 1 HGB.

b) Welche gerichtlichen Rechtshandlungen könnte Herr Lamprecht als Prokurist beispielsweise vornehmen?

c) Inwiefern geht die Prokura des Herrn Lamprecht umfangmäßig über die Vollmacht hinaus, die er vor seiner Ernennung zum Prokuristen innehatte?

d) Welche Rechtshandlungen kann der Prokurist Lamprecht nur mit einer Sondervollmacht vornehmen? Lesen Sie § 49 Abs. 2 HGB.

e) Was versteht man unter „Belastung von Grundstücken"?

f) Welche Rechtshandlungen kann Herr Lamprecht auch nicht mit einer Sondervollmacht vornehmen? Vergleichen Sie hierzu die Sachdarstellung.

g) Welche vertraglichen Einschränkungen hat Herr Lamprecht in Bezug auf die ihm erteilte Einzelprokura auferlegt bekommen? Lesen Sie hierzu die Ernennungsurkunde (**Arbeitsvorlage 1**).

h) Angenommen, der Firmeninhaber, Herr Weiss, befände sich auf einer längeren Geschäftsreise. Für eine längst überfällige Rechnung über 18.820,00 € legt ein Lieferer dem Prokuristen Lamprecht einen Wechsel zum Akzept vor. Lamprecht unterschreibt. Kann sich der Firmeninhaber, Herr Weiss, weigern den Wechsel bei Fälligkeit einzulösen? (Lösungshinweis: Unterscheiden Sie zwischen Innen- und Außenverhältnis; lesen Sie § 50 Abs. 1 HGB!)

i) Wäre es theoretisch möglich, dass Herr Lamprecht im Namen der Dreipunkt Polstermöbelfabrik Hermann Weiss GmbH eine Diskothek oder einen Wanderzirkus eröffnet?

4. Herr Lamprecht hat bekanntlich Einzelprokura. Wie aus der Sachdarstellung zu entnehmen ist, gibt es daneben auch noch Gesamt-, gemischte und Filialprokura.

a) Wie viele Unterschriften sind bei Einzelprokura für das Wirksamwerden von Rechtsgeschäften erforderlich?

b) Lesen Sie in der Sachdarstellung nach, was Gesamtprokura bedeutet. Wie muss gezeichnet werden, wenn in der Dreipunkt Möbelfabrik die Prokuristen Stäbler und Breitinger Gesamtprokura haben?

c) Welchen Sinn hat eine solche Beschränkung der Prokura?

d) Wie müsste gezeichnet werden, wenn Lamprecht nicht Einzelprokura, sondern gemischte Prokura erhalten hätte?

e) Welchen Zweck hat eine solche Beschränkung der Prokura?

f) Der Finanzbuchhalter der Dreipunkt Polstermöbelfabrik, Herr Steinmeyer, erhielt vor kurzem Filialprokura für das Zweigwerk Schwäbisch Hall.

   fa) Welche Rechtsgeschäfte darf Herr Steinmeyer als Filialprokurist rechtswirksam abschließen?

   fb) Wie zeichnet Herr Steinmeyer als Filialprokurist? Lesen Sie hierzu § 50 Abs. 3 HGB.

g) Angenommen, Herr Lamprecht fühlt sich in seiner Funktion als Prokurist total überfordert. Wäre es möglich, dass er zum Zwecke seiner Entlastung dem Buchhalter Knapp vorübergehend Prokura erteilt? Lesen Sie § 52 Abs. 2 und § 50 Abs. 2 HGB.

5. Verschaffen Sie sich einen Überblick über die Beschränkungen der Prokura.

   a) Unterteilen Sie die Übersicht zunächst einmal in die Sparten „Beschränkungen sind möglich" und „Beschränkungen sind nicht möglich". Zeigen Sie hierbei auch die Wirkungen und mögliche Folgen einer Vollmachtsüberschreitung auf. **(Arbeitsvorlage 4)**

   b) Unterteilen Sie eine weitere Übersicht in die Sparten „Beschränkungen, die ohne Handelsregistereintragung wirksam werden" und in „Beschränkungen, die erst mit der Handelsregistereintragung wirksam werden". **(Arbeitsvorlage 4)**

6. Angenommen, dem in Punkt 4. f) erwähnten Filialprokuristen Karl Steinmeyer muss wegen wiederholter Verstöße gegen die im Innenverhältnis getroffenen Vereinbarungen am 3. Mai gekündigt werden. Am selben Tag wird die Filialprokura für Steinmeyer vom Firmeninhaber Weiss widerrufen und durch Rundschreiben an alle Geschäftspartner des Zweigwerks bekannt gemacht. In dem Rundschreiben wird auch erwähnt, dass die Geschäfte des Zweigwerks Schwäbisch Hall bis auf weiteres von dem Gesamthandlungsbevollmächtigten Peter Klotz geführt werden. Noch am 3. Mai wird die Löschung der Prokura zur Eintragung ins Handelsregister angemeldet.

   a) Welchen Wortlaut könnte das Rundschreiben des Firmeninhabers an die Geschäftspartner des Zweigwerks Schwäbisch Hall haben? (Nur den Brieftext angeben.)

   b) Angenommen, der Widerruf der Filialprokura des Karl Steinmeyer wird erst am 7. Mai ins Handelsregister eingetragen und am 24. Mai im Amtsblatt veröffentlicht. Am 6. Mai kauft Steinmeyer bei einem Lieferanten im Namen der Dreipunkt Polstermöbelfabrik einen Posten synthetischer Möbelbezugsstoffe; Rechnungsbetrag: 18.750,00 €. Muss die Dreipunkt Polstermöbelfabrik den Rechnungsbetrag begleichen?

7. Welche weiteren Gründe für das Erlöschen der Prokura gibt es?

5.3 Kündigung eines Arbeitsverhältnisses

Ausgangs-situation

Beispiel 1: Der Arbeitgeber kündigt

Der Facharbeiter Klaus Steiner ist schon mehrfach angetrunken an seinem Arbeitsplatz angetroffen worden. Auch ist öfter schon beobachtet worden, wie er während der Arbeitszeit alkoholische Getränke zu sich genommen hat, obwohl dies laut § 17 der geltenden Betriebsordnung verboten ist. Steiner erhält daraufhin am 5. Juni 20.. von der Geschäftsleitung folgende Abmahnung:

> Ihr Verhalten im Betrieb hat in den vergangenen Monaten häufig zu Beanstandungen Anlass gegeben. Insbesondere haben Sie mehrfach gegen § 17 der Betriebsordnung verstoßen. Wir setzen Sie davon in Kenntnis, dass Ihnen im Wiederholungsfalle fristlos gekündigt wird.
>
> Bitte sorgen Sie dafür, dass in Zukunft das oben genannte Fehlverhalten unterbleibt.

Als Steiner zwei Wochen später erneut in stark alkoholisiertem Zustand am Arbeitsplatz erscheint, wird er von seinem Vorgesetzten nach Hause geschickt. Tags darauf erhält er per Einschreiben von seinem bisherigen Arbeitgeber folgendes Kündigungsschreiben:

> Hiermit kündigen wir das mit Ihnen seit dem 2. Jan. 20.. bestehende Arbeitsverhältnis aufgrund der Ihnen bekannten Vorkommnisse fristlos. Wir bitten Sie Ihre Personalunterlagen im Personalbüro in der Fabrikstraße 49 abzuholen.
>
> In Übereinstimmung mit § 102 Abs. 1 des Betriebsverfassungsgesetzes ist bei dieser Kündigung der Betriebsrat gehört worden. Auch weisen wir in diesem Zusammenhang auf unsere Abmahnung vom 5. Juni d. J. hin.
>
> Sollte diese außerordentliche Kündigung vom Arbeitsgericht als nicht begründet angesehen werden, dann erklären wir hiermit ausdrücklich, dass sie in diesem Falle als ordentliche Kündigung für den nächst zulässigen Termin gedacht ist.
>
> Mit freundlichen Grüßen
>
> BAUMASCHINEN AG
>
> ppa.

Beispiel 2: Ein Arbeitnehmer kündigt

Der Angestellte Peter Baum schreibt an seinen Arbeitgeber, die Möbelwerke W. Sommer & Co. KG, am 5. Juni 20.. folgenden Brief:

> Kündigung
>
> Eine Ulmer Firma hat mir die Stelle eines Abteilungsleiters im Marketingbereich angeboten. Diese Stelle eröffnet mir ein sehr interessantes Tätigkeitsfeld, auf dem ich zusätzliche Erfahrungen sammeln kann. Außerdem habe ich dadurch Gelegenheit, mich beruflich ganz wesentlich zu verbessern. Ich kündige daher das bestehende Dienstverhältnis zum 30. Juni d. J.
>
> Für das mir entgegengebrachte Vertrauen bedanke ich mich recht herzlich und bitte um Ausstellung eines qualifizierten Zeugnisses.
>
> Mit freundlichen Grüßen

Arbeitsvorlage 1

Kündigungsfristen nach § 622 BGB

Gesetzliche Kündigungsfristen nach dem Gesetz zur Vereinheitlichung der Kündigungsfristen von Arbeitern und Angestellten – Kündigungsfristengesetz – vom 7. Oktober 1993

Bei Kündigungen sind **zwei Fälle** zu unterscheiden:

I Der Arbeitnehmer kündigt

– Kündigungsfrist: _____

– Bezeichnung: Grundkündigungsfrist

(§ 622 Abs. 1 BGB)

– Beschäftigungsende: _____ oder Ende eines _____

II Der Arbeitgeber kündigt

Die vom Arbeitgeber einzuhaltende Kündigungsfrist und damit der Zeitpunkt, an dem das Arbeitsverhältnis endet, sind abhängig von

der _____ des Arbeitnehmers (§ 622 Abs. 1 und Abs. 2 BGB).

Betriebs-zugehörigkeit	Kündigungsfristen für den Arbeitgeber
– weniger als 2 Jahre	_____
– mehr als 2 Jahre	_____
– mehr als 5 Jahre	_____
– mehr als 8 Jahre	_____
– mehr als 10 Jahre	_____
– mehr als 12 Jahre	_____
– mehr als 15 Jahre	_____
– mehr als 20 Jahre	_____

Beachten Sie:

– Gilt für den Arbeitnehmer die Grundkündigungsfrist von _____ , so kann die Kündigung zum _____ oder zum Ende eines _____ erfolgen (§ 622 Abs. 1 BGB).

– Gilt für den Arbeitgeber eine verlängerte Kündigungsfrist (1 bis 7 Monate), dann kann die Kündigung nur zum Ende eines _____ erfolgen.

– Für die Berechnung der Betriebszugehörigkeit gelten nur die Beschäftigungszeiten nach dem _____ Lebensjahr (§ 622 Abs. 2 S. 2 BGB).

– Während einer vereinbarten Probezeit, die höchstens ____ Monate dauern darf, kann das Arbeitsverhältnis mit einer Frist von _____ gekündigt werden (§ 622 Abs. 3 BGB).

Arbeitsvorlage 2

Die Kündigung eines Dienstverhältnisses

Beispiel 1:	Kündigung ~~MIT~~/OHNE Einhaltung einer Kündigungsfrist

Bezeichnung: _____ oder
_____ Kündigung

Voraussetzung (§ 626 Abs. 1 BGB): Vorliegen eines

_____ .

Ein solcher liegt immer dann vor, wenn dem Kündigenden (was?) _____

_____

nicht mehr zugemutet werden kann.

Durchführung (§ 626 Abs. 2 BGB): Wenn ein w. G. vorliegt, dann muss die fristlose Kündigung innerhalb von _____ Tagen ausgesprochen werden.

W. G. für den Arbeitgeber	**W. G. für den Arbeitnehmer**
_____	_____
_____	_____
_____	_____
_____	_____
_____	_____
_____	_____
_____	_____
_____	_____
_____	_____
_____	_____
_____	_____

Beispiel 2:	Kündigung MIT/OHNE[1] Einhaltung einer Kündigungsfrist

Bezeichnung: _____ oder
_____ Kündigung

Eine **besondere Vereinbarung** über die Kündigungsfrist wurde **nicht** getroffen. Es gilt dann die

_____

Regelung.

Die gesetzlichen Kündigungsfristen des § 622 Abs. 2 BGB richten sich bei Arbeitgeberkündigungen nach der _____

_____

des Arbeitnehmers.

Beträgt sie

– **weniger als 2 Jahre,** dann gilt die Grundkündigungsfrist von

_____ ,

und zwar entweder zum _____ oder zum Ende eines _____

_____ ;

– **mehr als 2 Jahre,** dann gelten Kündigungsfristen zwischen

_____ und

_____ Monaten, und zwar jeweils zum

_____ .

Eine **besondere Vereinbarung** über die Kündigungsfrist **wurde** getroffen. Es gilt dann die

_____

Regelung.

§ 622 Abs. 5 BGB: **Einzelvertraglich** können **ohne weiteres** kürzere/längere[1] Kündigungsfristen **vereinbart** werden.[2]

Die Vereinbarung kürzerer Kündigungsfristen ist **nur in zwei Fällen** zulässig:

– bei _____-tätigkeiten von weniger als dreimonatiger Dauer;

– für Beschäftigte in

_____ betrieben mit weniger als

_____ Arbeitnehmern; die Mindestkündigungsfrist beträgt jedoch

_____ .

---

1 Nichtzutreffendes streichen

2 Dabei darf jedoch die vom Arbeit**nehmer** einzuhaltende Frist **nicht länger** sein als die Frist für die Kündigung durch den Arbeit**geber** (§ 622 Abs. 6 BGB).

Arbeitsaufträge und Fragen zur Stofferschließung

1. Beschäftigen Sie sich mit den obigen Kündigungsbeispielen (Beispiel 1 und 2) und den gesetzlichen Vorschriften über die Kündigung (§ 621 ff. BGB). Beantworten Sie danach die folgenden Fragen.

2. Wie unterscheiden sich die beiden Kündigungen? (Zwei wichtige Unterschiede angeben.)

3. Welche vier Inhaltspunkte weist die Kündigung im Beispiel 2 auf?

4. Wie bezeichnet man die eine, wie die andere Kündigungsart? (Lösungshinweis: Vergleichen Sie hierzu den letzten Abschnitt der Kündigung im Beispiel 1.)

5. Hinsichtlich der bei Kündigungen einzuhaltenden Frist muss unterschieden werden, ob eine vertragliche Regelung besteht oder nicht. Welche Vorschriften gelten, wenn in Bezug auf die bei einer Kündigung einzuhaltenden Fristen keinerlei Vereinbarungen getroffen worden sind?

6. Welche gesetzliche Kündigungsfrist gilt im Beispiel 2? (Lösungshinweis: Suchen Sie nach der entsprechenden gesetzlichen Regelung.)

7. Herr Baum kündigte am 5. Juni. Erfolgte die Kündigung rechtzeitig? An welchem Tag hätte er spätestens kündigen müssen, wenn er zu dem im Kündigungsschreiben angeführten Zeitpunkt aus seiner bisherigen Firma ausscheiden will?

8. Erarbeiten Sie sich eine Übersicht über die Kündigungsfristen nach § 622 BGB. Unterscheiden Sie hierbei die zwei Fälle, dass entweder der Arbeitnehmer oder der Arbeitgeber kündigt. (**Arbeitsvorlage 1**)

9. Angenommen, die Möbelwerke W. Sommer & Co. KG hätten mit Herrn Baum vertraglich eine von der gesetzlichen Regelung abweichenden Kündigungsfrist von sechs Wochen zum Quartalsende vereinbart.

   a) Ist eine solche vertragliche Regelung überhaupt möglich? Lösungshinweis: § 622 BGB.

   b) Wann hätte Herr Baum in diesem Fall spätestens kündigen müssen, wenn er zu dem im Kündigungsschreiben genannten Termin (30. Juni) aus der Firma ausscheiden will?

10. Was ist nach § 626 Abs. 1 BGB Voraussetzung für die fristlose Kündigung des Facharbeiters Steiner (Beispiel 1)?

11. Was muss in Bezug auf das bestehende Arbeitsverhältnis gelten, damit man vom Vorhandensein eines wichtigen Grundes sprechen kann?

12. Innerhalb welcher Frist muss derjenige, der einen wichtigen Grund zur fristlosen Kündigung hat, die Kündigung aussprechen? (Lösungshinweis: § 626 Abs. 2 BGB)

13. Welche wichtigen Gründe für eine fristlose Kündigung kann ein Arbeitgeber außer dem genannten Grund sonst noch haben? (**Arbeitsvorlage 2**)

14. Welche wichtigen Gründe kann ein Arbeitnehmer haben, seinen Dienstvertrag fristlos zu kündigen? Lösungshinweis: Verletzung der Fürsorgepflicht durch den Arbeitgeber. (**Arbeitsvorlage 2**)

15. Fertigen Sie eine Übersicht zu den Arten und Vorschriften über die Kündigung an. (**Arbeitsvorlage 2**)

16. Welchen Sinn hat im Kündigungsschreiben an Steiner der Hinweis auf § 102 Abs. 1 des Betriebsverfassungsgesetzes?

5.4 Mitbestimmung nach dem Betriebsverfassungsgesetz (BetrVG)

5.4.1 Wahl und Arbeitsweise des Betriebsrats

Ausgangssituation

Im Autohaus Karl Bäumler & Co. wird von mehreren Arbeitnehmern die Forderung nach Errichtung eines Betriebsrats erhoben. Die Belegschaft setzt sich wie nebenstehend angegeben zusammen:

Von der Gesamtbelegschaft sind 15 Mitarbeiter weiblichen Geschlechts; zur Gruppe der Angestellten zählen 18 Personen.

Alter	Anzahl	davon weniger als 6 Monate im Betrieb
unter 18 Jahren	6	1
18 bis 24 Jahre	10	2
24 Jahre und älter	34	2
	50	5

Sachdarstellung

Mitbestimmungsorgane nach dem Betriebsverfassungsgesetz

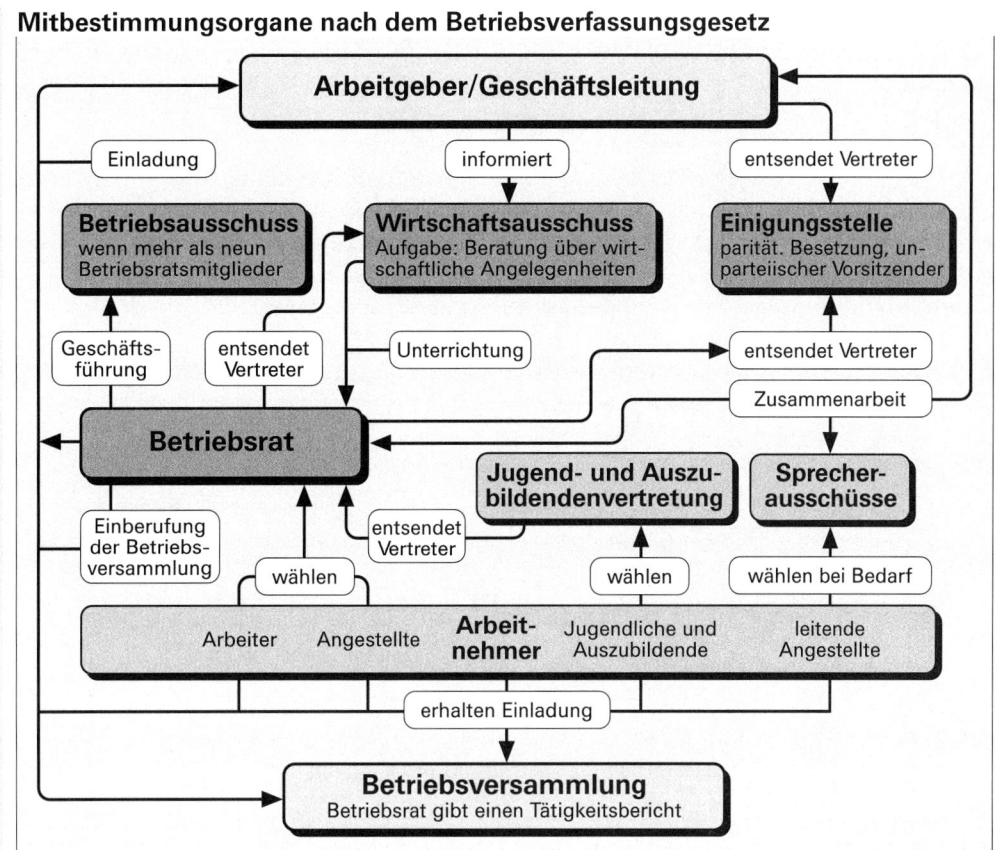

- Ob in Industriebetrieben ein Betriebsrat vorhanden ist oder nicht, hängt wesentlich von der Betriebsgröße ab.

Beschäftigte	5–19	20–49	50–99	100–199	200–499	500–999	1000–1999	2000 und mehr
Prozent	6	26	49	69	83	94	96	97

aus: Globus 0540

- Seit 1990 können in Betrieben mit mindestens zehn leitenden Angestellten Sprecherausschüsse gewählt werden, wenn sich die Mehrheit der leitenden Angestellten dafür ausspricht. Die Mitwirkung des Sprecherausschusses erfolgt durch Unterrichtung und Beratung über die Angelegenheiten der leitenden Angestellten sowie über personelle und wirtschaftliche Angelegenheiten. Es ist sichergestellt, dass die Sprecherausschüsse die Arbeit des Betriebsrats nicht blockieren können.

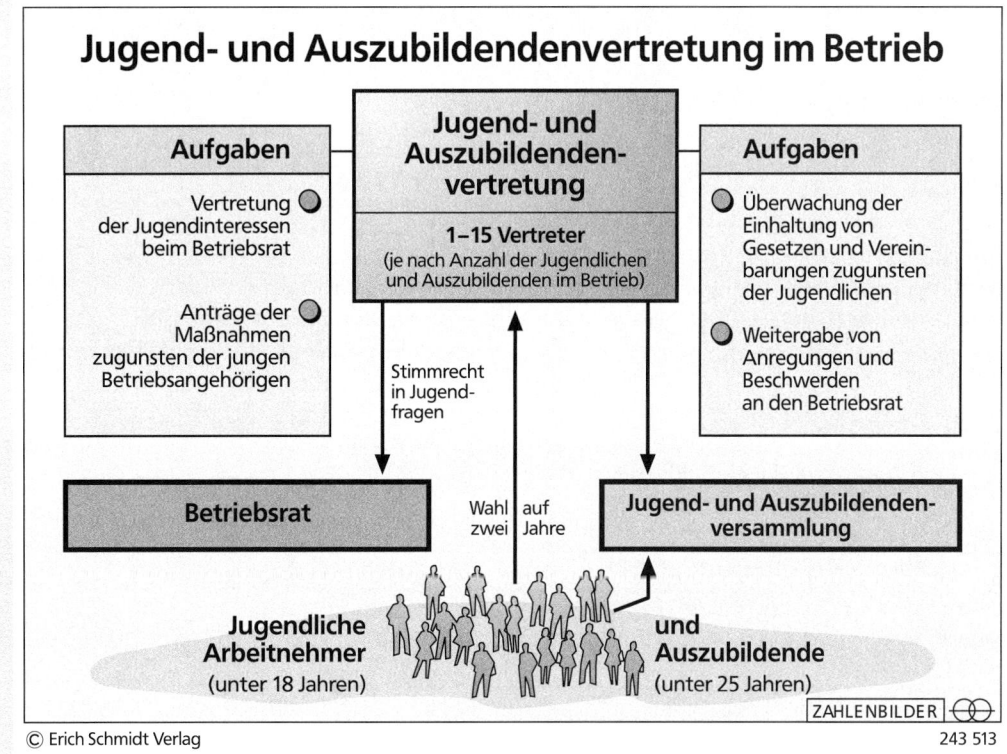

© Erich Schmidt Verlag

243 513

Arbeitsaufträge und Fragen zur Stofferschließung

1. Versuchen Sie zunächst einmal, sich mithilfe des Betriebsverfassungsgesetzes (§§ 1 bis 20) einige grundlegende Kenntnisse über die Wahl und die Zusammensetzung des Betriebsrats zu verschaffen. Die folgenden Leitfragen sollen Ihnen dabei behilflich sein. Geben Sie bei der Lösung auch die jeweilige gesetzliche Vorschrift an (§ ... BetrVG).
    a) Wie groß muss die Belegschaft mindestens sein, damit ein Betriebsrat (BR) gewählt werden kann?
    b) Ab welchem Alter können Betriebsangehörige bei Betriebsratswahlen teilnehmen (aktives Wahlrecht)?
    c) Wie viele Personen sind im Autohaus Bäumler & Co. wahlberechtigt?
    d) Wer ist wählbar (passives Wahlrecht)? (Drei Voraussetzungen nennen.)
    e) Wie viele Personen sind im Autohaus Karl Bäumler & Co. wählbar?
    f) Wonach bestimmt sich die Zahl der zu wählenden BR-Mitglieder?
    g) Aus wie vielen Personen muss ein BR mindestens bestehen?
    h) Aus wie vielen Personen besteht der BR des Autohauses Bäumler & Co.?
    i) Welche Grundsätze gelten für die Zusammensetzung des Betriebsrats?
    j) Wie müsste sich nach den Vorschriften des BetrVG der BR im Autohaus Bäumler zusammensetzen?
    k) Zu welchem Zeitpunkt und in welchem Rhythmus finden BR-Wahlen statt?
    l) Wie wird gewählt (Wahlmodus)?
    m) Welche Wahlschutzvorschriften gelten für die BR-Wahl?
    n) Wer trägt die Kosten der BR-Wahl?

2. Nach der eingehenden Beschäftigung mit der Wahl und der Zusammensetzung des Betriebsrats sollten Sie sich nunmehr anhand der §§ 21 bis 46, 74 bis 80 des BetrVG etwas genauer über die Arbeitsweise und die allgemeinen Aufgaben des Betriebsrats informieren.
    a) Wie lange dauert die regelmäßige Amtszeit des Betriebsrats?
    b) Wie werden der BR-Vorsitzende und sein Stellvertreter ermittelt?
    c) Welche Grundsätze gelten für die Einberufung von BR-Sitzungen?
    d) Mit welchen Mehrheiten werden BR-Beschlüsse gefasst?
    e) Wer trägt die durch die BR-Tätigkeit entstehenden Kosten?
    f) Welche Verpflichtungen werden dem Arbeitgeber auferlegt, damit der BR seine ihm vom Gesetz her aufgetragenen Aufgaben wahrnehmen kann?
    g) Welchen Charakter hat die BR-Tätigkeit?
    h) Was kann der BR tun, um mit den einzelnen Belegschaftsmitgliedern ins Gespräch zu kommen, um zu erfahren, wo den einzelnen Arbeitnehmer „der Schuh drückt"?
    i) Welche Grundsätze gelten für die Sprechstundeninanspruchnahme beim BR?
    j) Welche allgemeinen Aufgaben hat der BR? (Zwei Beispiele nennen.)
    k) Für welche Personengruppen soll sich der BR nach Auffassung des Gesetzgebers besonders einsetzen?
    l) Welche Grundsätze gelten für die Zusammenarbeit von Arbeitgeber und BR? (Vgl. § 1 BetrVG.)
    m) Wie sollen nach Auffassung des Gesetzgebers alle Betriebsangehörigen vom BR und vom Arbeitgeber behandelt werden?
    n) Welche Schutzbestimmungen bestehen zugunsten von BR-Mitgliedern?

3. Außer dem Betriebsrat gibt es in manchen Betrieben auch noch einen Betriebsausschuss, eine Einigungsstelle, einen Wirtschaftsausschuss, eine Jugend- und Auszubildendenvertretung. Der BR muss von Zeit zu Zeit eine Betriebsversammlung einberufen und dort Rechenschaft über seine Tätigkeit ablegen. Informieren Sie sich über diese Gremien mithilfe der §§ 27, 42 bis 46, 60 bis 71, 76, 106 bis 108 BetrVG und beantworten Sie danach die folgenden Leitfragen:
    a) Wie oft müssen pro Jahr Betriebsversammlungen einberufen werden?
    b) Wer leitet sie, wer ist teilnahmeberechtigt und was geschieht in Betriebsversammlungen?
    c) Zu welchem Zeitpunkt sind Betriebsversammlungen abzuhalten?
    d) Welches Recht hat der Arbeitgeber in Betriebsversammlungen?
    e) Welche von den oben angeführten Gremien können auch im Autohaus Bäumler & Co. eingerichtet werden, welche nicht?

4. Die Jugend- und Auszubildendenvertretung ist in § 60 f. BetrVG geregelt. Beantworten Sie nach intensivem Studium dieser Vorschriften und des vorstehenden Schaubilds die folgenden Fragen.
    a) In welchen Betrieben kann eine Jugend- und Auszubildendenvertretung eingerichtet werden?
    b) Wer hat das aktive und wer das passive Wahlrecht?
    c) Wie lange dauert die regelmäßige Amtszeit der Jugend- und Auszubildendenvertretung?
    d) Wie ist die Teilnahme der Jugend- und Auszubildendenvertreter an Betriebsratssitzungen geregelt?
    e) Welche allgemeinen Aufgaben hat die Jugend- und Auszubildendenvertretung?
    f) Wann kann von der Jugend- und Auszubildendenvertretung eine betriebliche Jugend- und Auszubildendenversammlung einberufen werden?

5.4.2   Aufgaben und Rechte des Betriebsrats

Ausgangs-situation

*„Die Finger von den Knöpfen!
Das Programm bestimme ich!"*

Karikaturen: Wolter

Anschlag am schwarzen Brett der Spielwarenfabrik Kurt Kübler in Neustadt (270 Belegschaftsmitglieder):

Mitteilungen an die Belegschaft

Als Alleininhaber der Spielwarenfabrik Kurt Kübler habe ich einige wichtige Entscheidungen getroffen, die — soweit nichts anderes angegeben ist — mit Beginn des neuen Geschäftsjahres am 2. Januar 20.. in Kraft treten.

1. Für alle Arbeitnehmer besteht im gesamten Betrieb ein striktes Rauch- und Alkoholverbot.

2. Die tägliche Arbeitszeit in den Monaten, in denen die Uhren auf Sommerzeit umgestellt sind, wird von 7:00 Uhr auf 6:30 Uhr vorverlegt. Die Mittagspause wird in dieser Zeit um eine Viertelstunde auf 60 Minuten verkürzt.

3. Die Auszahlung der Löhne und Gehälter erfolgt künftig in zwei Abschnitten, und zwar am 15. und am 30. eines jeden Monats.

4. Ab 1. September eines jeden Geschäftsjahres tritt eine allgemeine Urlaubssperre in Kraft, weil sämtliche Arbeitskräfte zur Vorbereitung des Weihnachtsgeschäfts benötigt werden.

5. Die Öffnungszeiten der Kantine wurden neu festgesetzt.
   Morgens: 8:30—9:00 Uhr; mittags: 11:30—12:00 Uhr; nachmittags: 15:30—16:00 Uhr.

6. Für Verbesserungsvorschläge, die von der Geschäftsleitung angenommen werden, erhalten Arbeitnehmer einheitlich 500,00 €.

7. Das bisherige Prämienlohnsystem (Halseysystem) wird durch ein anderes Prämienlohnsystem (Rowansystem) ersetzt.

8. Das Lagergebäude wird zu Beginn des neuen Geschäftsjahres durch einen Anbau um 400 m² erweitert.

9. Wegen rückläufiger Umsätze wird bis zum Ende des nächsten Geschäftsjahres der Personalbestand um mindestens 10 % verringert.

10. Die Geschäftsleitung hat einen neuen Personalfragebogen entwickelt, der von allen Belegschaftsangehörigen bis Ende des nächsten Monats auszufüllen ist.

11. Die Geschäftsleitung hat die bestehenden Richtlinien über die personelle Auswahl bei Einstellungen, Versetzungen, Umgruppierungen und Kündigungen neu gefasst.

12. Mein Sohn Christian, der derzeit die Funktion eines Betriebsleiters ausübt, wird mit Beginn des nächsten Geschäftsjahres die Nachfolge des Herrn Dr. Winter als technischer Direktor antreten.

13. Neu zu besetzende Arbeitsplätze werden künftig nur noch im „Neustädter Tageblatt" ausgeschrieben.

14. Aus Kostengründen wird die Produktion von Holzspielzeug im Laufe des nächsten Geschäftsjahres mehr und mehr nach Ungarn verlegt.

15. Durch den Einsatz einer vollautomatischen Lackiermaschine werden ab Januar nächsten Jahres 15 Hilfskräfte freigesetzt. Sie werden in andere Betriebsteile versetzt.

16. Die Produktion im Zweigwerk Grünmoos (26 Mitarbeiter) wird bis zum Ende des nächsten Geschäftsjahres eingestellt.

---

17. Im Laufe der nächsten zwei Monate werden die Schreibdienste der einzelnen kaufmännischen Abteilungen durch ein zentrales Schreibbüro ersetzt.

18. Mit der Spielautomatenfabrik G. Neubrand & Co. wurde ein Kooperationsvertrag abgeschlossen, der die Entwicklung eines neuartigen Kinderrollers vorsieht. Im Kooperationsvertrag ist eine wechselseitige Kapitalbeteiligung vereinbart worden.

19. Die bisher übliche 14-tägige betriebsinterne Schulung der Auszubildenden durch die Abteilungsleiter und den Ausbildungsleiter wird in Zukunft nur noch monatlich durchgeführt.

20. Die Einführung der gleitenden Arbeitszeit im kommenden Geschäftsjahr macht es erforderlich, auch für Angestellte technische Einrichtungen zur Arbeitszeitkontrolle einzuführen.

Neustadt, den 30. Oktober 20..

Kübler

Sachdarstellung

1. Übersicht: Rechte des Betriebsrats

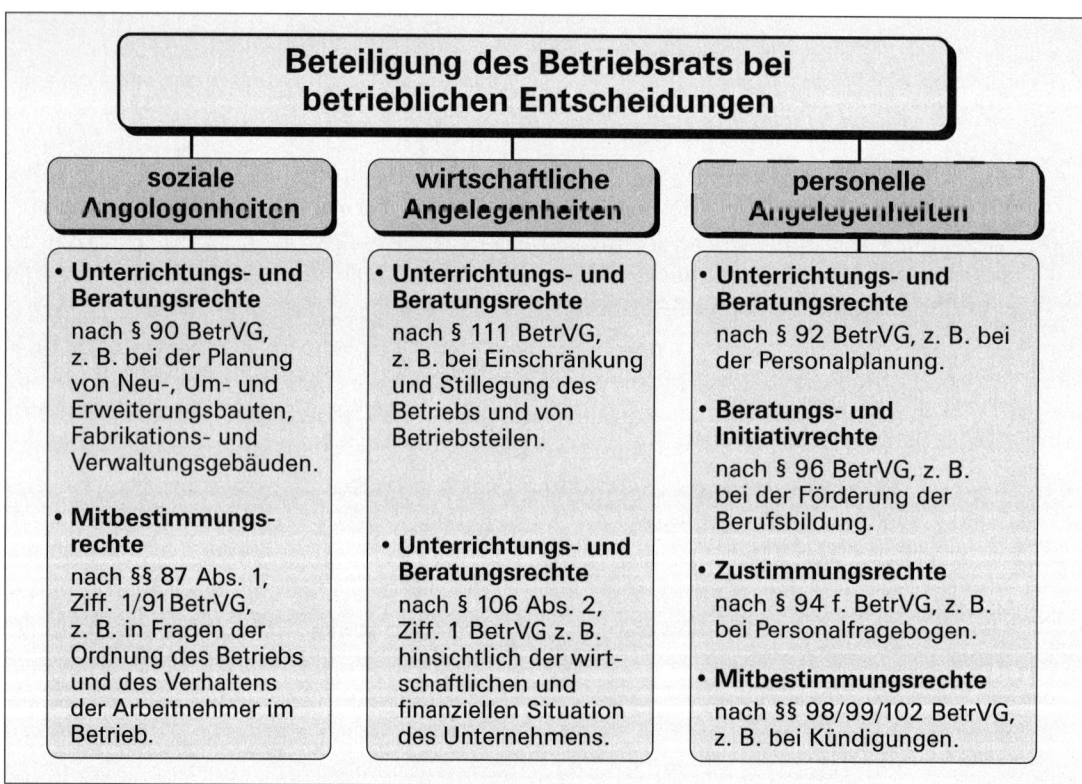

Die Übersicht verdeutlicht, dass es **echte Mitbestimmung für den Betriebsrat nur in sozialen und personellen Angelegenheiten** gibt, **nicht** jedoch bei **wirtschaftlichen Problemen.**

2. Grade der Einflussnahme des Betriebsrats auf unternehmerische Entscheidungen

Damit Sie wissen, **wie intensiv** die Einflussnahme des Betriebsrats in den im Betriebsverfassungsgesetz genannten Fällen jeweils ist, erhalten Sie eine **Übersicht** über die Grade der Einflussnahme des Betriebsrats auf das Betriebsgeschehen.

Beachten Sie hierbei, dass das jeweils stärkere Recht der Einflussnahme das vorausgehende Recht inhaltlich miteinschließt.

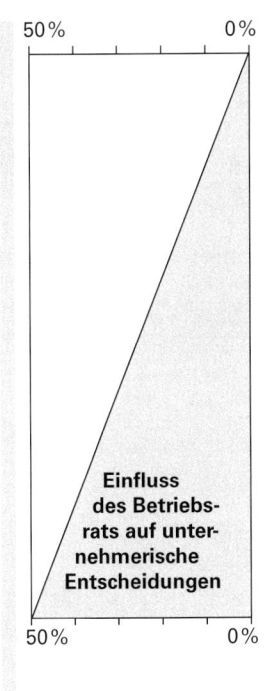

50% 0%

Einfluss des Betriebsrats auf unternehmerische Entscheidungen

50% 0%

- **Informationsrecht.** Es ist die schwächste Form der Einflussnahme vonseiten des Betriebsrats. Er kann lediglich Sachverhalte zur Kenntnis nehmen oder Einblicke in bestimmte Tatbestände erhalten.
- **Anhörungsrecht.** Der BR **kann** seine Meinung äußern und Stellungnahmen abgeben, jedoch muss die Unternehmensleitung sie nicht in ihre Entscheidungen einbeziehen.
- **Vorschlagsrecht.** Der BR hat das Recht, Vorschläge zu unterbreiten (Initiativrecht).
- **Beratungsrecht.** Die Geschäftsleitung **muss** vor jeder Maßnahme die Ansicht des Betriebsrats hören. Sie braucht jedoch die Ratschläge des Betriebsrats bei der endgültigen Entscheidung nicht unbedingt zu beachten.
- **Mitwirkungsrecht.** Die Geschäftsleitung muss die Vorstellungen des Betriebsrats bei ihren Entscheidungen verbindlich mitberücksichtigen.
- **Einspruchs- oder Vetorecht.** Dadurch kann der Betriebsrat das Wirksamwerden einer Maßnahme verhindern; es muss nun über den strittigen Punkt verhandelt werden.
- **Zustimmungsrecht.** Fehlt die Zustimmung des Betriebsrats, so kann das Vorhaben bis zur rechtlichen Klärung nicht verwirklicht werden.
- **Mitbestimmung.** Gleichberechtigte Mitentscheidung des Betriebsrats.

Arbeitsaufträge und Fragen zur Stofferschließung

1. Welches Unternehmerbild vermitteln die gezeigten Karikaturen? Welche persönlichen Erfahrungen haben Sie in Bezug auf Mitwirkung und Mitbestimmung der Arbeitnehmer im Betrieb gemacht?

2. Beschäftigen Sie sich zunächst einmal mit der vorstehenden Übersicht über mögliche Beteiligungen des Betriebsrats bei betrieblichen Entscheidungen. Lesen Sie die in der Übersicht angegebenen Paragrafen in der Gesetzessammlung nach.

3. Beurteilen Sie mithilfe der in der vorstehenden Übersicht angegebenen Gesetzesvorschriften die in den „Mitteilungen an die Belegschaft" aufgeführten Sachverhalte (Nr. 1 bis 20). Geben Sie zu jedem einzelnen Fall die entsprechende Gesetzesvorschrift an und kommentieren Sie kurz Ihre Entscheidung.

4. Ergänzen Sie die vorstehende Sachdarstellung in der Weise, dass Sie zu den einzelnen „Graden der Einflussnahme des Betriebsrats auf unternehmerische Entscheidungen" typische Beispiele aus dem Betriebsverfassungsgesetz hinzufügen.

5. Zu welcher Interpretation der Karikaturen gelangen Sie nunmehr, nachdem Sie sich eingehend mit den Mitwirkungs- und Mitbestimmungsregelungen nach dem Betriebsverfassungsgesetz von 1972 beschäftigt haben?

5.5 Besonderer Kündigungsschutz

Ausgangssituation

Kündigung wegen „dringender betrieblicher Erfordernisse"

In der Metallwarenfabrik K. Fuhrmann & Co. wird die Mahnabteilung aufgelöst, weil der Einzug von Forderungen einem Inkassoinstitut übertragen werden soll. Außerdem wird das Fertigwarenlager durch Übergang zur Fremdlagerung wesentlich verkleinert. Folgenden sieben Personen wird deshalb unter Berufung auf „dringende betriebliche Erfordernisse" (§ 1 Abs. 2 KSchG) am 5. Febr. 20.. gekündigt:

a) Elisabeth Meier, 19 Jahre, kaufmännische Auszubildende (Industriekauffrau) im 2. Ausbildungsjahr; Ergebnis der Zwischenprüfung bei der IHK. gut. Vereinbarte Ausbildungsdauer: 3 Jahre.

b) Brigitte Sanwald, 26 Jahre, seit 3 Jahren im Betrieb; am Tag der Kündigung erklärt sie schwanger zu sein.

c) Gerhard Greiner, kaufmännischer Angestellter, 42 Jahre, Leiter der Mahnabteilung, seit 14 Jahren im Betrieb, wurde vor genau 1½ Jahren in den Betriebsrat gewählt.

d) Fritz Neumeister, Sachbearbeiter für das Mahnwesen, 35 Jahre, querschnittsgelähmt (Rollstuhlfahrer), seit 2 Jahren im Betrieb.

e) Kurt Fröhlich, 22 Jahre, Industriekaufmann, verheiratet, hat drei Tage vor der Kündigung einen Einberufungsbefehl zur Bundeswehr (Ableistung des Grundwehrdienstes) erhalten.

f) Klaus Lehmann, 36 Jahre, Lagerist, seit 16 Jahren im Betrieb.

g) Walter Bäuchle, 46 Jahre, Hilfsarbeiter im Lager, seit 20 Jahren im Betrieb.

Problem: Kann das Beschäftigungsverhältnis der oben genannten Personen ohne weiteres aufgelöst werden?

Sachdarstellung

1. Einzelne Kündigungsschutzvorschriften

a) Verlängerte Kündigungsfristen für langjährige Mitarbeiter

Sie sind **abhängig von der Beschäftigungsdauer (Betriebszugehörigkeit)** des Arbeitnehmers (§ 622 Abs. 2 S. 1 BGB) und **gelten nur für den Fall, dass der <u>Arbeitgeber</u> die Kündigung ausspricht.** Die verlängerte Kündigungsfrist beträgt mindestens einen Monat (bei einer Beschäftigungsdauer von mehr als zwei Jahren) und maximal sieben Monate (bei einer Beschäftigungsdauer von mehr als 20 Jahren). Unabhängig von der Länge der Kündigungsfrist erfolgt die **Kündigung stets zum Ende eines Kalendermonats** (§ 622 Abs. 2 S. 1 BGB).

Beschäftigungszeiten, die vor dem 25. Lebensjahr liegen, bleiben bei der Berechnung der Beschäftigungsdauer unberücksichtigt (§ 622 Abs. 2 S. 2 BGB).

Im Arbeitsvertrag können ohne weiteres auch längere als die in § 622 Abs. 2 S. 1 BGB angegebenen Kündigungsfristen vereinbart werden (§ 622 Abs. 4 und 5 BGB).

b) Kündigungsschutz für Schwerbehinderte

Nach § 15 des Schwerbehindertengesetzes ist die **Kündigung** eines Schwerbehinderten nur **mit Zustimmung der Hauptfürsorgestelle** möglich. Die Kündigungsfrist beträgt mindestens vier Wochen, gerechnet vom Tag des Eingangs des Kündigungsschreibens bei der Hauptfürsorgestelle an (§ 16 SchwbG).

c) Kündigungsschutz für werdende Mütter

■ Nach § 9 Abs. 1 S. 1 MuSchG besteht **während der Schwangerschaft und bis zum Ablauf von vier Monaten nach der Geburt Kündigungsschutz,** wenn dem Arbeitgeber zur Zeit der Kündigung die Schwangerschaft oder Entbindung bekannt war oder innerhalb zweier Wochen nach Zugang der Kündigung mitgeteilt wird; das Überschreiten der Frist ist unschädlich, wenn es auf einem von der Frau nicht zu vertretenden Grund beruht und die Mitteilung unverzüglich nachgeholt wird.

■ **Elternzeit (Erziehungsurlaub)** kann nach Ablauf der Mutterschaftsfrist (acht Wochen) von der Mutter oder vom Vater des Kindes für längstens drei Jahre beansprucht werden. Die Elternzeit kann nicht durch Vertrag ausgeschlossen oder beschränkt werden. **Während der Elternzeit besteht Kündigungsschutz** (§§ 15 und 18 Bundeserziehungsgeldgesetz).

d) Kündigungsschutz für Wehrpflichtige und Ersatzdienstleistende

Durch den Wehr- oder Ersatzdienst können Arbeitsplätze grundsätzlich nicht verloren gehen. Für Wehrdienstleistende gilt nämlich ein **besonderer Kündigungsschutz von der Zustellung des Einberufungsbescheides bis zur Beendigung des Grundwehrdienstes** sowie **während der Dauer von Wehrübungen.** Das Arbeitsplatzschutzgesetz bestimmt in seinem Paragrafen 2, dass während dieser Zeiten eine „ordentliche Kündigung des Arbeitsverhältnisses durch den Arbeitgeber nicht zulässig ist". Allerdings gibt es auch hier Ausnahmen von der Regel. Das sind Kleinbetriebe, in denen – ohne Azubis – „weniger als sechs Arbeitnehmer beschäftigt sind". Für Ersatzdienstleistende gilt Entsprechendes.

e) Kündigungsschutz für Auszubildende

Während der Probezeit kann das Berufsausbildungsverhältnis jederzeit ohne Einhaltung einer Kündigungsfrist gekündigt werden (§ 15 Abs. 1 Berufsbildungsgesetz). **Nach Ablauf der Probezeit** besteht für den Auszubildenden Kündigungsschutz, d. h., **der Ausbildungsvertrag kann grundsätzlich nicht gekündigt werden.** Ausnahmen von dieser Regel sind die in § 15 Abs. 2 des Berufsbildungsgesetzes angeführten Sachverhalte.

f) Kündigungsschutz für Betriebsratsmitglieder

Nach § 15 Kündigungsschutzgesetz ist die **Kündigung** eines Betriebsratsmitglieds **während seiner Amtszeit (4 Jahre) unzulässig,** außer wenn ein wichtiger Grund vorliegt. Dieser Kündigungsschutz besteht auch noch **innerhalb eines Jahres nach Beendigung der Betriebsratstätigkeit,** insgesamt also 5 Jahre lang.

2. Gesamtbeurteilung des Kündigungsschutzrechts[1]

aus: Das Parlament vom 01.05.2002

In Zeiten der Rezession erschallt der Ruf nach einer Lockerung des Kündigungsschutzes vonseiten der Unternehmer besonders laut. Sie sind der Auffassung, dass das bestehende Kündigungsschutzrecht zu einem Abfindungsrecht denaturiert sei und dass es ganz massiv Neueinstellungen verhindere. In diesem Zusammenhang wird häufig die Aussage eines IHK-Geschäftsführers angeführt, dass es heutzutage leichter sei, sich von der Ehefrau als von einem Mitarbeiter zu trennen. Im Jahre 2003 wurden 630 000 Verfahren vor deutschen Arbeitsgerichten eröffnet, von denen fast jedes zweite mit einem Vergleich bzw. einer Abfindung bei Kündigungsschutzklagen endete. Viele Unternehmer sind der Überzeugung, dass es vorwiegend faule und nicht leistungsbereite Arbeitnehmer seien, die durch das Arbeitsrecht geschützt werden. Sie vertreten die Meinung, dass ein Mitarbeiter, der gut für seine Firma arbeitet, vor einer Entlassung sicher sein kann. Insofern seien gute Leistungen der beste Kündigungsschutz.

In Bezug auf die Arbeitsgerichtsprozesse beklagen die Unternehmer fehlende Waffengleichheit. Der Arbeitgeber kämpfe mit einem kurzen Taschenmesser und der Arbeitnehmer mit einem langen Schwert. Dem steht die Auffassung der Arbeitsrichter entgegen, dass in Arbeitsgerichtsprozessen der Arbeitnehmer als der sozial schwächere Partner grundsätzlich bevorzugt werde. Die Benachteiligung der Arbeitnehmer beginne damit, dass die Unternehmer viele Möglichkeiten hätten, die wahren Gründe einer Kündigung zu verschleiern. So schöben z. B. etliche Arbeitgeber eine „betriebsbedingte Kündigung" wegen Auftragsmangels vor, wenn es ihnen in Wirklichkeit darum gehe, kränkelnde Mitarbeiter loszuwerden. Gegen die Vorgehensweise der Unternehmer, das bestehende Kündigungsschutzrecht als entscheidende Jobbremse darzustellen, führen die Gewerkschaften die „Hire-and-fire-Mentalität" ins Feld, die den Menschen und seine Arbeitskraft quasi als Ware ansieht, über die nach Belieben verfügt werden kann.

1 Vgl. hierzu FLAPS, Ministerium für Kultur und Sport, Baden-Württemberg, Modellversuch für Fallstudien und Planspiele, Blaue Briefe, Le3 und HOT 4/2002, Bildungsverlag 1, S. 31.

Arbeitsaufträge und Fragen zur Stofferschließung

1. Überprüfen Sie, ob bei den sieben gekündigten Personen ein besonderer Kündigungsschutz besteht.

2. Stellen Sie fest, wann die Gekündigten bei Aufrechterhaltung der Kündigung frühestens aus dem Unternehmen ausscheiden.

3. Wie unterscheidet sich der besondere vom allgemeinen Kündigungsschutz?

4. Angenommen, der Lagerist Lehmann erfährt von der beabsichtigten Kündigung und sucht sich rechtzeitig eine andere Stelle, die er nun möglichst bald antreten will. Welche Kündigungsfrist muss Lehmann einhalten, wenn er der Kündigung seines bisherigen Arbeitgebers zuvorkommt und von sich aus kündigt? (Anmerkung: Es bestehen keine vertraglichen Vereinbarungen in Bezug auf die Kündigungsfrist.)

5. Fertigen Sie eine Übersicht über den besonderen Kündigungsschutz an. (**Arbeitsvorlage:** Siehe nächste Seite.)

6. Fragen zum Mutterschutzgesetz:
   a) Was wissen Sie über den Kündigungsschutz während der Schwangerschaft und nach der Geburt eines Kindes?
   b) Was soll mit dem gesetzlich verankerten Recht auf Inanspruchnahme von Elternzeit (Erziehungsurlaub) und dem damit verbundenen Kündigungsschutz erreicht werden?

7. Halten Sie es für gerechtfertigt, dass einzelne Personenkreise einen besonderen Kündigungsschutz erhalten? Begründen Sie Ihre Stellungnahme möglichst genau.

8. Nehmen Sie möglichst ausführlich zu der Frage Stellung, ob das bestehende Kündigungsschutzrecht ein Jobkiller par excellence ist oder nicht. Beziehen Sie in Ihre Argumentation auch die Aussagen der vorstehenden Karikatur mit ein.

Arbeitsvorlage

Besonderer Kündigungsschutz

| Geschützter Personenkreis | Unkündbar während ... |

| 1 | **Auszubildende** |

der _____ zeit, d. h. nach Ablauf der _____ zeit bis zum Ende der _____ zeit.

| 2 | **Betriebsratsmitglieder** |

der _____ zeit (_____ Jahre) und ein Jahr danach, also insgesamt _____ Jahre.

| 3 | **Wehrpflichtige** |

der _____ zeit, d. h, von der Zustellung des _____-_____ bescheids bis zur Beendigung des _____ dienstes.

| 4 | **werdende Mütter** |

der Schwangerschaft und _____ Monate danach, außerdem bei Inanspruchnahme von _____-_____

Kündbar nur, wenn ...

| 5 | **Schwerbehinderte** |

die Zustimmung der _____ stelle vorliegt.

| 6 | **langjährige Mitarbeiter** (Arbeiter und Angestellte) |

bei Arbeitgeberkündigungen die _____ Kündigungsfristen eingehalten werden (§ 622 Abs. 2 S. 1 BGB)

Beschäftigungsdauer (ab 25. Lebensjahr)	Kündigungsfristen (zum Monatsende)
> Jahre	Monat
> Jahre	Monate
> Jahre	Monate
> Jahre	Monate
> Jahre	Monate
> Jahre	Monate
> Jahre	Monate

6.1 Einzel- und Gesellschaftsunternehmen

Ausgangs-situation

Die Firma Erwin Eisler (EE), Baustoffe, ist ein Einzelunternehmen in der Oberpfalz, das in den vergangenen Jahren trotz rückläufiger Baukonjunktur vor allem wegen seiner attraktiven Produktpalette (Natursteine für Gartenmauern, Kunstobjekte, Grabsteine u. a.) ständig steigende Umsätze erzielen konnte. Zurzeit beschäftigt das Unternehmen 84 Mitarbeiter. Im vergangenen Jahr wurde der Fuhr- und Maschinenpark auf den technisch neuesten Stand gebracht. Die Finanzierung dieser Investitionen erfolgte zu einem erheblichen Teil durch Kredite der hiesigen Volksbank.

Wegen der Aufhebung eines militärischen Sperrbezirks ergibt sich für das Unternehmen die einmalige Chance, in einer Nachbargemeinde einen Steinbruch zu erwerben und damit die Rohstoffbasis für mehr als zwei Jahrzehnte zu sichern. Zur Verwirklichung dieses Vorhabens müssten 2,7 Millionen € aufgebracht werden.

Was kann der Firmenchef Bernhard Kohler tun, um dieses Projekt trotz der angespannten Finanzsituation zu verwirklichen?

Sachdarstellung

Die Rechtsform des Einzelunternehmens eignet sich für wagemutige Unternehmer, denn ...

■ sie erlaubt die Verwirklichung eigener Ideen,
■ sie ermöglicht die Entfaltung von Unternehmerinitiative.

Einzelunternehmen sind meist kleine oder mittelgroße Betriebe mit klaren, überschaubaren Verhältnissen.

Bei größeren Unternehmungen reichen die Kenntnisse, Erfahrungen, die Finanzkraft (das Kapital) eines Einzelnen i. d. R. nicht mehr aus, um alle anfallenden Aufgaben bestmöglich zu lösen.

Arbeitsvorlage

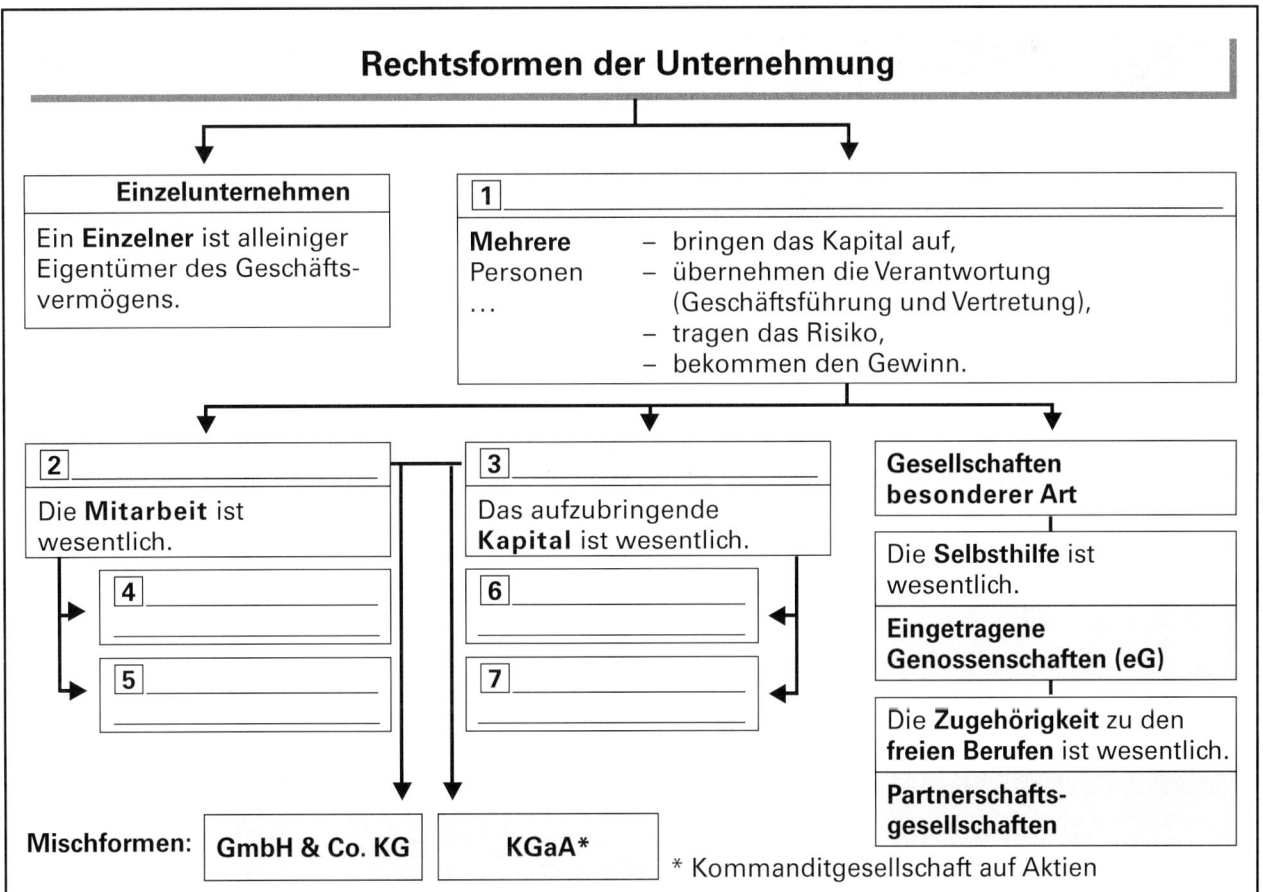

Rechtsformen der Unternehmung

Einzelunternehmen

Ein **Einzelner** ist alleiniger Eigentümer des Geschäftsvermögens.

1 _____

| **Mehrere** Personen ... | – bringen das Kapital auf, – übernehmen die Verantwortung (Geschäftsführung und Vertretung), – tragen das Risiko, – bekommen den Gewinn. |

2 _____

Die **Mitarbeit** ist wesentlich.

4 _____

5 _____

3 _____

Das aufzubringende **Kapital** ist wesentlich.

6 _____

7 _____

Gesellschaften besonderer Art

Die **Selbsthilfe** ist wesentlich.

Eingetragene Genossenschaften (eG)

Die **Zugehörigkeit** zu den **freien Berufen** ist wesentlich.

Partnerschaftsgesellschaften

Mischformen: | **GmbH & Co. KG** | **KGaA*** |

* Kommanditgesellschaft auf Aktien

Arbeitsaufträge und Fragen zur Stofferschließung

1. Diskutieren Sie über das Problem der **Ausgangssituation**. Welche Lösungsvorschläge können Sie machen?

2. Noch ist EE Einzelunternehmer.

   a) Was lässt sich über das Ausmaß der Verbreitung dieser Unternehmungsform sagen?

   b) In welchen Wirtschaftsbereichen ist diese Unternehmungsform vorherrschend?

   c) Was ist das Gegenstück zum Einzelunternehmen?

   d) Welche Charaktereigenschaften werden von Einzelunternehmern in besonderem Maße gefordert?

   e) In welchem Umfang haftet EE für die von ihm eingegangenen Verpflichtungen? Anmerkung: EE ist Eigentümer eines Wochenendhauses im Tessin.

   f) Welche Vorschriften gelten für die Firmierung von Einzelunternehmungen?

   g) Könnte EE eine dreiwöchige Flugreise nach Teneriffa, die rund 6.000,00 € kostet, auch aus der Geschäftskasse finanzieren?

   h) Im vergangenen Geschäftsjahr hat EE einen Gewinn von 180.000,00 € erzielt. Davon möchte er 50 % für private Zwecke verwenden. Nach Ansicht eines Bekannten übersteigt dieser Anteil bei weitem das rechtlich zulässige Maß. Welche Meinung haben Sie zu dieser Angelegenheit?

3. Was ist im konkreten Fall der Grund (das Motiv) dafür, dass EE die Umwandlung seines Einzelunternehmens in ein Gesellschaftsunternehmen anstrebt?

4. Es gibt eine Vielzahl von Gründen (Motiven) für eine Umwandlung eines Einzelunternehmens in ein Gesellschaftsunternehmen. Diese Gründe können persönlicher (p), sozialer (s), rechtlicher (r) oder wirtschaftlicher (w) Natur sein.

Teilen Sie die folgenden Gründe (Motive) in die genannten vier Kategorien ein. Beachten Sie hierbei, dass Überschneidungen bei der Zuordnung möglich sind. Lösungsbeispiel: (1) p.

   (1) Krankheit oder Alter des bisherigen Geschäftsinhabers

   (2) Verbreiterung der Kapitalbasis

   (3) Verbreiterung der Kreditbasis

   (4) Heranziehung von Fachleuten (z. B. Exportkaufleute, Techniker, Ingenieure)

   (5) Auswertung von Patenten, Lizenzfertigung

   (6) Verteilung der Verantwortung und der anfallenden Arbeiten auf mehrere, am Unternehmen direkt interessierte Führungskräfte

   (7) Ausscheiden des bisherigen Firmeninhabers durch Tod (Erbfall)

   (8) Verteilung des Unternehmensrisikos auf mehrere Personen

   (9) Mitbeteiligung von Arbeitnehmern am Betrieb (z. B. durch Ausgabe von Belegschaftsaktien)

  (10) Ausschaltung von Konkurrenz durch Angliederung fremder Unternehmen (durch Beteiligung oder Aufkauf)

  (11) Abrundung des Fertigungsprogramms (z. B. um größere Krisensicherheit zu erlangen)

  (12) Ausnutzung steuerlicher Vorteile bestimmter Unternehmensformen

5. Bevor sich EE endgültig für eine Erweiterung seines Unternehmens zu einer Handelsgesellschaft entscheidet, wägt er noch einmal genauestens ab, welche Vorteile die alternativen Unternehmungsformen (Einzel- und Gesellschaftsunternehmen) bieten.

Übernehmen Sie folgendes Schema auf Ihr Arbeitsblatt und ergänzen Sie es.

Unterscheidungsmerkmale	Einzelunter-nehmen (EU)	Gesellschaftsunter-nehmen (GU)	Bewertung (Vorteil/Nachteil)
(1) Entscheidungsfreiheit	weitgehend unbegrenzt	begrenzt	Vorteil für EU

Setzen Sie in die Tabelle folgende Unterscheidungsmerkmale ein:
(2) Entscheidungsfindung – (3) Gewinnaufteilung – (4) Verantwortung für die getroffenen Entscheidungen und Risikotragung – (5) Haftung – (6) Kapitalaufbringung und Kreditmöglichkeiten – (7) Spezialisierte Mitarbeit (Aufnahme von Fachleuten, Führungskräften) – (8) Organisation – (9) Beeinflussung der betrieblichen Arbeit durch die Unternehmerpersönlichkeit (persönliche Eigenheiten, Lebensstil, private Vermögensverhältnisse) – (10) Steuerliche Vorteile –(11) Anpassungsfähigkeit an veränderte wirtschaftliche Daten (Flexibilität) – (12) Eigeninteresse an der Arbeit – (13) Publizitätspflicht – (14) Gefahr von Fehlentscheidungen – (15) Umfang der Privatentnahmen (Gefahr der Existenzgefährdung des Unternehmens durch aufwändigen privaten Lebensstil)

6. Um sich für eine bestimmte Gesellschaftsform entscheiden zu können, muss sich EE zunächst einen Überblick über die verschiedenen Unternehmungsformen verschaffen. Ergänzen Sie zu diesem Zweck die vorstehende **Arbeitsvorlage.**

7. Wie würden Sie sich nun – nachdem Sie sich intensiv mit der Thematik „Pro und Contra Einzelunternehmen" auseinander gesetzt haben – anstelle von EE entscheiden? Begründen Sie Ihre Entscheidung möglichst genau.

6.2 Offene Handelsgesellschaft (OHG)

Ausgangs-situation

Der Techniker Kurt Schwarz und der kaufmännische Angestellte Fritz Braun wollen sich selbstständig machen. Sie haben die Absicht, Etiketten für Hemden, Blusen, T-Shirts und andere Bekleidungsstücke nach einem neuartigen Verfahren herzustellen.

Schwarz besitzt aufgrund seiner bisherigen beruflichen Tätigkeit die zur Herstellung der Etiketten erforderlichen technischen Kenntnisse („Know-how"). Er ist bereit, 250.000,00 € in bar in die zu gründende Gesellschaft einzubringen, außerdem einen Lkw (Wert: 50.000,00 €).

Braun war bisher als Industriekaufmann tätig. Er ist Eigentümer eines 10 Ar großen bebauten Grundstücks im Wert von 500.000,00 €.

Beide Gesellschafter wollen künftig ihren Lebensunterhalt ausschließlich aus der Mitarbeit im gemeinsamen Unternehmen bestreiten. Um die Kreditmöglichkeiten nicht einzuschränken, ist eine Haftungsbegrenzung nicht vorgesehen.

Sachdarstellung

1. **Unterschied zwischen Geschäftsführungs- und Vertretungsbefugnis:**
   - Die **Geschäftsführungsbefugnis** betrifft die Frage, ob der Gesellschafter nach dem Gesellschaftsvertrag das **Recht** hat, **das jeweilige Rechtsgeschäft abzuschließen;** sie bezieht sich also auf das **Innenverhältnis.**
   - Die **Vertretungsbefugnis** bezieht sich auf die Frage, ob **das Rechtsgeschäft nach außen hin gültig,** ob es **rechtswirksam geworden ist;** sie bezieht sich also stets auf das **Außenverhältnis.**

2. **Die Haftung der OHG-Gesellschafter (§ 128 HGB):**
   - **Persönliche oder direkte Haftung.** Jeder Gläubiger der OHG kann von jedem einzelnen Gesellschafter Zahlung verlangen, ohne dass er vorher die OHG als Ganzes verklagen muss.
   - **Gesamtschuldnerische oder solidarische Haftung.** Motto: „Einer für alle, alle für einen." Jeder Gesellschafter haftet für die gesamte Schuld; es besteht somit keine Einrede der Haftungsteilung.
   - **Unbeschränkte Haftung.** Jeder OHG-Gesellschafter haftet mit seinem gesamten Vermögen, also mit dem Geschäfts- und Privatvermögen.

Arbeitsvorlage 1 : Entstehung der OHG

Abschluss des Gesellschaftsvertrags	Aufnahme der Geschäftstätigkeit	Handelsregister-eintragung
1. Okt. 20..	4. Okt. 20..	10. Okt. 20..

Entstehung der OHG im _____ verhältnis (Gesellschafter Braun zu Gesellschafter Schwarz) _____.

Entstehung der OHG im _____ verhältnis (Verhältnis der OHG zu Dritten, z. B. zu _____)

Ergebnis: Die OHG ist im Innenverhältnis am _____ entstanden, im Außenverhältnis am _____ mit der Aufnahme der _____, spätestens jedoch am _____ mit der _____.

Arbeitsvorlage 2: Gewinnverteilung nach gesetzlicher Regelung

Gesell-schafter	Einlage (Kapital AB)	4% Kapital-verzinsung	Rest-gewinn	Gesamt-gewinn	Privat-entnahmen	Kapital-veränderung	Neues Kapital (SB)
Schwarz							
Braun							
Summen							

Arbeitsaufträge und Fragen zur Stofferschließung

1. Als einzig mögliche Gesellschaftsform kommt in diesem Falle die OHG in Betracht. Zeigen Sie das Zustandekommen dieser Gesellschaftsform schematisch auf, indem Sie die Beteiligten, ihre Qualifikationen und Einlagen gegenüberstellen.

2. Lesen Sie im HGB nach, welche Wesensmerkmale die OHG aufweist.

3. Informieren Sie sich im Gesetz, wie die Firma der neuen Gesellschaft gebildet werden kann.
a) Welche Möglichkeiten der Firmenbildung gibt es?
b) Bilden Sie zu jeder Gruppe jeweils mindestens zwei konkrete Beispiele.

4. Angenommen, der Gesellschaftsvertrag wird am 1. Oktober 20.. abgeschlossen, die eigentliche Geschäftstätigkeit jedoch erst am 4. Oktober 20.. (dem Tag nach dem gesetzlichen Feiertag) aufgenommen. Die Handelsregistereintragung soll voraussichtlich erst am 10. Oktober 20.. erfolgen. **(Arbeitsvorlage 1)**
Wann ist die OHG entstanden? Lösungshinweis: Unterscheiden Sie zwischen Innen- und Außenverhältnis.

5. Nach erfolgter Handelsregistereintragung kauft der Gesellschafter Braun Rohstoffe für 125.000,00 € ein, außerdem nimmt er bei der hiesigen Volksbank ein Darlehen in Höhe von 68.000,00 € auf.
a) Wie nennt man diese Befugnis der OHG-Gesellschafter, solche Rechtsgeschäfte vornehmen zu können?
b) Wie unterscheidet sich die Geschäftsführungs- von der Vertretungsbefugnis? (Siehe Sachdarstellung.)
c) Wer hat in der OHG Geschäftsführungsbefugnis?
d) Welche zwei Formen der Geschäftsführungsbefugnis unterscheidet das HGB und welchen Umfang haben sie jeweils?
e) Wie ist das Vorgehen des Gesellschafters Braun rechtlich zu beurteilen?

6. Angenommen, im Gesellschaftsvertrag steht, dass Gesellschafter Braun nicht berechtigt ist, Grundstücke der Gesellschaft zu belasten oder zu verkaufen.
a) Welche Formen der Vertretungsbefugnis gibt es nach HGB und welche abweichenden Regelungen sind im Gesellschaftsvertrag möglich?
b) Welchen Umfang hat die Vertretungsmacht eines OHG-Gesellschafters?
c) Ist der Kaufvertrag gültig, wenn Braun zu einem besonders günstigen Preis lediglich 100 m² des Firmengrundstücks an den Grundstücksnachbarn verkauft?

7. Welches Recht können die Gesellschafter geltend machen, wenn bei ihrer Geschäftstätigkeit Spesen anfallen?

8. Welche Möglichkeiten hat ein von der Geschäftsführung ausgeschlossener Gesellschafter, wenn er sich über die Geschäftslage der OHG informieren will?

9. Als eines Tages Braun 10.000,00 € aus der Geschäftskasse entnimmt, kommt es zu einer Auseinandersetzung zwischen ihm und seinem Mitgesellschafter Schwarz. Letzterer ist der Auffassung, dass das vorhandene Geld ausschließlich für Geschäftszwecke verwendet werden darf. Stimmt diese Behauptung?

10. Angenommen, der Gesellschafter Braun fühlt sich nicht ausgelastet. Er hat deshalb die Absicht, sich demnächst an einer anderen OHG, die Werkzeugmaschinen herstellt, zu beteiligen.
a) Ist das Vorhaben des Gesellschafters Braun realisierbar?
b) Welche Folgen können sich für Braun ergeben, wenn er seinen Plan verwirklicht?

11. Der Lieferant Walter Gramlich verlangt von dem Gesellschafter Schwarz die Bezahlung einer überfälligen Rechnung in Höhe von 18.500,00 €. Schwarz verweigert die Bezahlung mit dem Hinweis, dass nicht er, sondern sein Mitgesellschafter Braun die Ware bestellt habe.

a) Wie haften die OHG-Gesellschafter ganz allgemein? (Siehe Sachdarstellung.)

b) Kann die Haftung im Gesellschaftsvertrag eingeschränkt werden, sind also von den gesetzlichen Bestimmungen abweichende vertragliche Regelungen möglich?

c) Muss Schwarz die Rechnung begleichen?

12. Am Ende des ersten Geschäftsjahres ist ein Gewinn von 84.000,00 € erzielt worden.

a) Wie muss der erzielte Gewinn verteilt werden, wenn im Gesellschaftsvertrag nichts geregelt ist?

b) Führen Sie eine Gewinnverteilung nach den gesetzlichen Vorschriften durch. Berücksichtigen Sie hierbei die während des Geschäftsjahres getätigten Privatentnahmen: Braun 20.000,00 €, Schwarz 12.000,00 €. **(Arbeitsvorlage 2)**

13. Angenommen, die Gesellschafter Schwarz und Braun beschließen den finanzkräftigen Anton Roth als dritten Gesellschafter in die OHG mit aufzunehmen.

a) Könnte ein Gläubiger der OHG von dem neuen Gesellschafter Roth die Bezahlung einer Rechnung verlangen, die bereits vor dem Eintritt des neuen Gesellschafters in die Gesellschaft fällig war?

b) Könnte Roth auf einer gesellschaftsvertraglichen Regelung bestehen, die seine Haftung für die vor seinem Eintritt in die OHG begründeten Verbindlichkeiten ausschließt?

14. Schwarz hat keine Lust mehr an der weiteren Betätigung in der Gesellschaft.

a) Was muss Schwarz tun, wenn er die Bindungen gegenüber der OHG lösen will? (Frist?)

b) Wie steht es in diesem Falle mit der Haftung gegenüber den Gläubigern?

15. Fertigen Sie auf der Grundlage der bisher erarbeiteten Ergebnisse eine Übersicht über die Rechte und Pflichten eines OHG-Gesellschafters an.

16. **Erörtern Sie** abschließend noch kurz **die Bedeutung der OHG**, insbesondere die **wichtigsten Vor- und Nachteile** dieser Unternehmungsform.

6.3 Kommanditgesellschaft (KG)

Ausgangssituation

Die Herren Stolz und Nagel gründen eine Kommanditgesellschaft. In mehreren Sitzungen haben sie einen Vertragsentwurf erarbeitet, den sie nun ihrem Rechtsanwalt, Herrn Dr. Peters, zur Begutachtung vorlegen.

Sachdarstellung

Wesen der Kommanditgesellschaft (§ 161 HGB)

Eine Kommanditgesellschaft ist ein Gesellschaftsunternehmen, dessen Zweck auf den **Betrieb eines Handelsgewerbes** unter **gemeinschaftlicher Firma** gerichtet ist. Hierbei ist **bei mindestens einem** oder bei einigen von den Gesellschaftern die **Haftung gegenüber den Gesellschaftsgläubigern** auf den **Betrag einer bestimmten Vermögenseinlage beschränkt** (Teilhafter oder Kommanditisten), während bei dem anderen Teil der Gesellschafter eine **Beschränkung der Haftung nicht** stattfindet (Vollhafter, Komplementäre).

Arbeitsvorlage 1 : Vertragsentwurf

Zwischen Herrn Hans Stolz, selbstständiger Drehermeister aus Karlsruhe, Südendstraße 2, und Herrn Peter Nagel, Kaufmann aus Durlach, Türmerstraße 4, wird folgender Vertrag geschlossen:

I. Allgemeine Angaben

1. Herr Stolz wird Vollhafter (Komplementär) der Gesellschaft.

2. Herr Nagel tritt als Teilhafter (Kommanditist) in die Unternehmung ein.

3. Die Firma soll unter dem Namen Hans Stolz, Drehteile, fortgeführt werden.

4. Sitz des Unternehmens ist Karlsruhe, Lambrechtstraße 1.

5. Gegenstand des Unternehmens: Fertigung von Drehteilen aller Art.

6. Der Geschäftsbetrieb beginnt am 2. Januar 20..

II. Pflichten der Gesellschafter

1. Der Vollhafter bringt sein Einzelunternehmen mit folgendem Vermögen ein:
   — Fabrikgebäude und Grundstücke . . . . 1.300.000,00 €
   — Maschinen . . . . 700.000,00 €
   — Betriebs- und Geschäftsausstattung . . . . 20.000,00 €
   — Forderungen und Barmittel . . . . 180.000,00 €

2. Der Teilhafter bringt ein:
   — Grundstück mit Gebäude als Lagerhalle . . . . 410.000,00 €
   — Personenkraftwagen . . . . 20.000,00 €
   — Barmittel . . . . 270.000,00 €

3. Für den Vollhafter besteht kein Wettbewerbsverbot.

4. Der Teilhafter ist bei Verträgen, die den Betrag von 10.000,00 € nicht übersteigen, zur Geschäftsführung und Vertretung berechtigt.

5. Der Teilhafter haftet gegenüber den Gesellschaftsgläubigern auch nach der Leistung der bedungenen Einlage unmittelbar.

6. Der Teilhafter haftet auch dann nur mit seiner Einlage, wenn die Geschäftstätigkeit schon vor der Handelsregistereintragung aufgenommen wird.

7. Der Tod des Teilhafters führt zur Auflösung der Gesellschaft.

III. Rechte der Gesellschafter

1. Gewinnverteilung:
   1.1 Jeder Gesellschafter erhält 5 % Guthabenzinsen. Nicht rechtzeitig erbrachte Geldeinlagen und die Privatentnahmen sind mit 5 % zu verzinsen.
   1.2 Der Rest des Jahresgewinns wird im Verhältnis 4 : 1 auf Voll- und Teilhafter verteilt.
   1.3 Der dem Teilhafter zukommende Gewinn wird stets seinem Kapitalanteil zugeschrieben.

2. Verlustbeteiligung: Der Verlust wird im Verhältnis 2 : 1 auf Voll- und Teilhafter verteilt.

3. Der Vollhafter ist zu Privatentnahmen von höchstens 12.000,00 € im Jahr berechtigt.

4. Den Rechtshandlungen des persönlich haftenden Gesellschafters kann der Teilhafter nicht widersprechen.

5. Der Teilhafter ist nicht berechtigt bei einer anderen KG dieselbe Funktion auszuführen.

6. Der Teilhafter ist nicht berechtigt sich von den Angelegenheiten der Gesellschaft persönlich zu unterrichten, die Handelsbücher und Papiere der Gesellschaft einzusehen und sich aus ihnen einen Jahresabschluss anzufertigen.

7. Nach Einhaltung einer Kündigungsfrist von drei Monaten auf Geschäftsjahresende kann jeder Gesellschafter ausscheiden.

Arbeitsvorlage 2: Übersicht über die Rechtsstellung des Kommanditisten

(1) **1. Pflichten des Kommanditisten**

▪ **Einlagepflicht**

— Handelsregistereintragung der Einlage und des Kommanditisten.
— Veröffentlicht wird nur der Name der eingetretenen Kommanditisten.

(5) ▪ **Haftung allgemein**

— Umfang der Haftung: nicht persönlich (direkt), außerdem nur beschränkt, d. h. Haftung nur mit der Einlage, nicht aber mit dem Privatvermögen, Verlustbeteiligung nach Köpfen.
— Voraussetzung für die Haftungsbeschränkung ist die volle Einzahlung der Einlage (sonst Privat- und Direkthaftung in Höhe der noch ausstehenden Einlage).

(10) ▪ **Haftung bei Ein- und Austritt**

— Bei Eintritt haftet ein Teilhafter auch für die **vor** seinem Eintritt begründeten Verbindlichkeiten, aber nur bis zur Höhe der Einlage, nicht direkt.
— Werden die Geschäfte schon **vor** der Handelsregistereintragung aufgenommen, dann haftet der eintretende Gesellschafter bis zur HR-Eintragung grundsätzlich **voll**. (Anders nur, wenn der Geschäftspartner von der Haftungsbeschränkung Kenntnis hatte.)
(15) — Bei Austritt haftet ein Teilhafter für die bis dahin bestehenden Verbindlichkeiten der Gesellschaft, und zwar noch zwei Jahre lang.

2. Rechte des Kommanditisten

■ Recht auf Gewinnanteil

(20)
— Gesetzliche Regelung: 5% Kapitalverzinsung, Rest in angemessenem Verhältnis.
— Ausbezahlung stets, auch bei nicht voll einbezahlter Einlage. Eine Ausbezahlung des Gewinnanteils erfolgt auch dann, wenn in den Jahren zuvor die Einlage durch Verlust vermindert wurde.

■ Kein Wettbewerbsverbot für den Teilhafter, d. h., der Kommanditist kann sich an mehreren Kommanditgesellschaften beteiligen.

(25)

3. Verbote für den Kommanditisten

■ **Keine Geschäftsführungs- und Vertretungsbefugnis**

Außergewöhnliche Geschäfte müssen jedoch von den Teilhaftern genehmigt[1] werden.

■ **Kein** Recht zur **laufenden Kontrolle,** nur **einmaliges** Kontrollrecht (= Nachprüfung der Bilanz
(30) aufgrund der Geschäftsbücher und -papiere).

■ **Kein Recht zu Privatentnahmen.**

Arbeitsaufträge

1. Nehmen Sie anstelle des verhinderten Rechtsanwalts Dr. Peters zu dem vorstehenden Vertragsentwurf **(Arbeitsvorlage 1)** Stellung, und zwar – so weit erforderlich – zu jedem einzelnen Punkt des Vertrags. Schlagen Sie im HGB die entsprechenden gesetzlichen Bestimmungen nach und vergleichen Sie sie mit der vertraglichen Regelung.

2. Die obige Übersicht über die Rechtsstellung des Kommanditisten **(Arbeitsvorlage 2)** enthält mehrere sachliche Fehler. Korrigieren Sie diese Fehler in der Weise, dass Sie die Zeilennummer und den richtigen Sachverhalt angeben.

3. Nachdem Sie nun über genaue Kenntnisse in Bezug auf die Rechtsstellung des Kommanditisten verfügen, sind Sie nunmehr in der Lage, den vorliegenden Vertragsentwurf **(Arbeitsvorlage 1)** im Hinblick auf seine inhaltliche Ausgewogenheit (sachgerechte Verteilung der Rechte und Pflichten auf die einzelnen Gesellschafter) zu beurteilen. Würden Sie den vorliegenden Vertragsentwurf als Komplementär bzw. als Kommanditist vorbehaltlos unterschreiben? Begründen Sie Ihren Standpunkt.

4. Versuchen Sie in einem Streitgespräch (Rollenspiel) mit dem Mitgesellschafter in allen noch strittigen Fragen einen Kompromiss zu finden, sodass der Gesellschaftsvertrag unterzeichnet werden kann.

5. Durch welche drei Wesensmerkmale wird die Kommanditgesellschaft im Paragrafen 161 HGB (siehe Sachdarstellung!) definiert?

6.4 Gesellschaft mit beschränkter Haftung (GmbH)

Ausgangs-situation

Fritz Schnell, Diplomchemiker und ehemaliger Skirennläufer aus Kempten im Allgäu, hat nach Abschluss seiner Assistentenzeit am Chemischen Institut Tübingen einen neuartigen Kunststoff entwickelt. Wegen seiner hohen Torsionselastizität[2] und wegen der enormen Schwingungsdämpfung dieses Materials hält er es besonders gut geeignet für die Herstellung von Kunststoffskiern. Sein langjähriger Freund und Stammtischkollege Peter Schwarz, Inhaber einer kleinen örtlichen Einzelunternehmung zur Skiherstellung (sieben Mitarbeiter), hat ihm aus dem neuen Kunststoff zwei Paar Skier gefertigt. Nach einem ausgiebigen Test im Stubaital ist Schnell von den ausgezeichneten Fahreigenschaften des neuen Kunststoffs überzeugt. Er rechnet damit, dass ein mit diesem Material hergestellter Ski zum Verkaufsschlager wird. Deshalb möchte er sich nicht mit den üblichen Erlösen aus dem Verkauf der Nutzungsrechte aus seinem Patent zufrieden geben, sondern an den Gewinnchancen des möglichen Bestsellers teilhaben. Gleichzeitig möchte er seine Mitarbeit in einem Unternehmen zu einem Fulltimejob ausdehnen. Peter Schwarz ist gerne bereit mit Schnell zusammenzuarbeiten, jedoch ist er als Marktkenner nicht so euphorisch wie Schnell. Vor allem in der Anfangsphase befürchtet er größere Anlaufschwierigkeiten.

---

1 Genehmigung: nachträgliche Zustimmung – im Gegensatz zur Einwilligung (vorherige Zustimmung).
2 Spannung, durch die tordierte (verdrehte, verdrillte) Fasern in ihre Ausgangslage zurückgeführt werden.

Sachdarstellung

1. Die GmbH als juristische Person

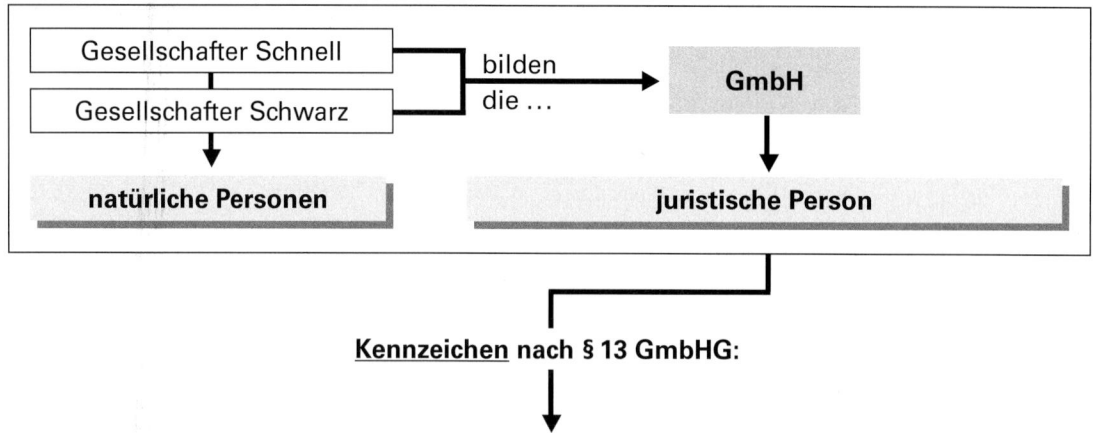

Kennzeichen nach § 13 GmbHG:

- Die **GmbH als solche** (nicht bloß der einzelne Gesellschafter) ist **Träger von Rechten und Pflichten.**
- Die **GmbH als solche** kann **im eigenen Namen klagen** und andererseits auch **verklagt werden.**
- Als juristische Person ist die GmbH **in ihrer Existenz unabhängig vom jeweiligen Gesellschafterbestand.**
- Die **GmbH entsteht** als juristische Person **erst** durch die **Handelsregistereintragung (konstitutive Wirkung).**

2. Der Aufbau einer großen GmbH

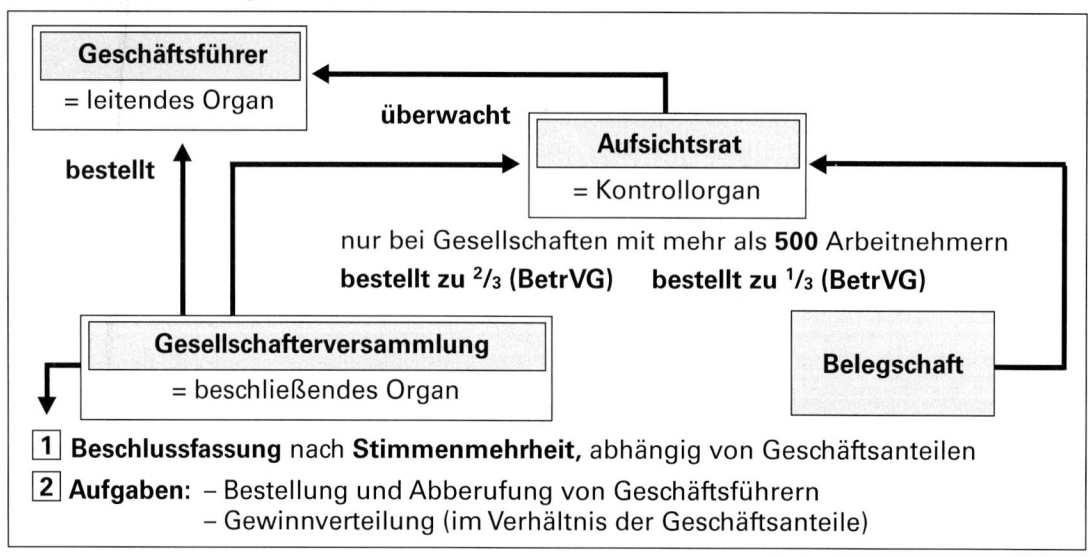

1 **Beschlussfassung** nach **Stimmenmehrheit,** abhängig von Geschäftsanteilen
2 **Aufgaben:** – Bestellung und Abberufung von Geschäftsführern
　　　　　　　 – Gewinnverteilung (im Verhältnis der Geschäftsanteile)

3. Die Reform des GmbH-Gesetzes

Seit dem 1. November 2008 gilt das Gesetz zur Modernisierung des GmbH-Rechts und zur Bekämpfung von Missbräuchen (MoMiG), dessen Kernanliegen die Erleichterung und Beschleunigung von Unternehmensgründungen darstellt, da hier häufig ein Wettbewerbsnachteil der GmbH gegenüber ausländischen Rechtsformen, etwa der englischen Limited gesehen wurde. Des Weiteren wird durch ein Bündel von Maßnahmen die Attraktivität der GmbH nicht nur in der Gründung, sondern auch als „werbendes", also am Markt tätiges Unternehmen erhöht, Nachteile der deutschen GmbH im Wettbewerb der Rechtsformen werden ausgeglichen. Nicht zuletzt werden die aus der Praxis übermittelten Missbrauchsfälle im Zusammenhang mit der Rechtsform der GmbH durch verschiedene Maßnahmen bekämpft. Die Rechtsform der GmbH soll somit für den deutschen Mittelstand attraktiver werden und den Wirtschaftsstandort Deutschland stärken.

Schwerpunkte des Gesetzes zur Modernisierung des GmbH-Rechts und zur Bekämpfung von Missbräuchen (MoMiG)

■ **Beschleunigung von Unternehmensgründungen, durch**

a) Erleichterung der Kapitalaufbringung und Übertragung von Geschäftsanteilen

- Das neue GmbH-Recht kennt zwei Varianten der GmbH. Neben die bewährte GmbH mit einem Mindeststammkapital von 25.000 Euro tritt die haftungsbeschränkte Unternehmergesellschaft (§ 5a GmbHG) als interessante Einstiegsvariante für Existenzgründer, die zu Beginn ihrer Tätigkeit wenig Stammkapital haben, wie z. B. im Dienstleistungsbereich. Die haftungsbeschränkte Unternehmergesellschaft ist keine neue Rechtsform, sondern eine GmbH, die ohne bestimmtes Mindeststammkapital gegründet werden kann, jedoch ihre Gewinne nicht voll ausschütten darf, um auf diese Weise das Mindeststammkapital der normalen GmbH nach und nach anzusparen.
- Die Gesellschafter können jetzt individuell über die jeweilige Höhe ihrer Stammeinlagen bestimmen und sie dadurch besser nach ihren Bedürfnissen und finanziellen Möglichkeiten ausrichten. Jeder Geschäftsanteil muss nun nur noch auf einen Betrag von mindestens einem Euro lauten.
- Geschäftsanteile können leichter aufgeteilt, zusammengelegt und einzeln oder zu mehreren an einen Dritten übertragen werden.
- Rechtsunsicherheiten im Bereich der Kapitalaufbringung werden dadurch beseitigt, dass das Rechtsinstitut der „verdeckten Sacheinlage" im Gesetz klar geregelt wird. Der Wert der geleisteten Sache wird auf die Bareinlageverpflichtung des Gesellschafters angerechnet[1]. Die Anrechnung erfolgt erst nach Eintragung der Gesellschaft in das Handelsregister.

b) Einführung von Musterprotokollen

Für unkomplizierte Standardgründungen (u. a. Bargründung, höchstens drei Gesellschafter) werden zwei beurkundungspflichtige Musterprotokolle als Anlage zum GmbH-Gesetz zur Verfügung gestellt. Die Vereinfachung wird vor allem durch die Zusammenfassung von drei Dokumenten (Gesellschaftsvertrag, Geschäftsführerbestellung und Gesellschafterliste) in einem bewirkt.

c) Beschleunigung der Registereintragung

Die Eintragung einer Gesellschaft in das Handelsregister wurde bereits durch das Anfang 2007 in Kraft getretene Gesetz über elektronische Handelsregister und Genossenschaftsregister sowie das Unternehmensregister (EHUG) erheblich beschleunigt. Das MoMiG verkürzt die Eintragungszeiten beim Handelsregister weiter:
- Es müssen keine Genehmigungsurkunden mehr beim Registergericht eingereicht werden[2].
- Besondere Sicherheitsleistungen bei der Gründung von Ein-Personen-GmbHs sind nicht mehr erforderlich.
- Bei der Gründungsprüfung kann das Gericht nur dann die Vorlage von Einzahlungsbelegen oder sonstigen Nachweisen verlangen, wenn es erhebliche Zweifel hat, ob das Kapital ordnungsgemäß aufgebracht wurde. Bei Sacheinlagen wird die Werthaltigkeitskontrolle darauf beschränkt, ob eine „nicht unwesentliche" Überbewertung vorliegt.

■ **Erhöhung der Attraktivität der GmbH als Rechtsform, durch**

a) Verlegung des Verwaltungssitzes ins Ausland

Es wird deutschen Gesellschaften ermöglicht, einen Verwaltungssitz zu wählen, der nicht notwendig mit dem Satzungssitz übereinstimmt. Dieser Verwaltungssitz kann auch im Ausland liegen, was den Spielraum deutscher Gesellschaften erhöht, ihre Geschäftstätigkeit auch außerhalb des deutschen Hoheitsgebiets zu entfalten, und somit z.B. eine attraktive Möglichkeit für deutsche Konzerne darstellt, ihre Auslandstöchter in der Rechtsform der vertrauten GmbH zu führen.

b) Mehr Transparenz bei Gesellschaftsanteilen

Nach dem Vorbild des Aktienregisters gilt künftig nur derjenige als Gesellschafter, der in die Gesellschafterliste eingetragen ist, was Geschäftspartnern der GmbH lückenlos und einfach nachvollziehen lässt, wer hinter der Gesellschaft steht. Durch die höhere Transparenz lassen sich Missbräuche, wie z. B. Geldwäsche besser verhindern.

---

1 Eine verdeckte Sacheinlage liegt vor, wenn zwar formell eine Bareinlage vereinbart und geleistet wird, die Gesellschaft bei wirtschaftlicher Betrachtung aber einen Sachwert erhalten soll (z. B. ein Fahrzeug). Die für die Praxis schwer einzuhaltenden Vorgaben der Rechtsprechung zur verdeckten Sacheinlage sowie die dazu führen, dass der Gesellschafter seine Einlage im Ergebnis häufig zweimal leisten muss, wurden fast einhellig kritisiert.

2 Bislang konnte eine Gesellschaft nur dann in das Handelsregister eingetragen werden, wenn bereits bei der Anmeldung zur Eintragung eine staatliche Genehmigungsurkunde vorlag (§ 8 Abs. 1 Nr. 6 GmbHG a.F.), z.B. bei Handwerks- und Restaurantbetrieben, die eine gewerberechtliche Erlaubnis brauchen, was die Unternehmensgründung erheblich erschwerte und verzögerte.

c) Gutgläubiger Erwerb von Gesellschaftsanteilen

Die Gesellschafterliste dient als Anknüpfungspunkt für einen gutgläubigen Erwerb von Geschäftsanteilen. Wer einen Geschäftsanteil erwirbt, kann darauf vertrauen, dass die in der Gesellschafterliste verzeichnete Person auch wirklich Gesellschafter ist. Ist eine unrichtige Eintragung in der Gesellschafterliste für mindestens drei Jahre unbeanstandet geblieben, so gilt der Inhalt der Liste dem Erwerber gegenüber als richtig. Entsprechendes gilt für den Fall, dass die Eintragung zwar weniger als drei Jahre unrichtig, die Unrichtigkeit dem wahren Berechtigten aber zuzurechnen ist. Dies schafft mehr Rechtssicherheit und senkt die Transaktionskosten und führt zu einer erheblichen Erleichterung für die Praxis bei Veräußerung von Anteilen älterer GmbHs.

d) Sicherung des Cash-Pooling[1]

Das bei der Konzernfinanzierung international gebräuchliche Cash-Pooling wird gesichert und sowohl für den Bereich der Kapitalaufbringung als auch den Bereich der Kapitalerhaltung auf eine verlässliche Rechtsgrundlage gestellt. Nach der Regelung des MoMiG kann eine Leistung der Gesellschaft an einen Gesellschafter dann nicht als verbotene Auszahlung von Gesellschaftsvermögen gewertet werden, wenn ein reiner Aktivtausch vorliegt, also der Gegenleistungs- oder Rückerstattungsanspruch der Gesellschaft gegen den Gesellschafter die Auszahlung deckt und zudem vollwertig ist. Eine entsprechende Regelung gilt auch im Bereich der Kapitalaufbringung. Diese stellt allerdings strengere Anforderungen: Im Bereich der Kapitalaufbringung ist erforderlich, dass der Rückgewähranspruch nicht nur vollwertig, sondern liquide ist. Er muss also jederzeit fällig sein oder durch fristlose Kündigung durch die Gesellschaft fällig gestellt werden können.

e) Deregulierung des Eigenkapitalersatzrechts

Das Eigenkapitalersatzrecht (§§ 30 ff. GmbHG), d.h. die Frage, ob Kredite, die Gesellschafter ihrer GmbH geben, als Darlehen oder als Eigenkapital behandelt werden, wird erheblich vereinfacht und grundlegend dereguliert. Das Eigenkapital steht in der Insolvenz hinter allen anderen Gläubigern zurück. Grundgedanke der Neuregelung ist, dass die Organe und Gesellschafter der gesunden GmbH einen einfachen und klaren Rechtsrahmen vorfinden sollen.

Hat ein Gesellschafter der GmbH Vermögenswerte zur Nutzung überlassen, kann er nun seinen Aussonderungsanspruch während der Dauer des Insolvenzverfahrens, höchstens aber für eine Zeit von einem Jahr ab dessen Eröffnung, nicht geltend machen, wofür ihm ein finanzieller Ausgleich zugebilligt wird. Diese Regelung beseitigt die Gefahr, dass dem Unternehmen mit der Eröffnung des Insolvenzverfahrens Gegenstände nicht mehr zur Verfügung stehen, die für eine Fortführung des Betriebes notwendig sind.

▪ Bekämpfung von Missbräuchen

– Die Rechtsverfolgung gegenüber Gesellschaften wird beschleunigt und vereinfacht, in dem in das Handelsregister eine inländische Geschäftsanschrift eingetragen werden muss. Wenn unter dieser eingetragenen Anschrift eine Zustellung von Mahnungen und Klagen faktisch unmöglich ist, wird gegenüber juristischen Personen (insbesondere der GmbH) die sofortige öffentliche Zustellung im Inland eröffnet.

– Hat die Gesellschaft keinen Geschäftsführer mehr, so sind die Gesellschafter jetzt verpflichtet, bei Zahlungsunfähigkeit und Überschuldung einen Insolvenzantrag zu stellen. Die Insolvenzantragspflicht kann durch „Abtauchen" der Geschäftsführer nicht mehr umgangen werden.

– Geschäftsführer, die Beihilfe zur Ausplünderung der Gesellschaft durch die Gesellschafter leisten und dadurch die Zahlungsunfähigkeit der Gesellschaft herbeiführen, werden stärker in die Pflicht genommen werden.

– Die bisherigen Ausschlussgründe für Geschäftsführer (§ 6 Abs. 2 Satz 3 GmbHG, § 76 Abs. 3 Satz 3 AktG) werden um Verurteilungen wegen Insolvenzverschleppung, falscher Angaben und unrichtiger Darstellung sowie Verurteilungen auf Grund allgemeiner Straftatbestände mit Unternehmensbezug (§§ 263 bis 264a und §§ 265b bis § 266a StGB) erweitert.

aus: Pressemitteilung vom 30.10.2008 (gekürzt), Bundesministerium der Justiz

---

1 Cash-Pooling ist ein Instrument zum Liquiditätsausgleich zwischen den Unternehmensteilen im Konzern. Dazu werden Mittel von den Tochtergesellschaften an die Muttergesellschaft zu einem gemeinsamen Cash-Management geleitet. Im Gegenzug erhalten die Tochtergesellschaften Rückzahlungsansprüche gegen die Muttergesellschaft.

Arbeitsaufträge und Fragen zur Stofferschließung

1. Warum kommt für die Herstellung des neuen Skis eine Einzelunternehmung nicht infrage?

2. Schnell und Schwarz sind sich noch nicht klar darüber, welche Gesellschaftsform sie wählen wollen. Prüfen Sie, ob evtl. a) eine stille Gesellschaft, b) eine OHG, c) eine KG oder d) eine AG infrage kommt.

3. Welche Gesellschaftsformen würden Sie den beiden Gesellschaftern vorschlagen? Begründung?

4. Hätte Schwarz als alleiniger Inhaber sein Unternehmen auch in der Form einer GmbH führen können?

5. Angenommen, Schwarz und Schnell entschließen sich eine GmbH zu gründen. Wie viel Kapital ist zur Gründung einer solchen Gesellschaft erforderlich? Wie heißen die entsprechenden Fachbegriffe?

6. Wie unterscheidet sich nun eine Einzelunternehmung, eine OHG oder eine KG ganz wesentlich von einer GmbH? Beantworten Sie diese Frage auf der Grundlage der **Sachdarstellung** (1.) und unter Hinzuziehung der §§ 11 Abs. 1 und 13 Abs. 1 des GmbH-Gesetzes.

7. Wer handelt für die GmbH, d. h. für die juristische Person? (Vergleichen Sie § 35 GmbH-Gesetz.)

8. Wie haften Schnell und Schwarz für die Gesellschaftsschulden, falls sich der neue Ski als Flop erweist? (§ 13 Abs. 2 GmbHG)

9. Was ist die Voraussetzung für die Haftungsbeschränkung? (§ 11 GmbHG)

10. Was geschieht mit dem Geschäftsanteil von Schnell, wenn diesem mit der Zeit die Tätigkeit in der GmbH „zu stressig" wird? Oder: Was geschieht mit dem Geschäftsanteil, wenn Schnell gar einem Herzinfarkt erliegt? (§ 15 GmbHG)

11. Stellen Sie alle bisher erarbeiteten Wesensmerkmale der GmbH in einer Übersicht zusammen.

12. Nachdem sich Schwarz und Schnell auf ein Stammkapital von 500.000,00 € geeinigt haben, überlegen sie, wie sie firmieren sollen. Können Sie den beiden Gesellschaftern entsprechende Vorschläge unterbreiten? (§ 4 GmbHG)

13. Angenommen, die beiden Gesellschafter einigen sich auf eine Personenfirma. In welchem Vertrag wird dieses Ergebnis festgehalten?

14. Welche weiteren Punkte (Sachverhalte bzw. Inhalte) muss ein solcher Vertrag enthalten? Vgl. Sie hierzu § 3 GmbHG.

15. Was ist in formeller Hinsicht beim Abschluss eines Gesellschaftsvertrags zu beachten? (§ 2 GmbHG)

16. Wie kann ein solcher Vertrag, falls sich einzelne Bestimmungen später als nicht praktikabel erweisen sollten, abgeändert werden?

17. Entwerfen Sie einen Gesellschaftsvertrag für die Gesellschafter Schwarz und Schnell. Beachten Sie hierbei § 3 GmbH-Gesetz.

Soweit im Folgenden keine speziellen Angaben vorhanden sind, können die einzelnen Bestimmungen des Gesellschaftsvertrags nach freiem Ermessen gewählt werden.

Stammkapital: 500.000,00 €, Stammeinlage Schwarz: 300.000,00 €, Stammeinlage Schnell: 200.000,00 €. Schwarz bringt in Höhe der Stammeinlage Anlagen und Gebäude ein. Einlage Schnell: ausschließliche Nutzung von DBP 87654321 (Superplast) durch die GmbH, Wert: 100.000,00 €. Die restliche Stammeinlage soll in fünf Raten zu je 20.000,00 €, jeweils zahlbar bis zum 31. Dezember der folgenden fünf Jahre, eingebracht werden.

Für die Übertragung des Geschäftsanteils sollen keine besonderen Regelungen getroffen werden, ebenso für alle übrigen, im Gesellschaftsvertrag nicht ausdrücklich erwähnten Sachverhalte. Geschäftsführung? Vertretung?

18. Abschließend soll versucht werden, die GmbH als Gesellschaftsform richtig einzuordnen.

a) Welche praktische Bedeutung hat die GmbH? Vergleichen Sie GmbH und AG in Bezug auf praktische Bedeutung und Kapitalkraft.

b) Zwischen welchen beiden „Polen" bewegt sich die GmbH unter den Gesellschaftsformen, wenn zwischen Personen- und Kapitalgesellschaften unterschieden wird?

6.5 Die Aktiengesellschaft (AG)

6.5.1 Die Gründung einer Aktiengesellschaft

Ausgangs-situation

A, B, C, D und E gründen eine Aktiengesellschaft (AG), weil sie ein Produkt herstellen wollen, für das einer der Gesellschafter ein internationales Patent besitzt. Der Kapitalbedarf liegt bei rund 20 Millionen €. 8 Millionen € sollen durch die Gründer aufgebracht werden, der Rest soll durch Emission von Aktien hereinkommen.

Sachdarstellung

Die **Kapitalbeschaffung** bei der AG erfolgt durch **Ausgabe von Aktien,** und zwar gegen …

— Geld, d. h. gegen Barzahlung. In diesem Falle spricht man von einer Bargründung;

— Grundstücke, Gebäude, Maschinen, Patente, Lizenzen u. a. Es handelt sich hierbei um Sacheinlagen;

— Übernahme eines ganzen Betriebs. Man spricht in diesem Falle von Sachübernahme.

Das Gegenstück zur Bargründung ist die qualifizierte Gründung: Sie umschließt die Sacheinlagen und die Sachübernahme.

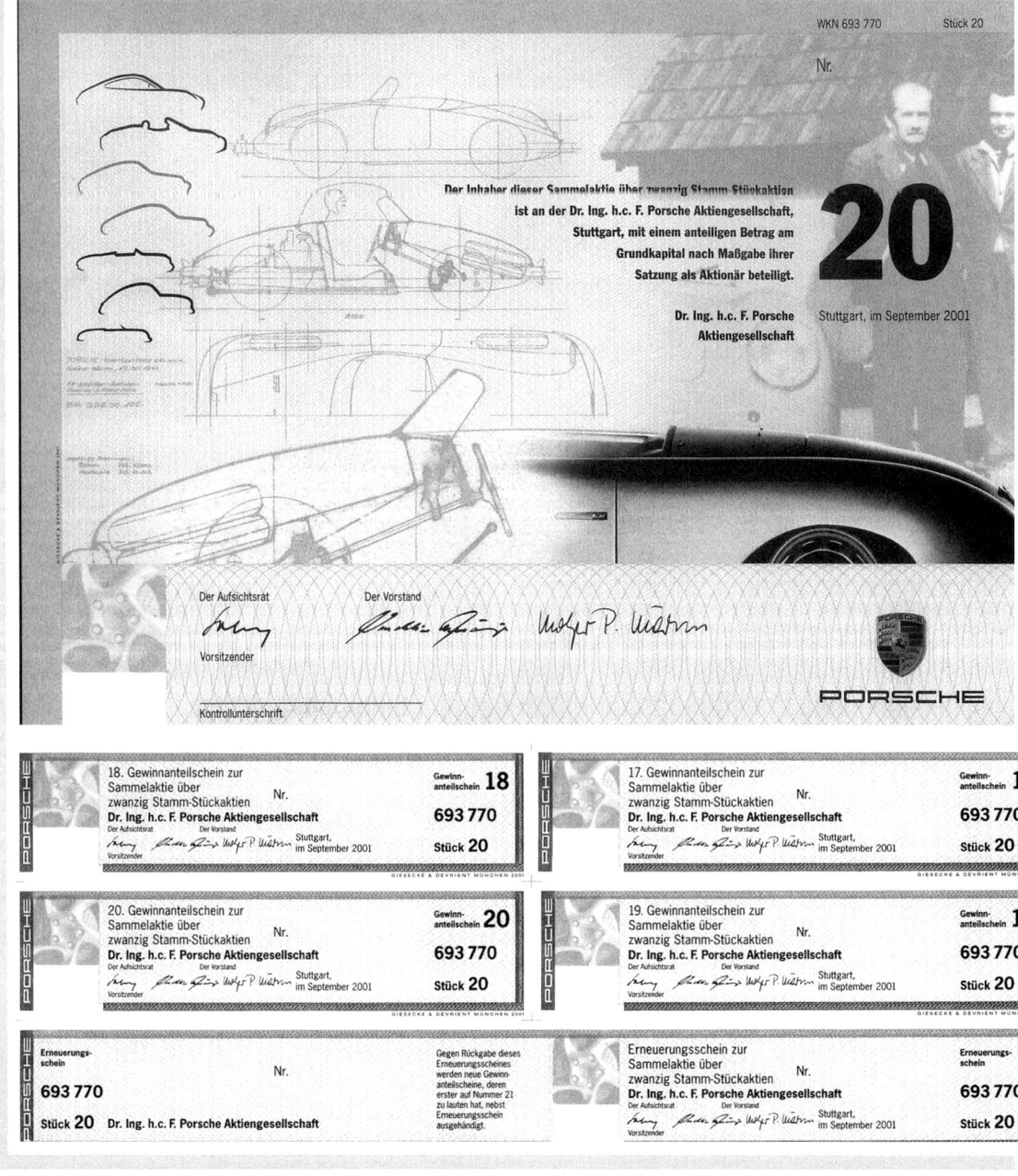

Arbeitsvorlage 1 : Stufen der AG-Gründung

(…) Eintragung ins Handelsregister – (…) Erstellung eines Gründungsberichts – (…) Bestellung von Vorstand und Aufsichtsrat – (…) Feststellung der Satzung (Gesellschaftsvertrag) – (…) Prüfung der Handelsregistereintragung durch das Registergericht – (…) Übernahme von Aktien durch die Gründer – (...) Öffentliche Bekanntmachung der Handelsregistereintragung – (…) Gründungsprüfung – (…) Anmeldung der AG zum Handelsregister – (…) Einzahlung von mindestens 25 Prozent des Nennbetrages.

 Arbeitsvorlage 2

Aktienarten

unterschieden nach …

dem Gewerbezweig

_____ aktien	z.B. Bayer, Hoechst, Linde, BBC, Südzucker, Thyssen, VW, Siemens, Varta
_____ aktien	z.B. Kaufhof, Karstadt, Neckermann
_____ aktien	z.B. Bayr. Hypothekenbank, Bayr. Vereinsbank, Commerzbank, Dresdner Bank, Deutsche Bank
_____ aktien	z.B. Lufthansa, Deutsche Bahn AG
_____ aktien	z.B. Allianz AG

der Übertragbarkeit

_____ aktien	**Merkmale:** – Sie lauten auf den Inhaber; – Eigentumsübertragung durch Einigung und Übergabe.
_____ aktien	**Merkmale:** – Sie lauten auf den Namen; – Eigentumsübertragung durch Einigung und Übergabe des indossierten Papiers und Umschreibung im Aktienbuch.
Vinkulierte (gebundene) Namensaktien	Übertragung wie Namensaktien und Zustimmung der AG.

dem verbrieften Recht

| _____ aktien | Es handelt sich um gewöhnliche Aktien. |
| _____ aktien | **Wesen:**
Sie verbürgen gegenüber den Stammaktien ein Vorzugsrecht.
Merkmale:
– höhere Dividende und/oder
– höherer Anteil am Liquidationserlös und/oder
– mehrfaches Stimmrecht (nur mit besonderer behördlicher Genehmigung) |

dem Ausgabezeitpunkt

| _____ Aktien | **Merkmale:**
– Es sind Aktien, die bereits **vor** einer Kapitalerhöhung vorhanden waren;
– sie waren mit einem gesetzlichen **Bezugsrecht** (= Recht zum Ankauf junger Aktien) ausgestattet. |
| _____ Aktien | Sie werden bei **Kapitalerhöhungen** ausgegeben. |

Sonderform

| Gratisaktien | Ausgabe bei **Kapitalerhöhung** durch **Umwandlung von Rücklagen in Grundkapital. Kein Vorteil** für die Aktionäre, weil der Aktienkurs entsprechend sinkt. |

Arbeitsaufträge und Fragen zur Stofferschließung

1. Stellen Sie zunächst einmal mithilfe des Aktiengesetzes fest, welche VORAUSSETZUNGEN für die Gründung einer AG eingehalten werden müssen.

   a) Wie viele Personen müssen sich an der Gründung einer AG mindestens beteiligen?

   b) Wie hoch muss der Mindestnennbetrag des Grundkapitals sein?

2. Die folgenden Fragen beziehen sich auf das Thema „AKTIEN". Beachten Sie hierzu die vorstehende Abbildung.

   a) Zu welcher Gruppe von Wertpapieren gehören Aktien? Lösungshinweis: Es gibt Gläubiger- und Teilhaberpapiere.

   b) Aktien haben einen Nenn- bzw. Nominalwert und einen Kurswert. Erläutern Sie diese beiden Begriffe. Lösungshinweis: Überlegen Sie sich hierbei, wo und wie der Kurswert einer Aktie gebildet wird.

   c) Welchen Mindestnennwert muss eine Aktie haben?

   d) Welche Vorschriften müssen in Bezug auf den Ausgabekurs von Aktien eingehalten werden?

   e) Wie setzt sich das Grundkapital (genehmigtes Kapital) zusammen?

   f) Ergänzen Sie im Unterrichtsgespräch mit Ihrem BWL-Lehrer die **Arbeitsvorlage 2** (Aktienarten).

3. Einige Vorschriften im Aktiengesetz beschreiben wichtige WESENSMERKMALE der AG.

   a) Welchen Rechtsstatus hat die AG als solche?

   b) Was besagt die Feststellung, die AG sei eine juristische Person?

   c) Wer haftet für die Verbindlichkeiten der AG gegenüber Gläubigern?

   d) Zu welcher Art von Gesellschaften zählen Aktiengesellschaften?

   e) Welche Vorschriften gelten in Bezug auf die Firmenbildung bei Aktiengesellschaften?

   f) Nennen Sie als Beispiele zu den Firmenbildungsvorschriften des Aktienrechts vier Aktiengesellschaften aus der näheren Umgebung Ihres Berufsschulorts.

4. Gegenstand der folgenden Fragen ist die GRÜNDUNG einer AG.

   a) Versuchen Sie die in der **Arbeitsvorlage 1** angegebenen zehn Stufen der Gründung einer AG in eine zeitliche (chronologische) Reihenfolge zu bringen, und zwar durch Angabe von Ziffern in den Klammern.

   b) Was versteht man unter der Satzung einer AG und was regelt sie? Lösungshinweis: Schlagen Sie den entsprechenden Paragrafen im Aktiengesetz nach.

   c) In welcher Form muss die Satzung der AG festgestellt werden?

   d) Wer gilt nach dem Aktiengesetz als Gründer einer AG?

   e) Welche Verpflichtungen haben die Gründer in Bezug auf die Aktien?

   f) Welche Verpflichtungen haben die Gründer in Bezug auf die Organe und den Jahresabschluss der AG?

   g) Lesen Sie in der Sachdarstellung nach, was unter „Sacheinlagen" und was unter „Sachübernahme" zu verstehen ist.

   h) Was versteht man unter einer „Bargründung", was unter einer „qualifizierten Gründung"?

   i) Ermitteln Sie mithilfe des Aktiengesetzes, wie viel Prozent die Mindesteinzahlung der Aktionäre bei Bargründung betragen muss.

   j) Welche Verpflichtungen haben die Gründer in Bezug auf den Hergang der Gründung?

   k) Wer besorgt die Gründungsprüfung?

   l) Wer besorgt die Eintragung der AG ins Handelsregister?

   m) Welche Pflicht hat das Amtsgericht, bevor es die Eintragung ins Handelsregister vornimmt?

   n) Was wird in das Handelsregister eingetragen?

   o) Nennen Sie drei Schriftstücke, die der Anmeldung zum Handelsregister beigefügt werden müssen.

   p) Welche Bedeutung hat die Handelsregistereintragung für die Existenz der AG?

   q) Wer haftet, wenn bereits VOR der Eintragung der AG ins Handelsregister Geschäfte in ihrem Namen getätigt werden?

   r) In welchen Zeitungen muss die Eintragung einer AG im Handelsregister bekannt gemacht werden?

6.5.2 Die Funktionsweise einer Aktiengesellschaft

Ausgangs-situation

Das Szenarium einer Hauptversammlung

(1) „Die Kontrolle vor dem Versammlungsraum ist überwunden. Dem Aktionär oder seinem Vertreter werden – fein säuberlich in einer Mappe zusammengestellt – Geschäftsbericht ‚seiner' AG, Stimmkartenblock, Wortmeldebogen (kann bei Bedarf nachgefordert werden), Tagesordnung inklusive Kurzbericht des Vorstands, PR-Material und so weiter ausgehän-

(5) digt. Vorstand und Aufsichtsrat sind vollständig vertreten. ...

Der Vorsitzende des Aufsichtsrats eröffnet die Hauptversammlung und berichtet über das abgelaufene Geschäftsjahr in groben Zügen (Einzelheiten danach vom Vorstandsvorsitzenden). ...

Dem Bericht des AR-Vorsitzers folgt der ausführliche Bericht über die sich im laufenden Ge-

(10) schäftsjahr bisher abzeichnende Entwicklung.

Der Punkt 1 der Tagesordnung (Vorlage des festgestellten Jahresabschlusses, des Lageberichts und des Berichts des Aufsichtsrats) ist kein Abstimmungspunkt für die Hauptversammlung, aber er löst regelmäßig Fragen bei den Aktionären aus. Damit wechseln die Akteure nach dem Bericht des Vorstands die Rollen und die Aktionäre beziehungsweise

(15) deren Vertreter sind am Zuge. ...

Aus einem Kreis von 200–400 auf der Hauptversammlung anwesenden Aktionären/Aktionärsvertretern melden sich zirka zehn Personen zu Wort (bei den großen Publikumsgesellschaften liegen die Zahlen ent-

(20) sprechend höher).

Wie überall treten auch in den Hauptversammlungen ‚Selbstdarsteller' und teilweise rhetorisch wenig begabte Sprecher auf. Oder liegt es auch an der Belanglosigkeit mancher Frage, dass der ohnehin nur mäßig

(25) gefüllte Saal sich bis auf wenige ‚Aufrechte' leert? Es ist inzwischen Mittag geworden und in Nebenräumen werden Speisen und Getränke angeboten – auf Kosten des ‚Hauses' ... –, für manchen Kleinaktionär eine Zusatzdividende in Form von Sachbezügen[1]. Der Verlauf der weiteren ‚Fragerei' ist auch aus

(30) diesen Nebenräumen über Monitore zu verfolgen.

Eine noch nicht angesprochene Personengruppe ist jetzt ‚full in action': Hinter der Bühne sitzen – aus der Firmenhierarchie unterhalb der Vorstandsebene – Direktoren mit ihren Helfern und formulieren die Antworten auf die Aktionärsfragen. Telefon und Telefax zu ihren Büros in der AG sichern die Aussagen ab. Der Saal füllt sich allmählich wieder und

(35) der Vorstandsvorsitzende verliest die Antworten.

Inzwischen sind zirka vier Stunden verstrichen.

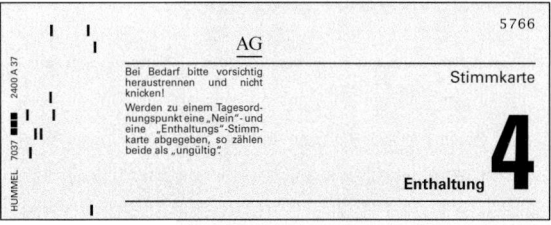

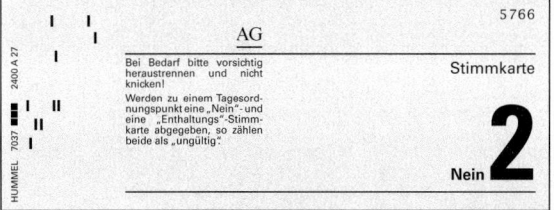

Letzter Akt: die Abstimmung.

Dem Notar liegt inzwischen das Verzeichnis der Teilnehmer der Hauptversammlung und der absolute und

(40) im Verhältnis zum Grundkapital relative Wert des auf dieser Hauptversammlung vertretenen Grundkapitals vor. Über die TOP 2 bis 5 wird en bloc abgestimmt, aus Gründen der Zeitökonomie. Folgendes Verfahren wird vielfach praktiziert: Nicht abgegebene Stimmen gelten

(45) als Jastimmen. Nur für das Abstimmen mit ‚Nein' oder ‚Enthaltung' werden Stimmen in Form von Stimmkarten abgegeben.

Die Anzahl der Jastimmen lässt sich auf diese Weise schnell und einfach ermitteln: auf der Hauptversamm-

(50) lung vertretenes Grundkapital (Stimmen) abzüglich abgegebene ‚Neinstimmen' abzüglich Stimmenthaltungen.

Mit der Beschlussfassung über die Verwendung des Bilanzgewinns, der Entlastung des Vorstandes und des Aufsichtsrats durch die Hauptversammlung ... der Bestellung des Abschlussprüfers – die jeweiligen Abstimmungsergebnisse werden durch den AR-Vorsit-

(55) zenden in der Hauptversammlung mitgeteilt – sowie mit einem Schlusswort durch den AR-Vorsitzenden ist die Hauptversammlung beendet."

aus: Hans Schöning, Szenarium einer Hauptversammlung, in: Der Industriekaufmann 9/91, Gabler Verlag Wiesbaden, S. 17 ff.

---

1 „Delikatessen-Dividende: D'r Küchenmeister von d'r Cluss Brauerei hat wieder a glücklichs Händle mit d'r Menüauswahl g'habt. Er wartet mit einem mehrgängigen Menü auf: Tomatecremsüpple mit Sahne-Mandelhäuble, gebratene Schweineschulter mit frischen Pilzen, hand'gschabte Spätzle und diverse Salätle. Nix wie hin!" Aus: Schwäbische Bank AG, Stuttgart, Schwäbische Aktien – „zom Fressa gern", Ausgabe 1996, S. 9.

Sachdarstellung

Die Organe der AG

Die Aktiengesellschaft ist keine natürliche, sondern eine **juristische Person**. Als solche benötigt sie zur Durchführung ihrer Geschäfte und Aufgaben bestimmte **Organe**. Vom Aktiengesetz zwingend vorgeschrieben sind folgende Organe:

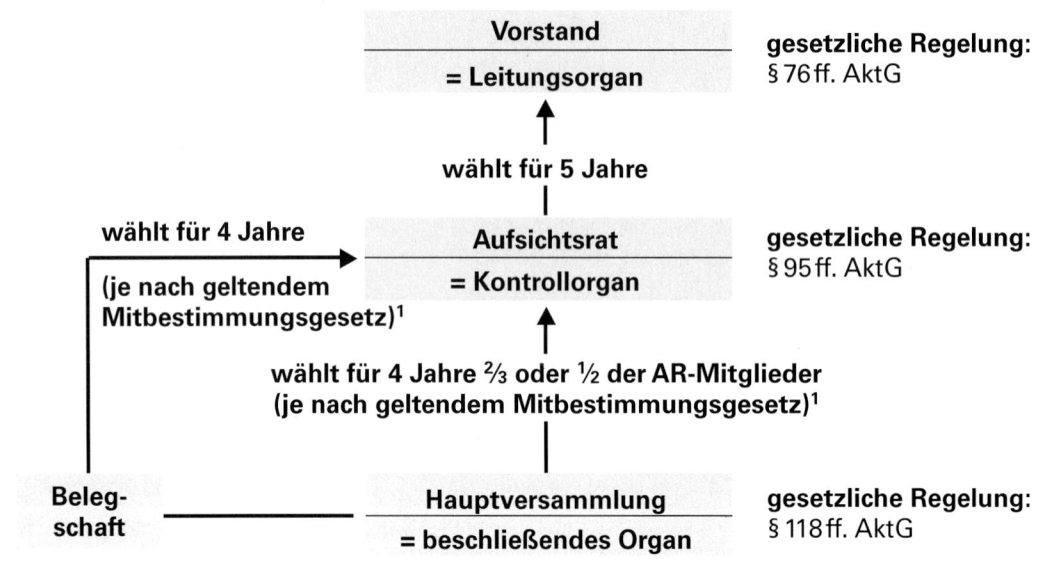

1 In **Aktiengesellschaften mit mehr als 2 000 Arbeitnehmern** besteht **paritätische Mitbestimmung**, d. h., die Aufsichtsratsmitglieder werden je zur Hälfte von der Belegschaft und den Aktionären bestimmt. In **kleineren Aktiengesellschaften** gilt das **Betriebsverfassungsgesetz**. § 76 Abs. 1 BetrVG bestimmt, dass der Aufsichtsrat zu einem **Drittel** aus Vertretern der Arbeitnehmer bestehen muss.

Arbeitsvorlage: Die Organe der AG im Einzelnen

1. Der Vorstand

a) Wahl und Zusammensetzung

Er wird vom Aufsichtsrat auf höchstens fünf Jahre bestellt (§ ..... AktG) und besteht in der Regel aus mehreren Personen (§ ..... AktG). Soweit das Montanmitbestimmungsgesetz von 1951 oder das Mitbestimmungsgesetz von 1976 gilt, gehört dem Vorstand ein Arbeitsdirektor als Arbeitnehmervertreter (gleichberechtigtes Vorstandsmitglied) an.

b) Aufgabe

Sie umfasst die Leitung der AG (§ ..... AktG), also die **Geschäftsführung** (§ ...... AktG) und die **Vertretung nach außen** (§ ..... AktG). Nach dem Gesetz sind sämtliche Vorstandsmitglieder gemeinschaftlich zur Geschäftsführung und Vertretung befugt (Gesamtgeschäftsführungs- und -vertretungsbefugnis). Abweichende Regelungen, z. B. die Einräumung von Einzelvertretungsmacht, müssen, um wirksam zu sein, im Handelsregister eingetragen werden (§ ..... AktG).

c) Pflichten

— **Regelmäßige Berichterstattung** über den Stand und die Entwicklung des Unternehmens an den Aufsichtsrat (§ ..... AktG).

— **Erstellung des Jahresabschlusses** (Bilanz, GuV-Rechnung und Anhang) **und des Lageberichts** innerhalb von drei Monaten des neuen Geschäftsjahres (§ 264 HGB): **Vorlage zur Prüfung** an den Aufsichtsrat (§ ..... AktG).

— **Einberufung der ordentlichen Hauptversammlung** (§ ..... AktG) mindestens einmal jährlich und einer außerordentlichen Hauptversammlung in besonderen Fällen (z. B. bei hohen Verlusten, Überschuldung oder Zahlungsunfähigkeit) (§ ..... AktG).

— **Einhaltung des Wettbewerbsverbots** (§ ..... AktG).

— **Sorgfaltspflicht und Verantwortlichkeit** gegenüber der AG (§ ..... AktG).

d) Rechte

Als Angestellte der AG (Manager) erhalten die Vorstandsmitglieder ein **Gehalt,** darüber hinaus i. d. R. noch einen **Anteil am Jahresgewinn** (Tantieme) (§ ..... AktG).

2. Der Aufsichtsrat

a) Wahl und Zusammensetzung

Die Aufsichtsratsmitglieder werden – soweit sie von den Kapitaleignern zu bestimmen sind – von der Hauptversammlung gewählt, und zwar für vier Jahre (§ ..... AktG); Wiederwahl ist zulässig. Die Zahl der Aufsichtsratsmitglieder richtet sich nach der Höhe des Grundkapitals. Der Aufsichtsrat besteht aus mindestens drei Mitgliedern; die Satzung kann eine höhere Zahl festsetzen; die Zahl muss jedoch durch drei teilbar sein. Bei AGs mit mehr als 10 Millionen € Grundkapital beträgt die Höchstzahl der Aufsichtsratsmitglieder einundzwanzig (§ ..... AktG).

b) Aufgaben (Pflichten)

— Bestellung und Abberufung des Vorstands (§ ..... AktG);

— Überwachung des Vorstands;

— Einsicht und Prüfung der Geschäftsbücher;

— Einberufung der Hauptversammlung, wenn das Wohl der Gesellschaft es erfordert (§ ..... AktG);

— Prüfung des Jahresabschlusses, des Lageberichts und des Vorschlags für die Verwendung des Bilanzgewinns – siehe AktG fünfter Teil (§ ..... AktG).

c) Rechte

Aufsichtsratsmitglieder erhalten für ihre Tätigkeit in der Regel einen **Anteil am Jahresgewinn** (Tantieme). Ihre Höhe kann in der Satzung festgelegt sein oder durch die Hauptversammlung bestimmt werden (§ ..... AktG). Im Gegensatz zu den Vorstandsmitgliedern erhalten die Aufsichtsräte kein festes Gehalt, da sie ja keine Angestellten der AG sind.

3. Die Hauptversammlung

a) Wesen

In diesem Gremium werden Beschlüsse gefasst, z. B. über die Gewinnverwendung oder über eine Kapitalerhöhung (Beschlussfassungsorgan). Sie ist die **Versammlung der Aktionäre,** die ihre Rechte durch die Ausübung ihres Stimmrechts wahrnehmen. An der Hauptversammlung haben auch die Vorstands- und Aufsichtsratsmitglieder teilzunehmen (§ ..... AktG).

b) Beschlussfassung

— Im Allgemeinen genügt einfache Mehrheit (§ ..... AktG); bei Satzungsänderungen ist eine Dreiviertelmehrheit (qualifizierte Mehrheit) erforderlich – siehe Teil 6, I. AktG (§ ..... AktG).

— Beschlüsse werden unter anderem gefasst über

  ▪ die Verwendung des Bilanzgewinns (siehe Teil 5 AktG);

  ▪ die Entlastung von Vorstand und Aufsichtsrat (§ ..... AktG);

  ▪ lebenswichtige Grundfragen, z. B. Kapitalerhöhungen (§ 182 AktG), Fusion, Auflösung der Gesellschaft.

— Die Beschlüsse müssen notariell beurkundet werden.

c) Rechte des Aktionärs

— Recht auf **Teilnahme an der Hauptversammlung** (§ ..... AktG);

— Stimmrecht in der Hauptversammlung nach Aktiennennbeträgen (§ ..... AktG);

— Recht auf **Gewinnbeteiligung,** und zwar nach dem Verhältnis der Aktiennennbeträge – siehe Teil 3 AktG (AktG § .....);

— **Bezugsrecht** auf junge Aktien – siehe Teil 6, II. AktG (§ ..... AktG);

— **Minderheitsrechte,** z. B. Auskunftsrecht in der Hauptversammlung für jeden Aktionär über Angelegenheiten der Gesellschaft (§ ..... AktG);

— **Anteil am Liquidationserlös** – siehe Teil 8 AktG (§ ..... AktG).

d) Pflichten des Aktionärs

— Leistung der übernommenen **Kapitaleinlage** – siehe Teil 3 AktG (§ ..... AktG);

— Übernahme der **Risikohaftung** bis zum Wert der Aktie.

Arbeitsaufträge

1. Formulieren Sie für eine in der näheren Umgebung Ihres Schulorts befindliche Aktiengesellschaft eine Anzeige in der Tageszeitung, in der die Aktionäre zur Hauptversammlung eingeladen werden. Rekonstruieren Sie hierbei aus dem oben stehenden Szenarium die übliche Tagesordnung einer solchen Aktionärsversammlung.

2. Erläutern Sie auf der Grundlage der vorstehenden Ausführungen das in Hauptversammlungen vielfach praktizierte Abstimmungsverfahren.

3. Überprüfen Sie die einzelnen Aussagen über die Organe der AG anhand der entsprechenden Gesetzesvorschriften **(Arbeitsvorlage)**.

6.6 Wahl der optimalen Rechtsform für ein Unternehmen

Ausgangssituation

Der Diplomingenieur Frank Wörner aus Magdeburg hat vor kurzem ein mechanisches Fahrradantriebssystem erfunden, das auf hydraulischer Basis arbeitet und das die auf die Fahrradkette übertragene Antriebskraft gegenüber dem herkömmlichen Verfahren verfünffacht. Auf diese Weise lassen sich durch bloße Muskelkraft auf ebener Strecke Geschwindigkeiten bis zu 65 km/h erreichen und Steigungen bis 18 % ohne große Anstrengungen überwinden.

Der Erfinder hat sein revolutionäres Fahrradantriebssystem unter DBP 2 224 987 beim Patentamt in München in die Patentrolle eintragen lassen, außerdem hat er mehrere internationale Patente erworben. Die Auswertung der Erfindung verspricht ein Riesengeschäft zu werden, da sie dem Fahrradfahren ganz neue Dimensionen (größere Geschwindigkeit und weniger Kraftanstrengung) eröffnet.

Ein Angebot der Bielefelder Fahrradwerke AG, Fahrräder mit dem neuartigen Antriebssystem in Lizenz zu bauen, liegt dem Erfinder bereits vor. Ein weitaus besseres Geschäft als die Lizenzvergabe verspricht sich der Erfinder jedoch von der Gründung einer eigenen Fahrradfabrik.

Der Investitionsbedarf wird von einer Unternehmensberatungsgesellschaft auf 15 bis 20 Millionen € geschätzt. Der Erfinder selbst ist in der Lage, Sachwerte (Grundstücke und Gebäude) in Höhe von 2 Millionen € und das Patent, dessen Verkehrswert rund 8 Millionen € beträgt, in das neu zu gründende Unternehmen einzubringen. Per Zeitungsanzeige werden weitere potente Geldgeber gesucht.

Sachdarstellung

1. Orientierung der Rechtsformentscheidung an den jeweiligen unternehmensspezifischen Gegebenheiten:

Eine allgemein gültige Aussage darüber, welche Rechtsform für eine Unternehmung die beste ist, kann nicht getroffen werden. Je nach den Umständen des Einzelfalles muss die Entscheidung für oder gegen eine bestimmte Unternehmungsform anders ausfallen. Die Bedeutung der für die Entscheidung relevanten Kriterien kann sich im Laufe der Zeit ändern; deshalb sind bisweilen Umgründungen (Umwandlungen) zu registrieren.

2. Wichtige Entscheidungskriterien bei der Wahl der Rechtsform:

Bei jeder Entscheidung für eine bestimmte Rechtsform gibt es Kriterien, die für die getroffene Wahl von besonderer Bedeutung sind. Beispielsweise wird der Hauptgrund für die in den Achtzigerjahren zu beobachtende steigende Beliebtheit der GmbH bzw. der GmbH Co. KG in der Haftbegrenzung liegen.

Zu den die Wahl der Rechtsform entscheidenden Bestimmungsfaktoren gehören außer der bereits erwähnten Möglichkeit der Haftungsbegrenzung auch noch die Finanzierungs- bzw. Kapitalbeschaffungsmöglichkeiten, die Übernahme von Leitungsbefugnissen (Geschäftsführungs- und Vertretungsbefugnisse), die Steuerbelastung, die Rechtsformaufwendungen sowie die Offenlegungs- bzw. Publizitätspflichten.

3. Beschreibung von einzelnen Entscheidungskriterien:

a) **Die Finanzierungs- oder Kapitalbereitstellungsmöglichkeiten:**

Es handelt sich um eines der wichtigsten Kriterien bei der Wahl einer bestimmten Rechtsform.

Beim **Einzelunternehmen** ist die Eigenkapitalbasis durch das Vermögen des Unternehmens begrenzt. Die Möglichkeiten zur Kapitalerweiterung sind in diesem Falle nicht sehr vielfältig. Sie erschöpfen sich weitgehend in der Nichtentnahme von Gewinnen und in der Bildung einer stillen Gesellschaft.

Bei den **Personengesellschaften** besteht die Möglichkeit, die Eigenkapitalbasis durch Aufnahme neuer Gesellschafter zu erweitern. Bei der OHG, deren Gesellschafter ausschließlich Vollhafter sind, müssen dafür aber Leitungskompetenzen von den alten an die neuen Gesellschafter abgetreten werden.

Aktiengesellschaften haben Zugang zum Kapitalmarkt; sie können sich daher verhältnismäßig leicht zusätzliche Mittel beschaffen, z. B. durch Ausgabe junger Aktien oder von Industrieobligationen. Als vorteilhaft erweist sich in diesem Zusammenhang für die AG die geringe Mindesteinlage (Mindestnennwert pro Aktie: 1,00 €), die Beschränkung der Haftung auf die Einlage (Kurswert der Aktie) und die leichte Verkäuflichkeit (Fungibilität) der Aktie.

Die Möglichkeit zur Aufnahme von Fremdkapital ist abhängig von der Kreditwürdigkeit des jeweiligen Unternehmens. Sie steht in engem Beziehungszusammenhang zur Eigenkapitalbasis des Unternehmens, zu den vorhandenen Sicherheiten und zu den Haftungsverhältnissen im Unternehmen. Das Einzelunternehmen kann in dieser Hinsicht am wenigsten bieten, da nur eine Person unbeschränkt haftet. Am kreditwürdigsten ist die AG, da sie auf zahlreiche Gläubigerschutzbestimmungen sowie auf die Rücklagenbildung (gesetzliche und freie Rücklagen) verweisen kann.

b) **Die Haftung (Risikoübernahme):**

Es gibt Rechtsformen, bei denen sich die Haftung auf das gesamte Vermögen, also nicht bloß auf die Kapitaleinlage, sondern auch auf das Privatvermögen erstreckt. Unbeschränkt haften die Einzelunternehmer, die OHG-Gesellschafter und die Komplementäre der KG. Demgegenüber ist die Haftung der Kommanditisten, der GmbH-Gesellschafter und der Aktionäre auf die jeweilige Kapitaleinlage beschränkt. Im Gegensatz zu den OHG-Gesellschaftern besteht bei diesen Gesellschaftern keine direkte (unmittelbare) und auch keine gesamtschuldnerische (solidarische) Haftung. Bei der GmbH oder bei der Genossenschaft (eG) kann die Haftung auch in einer begrenzten oder unbegrenzten Nachschusspflicht bestehen.

Wer die ziemlich weitgehende Haftung bei Einzelunternehmen oder bei Personengesellschaften vermeiden möchte, muss eine Kapitalgesellschaft gründen oder durch eine besondere Gesellschaftsform (z. B. GmbH & Co. KG) die persönliche Haftung ausschließen.

Dem Umfang der Risikoübernahme stehen als Ausgleich die Gewinnchancen gegenüber. Da der Einzelunternehmer alle Geschäftsrisiken allein trägt, steht ihm auch der gesamte Gewinn zu; allerdings muss er auch für die Verluste einstehen. Bei beschränkter Haftung wird das übernommene Geschäftsrisiko durch die Höhe der Kapitalanteile bestimmt; deshalb orientiert man sich bei der Gewinnverteilung an dieser Größe. Ausgangspunkt für die Gewinnverteilung bei Kapitalgesellschaften kann nicht das unternehmerische Engagement (die Mitarbeit) des einzelnen Gesellschafters sein, sondern nur die nominelle Kapitalbeteiligung.

c) **Die Leitungskompetenz (Geschäftsführungs- und Vertretungsbefugnis):**

Der **Einzelunternehmer** trägt das gesamte Unternehmensrisiko und haftet allein für die Schulden des Unternehmens; ihm obliegt deshalb die ausschließliche Leitungskompetenz in seinem Unternehmen.

Bei der **OHG** steht die Geschäftsführungs- und Vertretungsbefugnis grundsätzlich allen Gesellschaftern zu; bei der **KG** hingegen nur den Komplementären. Anders als bei den Kapitalgesellschaften besteht bei den Personengesellschaften ein engerer Beziehungszusammenhang zwischen Leitungskompetenz und Haftungs- und Risikoübernahme.

Bei den **Kapitalgesellschaften** liegt die Leitungsbefugnis nicht unmittelbar bei den einzelnen Gesellschaftern, sondern bei den gesetzlich dafür vorgesehenen Organen. Beispielsweise haben bei der AG die einzelnen Kapitalgeber (Aktionäre) keinen unmittelbaren Einfluss auf die Führung der laufenden Geschäfte. Lediglich Großaktionäre, die über 25 % oder sogar über 50 % der Anteile halten, können über die personelle Besetzung von Vorstands- und Aufsichtsratsgremien Kontrollfunktionen ausüben.

d) Rechtsformaufwendungen:

Die Aufwendungen, die durch die Wahl einer bestimmten Unternehmungsform entstehen, sind beim Einzelunternehmen und bei Personengesellschaften relativ gering; es handelt sich hierbei im Wesentlichen um die Kosten für die Beurkundung von Verträgen und für die Eintragung ins Handelsregister.

Bei der AG ist zwischen einmaligen und laufenden Rechtsformaufwendungen zu unterscheiden. Bei der Gründung einer AG fallen Druckkosten für Prospekte und Aktien, Aufwendungen für die Ausgabe (Emission) von Aktien, für die notarielle Beurkundung des Gesellschaftsvertrags sowie Gründungskosten an. Zu den laufenden Aufwendungen zählen die Kosten der jährlichen Abschlussprüfung, für die Veröffentlichung des Jahresabschlusses und des Lageberichts, für Aufsichtsratssitzungen und Hauptversammlungen.

e) Die Publizitätspflicht:

Sie betrifft die Pflicht zur Veröffentlichung des Jahresabschlusses in den Gesellschaftsblättern und die Erstellung eines Lageberichts. Solche Veröffentlichungen erfolgen im Interesse der Öffentlichkeit, außerdem dienen sie dem Schutz der Gläubiger und der Gesellschafter.

Bei Aktiengesellschaften besteht eine Publizitätspflicht ohne Rücksicht auf die jeweilige Betriebsgröße. Unternehmungen anderer Rechtsformen (z. B. GmbH, eG) sind zur Publizität nur dann verpflichtet, wenn der Umsatz, die Bilanzsumme und die Beschäftigtenzahl eine bestimmte Grenze übersteigen, wenn es sich also um Großunternehmungen handelt.

f) Die Steuerbelastung:

Steuerliche Überlegungen spielen bei der Wahl der Rechtsform eine nicht unerhebliche Rolle. In der Bundesrepublik Deutschland wurden Personen- und Kapitalgesellschaften lange Zeit unterschiedlich starken steuerlichen Belastungen ausgesetzt.

Die Gewinne der Einzelunternehmen und Personengesellschaften unterliegen der progressiven Einkommensteuer, mit der der einzelne Unternehmer belastet wird. Hierbei spielt es keine Rolle, ob die Gewinne im Unternehmen wieder investiert werden oder nicht.

Kapitalgesellschaften sind juristische Personen. Als solche müssen sie für erzielte Gewinne Körperschaftsteuer bezahlen.

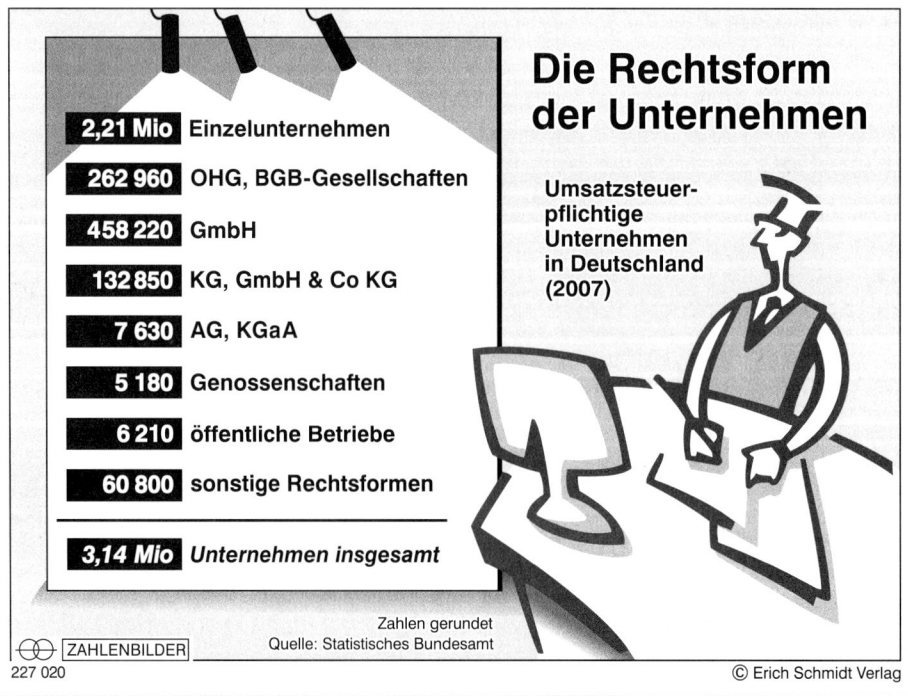

Die Rechtsform der Unternehmen

Umsatzsteuerpflichtige Unternehmen in Deutschland (2007)

2,21 Mio	Einzelunternehmen
262 960	OHG, BGB-Gesellschaften
458 220	GmbH
132 850	KG, GmbH & Co KG
7 630	AG, KGaA
5 180	Genossenschaften
6 210	öffentliche Betriebe
60 800	sonstige Rechtsformen
3,14 Mio	*Unternehmen insgesamt*

Zahlen gerundet
Quelle: Statistisches Bundesamt

ZAHLENBILDER
227 020

© Erich Schmidt Verlag

Arbeitsvorlage 1

Alternative 1: Frank Wörner (F. W.) möchte auf die alleinige Leitungskompetenz im Unternehmen auf keinen Fall verzichten, ist jedoch bereit unbeschränkt zu haften.

Alternative 2: F. W. will ungeteilte Leitung und zugleich Haftungsbeschränkung.

Alternative 3: F. W. erklärt sich bereit die Unternehmensleitung mit einem anderen Gesellschafter zu teilen und zugleich unbeschränkt zu haften.

Alternative 4: Aufteilung der Leitungsbefugnis wie bei Alternative 3, jedoch beschränkte Haftung.

Alternative 5: Die Geschäftsführungs- und Vertretungsbefugnisse sollen auf mehr als zwei Gesellschafter übertragen werden; alle Gesellschafter haften unbeschränkt.

Alternative 6: Aufteilung der Leitungskompetenzen wie bei Alternative 5, jedoch beschränkte Haftung.

Alternative 7: Keine direkten Leitungsbefugnisse der Kapitalgeber, jedoch Haftung nur mit der Kapitaleinlage.

 Arbeitsvorlage 2 (Entscheidungsmatrix)

Entscheidungskriterien bei der Wahl der Unternehmungsform	Gewich-tung	Einzelunter-nehmung		OHG		KG		GmbH		AG	
		P*	Pg**	P	Pg	P	Pg	P	Pg	P	Pg
1. Wahrung der Leitungskompetenz (alleinige Geschäftsführungs- und Vertretungsbefugnis)	30										
2. Beschränkung der Haftung (keine persönliche, direkte, gesamtschuldnerische Haftung)	25										
3. Erschließung von neuen Kapitalquellen (bessere Finanzierungsmöglichkeiten)	20										
4. Verhinderung der Doppelbesteuerung	15										
5. Einsparung laufender Rechtsformaufwendungen	5										
6. Vermeidung von Publizitätspflichten	5										
* P = **P**unkte einzeln ** Pg **P**unkte **g**esamt (gewichtet)	100										

 Arbeitsvorlage 3

Aufgrund der in der Ausgangssituation erwähnten Zeitungsanzeige melden sich folgende Interessenten für eine Gesellschafterposition in der zu gründenden Fahrradfabrik:

— Andreas Kästner, Diplomingenieur, 45 Jahre alt, bisher als Produktionsleiter einer Nähmaschinenfabrik tätig. Er könnte 3 Millionen € in Form von Geld- und Sachwerten in das Unternehmen einbringen. Es liegt ihm viel daran, Leitungsbefugnisse zu übernehmen; andererseits möchte er seine Haftung auf die Kapitaleinlage beschränken.

— Klaus Neumann, 35 Jahre, Diplomkaufmann, bisher als Einkaufsleiter einer Uhrenfabrik tätig, könnte 2 Millionen € einbringen. Er möchte ebenfalls Geschäftsführungs- und Vertretungsbefugnisse ausüben, macht jedoch seinen Eintritt als Gesellschafter nicht von einer Haftungsbeschränkung abhängig.

— Erna Möller, 40 Jahre alt, bisher als Personalleiterin einer Lebensmittelkette tätig, hat eine Erbschaft von 1,5 Millionen € gemacht, die als Kapitaleinlage in das zu gründende Unternehmen eingebracht werden soll. Die Ausübung von Leitungsbefugnissen wird von ihr nicht angestrebt, da sie ihren bisherigen Beruf als Personalleiterin weiterhin ausüben möchte.

Arbeitsaufträge

1. Die Entscheidung über die optimale Rechtsform für ein Unternehmen setzt fundierte Kenntnisse über die einzelnen Unternehmensformen voraus. Aktivieren Sie das bisher erworbene Fachwissen in der Weise, dass Sie – evtl. unter Zuhilfenahme von Gesetzestexten – über folgende Kennzeichen der bisher behandelten Unternehmungsformen eine Übersicht erstellen: (1) Gesetzliche Regelung – (2) Mindestzahl der Gründer – (3) Mindestkapital – (4) Art und Bezeichnung der Beteiligung/Gesellschaftsvermögen – (5) Rechtspersönlichkeit – (6) Form der Gründung – (7) Firma – (8) Handelsregistereintragung – (9) Entstehung des Unternehmens – (10) Gewinnbeteiligung (gesetzliche Regelung) – (11) Verlustbeteiligung – (12) Leitung des Unternehmens – (13) Haftung – (14) Organe.

2. Beschäftigen Sie sich mit den Ausführungen der **Sachdarstellung** in der Weise, dass Sie eine Übersicht über die für die Wahl der optimalen Rechtsform relevanten Entscheidungskriterien nach folgendem Muster erstellen:

Lfd.-Nr.	Bezeichnung	Stichwortartige Beschreibung der Entscheidungskriterien
1	...	...

3. Diplomingenieur Frank Wörner kann bei seiner Entscheidung für eine bestimmte Unternehmensform einem einzelnen Kriterium oder auch mehreren Gesichtspunkten Priorität einräumen. Egal, welche Prioritäten er im Einzelfall auch setzt, immer ist eine solche Entscheidung sowohl mit Vor- als auch mit Nachteilen behaftet.

Untersuchen Sie die in der **Arbeitsvorlage 1** angeführten Alternativen 1 bis 7, die zugleich Prioritätssetzungen bei der Rechtsformwahl darstellen, dahingehend, ...

— welche Unternehmensform jeweils in Betracht kommt, welche Rechtsform also der jeweiligen Prioritätssetzung am besten entspricht;

— welche Hauptvor- und -nachteile damit verbunden sind.

Lösungsschema und Musterlösung:

Alternativen	Mögliche Rechtsformen	Hauptnachteile/Hauptvorteile
(1)	Einzelunternehmung, KG oder Einmann-GmbH	schwierige Finanzierung, weil zu geringes Haftungskapital

4. Die intensive Beschäftigung mit den Unternehmensformen hat Herrn Wörner, den Unternehmensgründer, vollends ratlos gemacht. Rat suchend wendet er sich in dieser Situation an eine Unternehmensberatungsgesellschaft. Nach ausführlichen Gesprächen mit dem Unternehmensgründer stellt der Unternehmensberater ein MODELL auf. Darin werden die von dem Unternehmensgründer genannten Entscheidungskriterien entsprechend ihrer subjektiven Bedeutung (für den Unternehmensgründer Frank Wörner) gewichtet und mit den einzelnen Unternehmensformen in Beziehung gesetzt.

Es ist nun Ihre Aufgabe, mithilfe des oben stehenden Modells der **Arbeitsvorlage 2** die für die Bedürfnisse des Unternehmensgründers Frank Wörner OPTIMALSTE Rechtsform herauszufinden.

Für die einzelnen Entscheidungskriterien ist folgende Bewertung vorgesehen: zutreffend: 6 Punkte – teils ... teils zutreffend: 3 Punkte – nicht zutreffend: 0 Punkte.

5. Bei der zu treffenden Entscheidung über die Unternehmensform müssen nicht nur die Vorstellungen des Unternehmensgründers Frank Wörner, sondern auch diejenigen der übrigen Gesellschafter „unter einen Hut" gebracht werden.

Für welche Unternehmungsform würden Sie sich entscheiden, wenn nicht bloß die Ergebnisse von Arbeitsauftrag 2, sondern auch noch die von den einzelnen Bewerbern um eine Gesellschafterposition gesetzten Daten **(Arbeitsvorlage 3)** berücksichtigt werden?

7.1 Die Preisbildung auf dem vollkommenen Markt

Ausgangssituation

An einer deutschen Wertpapierbörse liegen dem Makler folgende Kauf- und Verkaufsaufträge für UNAG-Aktien vor:

Verkaufsaufträge (= Angebot)		Kaufaufträge (= Nachfrage)	
Stückzahl	Mindestkurs	Stückzahl	Höchstkurs
150	117	110	117
110	118	90	118
80	119	75	119
70	120	65	120
50	121	50	121
40	122	150	122
500	—	540	—

Der Makler legt den Kurs so fest, dass der höchste Umsatz erzielt wird, weil davon seine Maklergebühr abhängig ist.

Sachdarstellung

1. Das Modell des vollkommenen Marktes (Aufbau)

Für jedes Modell gelten eine Reihe von Annahmen (Prämissen, Modellbedingungen). Das Modell des vollkommenen Marktes basiert auf folgenden Prämissen:

▪ Vielzahl von Anbietern und Nachfragern

Der einzelne Marktteilnehmer hat dann nur einen sehr geringen Marktanteil. Er hat deshalb keine Möglichkeit zur Beeinflussung des Marktpreises. Wegen seiner Machtlosigkeit muss er den Marktpreis (Gleichgewichtspreis) als gegebene Größe (Datum) akzeptieren. Man spricht in diesem Zusammenhang von der Marktform der vollkommenen Konkurrenz oder der des vollständigen Wettbewerbs.

▪ Gleichartigkeit und Gleichwertigkeit (Homogenität) der Güter

Diese Bedingung ist gegeben, wenn zwischen mehreren Einheiten eines Gutes hinsichtlich Beschaffenheit, Qualität, Verpackung, Aussehen usw. kein Unterschied besteht. Es handelt sich stets um vertretbare Güter (Massenware).

▪ Vollkommene Marktübersicht (Markttransparenz)

Anbieter und Nachfrager sind über alle Marktgegebenheiten, z. B. über Preise, Qualität, technische Produkteigenschaften, Lieferungs- und Zahlungsbedingungen, Angebots- und Nachfragemengen, in vollem Umfang informiert.

▪ Rein rationales Verhalten der Marktteilnehmer

Die Wirtschaftssubjekte handeln nach dem erwerbswirtschaftlichen Prinzip, d. h., die Unternehmer streben nach Gewinnmaximierung, die Verbraucher nach Nutzenmaximierung (Verhalten als homo oeconomicus).

▪ Fehlen von unterschiedlichen Werteinschätzungen (Präferenzen)

Dem Käufer muss es völlig gleichgültig sein, von wem und wo er die benötigte Ware kauft; dem Verkäufer ist es völlig egal, an wen und wohin er seine Produkte verkauft.

Es lassen sich folgende Arten von Präferenzen unterscheiden:

— **sachliche Präferenzen**, z. B. bessere technische Ausstattung eines Produkts, Garantieleistungen des Herstellers, Serviceleistungen, besondere Produkteigenschaften;

— **räumliche Präferenzen**, z. B. Standortvorteile, Parkmöglichkeiten, kürzere Anfahrtswege, geringere Transportkosten;

— **zeitliche Präferenzen**, z. B. modische Neuerungen, kürzere Lieferungs- und Zahlungsfristen, schnellere Ersatzteillieferung;

— **persönliche Präferenzen**, z. B. persönliche Bindungen an den Geschäftsinhaber (Schulfreund, Kegelbruder), die besondere Atmosphäre des Geschäfts, freundliche Bedienung.

▪ Unendlich große Reaktionsgeschwindigkeit

Die Marktteilnehmer reagieren auf Veränderungen der Marktdaten ohne jede zeitliche Verzögerung (Timelag).

2. Die Bedeutung der Modellaussagen

In der Realität gibt es vollkommene Märkte nur in ganz wenigen Ausnahmefällen. Beispiele für nahezu vollkommene Märkte sind die Börse (Wertpapier- oder Produktenbörse), Versteigerungen auf Großmärkten, örtliche Wochenmärkte, Märkte für einzelne Spezialwaren (z. B. medizinisch-technische Geräte). Fast alle Märkte der wirtschaftlichen Wirklichkeit sind unvollkommene Märkte, da eine oder mehrere Modellprämissen nicht erfüllt sind. Diese Unvollkommenheitselemente haben zur Folge, dass ein und dieselbe Ware zu unterschiedlichen Preisen angeboten und auch verkauft wird.

3. Die Funktionsweise des Markt-Preis-Mechanismus

Ist das Angebot größer als die Nachfrage ($M_A > M_N$), besteht also ein Angebotsüberhang bzw. eine Nachfragelücke, so werden die Preise so lange sinken, bis Angebot und Nachfrage identisch sind. Ist hingegen das Angebot kleiner als die Nachfrage ($M_A < M_N$), besteht also eine Angebotslücke bzw. ein Nachfrageüberhang, so werden die Nachfrager die Preise in die Höhe treiben, und zwar so lange, bis Angebot und Nachfrage miteinander übereinstimmen.

Hieraus wird deutlich, dass **Marktungleichgewichte** (Angebot > oder < Nachfrage) **Preisänderungen bewirken**. Andererseits wirken sich geänderte Preise wiederum auf Angebot und Nachfrage aus. Steigende Preise veranlassen bekanntlich die Produzenten mehr zu produzieren; fallende Preise hingegen mindern die Gewinnaussichten der Unternehmer. Deshalb werden bei sinkenden Preisen die Investitionen vermindert, das Angebot sinkt.

Angebot, Nachfrage und Preis wirken also wechselseitig aufeinander ein. Durch das Zusammenspiel dieser drei Größen wird das Marktgleichgewicht herbeigeführt. Man bezeichnet diesen Prozess der wechselseitigen Beeinflussung als **Markt-Preis-Mechanismus**. Er ist das Herzstück jeder Marktwirtschaft.

Am besten funktioniert dieser Mechanismus, wenn die Marktform der vollständigen Konkurrenz und die Bedingungen des vollkommenen Marktes gegeben sind. Dann ist der Marktanteil der einzelnen Unternehmen so gering, dass sie den auf dem Markt sich bildenden Gleichgewichtspreis nicht beeinflussen können. Sie müssen also den Preis als Datum, d. h. als unabänderliche Größe, hinnehmen. Absatzpolitik kann ein solches Unternehmen nur insoweit betreiben, als es die Angebotsmenge an die Gegebenheiten des Marktes, insbesondere den Marktpreis, anpasst (sog. Mengenanpasser).

Kann ein Unternehmen mit dem jeweiligen Marktpreis langfristig seine Produktionskosten nicht decken, so muss es seine Produktion einstellen. Einen Gewinn kann der Unternehmer also nur dann erzielen, wenn seine Selbstkosten unter dem jeweiligen Marktpreis liegen.

Würde ein Unternehmen einen Preis verlangen, der über dem Marktpreis liegt, so würde es alle seine Kunden an die Konkurrenz verlieren. Unter der Voraussetzung vollständiger Markttransparenz, unendlich schneller Reaktionsgeschwindigkeit und rationalen Kaufverhaltens kaufen die Nachfrager in diesem Falle allesamt bei günstiger anbietenden Konkurrenten.

Ergäbe sich auf einem Markt ein Preis, der die Erzielung überdurchschnittlicher Gewinne ermöglichen würde, so würden die bereits auf dem Markt befindlichen Unternehmen sofort ihr Angebot vergrößern. Da auf dem vollkommenen Markt keinerlei Zugangsbeschränkungen bestehen, würde dieser Prozess durch neu hinzukommende Unternehmen noch verstärkt werden.

Je geringer die Zahl der Marktteilnehmer auf beiden Marktseiten ist und je weniger die Bedingungen des vollkommenen Marktes vorherrschen, desto eher ist es einem Unternehmen möglich, monopolistische Marktpositionen aufzubauen und auf diese Weise den Markt-Preis-Mechanismus auszuschalten.

Arbeitsvorlage

Wie bildet sich der Preis auf einem vollkommenen Markt?

Wertetafel

Kurs	Angebot insgesamt	Nachfrage insgesamt	Umsatz in Stück	Nachfrage- überschuss	Angebots- überschuss
117					
118					
119					
120					
121					
122					

Grafische Darstellung

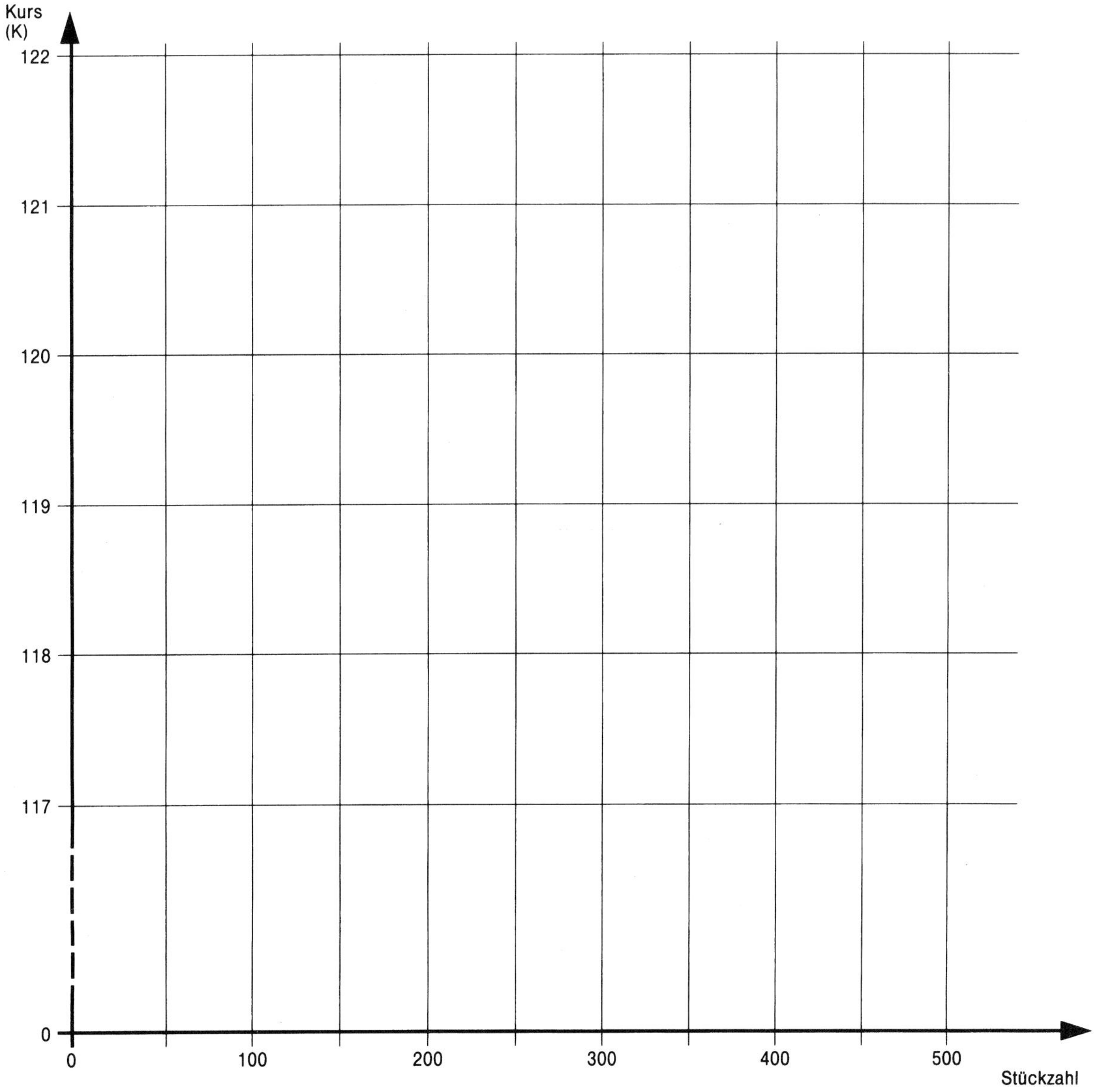

Arbeitsaufträge und Fragen zur Stofferschließung

1. Ergänzen Sie die Tabelle auf der vorhergehenden Seiten. **(Arbeitsvorlage)**

2. Veranschaulichen Sie die Tabellenwerte grafisch. Kennzeichnen Sie hierbei folgende Größen: Gleichgewichtskurs, Gleichgewichtsmenge, Angebotslücke/Nachfrageüberhang, Nachfragelücke/Angebotsüberhang.

3. Beantworten Sie danach folgende Fragen:

a) Welche drei Merkmale kennzeichnen den Gleichgewichtskurs? Lösungshinweise: Verhältnis von Angebot und Nachfrage, Umsatzentwicklung.

b) Was lässt sich über die Umsatzentwicklung bei steigenden Kursen sagen?

c) Was versteht man unter einer Angebotslücke bzw. unter einem Nachfrageüberhang?

d) Wie kommt es aus der in c) beschriebenen Situation heraus zum Marktgleichgewicht?

e) Was versteht man unter einem Angebotsüberhang bzw. unter einer Nachfragelücke?

f) Wie kommt es aus der in e) beschriebenen Situation heraus zum Marktgleichgewicht?

g) Was haben Marktungleichgewichte mit Begriffen wie Käufer- oder Verkäufermarkt zu tun?

4. Erläutern Sie die Modellprämissen für den vollkommenen Markt.

5. Lesen Sie den Text der Sachdarstellung mehrmals aufmerksam durch. Falls Ihnen eine Aussage nicht klar ist, stellen Sie Fragen an Ihren Lehrer. Beantworten Sie danach die folgenden Erschließungsfragen:

a) Wie verhalten sich die Preise bei einem Angebotsüberschuss bzw. bei einer Nachfragelücke?

b) Welche Angebots- bzw. Nachfrageverhältnisse sind typisch für steigende Preise?

c) Was versteht man unter einem Marktungleichgewicht?

d) Welche Wirkung geht von Marktungleichgewichten aus?

e) Welche Wirkung haben sinkende Preise auf das Angebot?

f) Welche drei Größen wirken wechselseitig aufeinander ein, wenn man vom Markt-Preis-Mechanismus spricht?

g) Unter welchen Bedingungen funktioniert der Markt-Preis-Mechanismus am besten?

h) Was würde geschehen, wenn ein Unternehmer auf einem vollkommenen Markt einen höheren als den Gleichgewichtspreis von seinen Kunden verlangen würde?

i) Welche Wirkung geht von Märkten aus, auf denen überdurchschnittliche Gewinne erzielt werden können?

6. Wie verhalten sich bei der Preisbildung Modellaussagen und wirtschaftliche Wirklichkeit zueinander?

7.2 Funktionen des Preises im System der Marktwirtschaft

Ausgangssituation

Beispielsammlung

(1) Frau K. hat von einer Tante ein Diamantkollier geerbt. Sie lässt den Wert dieses Schmuckstücks von einem Fachmann schätzen.

(2) Frau N. beklagt sich bei ihrem Ehemann, dass sie bei den hohen Einkaufspreisen mit ihrem Haushaltsgeld nicht mehr auskomme. Sie müsse sich „die Hacken ablatschen" und alle möglichen Sonderangebote ausnutzen, um einigermaßen „über die Runden" zu kommen.

(3) Auf dem Wochenmarkt muss ein Händler die Preise für Erdbeeren zwei Stunden vor Marktschluss um 30 % zurücknehmen, weil sonst die Gefahr besteht, dass die angebotene Ware keine Abnehmer findet.

(4) Als sich während der Ölkrise im Jahre 1974 die Benzinpreise auf 1,50 DM je Liter zubewegten – für die damalige Zeit ein ziemlich hoher Preis –, waren viele Autofahrer bestrebt im unteren und mittleren Tempobereich zu fahren, um dadurch Benzin zu sparen.

(5) Weil er jahrelang mit veralteten Produktionsanlagen gearbeitet hatte, konnte der Unternehmer S. mit den Absatzpreisen seiner Mitbewerber nicht mehr mithalten. Nachdem er seinen Zahlungsverpflichtungen nicht mehr nachkommen konnte, musste er das Insolvenzverfahren einleiten.

(6) P., der bisher in der Textilbranche gearbeitet hatte, wechselt in die Metallbranche über; sein Stundenlohn ist dort um rund 20 % höher.

(7) Die Preise für Weintrauben liegen im Oktober bei 1,40 € je Kilo, im Januar bei 2,60 €.

(8) Der Makler an einer Wertpapierbörse setzt den Kurs für VW-Aktien so fest, dass möglichst viele Kauf- und Verkaufsaufträge ausgeführt werden können.

(9) Um einen möglichst hohen Gewinn zu erzielen, ist der Händler H. bestrebt, die Ware zu möglichst niedrigen Preisen einzukaufen und die Kosten in seinem Betrieb so niedrig wie möglich zu halten.

(10) Ausruf eines Verdurstenden in der Wüste: „Ein Königreich für einen Schluck Wasser".

Sachdarstellung

1. Die Bedeutung des Preises im System der Marktwirtschaft

Für das System der Marktwirtschaft dürfte das Funktionieren des Preismechanismus von ähnlich großer Bedeutung sein wie der Herzschlag für das Leben der Menschen. Ohne ein funktionierendes Preissystem ist die Marktwirtschaft nicht lebensfähig. Das verdeutlicht die zentrale Stellung des Preises im System der Marktwirtschaft.

Der Preis lenkt direkt oder indirekt das gesamte Wirtschaftsgeschehen. Von der Preisentwicklung hängt es ab, welche Güter in welchem Umfang und zu welchem Zeitpunkt produziert werden und wer welche Güter in welchem Umfang verbrauchen kann. Sogar Einkommen und Lebensstandard des Einzelnen werden durch Preise reguliert.

Im Einzelnen erfüllt der **Marktpreis** folgende **Funktionen:** •Anreiz- oder Erziehungsfunktion •Ausgleichs-, Koordinations- oder Gleichgewichtsfunktion •Auslesefunktion •Fortschritts- oder Innovationsfunktion • Informations- oder Signalfunktion • Knappheitsfunktion •Lenkungs- oder Allokationsfunktion • Messfunktion •Verteilungsfunktion.

2. Übersicht: Funktionen des Preises – siehe Arbeitsvorlage

Arbeitsaufträge und Fragen zur Stofferschließung

1. Beurteilen Sie die Bedeutung des Preises im System der Marktwirtschaft.
Lösungshinweis: siehe Sachdarstellung.

2. Bestimmen Sie anhand der Beschreibungen in der nachstehenden **Arbeitsvorlage** die einzelnen Preisfunktionen.

3. Nennen Sie zu den in der Ausgangssituation angegebenen praktischen Beispielen die jeweilige Preisfunktion. Beachten Sie, dass Mehrfachnennungen möglich sind.

Arbeitsvorlage

Funktionen des Preises
im System der Marktwirtschaft

①

Um **Güter austauschen** zu können, müssen sie bewertet und **vergleichbar** gemacht werden. **Bewertungsmaßstab** ist das **Geld**. Der Preis ist der **in Geld ausgedrückte Wert eines Gutes**, sein Tauschwert. **Beispiel:** Eine Briefmarkenserie erzielt bei einer Versteigerung einen Preis von 5.800,00 Euro.

②

Der **Preis** eines Gutes ist **Ausdruck** seiner **Knappheit**. Güter, die (noch) **nicht knapp** sind, also freie Güter wie **z. B.** Luft, Meerwasser, Steine im Gebirge, haben **keinen Preis. Je knapper** ein Gut ist (z. B. Edelmetall wie Gold, Silber), desto **höher** ist sein **Preis**.

③

Durch Preise werden Wirtschaftssubjekte dazu **angereizt (erzogen), knappe Güter durch weniger knappe zu ersetzen (zu substituieren)** und die Produktionsfaktoren sinnvoll einzusetzen. **Beispiel:** Substitutionen der teuren Arbeitskraft durch Kapital (Einsatz von Maschinen), Durchführung von Arbeitsablauf- und Arbeitszeitstudien, um die Vergeudung von wertvoller Arbeitskraft zu verhindern

④

Preise **lenken** die **Produktionsfaktoren** in die **Wirtschaftsbereiche,** wo sie am **dringendsten benötigt** werden. **Beispiel:** Wird ein Produkt stark nachgefragt, erfolgt eine Ausdehnung der Produktion. Hierbei werden die Produktionsfaktoren aus anderen Wirtschaftsbereichen abgezogen und in die Branchen gelenkt, in denen Gewinnchancen bestehen

⑤

Preisbewegungen **informieren** die Produzenten darüber, ob sie mit steigenden oder sinkenden Gewinnen rechnen können. **Beispiel:** Ein steigender Produktpreis zeigt den Herstellern an, dass sie durch eine Ausdehnung ihrer Produktion den Gewinn steigern können. Umgekehrt signalisiert ein sinkender Produktpreis den Herstellern, dass eine Marktsättigung eingetreten und dass mit geringeren Gewinnen zu rechnen ist. Das wird einzelne Produzenten dazu veranlassen, die Herstellung dieses Produkts ganz einzustellen.

⑥

Preise bewirken, dass Anbieter, die **langfristig** mit ihren **Herstellkosten über** den jeweiligen **Gleichgewichtspreisen** liegen, **aus dem Markt ausscheiden** müssen. **Beispiel:** Insolvenzwelle nach der Konjunkturkrise 2002. Hauptursache: zu geringes Eigenkapital und als Folge davon zu starke Liquiditätsbelastung vor allem junger Unternehmen durch Zins und Tilgung.

⑧

Preise bestimmen den **Anteil am gemeinsam erwirtschafteten Ertrag,** am Inlandsprodukt. Sie sind somit bestimmend für den Lebensstandard der einzelnen Wirtschaftssubjekte. **Beispiel:** Steigende Güterpreise bewirken bei gleich bleibenden Einkommen eine geringere Güterzuteilung und damit einen niedrigeren Lebensstandard.

⑦

Preise ermöglichen es, die unterschiedlichen Einzelpläne der Wirtschaftssubjekte (z. B. der Anbieter und Nachfrager) **aufeinander abzustimmen** und ein **Marktgleichgewicht** herbeizuführen. **Beispiel:** A möchte 30 VW-Aktien zu einem möglichst niedrigen Kurs **kaufen,** B will 50 Siemens-Aktien zu einem möglichst hohen Kurs **verkaufen.** Besteht ein Angebotsüberhang (eine Nachfragelücke), dann fällt der Preis so lange, bis Angebot und Nachfrage im Einklang sind. Ist hingegen die Nachfrage größer als das Angebot (Angebotslücke bzw. Nachfrageüberhang), dann wird der Preis so lange steigen, bis das Gleichgewicht erreicht ist.

⑨

Um ihren **Gewinn zu maximieren,** sind Produzenten bestrebt, die jeweils **modernsten Produktionsmittel einzusetzen,** weil sie die geringsten Kosten verursachen. **Beispiel:** Ersatz einer alten durch eine neue Anlage, die ab einer bestimmten Ausstoßmenge mit **niedrigeren Gesamtkosten** arbeitet.

7.3 Gesetzmäßigkeiten der Preisbildung

Ausgangssituation

Marktsituation 1: Ein Marktforschungsinstitut stellt fest, dass in Deutschland in der Zeit um Ostern die Nachfrage nach frischen Eiern um etwa 25 % höher liegt als im Jahresdurchschnitt.

Welche Auswirkungen müsste diese Nachfragesteigerung auf den Eierpreis haben, wenn man von einem funktionierenden Markt-Preis-Mechanismus ausgeht und wenn man außerdem annimmt, dass auf dem Markt nicht mehr Eier als sonst üblich angeboten werden, dass also insbesondere keine zusätzlichen Eierimporte aus dem Ausland erfolgen?

Marktsituation 2: Hinsichtlich der Versorgung mit Videogeräten ist im laufenden Geschäftsjahr die erwartete Marktsättigung eingetreten. Die Produktionskapazitäten der führenden Videogerätehersteller sind nur zu 70 % ausgelastet, ihre Lagervorräte steigen. Produzenten und Händler rechnen auf dem Inlandsmarkt mit einem Absatzrückgang von etwa 20 %.

Marktsituation 3: Wegen günstiger Wachstumsbedingungen konnten im Jahr 20.. fast doppelt so viele Äpfel geerntet werden wie im Jahr zuvor (Obstschwemme).

Marktsituation 4: In den Stuttgarter Markthallen ist im Januar das Angebot an Frischgemüse saisonüblich gegenüber dem des Vormonats um rund 20 % zurückgegangen.

Sachdarstellung

Situationsanalyse:

- Gegebene Marktbedingungen:
  Steigende Nachfrage ($N_0 \rightarrow N_1$), konstantes Angebot (A).
- Ausgleich von Angebot und Nachfrage durch steigende Preise.

Preisgesetz Nr. 1:

Bei gleich bleibendem Angebot führt steigende Nachfrage zu steigenden Preisen. Der Preis steigt von P_0 auf P_1.

Die Gleichgewichtsmenge steigt unter den gegebenen Voraussetzungen von M_0 auf M_1.

Merke: Grafisch stellt sich eine Nachfragesteigerung als eine Parallelverschiebung der ursprünglichen Nachfragekurve (N_0) nach rechts dar (N_1).

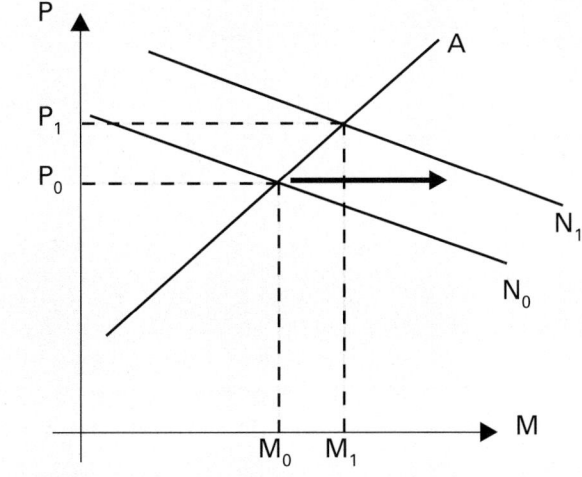

 Arbeitsvorlage Sieho folgonde Seite.

Arbeitsauftrag

Bearbeiten Sie nach dem Muster der Marktsituation 1 die folgenden Marktkonstellationen 2 bis 4. **(Arbeitsvorlage)**

Arbeitsvorlage 2

Gesetzmäßigkeiten der Preisbildung auf dem Markt

Marktsituation 2: Situationsanalyse

❶ Gegebene Marktbedingungen:

_____ Nachfrage, _____ Angebot

❷ Ausgleich von Angebot und Nachfrage durch

_____ Preise (_____ < _____).

❸ Preisgesetz Nr. 2:

Bei _____ Angebot

führt _____ Nachfrage

zu _____ Preisen.

❹ **Merke:** Grafisch stellt sich ein Nachfrage _____-

_____ als eine Parallelverschiebung der ursprüng-

lichen Nachfragekurve (N_0) nach _____ dar (N_1).

Marktsituation 3: Situationsanalyse

❶ Gegebene Marktbedingungen:

_____ Nachfrage, _____ Angebot

❷ Ausgleich von Angebot und Nachfrage durch

_____ Preise (_____ < _____).

❸ Preisgesetz Nr. 3:

Bei _____ Nachfrage

führt ein _____ Angebot

zu _____ Preisen.

❹ **Merke:** Grafisch stellt sich eine Angebots _____-

_____ als eine Parallelverschiebung der ursprüng-

lichen Angebotskurve (A_0) nach _____ dar (A_1).

Marktsituation 4: Situationsanalyse

❶ Gegebene Marktbedingungen:

_____ Nachfrage, _____ Angebot

❷ Ausgleich von Angebot und Nachfrage durch

_____ Preise (_____ > _____).

❸ Preisgesetz Nr. 4:

Bei _____ Nachfrage

führt ein _____ Angebot

zu _____ Preisen.

❹ **Merke:** Grafisch stellt sich ein Angebots _____-

_____ als eine Parallelverschiebung der ursprüng-

lichen Angebotskurve (A_0) nach _____ dar (A_1).

7.4 Die Preisbildung im Polypol (atomistische Konkurrenz auf unvollkommenen Märkten)

Ausgangssituation

Nach einer vom ADAC für den Raum München im April 20.. durchgeführten Marktuntersuchung schwankten die Preise für einen Liter Dieselkraftstoff zwischen 1,04 € und 1,18 €. Die in derselben Zeit vom Tankstelleninhaber Franz Huber in M-Ramersdorf durchgeführten Testverkäufe zu unterschiedlichen Preisen haben ergeben, dass Preisveränderungen lediglich im Bereich zwischen 1,08 € und 1,12 € möglich sind, ohne dass spürbare Reaktionen der Kunden eintreten.
Frage: Wie sind diese Preisabweichungen zu erklären?

Sachdarstellung

1. Die allgemeine Marktsituation

Auf den unvollkommenen Märkten der wirtschaftlichen Wirklichkeit gibt es bei atomistischer Konkurrenz (Vielzahl von Anbietern und Nachfragern) weder eine einheitliche Angebotskurve noch eine solche Nachfragekurve. Es sind stattdessen **viele individuelle Angebots- und Nachfragekurven** vorhanden, die zusammen ein **Angebots-** bzw. ein **Nachfrageband** bilden siehe unten stehende Grafik, linke Abbildung). Da es innerhalb dieser Bänder viele Schnittpunkte der individuellen Angebots- und Nachfragekurven gibt, sind auf einem unvollkommenen Markt **unterschiedliche Preise** vorhanden. Die Preisunterschiede werden umso größer sein, je unvollkommener der Markt ist.

2. Die Marktsituation eines einzelnen Anbieters (individuelle Nachfragesituation)

Auf dem unvollkommenen Markt hat jeder Anbieter einen **gewissen Preisspielraum.** Dieser preispolitische Aktionsradius ist in der Regel nicht identisch mit den für den Gesamtmarkt geltenden Preisober- und -untergrenzen. Im vorliegenden Beispiel liegen die Preisober- und Preisuntergrenzen für den Gesamtmarkt bei 1,04 € und 1,18 €. Die preispolitischen Möglichkeiten für den einzelnen Anbieter (Tankstelle Huber in M-Ramersdorf) sind jedoch in der Regel wesentlich enger. Sie liegen im Beispiel zwischen 1,08 € und 1,12 € und richten sich nach den für den einzelnen Anbieter geltenden Marktbedingungen.

Bei einer Erhöhung des Angebotspreises bis zur Preisobergrenze (1,12 €) muss unser Anbieter nicht befürchten, dass es zu großen Umsatzeinbußen (Nachfragerückgängen) kommt. Umgekehrt führen Preissenkungen, soweit sie die Preisuntergrenze (1,08 €) nicht unterschreiten, wegen der Unvollkommenheit des Marktes nur zu begrenzten Umsatzzuwächsen (Nachfrageerhöhungen). Die Nachfragekurve ist also in diesem Bereich sehr unelastisch, verläuft also verhältnismäßig steil.

Der Anbieter auf dem unvollkommenen Markt kann sich also innerhalb einer mehr oder weniger eng begrenzten Zone preispolitisch weitgehend autonom, d. h. wie ein Monopolist, verhalten. Man bezeichnet deshalb diesen Abschnitt zwischen Preisober- und Preisuntergrenze der individuellen Nachfragekurve als den monopolistischen Bereich.

3. Grafische Darstellung

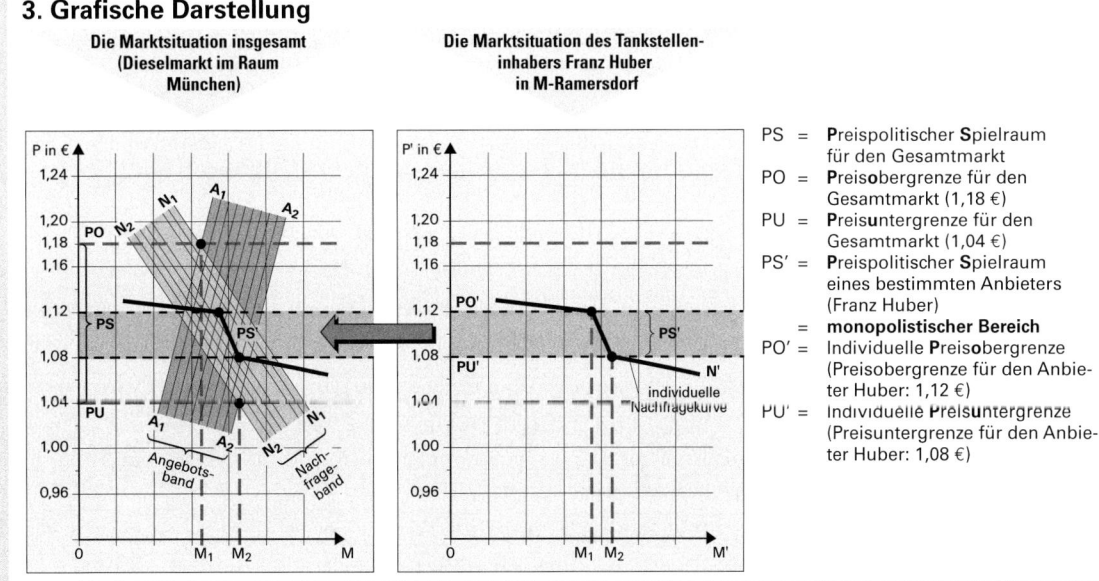

PS = **P**reispolitischer **S**pielraum für den Gesamtmarkt
PO = **P**reis**o**bergrenze für den Gesamtmarkt (1,18 €)
PU = **P**reis**u**ntergrenze für den Gesamtmarkt (1,04 €)
PS′ = **P**reispolitischer **S**pielraum eines bestimmten Anbieters (Franz Huber)
= **monopolistischer Bereich**
PO′ = Individuelle **P**reis**o**bergrenze (Preisobergrenze für den Anbieter Huber: 1,12 €)
PU′ = Individuelle **P**reis**u**ntergrenze (Preisuntergrenze für den Anbieter Huber: 1,08 €)

Arbeitsaufträge und Fragen zur Stofferschließung

1. Welcher Beziehungszusammenhang besteht zwischen der Vollkommenheit bzw. Unvollkommenheit eines Marktes und dem preispolitischen Spielraum der Anbieter?

2. Kennzeichnen Sie ganz allgemein die Marktsituation im Polypol.

3. Was versteht man unter dem „monopolistischen Spielraum" des Tankstelleninhabers Huber?

4. Wie werden sich die Kunden verhalten, wenn Tankstelleninhaber Huber seinen Dieselabgabepreis auf über 1,12 € erhöht?

5. Angenommen, Huber setzt den Preis für Dieselkraftstoff unterhalb der Preisuntergrenze von 1,08 € an. Wie werden in diesem Falle seine Kunden reagieren?

6. Was kann ein Anbieter auf einem unvollkommenen Markt tun, um seinen preispolitischen Spielraum zu vergrößern?

7.5 Die Preispolitik des Angebotsoligopolisten

Ausgangssituation

Der Markt für Handgelenk-Blutdruckmessgeräte wird von drei Anbietern beherrscht. Die Produkte dieser Anbieter wurden von der Stiftung Warentest einheitlich mit „gut" bewertet. Die auf diesem Markt pro Jahr absetzbare Menge beträgt 300 000 Stück.

Eine der drei Unternehmungen, die Firma Alphamed, hält bei einem Verkaufspreis von 50,00 € einen Marktanteil von 40%. Marktanalysen dieses Unternehmens haben folgenden Beziehungszusammenhang zwischen Verkaufspreis und Marktanteil ergeben:

Verkaufspreis in €	55,00	50,00	45,00	40,00
Marktanteil in %	25	40	45	50

Fixe Kosten der Herstellung: 1,5 Millionen €

Variable Produktionskosten je Stück: 30,00 €

Zu welchem Preis wird die Firma Alphamed ihr Blutdruckmessgerät verkaufen, wenn sie einen höchstmöglichen Gewinn anstrebt?

Sachdarstellung

1. Aktive Preispolitik des Oligopolisten

▨ **Voraussetzungen:**

Dynamische Unternehmensleitung – günstige Finanz- und Kostensituation – relativ schwache Marktstellung der Nachfrager – relativ starke Marktstellung des eigenen Unternehmens – differenziertes Angebot (hohe Produktqualität; ausgeklügeltes Produktionsprogramm).

▨ **Mögliche Reaktionen der Nachfrager, wenn ein Oligopolist den Preis seines Produkts erhöht:**

— Nachfragerückgang (in %) = Preiserhöhung (in %)
— Nachfragerückgang (in %) < Preiserhöhung (in %)
— Nachfragerückgang (in %) > Preiserhöhung (in %)
— kein wesentlicher Nachfragerückgang trotz Preiserhöhung

▨ **Mögliche Reaktionen der Konkurrenten bei einer Preiserhöhung:**

Die Mitbewerber erhöhen den Preis für ihr Produkt …
— in demselben Maße wie der Preisbrecher (z. B. ebenfalls um 10 %),
— in geringerem Maße (z. B. nur um 6 %),
— in stärkerem Maße (z. B. um 15 %),
— überhaupt nicht: Sie antworten dann häufig mit Maßnahmen aus dem Bereich des Nichtpreiswettbewerbs (z. B. Qualitätsverbesserungen, Produktdifferenzierung).

Ausprägungsformen aktiver oligopolistischer Preispolitik:

- **Preisführerschaft**
  - **Vorgehensweise:** Der Oligopolist mit dem größten Marktanteil wird häufig von den Mitbewerbern stillschweigend als Preisführer anerkannt.
  - **Preispolitisches Verhalten:** Preisänderungen werden nur dann vorgenommen, wenn der Preisführer seinen Preis ändert.

- **Verdrängungswettbewerb (ruinöse Konkurrenz)**
  - **Zielsetzung:** Ausschaltung der Konkurrenz, Erlangung einer Monopolstellung.
  - **Mittel:** in erster Linie Preisunterbietung.
  - **Risiken:** hohe Kosten, starke finanzielle Belastungen, vorübergehend Verzicht auf Gewinnmaximierung (Dumpingpreise), Aufbau einer gemeinsamen Abwehrfront der Konkurrenten möglich; mögliche unbeabsichtigte Folge: Verdrängung des Angreifers vom Markt.

2. Passive Preispolitik des Oligopolisten

Ausprägungsformen:

- Preisunbeweglichkeit bzw. -starrheit (sog. „Schlafmützenkonkurrenz");
- oligopolistische Zusammenarbeit (Kooperation, evtl. sogar Kartellbildung), Parallelverhalten (abgestimmte Aktionen auf dem Markt).

Hauptgrund für passives preispolitisches Verhalten:

Angst vor einem Preiskrieg (Verdrängungswettbewerb).

Typische Konkurrenzsituation bei passivem preispolitischem Verhalten der Oligopolisten: etwa gleich große Marktanteile.

Hauptziel oligopolistischer Zusammenarbeit (Kooperation): Ausschaltung des Wettbewerbs durch Bildung von Kartellen, Beherrschung des Marktes.

3. Die Nachfragekurve (Preis-Absatz-Funktion) im Oligopol

Die Tendenz zur Preisstarrheit im Oligopol lässt sich theoretisch begründen.

Würde ein Oligopolist aus der bestehenden Preisphalanx ausbrechen und den **Preis** für sein Produkt **erhöhen,** z.B. weil er einen höheren Gewinn anstrebt, dann müsste er mit beträchtlichen Umsatzeinbußen rechnen, weil ein Großteil der Kunden – ähnlich wie im Polypol – zu den günstiger anbietenden Mitbewerbern abwandern würde. Die zum alten Preis verkaufenden Mitbewerber würden in beträchtlichem Umfang Marktanteile hinzugewinnen, sodass der preistreibende Oligopolist sowohl seine Markt- als auch seine Gewinnsituation überproportional verschlechtert.

Würde andererseits ein Oligopolist den Versuch unternehmen durch **Preissenkung** Wettbewerbsvorteile zu erzielen, dann müsste er mit entsprechenden Reaktionen seiner Mitbewerber rechnen. Senken die Mitbewerber ebenfalls die Preise, dann werden sich die Umsatzzuwächse des Preisunterbieters in mehr oder weniger engen Grenzen halten. Auf jeden Fall wird sich die Gewinnsituation des preisunterbietenden Oligopolisten ganz wesentlich verschlechtern. Aus diesem Grunde besteht im Oligopol wenig Neigung aus der bestehenden Preisphalanx nach unten hin auszubrechen. Auch im Fall der Preisunterbietung bestätigt sich somit die in Oligopolmärkten zu beobachtende Tendenz zur Preisunbeweglichkeit.

Weil schon relativ geringe Preiserhöhungen zu beträchtlichen Umsatzeinbußen beim preistreibenden Oligopolisten führen, erweist sich die Preis-Absatz-Funktion in Bezug auf steigende Preise als sehr elastisch.[1] Umgekehrt führen beabsichtigte Preissenkungen nur zu relativ geringen Umsatzzuwächsen beim Initiator der Preisunterbietungswelle, weil alle anderen Mitbewerber aus Angst vor einschneidenden Umsatzeinbußen ebenfalls ihre Preise senken werden. Die Preis-Absatz-Funktion (Nachfragekurve) erweist sich in diesem Bereich als relativ unelastisch. Dort, wo der elastische auf den unelastischen Bereich stößt, hat die Nachfragekurve einen Knick; man spricht deshalb in diesem Zusammenhang von der **geknickten Preis-Absatz-Funktion** im Oligopol.

---

1 Preiselastizität der Nachfrage (Nachfrageelastizität): Änderung der Nachfragemenge in Prozent zu Änderung des Preises in Prozent

Arbeitsvorlage

Preispolitik im Angebotsmonopol

1. Wertetafel: Auswirkungen von Preisänderungen auf das Unternehmensergebnis

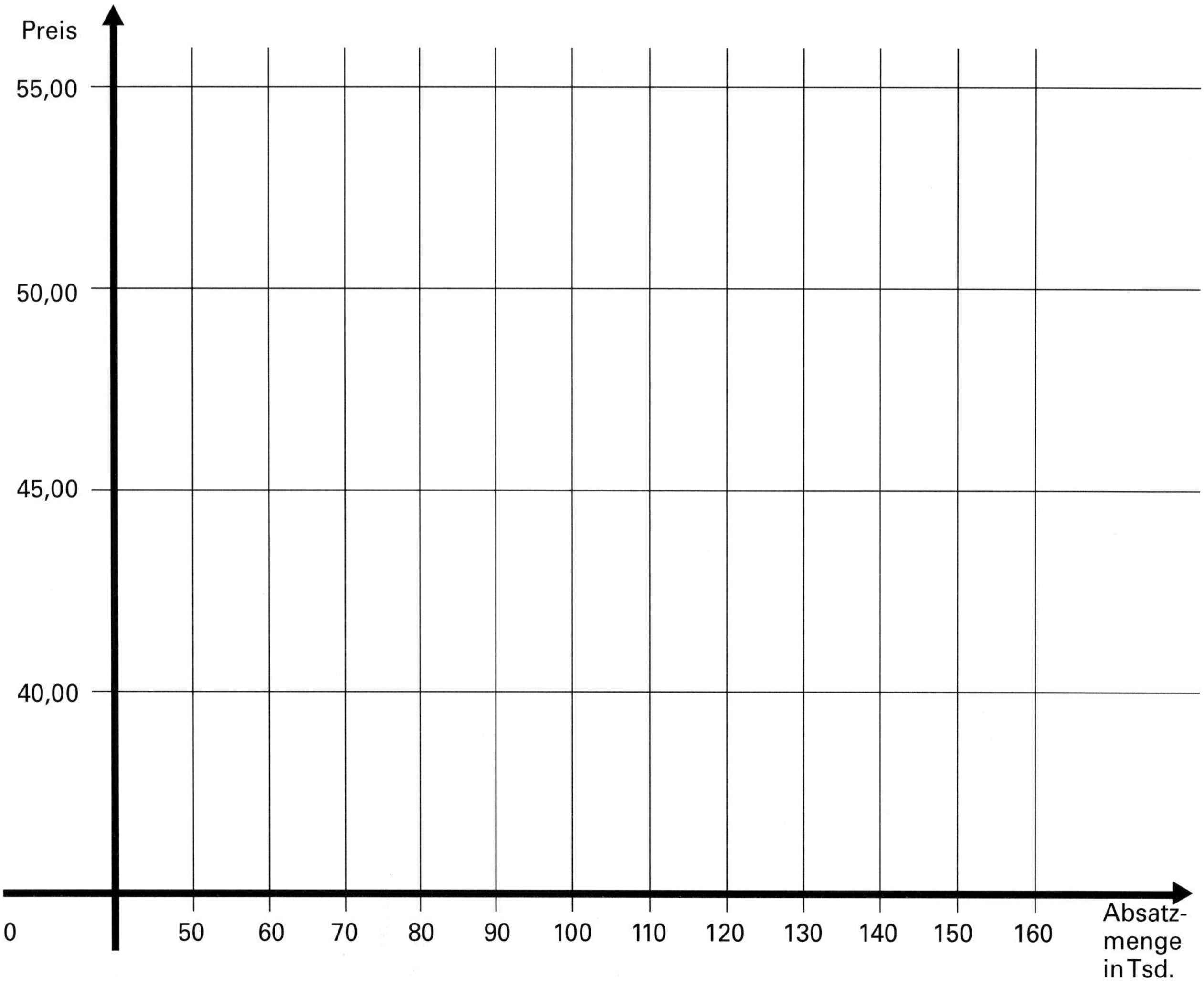

Preis	55,00 €	50,00 €	45,00 €	40,00 €
Marktanteil (in Prozent)	25	40	45	50
Absatzmenge (in Stück)				
Erlöse (in Mio. €)				
gesamte Fixkosten (in Mio. €)				
gesamte variable Kosten (in Mio. €)				
Gesamtkosten (in Mio. €)				
Gewinn/Verlust (in Mio. €)				

2. Grafische Darstellung: Die geknickte Preis-Absatz-Kurve (Nachfragekurve) im Oligopol

Arbeitsaufträge und Fragen zur Stofferschließung

1. Beschäftigen Sie sich zunächst einmal mit der **Ausgangssituation** und mit dem preispolitischen Verhalten von Oligopolisten **(Sachdarstellung 1. und 2.).** Beantworten Sie danach folgende Auswertungsfragen:

   a) Von welchen Seiten muss der Oligopolist bei Preisveränderungen mit Reaktionen rechnen?

   b) Mit welchen Reaktionen der Nachfrager muss ein Oligopolist bei Preiserhöhungen grundsätzlich rechnen?

   c) Mit welchen Reaktionen der Konkurrenten muss ein Oligopolist bei Preiserhöhungen grundsätzlich rechnen?

   d) Was versteht man unter „Preisführerschaft"?

   e) Mit welchen Gefahren ist ein Preiskrieg verbunden?

   f) Welche Formen des passiven preispolitischen Verhaltens von Oligopolisten gibt es?

   g) Welchen Hauptgrund und welches Hauptziel gibt es für das passive preispolitische Verhalten von Oligopolisten?

2. Ergänzen Sie nun die Tabelle zu den Gegebenheiten der Ausgangssituation. **(Arbeitsvorlage)**

3. Werten Sie die von Ihnen ermittelten Ergebnisse der Tabelle aus.

   a) Bei welchem Verkaufspreis wird ein maximaler Gewinn erzielt? Markieren Sie diese Zeile in der Tabelle mit Farbe.

   b) Wie erklärt es sich, dass bei einer Preiserhöhung um 10 % (von 50,00 € auf 55,00 €) der Marktanteil der Firma Alphamed von 40 auf 25 % (um 37,5 %) sinkt? Lösungshinweis: Nachfragerverhalten.

   c) Wie erklärt sich die relativ geringe Umsatzsteigerung (15 000 bzw. 30 000 Stück), wenn der Preis um 10 bzw. 20 % (von 50,00 € auf 45,00 € bzw. auf 40,00 €) herabgesetzt wird? Lösungshinweis: Konkurrenzverhalten.

   d) Wie würden Sie sich anstelle der Firma Alphamed preispolitisch verhalten? Begründen Sie Ihren Standpunkt mithilfe des vorgegebenen Zahlenmaterials.

4. Stellen Sie den Zusammenhang zwischen Verkaufspreis pro Stück und Absatzmenge grafisch dar **(Arbeitsvorlage).** Teilen Sie die ermittelte Preis-Absatz-Kurve in drei Preiszonen ein und beschreiben Sie die einzelnen Preiszonen kurz. Lösungshinweis: Elastizität der Nachfrage, Umsatzentwicklung beim Preispolitik betreibenden Oligopolisten.

5. Erklären Sie das Zustandekommen der geknickten Preis-Absatz-Kurve (Nachfragekurve).

6. Welche Marktbedingungen müssen gegeben sein, um die für die geknickte Nachfragekurve im Oligopolmarkt geltenden Mitbewerber- und Nachfragerreaktionen auszulösen? Lösungshinweis: Bedingungen des vollkommenen Marktes.

7.6   Die Preispolitik des Angebotsmonopolisten

Ausgangssituation

Die Sportgeräte AG, Bremen, hat einen völlig neuartigen „Tele-Trimmer" entwickelt: Es handelt sich hierbei um ein Gerät, das geräuschlos betrieben wird und mit dem während des Fernsehens leichte sportliche Übungen (Bein- und Armbewegungen) durchgeführt werden können. Das Gerät ist mit einem Pulsfrequenzmesser und einem Kalorienzähler versehen. Es ist patentrechtlich geschützt.

Vor der Aufnahme der Produktion wird ein Marktforschungsinstitut damit beauftragt, die Absatzchancen dieses neuartigen Sportgeräts festzustellen. Nach den Ergebnissen dieser Marktuntersuchung sind folgende Absatzchancen gegeben:

Preis je Stück in Euro	100,00	90,00	80,00	70,00	60,00	50,00	40,00	30,00	20,00
Absatzmengen in Tsd.	–	10	20	30	40	50	60	70	80

Ein Preis unter 20,00 Euro ist nach Vorkalkulation nicht möglich.

Die Sportgeräte AG rechnet bei der Herstellung des Geräts mit Fixkosten in Höhe von 1,2 Millionen Euro und mit variablen Stückkosten in Höhe von 20,00 Euro.

Frage: Zu welchem Preis wird die Sportgeräte AG den „Tele-Trimmer" verkaufen, wenn sie einen höchstmöglichen Gewinn anstrebt?

Sachdarstellung

1. Das Wesen von Monopolen

Der Monopolist

- ist der alleinige Anbieter eines Guts auf einem bestimmten Markt;
- ist keinem wesentlichen Wettbewerb ausgesetzt;
- kann aktiv Preispolitik betreiben;
- kann den Angebotspreis autonom, d. h. selbst bestimmen;
- braucht bei der Preisfestsetzung keine Rücksicht auf Konkurrenten zu nehmen;
- beherrscht den Markt (marktbeherrschendes Unternehmen);
- verfügt über wirtschaftliche Macht.

2. Entstehung von Monopolen

- **Natürliche Monopole,** z. B. beim Abbau von Naturvorkommen (Bodenschätze, Heilquellen)
- **Öffentliche Monopole,** z. B. die öffentlichen Versorgungsbetriebe (Gas-, Wasser-, Elektrizitätswerke), das bisherige Briefbeförderungs-, Fernsprech- und Fernschreibmonopol der Deutschen Post AG. Es handelt sich fast ausnahmslos um Monopole mit sozialpolitischer Funktion; sie werden in der Regel nicht mit der Absicht der Gewinnmaximierung betrieben.
- **Vertragsmonopole,** z. B. Preisabsprachen zwischen rechtlich und wirtschaftlich selbstständigen Unternehmen derselben Branche. Solche Kartelle sind ein typisches Beispiel für Kollektivmonopole – im Gegensatz zu Einzelmonopolen.
- **Gewachsene Monopole.** Es handelt sich um Monopole, die ohne Gesetze oder Vertrag durch Ausschaltung von Konkurrenzunternehmen und Eroberung einer marktbeherrschenden Stellung entstanden sind. Beispiel: Ein finanzstarkes Unternehmen überlebt als einziges eine schwere Branchenkrise.
- **Rechtliche Monopole,** z. B. alleiniges Nutzungsrecht für eine Erfindung aufgrund eines Patents oder einer Lizenz.

3. Hauptvorteile

- Ermöglichung der Großserien- und Massenproduktion, da Monopolunternehmen fast immer Großbetriebe sind, in denen das Gesetz der Massenproduktion zur Anwendung kommt. Das führt zu Kostenvorteilen, die bei vollständiger Konkurrenz wegen der zu kleinen Unternehmenseinheiten nicht realisierbar wären.
- Der vom Gesetz der Massenproduktion ausgehende Zwang zur möglichst vollständigen Kapazitätsauslastung – der maximale Gewinn entsteht an der Kapazitätsgrenze – verhindert eine künstliche Verknappung des Angebots.
- Die überlegene Kapitalkraft von Monopolunternehmen ist die Voraussetzung für die Finanzierung kostenaufwändiger Forschungsarbeiten und für den Einstieg in neue, risikobehaftete Produktionen und Technologien, z. B. Megachips.

4. Hauptnachteile

- Monopolpreise sind keine Knappheitspreise; sie lenken daher Kaufkraft eventuell in ökonomisch unzweckmäßige Verwendungen.
- Monopolunternehmen streben eine künstliche Verknappung des Angebots an, um ihre hohen Preise aufrechterhalten zu können.
- Im Vergleich zur vollständigen Konkurrenz führen infolgedessen Monopole zu einer schlechteren Versorgung der Bevölkerung mit Gütern.
- Der Monopolist bezieht wegen seiner marktbeherrschenden Stellung einen nicht gerechtfertigten Sondergewinn, die sog. Monopolrente.
- Eine Monopolstellung auf einem Markt kann zu einem Nachlassen der Rationalisierungs- und Innovationsbemühungen führen und so den technischen Fortschritt hemmen.

5. Grenzen der Monopolmacht

In der wirtschaftlichen Wirklichkeit gibt es keine absoluten, sondern nur relative Monopolstellungen, und zwar aus folgenden Gründen:

- **Substitutions- bzw. Surrogatkonkurrenz** ermöglicht es den Abnehmern, bei zu hohen Monopolpreisen auf andersartige Ersatzgüter auszuweichen, z. B. Flugreisen statt Bahnfahrten.
- **Potenzielle Konkurrenz** führt bei monopolistisch überhöhten Preisen zur Entwicklung von Ersatzgütern und damit zur Aufbrechung des bestehenden Monopols, z. B. Einfuhr ausländischer Billigprodukte.

■ **Außenseiterkonkurrenz** in Form von kleineren Mitbewerbern (Teilmonopolen) können dem Nachfrager bei überhöhten Preisen Nachfrage durch Leistungsdifferenzierung abnehmen.

■ **Totale Konkurrenz** besteht insoweit, als die Abnehmer ihren Bedarf nach einem überteuerten Monopolgut zugunsten eines völlig andersartigen Guts zurückstellen können.

■ **Staatliche Maßnahmen zur Förderung des Wettbewerbs** in der sozialen Marktwirtschaft (z. B. Kartellverbot, Missbrauchsaufsicht, Fusionskontrolle). Damit sollen die unsozialen Folgen einer immer mehr zunehmenden Unternehmenskonzentration verhindert werden.

Arbeitsvorlage

Preispolitik im Angebotsmonopol

1. Auswertung der Marktforschungsergebnisse

Preis je Stück (in Euro)	Absatz- menge (in Tsd.)	Umsatz (in Mio. Euro)	Herstellungskosten		Gesamt- kosten[1]	Gesamt- gewinn/ Verlust[1]
			gesamte Fixkosten[1]	gesamte variable Kosten[1]		
1	2	3	4	5	6	7
100,00						

[1] in Mio. Euro

2. Grafische Darstellung: Siehe folgende Seite.

Arbeitsaufträge und Fragen zur Stofferschließung

1. Befassen Sie sich zuerst einmal mit den Ausführungen der **Sachdarstellung.**

a) Prüfen Sie anhand der im Abschnitt 1 der Sachdarstellung angeführten Kriterien, ob die Sportgeräte AG in Bezug auf den „Tele-Trimmer" eine Monopolstellung innehat.

b) Erläutern Sie, was man unter rechtlichen, gewachsenen, natürlichen, öffentlichen und Vertragsmonopolen zu verstehen hat.

c) Beschreiben Sie drei Hauptvorteile von Monopolbetrieben.

d) Erläutern Sie, warum Monopolbetriebe „Fremdkörper" in einer Wettbewerbswirtschaft darstellen.

e) Zeigen Sie an vier Beispielen die Grenzen der Monopolmacht auf.

2. Ergänzen Sie mithilfe der in der Ausgangssituation gegebenen Daten die vorstehende Tabelle **(Arbeitsvorlage).**

3. Beantworten Sie danach folgende Auswertungsfragen:

a) Wie verhält sich der Preis zur Absatzmenge?

b) In welchem Maße steigen die Gesamtkosten an?

c) Wie lautet die mathematische Formel für die Ermittlung des Gesamtgewinns bzw. Gesamtverlusts?

d) Was lässt sich über die Höhe des Gesamtgewinns bzw. Gesamtverlusts sagen ...
da) bei hohen Preisen, db) bei niedrigen Preisen, dc) bei mittleren Preisen?

e) Bei welchem Preis wird der höchste Gesamtgewinn erzielt? (Gewinnmaximaler Preis)

Fortsetzung auf Seite 165

**Umsatz/Gesamt-
kosten** in Mio. Euro

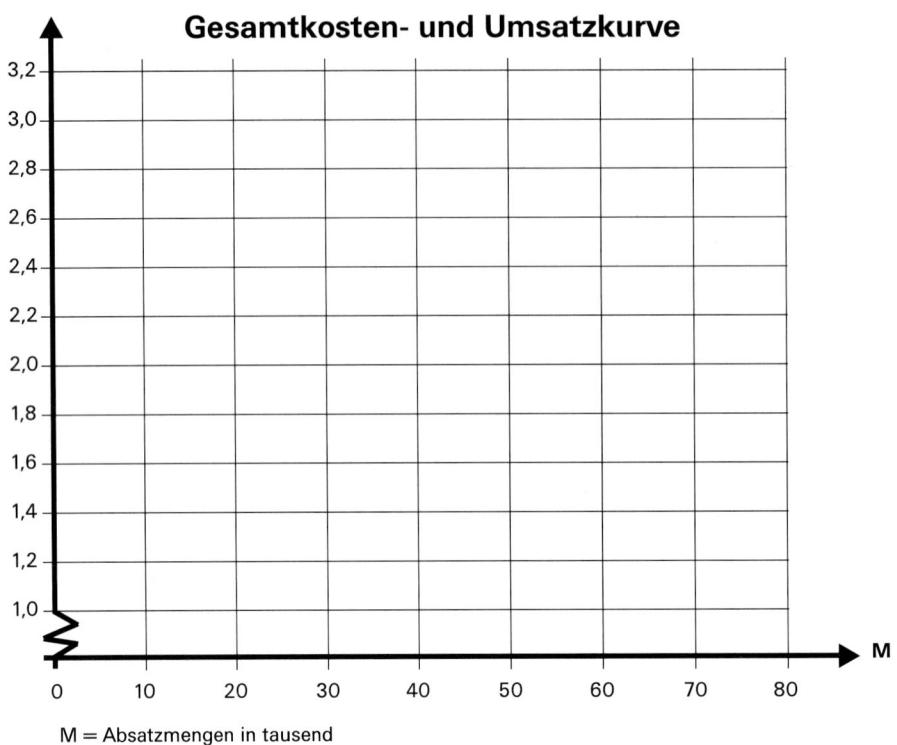

Gesamtkosten- und Umsatzkurve

M = Absatzmengen in tausend

Stückpreis
in Euro

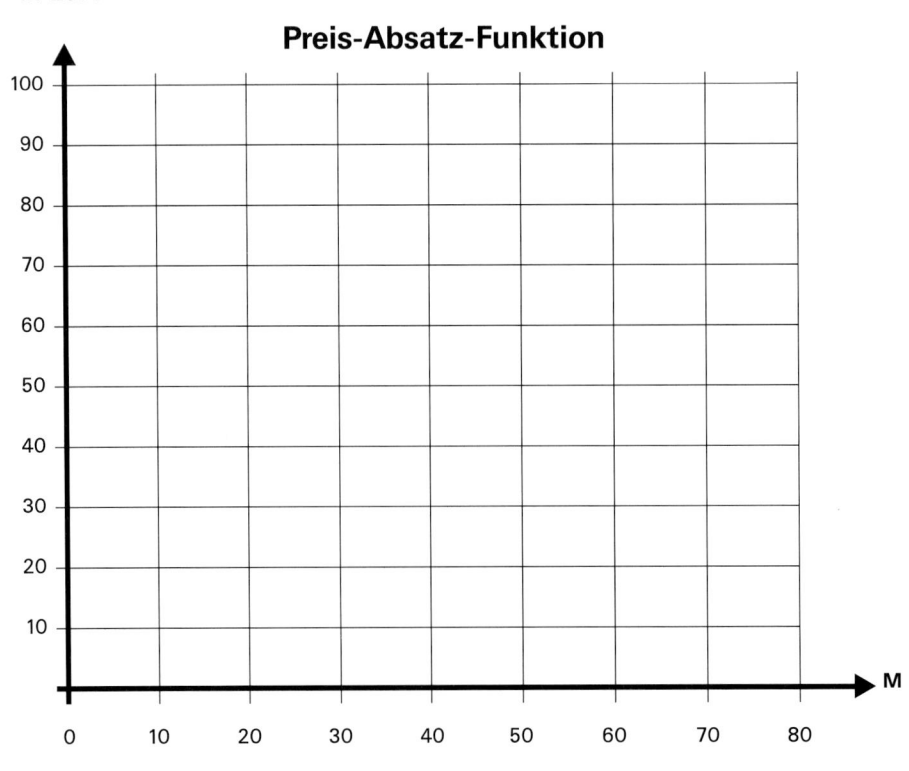

Preis-Absatz-Funktion

Arbeitsaufträge und Fragen zur Stofferschließung – Fortsetzung

f) Bei welchem Preis wird der höchste Umsatz erzielt? (Umsatzmaximaler Preis)

g) Was lässt sich über das Verhältnis (die Größenordnung) von gewinnmaximalem zu umsatzmaximalem Preis sagen?

h) Bei welcher Absatzmenge wird das Gewinnmaximum erreicht? Markieren Sie diese Absatzmenge in der Tabelle.

i) Bei welcher Absatzmenge wird das Umsatzmaximum erreicht?

j) Was lässt sich über das Verhältnis (die Größenordnung) von gewinnmaximaler zu umsatzmaximaler Absatzmenge sagen?

k) Angenommen, der Angebotsmonopolist strebe nach maximalem Gewinn. Bei vollständiger Konkurrenz wäre unter dieser Voraussetzung eine bestmögliche Versorgung der Bevölkerung mit Gütern und Dienstleistungen gewährleistet. Wie ist das Versorgungsniveau beim Angebotsmonopol zu beurteilen? (Lösungshinweis: vgl. Punkt j).

4. Stellen Sie das Datenmaterial der Tabelle grafisch dar, und zwar zuerst das Verhältnis von Stückpreis und Absatzmenge (Preis-Absatz-Funktion), sodann die Gesamtkosten- und die Umsatzkurve (**Arbeitsvorlage**).

5. Markieren Sie den ersten Schnittpunkt von Umsatz- und Gesamtkostenkurve mit A, den zweiten mit B. Beantworten Sie danach folgende Verständnisfragen:

a) Wie ist der Schnittpunkt von Umsatz- und Gesamtkostenkurve (Punkt A), der als Gewinn- oder Nutzenschwelle bezeichnet wird, zu deuten?

b) Wie verhalten sich Gesamtkosten und Umsatz zueinander bei Absatzmengen, die kleiner als die Schnittmenge sind?

c) Was entsteht bei Absatzmengen, die größer als die Schnittmenge des Punktes A sind?

d) Wie könnte man daher die rechts von Punkt A liegende Zone zwischen Gesamtkosten- und Umsatzkostenkurve bezeichnen?

e) Wo endet dieser Bereich? Was bringt dieser Schnittpunkt zum Ausdruck?

f) Welches Verhältnis von Umsatz und Gesamtkosten ergibt sich bei Absatzmengen, die größer sind als die Schnittmenge von Punkt B?

6. Bestimmen Sie grafisch auf der Umsatzkurve folgende Punkte: Punkt des maximalen Gewinns (Punkt D) und den Punkt des maximalen Umsatzes (Punkt E). Wie müssen Sie vorgehen?

7. Fällt man vom Punkt D (gewinnmaximaler Umsatz) ein Lot auf die Mengenachse des Koordinatensystems für die Preis-Absatz-Kurve, so schneidet dieses Lot die Preis-Absatz-Kurve (Nachfragekurve). Den Schnittpunkt bezeichnet man als Cournot'schen Punkt (C). Der dazugehörige Preis wird als Cournot'scher Preis (P_C), die entsprechende Menge als Cournot'sche Menge (M_C) bezeichnet.
Machen Sie in der Grafik die Cournot'sche Menge (M_C) und den Cournot'schen Preis (P_C) ausfindig.

8. Vergleichen Sie die Cournot'sche Menge (M_C) mit der zum Umsatzmaximum (Punkt E) gehörigen Menge ($M_{U(max.)}$).

9. Welche Schlussfolgerung kann aus dem in Punkt (8) festgestellten Sachverhalt wiederum gezogen werden?

10. Kann es sein, dass auch ein Monopolist nicht unter allen Umständen den höchstmöglichen Preis fordert? (Begründung)

7.7   Markteingriffe des Staates

Ausgangs-situation

Beispielsammlung für staatliche Markteingriffe

① Der Staat zahlt Wohngeld (Mietbeihilfen), um den Beziehern von niedrigen Einkommen eine menschengerechte Unterbringung zu ermöglichen.

② Der Staat erhöht die Steuerbelastung der Wirtschaftssubjekte, z. B. durch Erhöhung der Lohn- und Einkommensteuer.

③ Der Staat baut Vorräte bei staatlichen Lagerstätten (z. B. Buttervorräte) in der Weise ab, dass er die Ware zu Marktbedingungen veräußert.

④ Der Staat verschärft die Unternehmensbesteuerung durch Erhöhung der Kostensteuern, beispielsweise der Gewerbesteuer.

⑤ Der Staat erlässt einen allgemeinen Mietpreisstopp, um ein weiteres Ansteigen der Mietpreise zu unterbinden und um die sozial schwächeren Bevölkerungsschichten zu schützen.

⑥ Die Behörden der Europäischen Union in Brüssel legen den Weizenpreis in sämtlichen EU-Ländern einheitlich fest.

Sachdarstellung

Arten und Wirkungsweise von Staatseingriffen

■ **Marktkonforme Maßnahmen** sind Staatseingriffe in die Wirtschaft, die den Markt-Preis-Mechanismus nicht einschränken oder gänzlich außer Kraft setzen.

Der Staat beeinflusst nur die Marktbedingungen, d.h. die Angebots- oder Nachfrageverhältnisse, überlässt aber ansonsten die Preisbildung dem Markt. Es handelt sich also um indirekte Eingriffe in das Marktgeschehen; sie werden als markt- oder systemgemäß angesehen.

Der Staat ergreift marktkonforme Maßnahmen immer dann, wenn die Ergebnisse des Marktes (z.B. die Einkommens- oder Vermögensverteilung) den wirtschafts- oder sozialpolitischen Zielsetzungen der sozialen Marktwirtschaft zuwiderlaufen, insbesondere wenn die unsozialen Auswirkungen der freien Marktwirtschaft ausgeglichen werden müssen (z.B. zu große Einkommens- oder Vermögensunterschiede).

■ Durch **marktkonträre (nicht marktgemäße, systemwidrige, systeminkonforme) Eingriffe** des Staates werden nicht nur die Marktverhältnisse (Angebots- oder Nachfrageverhältnisse) beeinflusst, sondern es wird der Markt-Preis-Mechanismus wesentlich eingeschränkt oder gänzlich außer Kraft gesetzt, z.B. durch einen staatlichen Lohn- oder Preisstopp

Durch marktinkonforme Maßnahmen wird die Marktwirtschaft ausgehöhlt. Wird die Eigenbewegung der Wirtschaft unterbunden, müssen immer größere Bereiche der Wirtschaft zentral verwaltet werden. Ein allmähliches Hinübergleiten in die Zentralverwaltungswirtschaft ist nach Ansicht der Verfechter der Marktwirtschaftslehre eine unausbleibliche Folge zunehmender Staatseingriffe.[1]

■ In der Wirtschaftsordnung der sozialen Marktwirtschaft sollen marktkonforme Maßnahmen des Staates die Regel, marktinkonforme Eingriffe die Ausnahme sein.

 Arbeitsvorlage 1: Praktische Beispiele für mögliche Staatseingriffe

[1] Steuerliche Maßnahmen (Steuersenkungen oder -erhöhungen); **[2]** Einführung eines Lohnstopps durch Gesetz; **[3]** mengenmäßige Beschränkungen der Wareneinfuhr (Einfuhrkontingente); **[4]** Veränderungen der Kreditbedingungen durch die Europäische Zentralbank (EZB), z.B. Änderung des Hauptrefinanzierungs-Zinssatzes; **[5]** Festsetzung eines Mindestpreises für Milch; **[6]** Erhebung von Zöllen; **[7]** Gewährung von Abschreibungsvergünstigungen für Unternehmer; **[8]** Gewährung von zinsverbilligten öffentlichen Baukrediten;
[9] Einführung eines allgemeinen Preisstopps durch ein Bundesgesetz; **[10]** Zahlung von Subventionen, (z.B. an die Landwirtschaft, an Unternehmen des Kohlebergbaus oder an Werften); **[11]** Einführung eines allgemeinen Gewinn- oder Dividendenstopps; **[12]** Steuerbegünstigung für umweltfreundliche Erzeugnisse (z.B. Solarzellen) und Sonderbesteuerung umweltschädlicher Produkte (z.B. Oldtimer-Autos); **[13]** Erteilung von Staatsaufträgen an die Privatindustrie (z.B. Bau- und Rüstungsaufträge); **[14]** Einführung eines allgemeinen Mietenstopps; **[15]** Erteilung von Investitionsauflagen (Ge- und Verbote); **[16]** Devisenbewirtschaftung (= Aufhebung des Devisenfreihandels); **[17]** Kindergeldzahlungen; **[18]** Zahlung von Subventionen an konkurrenzbedrohte Kleinunternehmen; **[19]** Erteilung von Produktionsauflagen (z.B. Einbau von Filteranlagen in Kamine); **[20]** Export- und Importverbote; **[21]** Erhebung von Einfuhrabgaben (Abschöpfungen); **[22]** Investitionsprämien an die Unternehmer; **[23]** Verlängerung der Schulpflicht und/oder Heraufsetzung des Rentenalters; **[24]** Vergabe von staatlichen Forschungsaufträgen; **[25]** Einstellung zusätzlichen Personals in den öffentlichen Dienst.

---

1 Vgl. W. Mahr, Einführung in die Allgemeine Volkswirtschaftslehre, 2. Auflage, Wiesbaden 1971, S. 31.

Arbeitsvorlage 2

Wie greift der Staat in das Wirtschaftsleben ein?

Marktkonforme Maßnahmen

1 _____ Wirkung

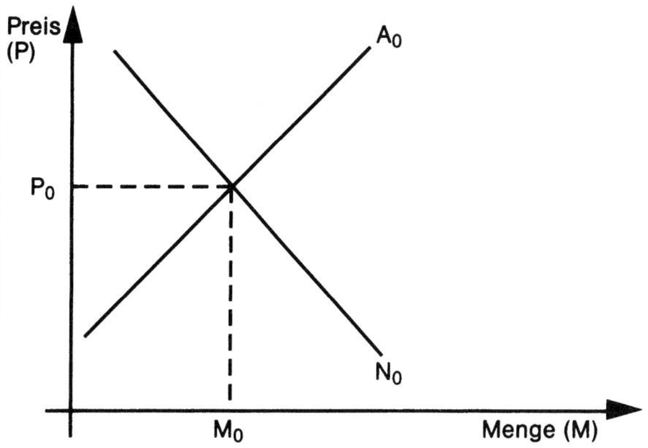

Preis (P) · A$_0$ · P$_0$ · N$_0$ · M$_0$ · Menge (M)

2 _____ Wirkung

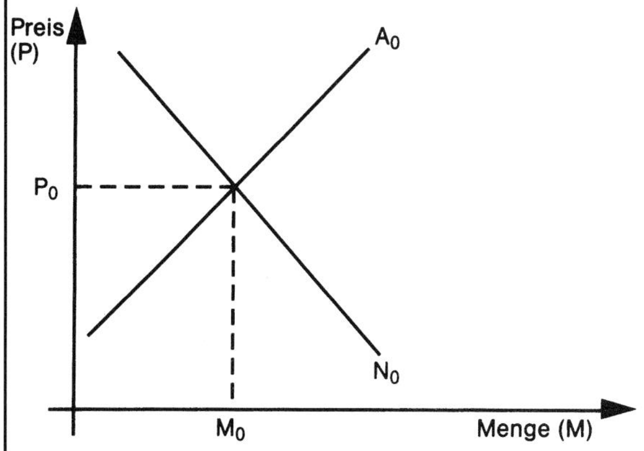

Preis (P) · A$_0$ · P$_0$ · N$_0$ · M$_0$ · Menge (M)

3 _____ Wirkung

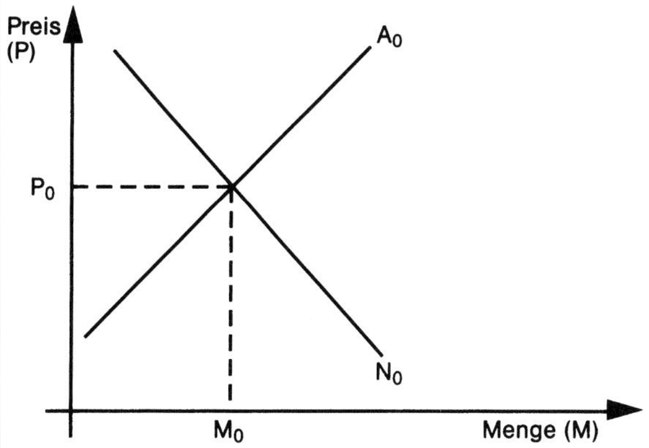

Preis (P) · A$_0$ · P$_0$ · N$_0$ · M$_0$ · Menge (M)

4 _____ Wirkung

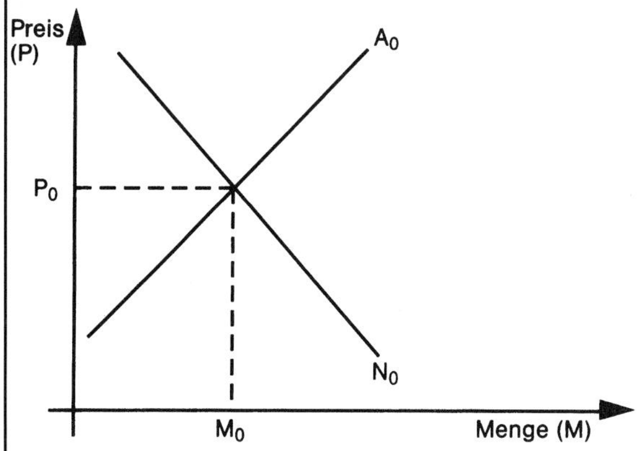

Preis (P) · A$_0$ · P$_0$ · N$_0$ · M$_0$ · Menge (M)

Marktinkonforme Maßnahmen

5 Mietpreisstopp

Preis (P) · A$_0$ · P$_0$ · N$_0$ · M$_0$ · Menge (M)

6 EG-Weizenpreise (Festpreis)

Preis (P) · A$_0$ · P$_0$ · N$_0$ · M$_0$ · Menge (M)

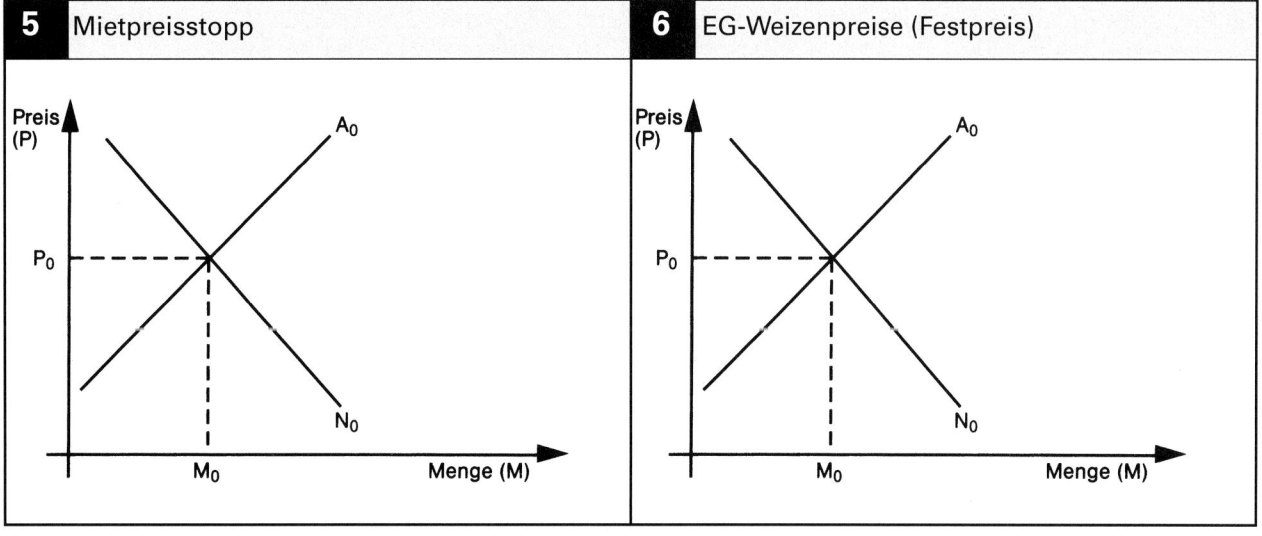

Arbeitsvorlage 3

Welche Arten von marktkonträren (systemkonformen) Staatseingriffen gibt es?

Drei Möglichkeiten:[1]

Festsetzung der Produktions- _____

Der **Staat schreibt** den Unternehmen **vor, was, wie viel** und **wann** sie produzieren und investieren sollen.
Zeitweise aktuell war die **direkte Investitionslenkung** in einzelnen Branchen unserer Wirtschaft, z. B. im Stahlbereich.

Festsetzung der _____ **für die angebotenen Güter**

Der **Staat schreibt** den Unternehmen die _____ **vor,** die sie von ihren Abnehmern verlangen dürfen. Das können _____-, _____- oder _____ preise sein.

Festsetzung der Verbrauchs- _____

Der **Staat schreibt** den Unternehmen und Haushalten bestimmte Höchst _____ vor, die **verbraucht** werden können, z. B. bei Heizölverknappung.
Die Verbraucher erhalten in solchen Fällen vom Staat (was?) _____ _____ .

Höchstpreise (HP)

1. Beispiel: Höchstmieten im sozialen Wohnungsbau.

2. Höhe: Sie liegen unter/über[2] den entsprechenden Gleichgewichtspreisen des Marktes.

3. Zweck: Dadurch soll (wer?) der _____ geschützt werden.

4. Wirkung: Die Privatwirtschaft hat an der Herstellung solcher Güter kein/großes Interesse.

5. Marktlage: Bei HP (P) ist die Nachfrage stets (wie?) _____ als das Angebot, d. h., es besteht ein _____-überhang oder eine _____ lücke.

6. Verhalten des Staates: Er muss rationieren, d.h. _____ _____ ausgeben.

7. Reaktion des Marktes: Es entstehen sog. „_____ Märkte", auf denen die fehlenden Güter zu (welchen?) _____ Preisen angeboten werden.

Festpreise (FP)

1. Höhe: Sie können über oder unter dem entsprechenden Gleichgewichtspreis des Marktes liegen. Liegt der Festpreis **unter** dem Gleichgewichtspreis des Marktes, so wirkt er wie ein _____ preis.
Liegt der Festpreis **über** dem Gleichgewichtspreis des Marktes, so wirkt er wie ein _____- _____ preis.

1 U. a. einzusetzende Begriffe: Angebot – aufkaufen – Bezugsscheine – einlagern – Fest – Hersteller – Höchst – Mengen – Mindest – Nachfrage – schwarz – stilllegen – überhöht – Verbraucher – vernichten

2 Nichtzutreffendes streichen!

Mindestpreise (MP)

1. Beispiel: Landwirtschaftliche Güter, z. B. _____ _____

2. Höhe: Sie liegen _____ den entsprechenden Gleichgewichtspreisen des Marktes (P_2).

3. Zweck: Dadurch sollen die _____ geschützt werden.

4. Wirkung: Wegen der hohen Preise wird mehr/weniger[2] produziert, als verbraucht werden kann. Es entstehen – wie in der EU – sog. _____ _____ berge oder _____ seen.

5. Marktlage: Bei MP (P_2) ist die Nachfrage (M_N) stets (wie?) _____ als das Angebot (M_A), d. h., es besteht ein _____ überhang oder eine _____- _____ lücke.

6. Verhalten des Staates: Er muss die Überschussproduktion _____ und _____- _____ evtl. sogar _____- _____ und Kapazitäten _____ lassen.

Arbeitsaufträge und Fragen zur Stofferschließung

1. Beschreiben Sie ganz allgemein die Wirkungen der Staatseingriffe in allen sechs Beispielen.

2. Stellen Sie die durch die Staatseingriffe bewirkten Veränderungen auf dem Markt (Angebots-, Nachfrage-, Preisveränderungen) grafisch dar und beschreiben Sie diese Veränderungen **(Arbeitsvorlage 2).**

3. Welche Gemeinsamkeiten weisen die Staatseingriffe der Beispiele ① bis ④ auf? Beschreiben Sie diese Art der Staatseingriffe.

4. Welche Gemeinsamkeiten weisen die Staatseingriffe der Beispiele ⑤ und ⑥ auf? Beschreiben Sie diese Art der Staatseingriffe.

5. Wie unterscheiden sich staatliche Wohngeldzahlungen und allgemeiner Mietpreisstopp hinsichtlich der langfristigen Wirkungen?

6. Entscheiden Sie, ob die in der vorstehenden **Arbeitsvorlage 1** angeführten Maßnahmen des Staates marktkonformen (+) oder marktkonträren (−) Charakter haben. Kennzeichnen Sie auf Ihrem Arbeitsblatt die einzelnen Maßnahmen wie folgt: z. B. [1]+, [2] −.

7. Grundsätzlich gibt es drei Möglichkeiten für marktkonträre Staatseingriffe: Der Staat kann entweder die Produktionsmengen oder die Verbrauchsmengen oder die Preise für die angebotenen Güter festsetzen; bei den Festpreisen ist zwischen Höchst- und Mindestpreisen zu unterscheiden.

   Erarbeiten Sie eine Übersicht über die verschiedenen Arten von marktkonträren Staatseingriffen.

   Berücksichtigen Sie hierbei die in der mittleren Spalte (unten) angegebenen Begriffe **(Arbeitsvorlage 3).**

8.1   Wirtschaftskreislauf mit Kapitalbildung

Ausgangssituation

Ein Pausengespräch zwischen zwei Berufsschülern

Joachim: „Die bisher im Unterricht besprochenen Modelle des einfachen Wirtschaftskreislaufs erscheinen mir ziemlich wirklichkeitsfremd. In dieser Modellwirtschaft bewegt sich ja überhaupt nichts. Die einzelnen Stromgrößen bleiben Jahr für Jahr unverändert. Weder der Wert der eingesetzten Produktionsfaktoren noch die Faktoreinkommen der Haushalte, weder die Höhe der Konsumausgaben der Haushalte noch der Wert der von den Unternehmungen bezogenen Konsumgüter ändert sich im Laufe der Zeit."

Lothar: „Mich stört vor allem, dass in einer solchen stationären Wirtschaft keinerlei Aussagen über das Zustandekommen von Investitionen gemacht werden. Man geht offensichtlich einfach davon aus, dass ein bestimmter Produktionsapparat zur Verfügung steht. Wie die benötigten Produktionsmittel zustande kommen, bleibt völlig offen."

Joachim: „Offen bleibt auch, wie die vorhandenen Kapazitäten ausgeweitet, wie also Erweiterungsinvestitionen vorgenommen werden können."

Lothar: „Nach dem, was ich bisher im BWL-Unterricht mitbekommen habe, muss die Kapitalbildung — und darum gehts ja beim Investieren — irgendetwas mit Sparen bzw. Konsumverzicht zu tun haben. Wenn also irgendwie Bewegung in die Modellwirtschaft kommen soll, muss der Sparvorgang mit in die Kreislaufbetrachtung einbezogen werden."

Joachim: „Ja, das ist richtig. Es fragt sich nur, wie es möglich ist, das Sparen in die Kreislaufdarstellung mit einzubeziehen."

Sachdarstellung

1. Erweiterungen gegenüber dem einfachen Wirtschaftskreislauf

Im Folgenden wird der sich aus dem Einkommen (den Faktorentgelten) ergebende Ausgabenstrom aufgegliedert in **Konsumausgaben (C)** und in **Sparleistungen der Haushalte (S)**. Ersparnisse werden bei Banken, privaten Versicherungen, Sozialversicherungen, Bausparkassen und anderen **Kapitalsammelstellen (K)** angelegt. Sie verwenden die von den Haushalten gesparten Geldbeträge zur Gewährung von **Investitionskrediten (I)** an die Unternehmungen. Letztere finanzieren ihre Investitionen also indirekt mit den von den Haushalten angesparten Mitteln.

Diese Unternehmungen, die Geld- und Kreditgeschäfte tätigen, werden wegen ihrer besonderen Rolle in der Volkswirtschaft aus dem Bereich der Unternehmungen ausgegliedert und verselbstständigt, sodass ein **Dreisektorenmodell** (H = Haushalte, U = Unternehmungen, K = Kapitalsammelstellen) entsteht. Es hat evolutorischen[1] Charakter, weist also veränderliche Stromgrößen auf. Die Volkswirtschaft kann expandieren oder schrumpfen.

2. Warum zwischen Sparen und Investieren nach Möglichkeit ein Gleichgewicht herrschen sollte

Sparen bedeutet zunächst einmal nichts anderes als Konsumverzicht. Das Nichtverbrauchen führt zu einem Rückgang der kaufkräftigen Gesamtnachfrage, sofern die Verminderung der Konsumgüternachfrage nicht durch eine Steigerung der Investitionsgüternachfrage ausgeglichen wird. Ausfall an kaufkräftiger Nachfrage bedeutet aber Beschäftigungsrückgang (z. B. erhöhte Arbeitslosigkeit) und damit Einkommensminderung. Die Wirtschaft schrumpft.

Wenn umgekehrt die Unternehmungen mehr investieren wollen als die Haushalte zu sparen bereit sind, wird der Geldstrom (Strom der Investitionskredite) wegen der hohen Geldnachfrage aufgebläht. Das ist möglich, weil die Banken in der Lage sind, durch Kreditschöpfung vermehrt Geld in Umlauf zu bringen. Es kommt dann zu Preissteigerungen, zur Inflation.

Nur wenn die freiwilligen Ersparnisse der Haushalte mit den von den Unternehmern geplanten Investitionen übereinstimmen, befindet sich eine Volkswirtschaft im Gleichgewicht.

---

1 Evolution: fortschreitende Entwicklung

Arbeitsvorlage

Wie kann die Kapitalbildung in die Modellbetrachtung miteinbezogen werden?

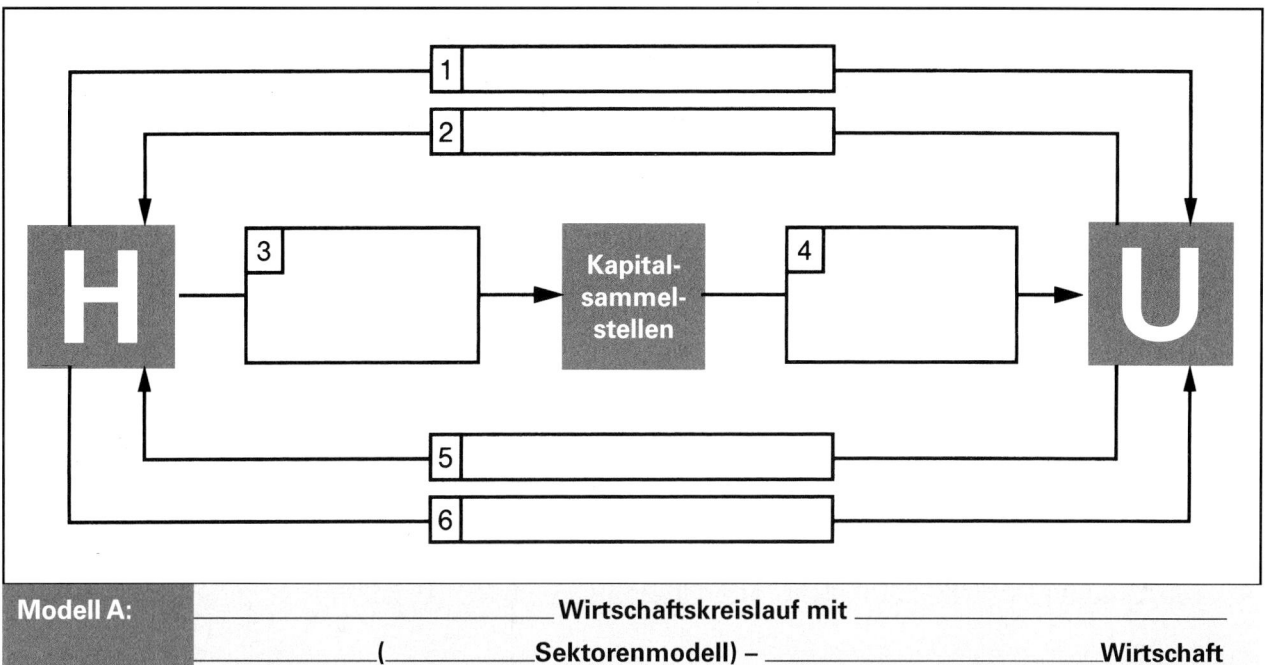

Modell A:	_____ Wirtschaftskreislauf mit _____
	_____(_____Sektorenmodell) – _____Wirtschaft

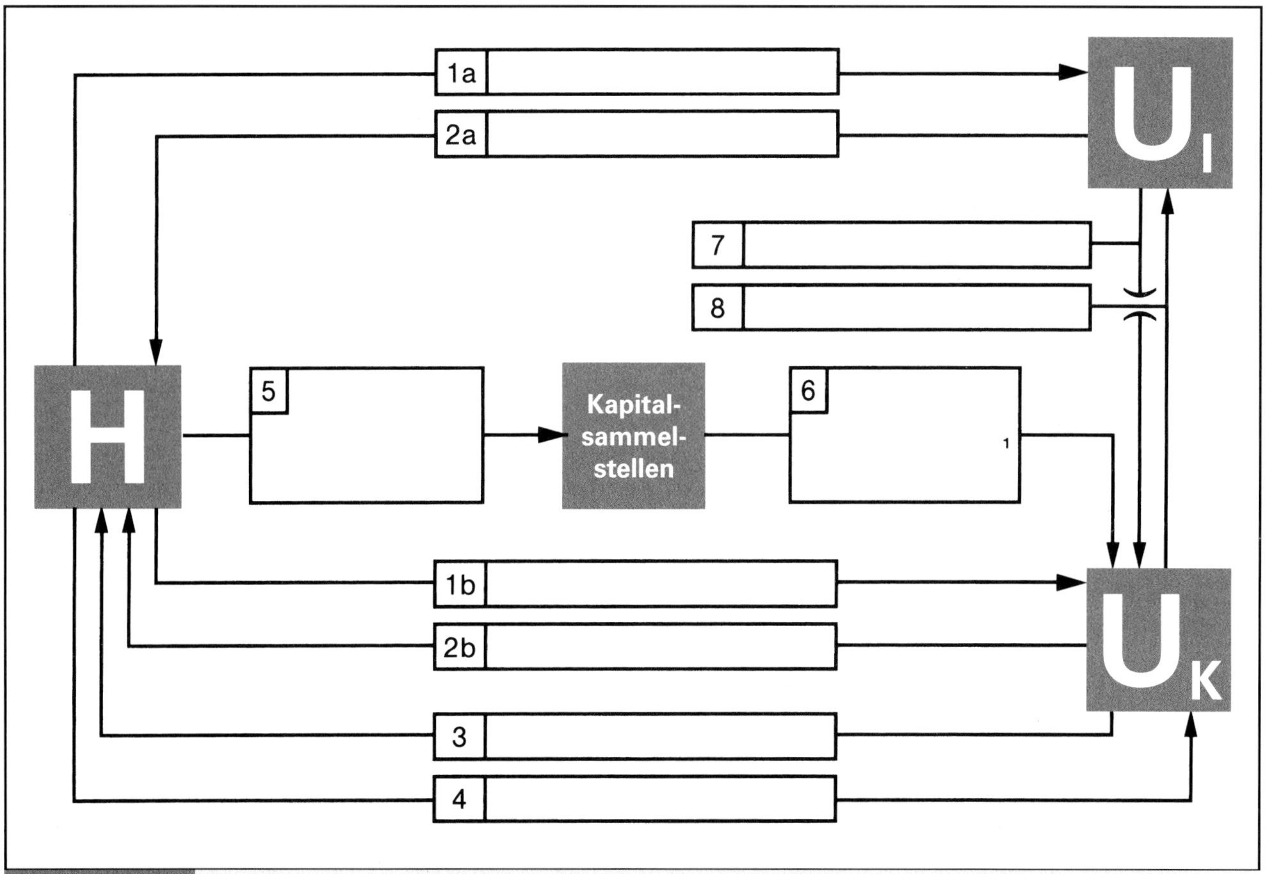

Modell B:	_____ Wirtschaftskreislauf mit _____
	____und _____Unternehmenssektor

1 Es wird unterstellt, dass nur die konsumgüterproduzierenden Unternehmen (U_K) Investitionsbedarf haben.

Arbeitsaufträge und Fragen zur Stofferschließung

1. Stellen Sie die Beziehungszusammenhänge zwischen den einzelnen Sektoren (Haushalte – Unternehmungen – Kapitalsammelstellen) grafisch dar. Zeichnen Sie in das Schaubild (Modell A) die einzelnen Stromgrößen (insgesamt sechs) ein. Markieren Sie die Güter- und Geldströme mit verschiedenen Farben (Modell A) **(Arbeitsvorlage)**.

2. Modell A kann in der Weise abgewandelt werden, dass der Unternehmenssektor in Konsumgüterunternehmen (U_K) und in Investitionsgüterunternehmen (U_I) aufgespalten wird. Ergänzen Sie die Kreislaufdarstellung des Modells B **(Arbeitsvorlage)**.

3. Der Wert der gesamten Güterproduktion einer Volkswirtschaft während eines Jahres wird als (Brutto-)Inlandsprodukt (Y_1) bezeichnet. Aus welchen zwei Komponenten setzt sich der Wert der gesamten Güterproduktion zusammen? Wie lautet die entsprechende Gleichung (Einkommensentstehungsgleichung)? Betrachten Sie hierzu Modell B.

4. Die Summe der in einer Volkswirtschaft während eines Jahres erzielten Faktorentgelte wird als Bruttonationaleinkommen (Y_2) bezeichnet. Aus welchen zwei Komponenten setzt sich das Bruttonationaleinkommen bei aufgespaltenem Unternehmenssektor zusammen? Betrachten Sie hierzu Modell B.

5. Welcher Beziehungszusammenhang besteht zwischen dem Wert der gesamten Güterproduktion (Bruttoinlandsprodukt) und der Summe der erzielten Faktoreinkommen (Bruttonationaleinkommen)? Warum ist das so?

6. Wozu wurde das durch die Güterproduktion entstandene Einkommen (Bruttonationaleinkommen Y_2) von den Haushalten verwendet? Beachten Sie die Zahlungsabflüsse im Sektor Haushalte.

7. Wie lautet demzufolge die Einkommensverwendungsgleichung für das Bruttonationaleinkommen?

8. Unter 5. wurde festgestellt, dass im besprochenen Kreislaufmodell das Inlandsprodukt (Y_1) identisch ist mit dem Bruttonationaleinkommen (Y_2). Was gilt demzufolge für S und I?

9. Die Sparquote (SQ) gibt die Ersparnisse der privaten Haushalte in Prozent des verfügbaren Einkommens an. Beschreiben Sie die Entwicklung der Sparquote in Deutschland in der Zeit von 1996 bis 2006.

Jahr	98	99	2000	2001	2002	2003	2004	2005	2006	2007	2008
SQ (%)	10,1	9,5	9,2	9,4	9,9	10,3	10,4	10,6	10,5	10,8	11,4

aus: Globus 2642

8.2 Wirtschaftskreislauf mit Staatstätigkeit

Ausgangssituation

Auszug aus einem Schülerreferat über die Rolle des Staates in der modernen Volkswirtschaft:

„Der Staat hat in der Vergangenheit als wirtschaftende Einheit innerhalb der Volkswirtschaft zunehmend an Bedeutung gewonnen. Das wird deutlich an der ständig steigenden **Staatsquote (StQ)**. Darunter versteht man den **Anteil, den die Staatsausgaben (einschließlich Sozialversicherung) am gesamten Bruttoinlandsprodukt haben.**

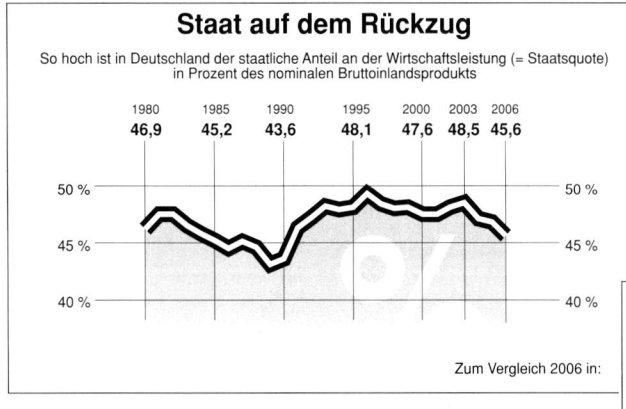

Staat auf dem Rückzug

So hoch ist in Deutschland der staatliche Anteil an der Wirtschaftsleistung (= Staatsquote) in Prozent des nominalen Bruttoinlandsprodukts

1980	1985	1990	1995	2000	2003	2006
46,9	45,2	43,6	48,1	47,6	48,5	45,6

Zum Vergleich 2006 in:

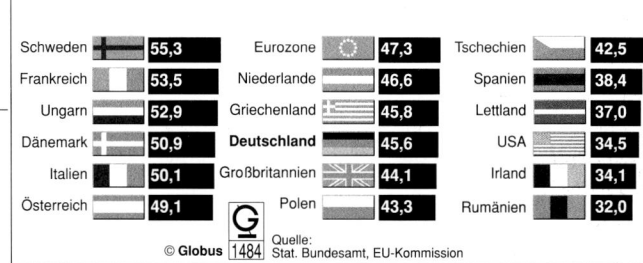

Schweden	55,3	Eurozone	47,3	Tschechien	42,5
Frankreich	53,5	Niederlande	46,6	Spanien	38,4
Ungarn	52,9	Griechenland	45,8	Lettland	37,0
Dänemark	50,9	**Deutschland**	45,6	USA	34,5
Italien	50,1	Großbritannien	44,1	Irland	34,1
Österreich	49,1	Polen	43,3	Rumänien	32,0

© Globus 1484   Quelle: Stat. Bundesamt, EU-Kommission

Für das bis Mitte der Neunzigerjahre zu beobachtende Anwachsen der Staatsausgaben gibt es vielfältige Gründe. Ganz allgemein kann gesagt werden, dass dem Staat im Laufe der Zeit immer neue Aufgaben zugewachsen sind. Sie reichen von erhöhten Sozialaufwendungen als Folge gewandelter gesellschaftlicher Verhältnisse (Wohlfahrtsstaat, längere Lebenserwartung) bis zur Übernahme der Verantwortung für die Wirtschaftsentwicklung (wirtschaftliche Stabilität, Wachstum, Vollbeschäftigung, Sicherung des Wettbewerbs) und die Verhinderung von Umweltschäden.

Das erneute Ansteigen der Staatsquote ab 1990 ist in erster Linie auf die mit der Wiedervereinigung im Zusammenhang stehenden unvorhersehbaren finanziellen Belastungen zurückzuführen."

Sachdarstellung

1. Prämissen der Kreislaufdarstellung

Wegen ihrer großen wirtschaftspolitischen Bedeutung werden nunmehr die Staatshaushalte aus dem Sektor „Haushalte" ausgegliedert und verselbstständigt, sodass künftig zwischen **privaten Haushalten (H)** und **öffentlichen bzw. Staatshaushalten (St)** zu unterscheiden ist.

Für das im Folgenden aufzuzeigende **Kreislaufmodell mit staatlicher Aktivität** gelten folgende Bedingungen:

■ Der Staatshaushalt ist ausgeglichen, d.h., der Staat erzielt weder Einnahmen- noch Ausgabenüberschüsse. Der Staat verfügt also über keinerlei Ersparnisse, auch werden keine Kredite an den Staat gewährt.

■ Die Staatseinnahmen werden im Kreislaufschema mit T (engl. tax = Steuer) bezeichnet. Es wird hierbei unterstellt, dass die Haushalte nur direkte Steuern (T_{dir}, z.B. Einkommen- bzw. Lohnsteuer, Vermögensteuer) bezahlen. Von den Unternehmungen werden ausschließlich indirekte Steuern (T_{ind}, Verbrauch- und Verkehrsteuern wie z.B. die Umsatz-, Mineralöl-, Tabak-, Alkoholsteuer) an den Staat abgeführt.

■ Staatliche Zahlungen (Z_{St}) erfolgen entweder ohne oder mit einer entsprechenden Gegenleistung des Zahlungsempfängers. Soweit der Staat einseitige Geldübertragungen vornimmt, spricht man von Transferzahlungen (Tr). Verlangt der Staat hingegen vom Zahlungsempfänger eine Gegenleistung, so liegt staatlicher Konsum (C_{St})[1] vor. In beiden Fällen können die staatlichen Zahlungen sowohl an private Haushalte als auch an Unternehmungen erfolgen. Zu den Transferzahlungen an Haushalte (Tr_H) zählen z.B. Pensionen, Kinder-, Wohngeld, Sozialhilfe. Transferzahlungen an Unternehmungen (Tr_U) sind z.B. Subventionen. Zahlt der Staat beispielsweise Löhne und Gehälter an Staatsbedienstete, so liegt staatlicher Konsum in Bezug auf Haushalte ($C_{St/H}$), bei Kaufpreiszahlungen für staatliche Investitionen hingegen staatlicher Konsum in Bezug auf Unternehmungen ($C_{St/U}$) vor.

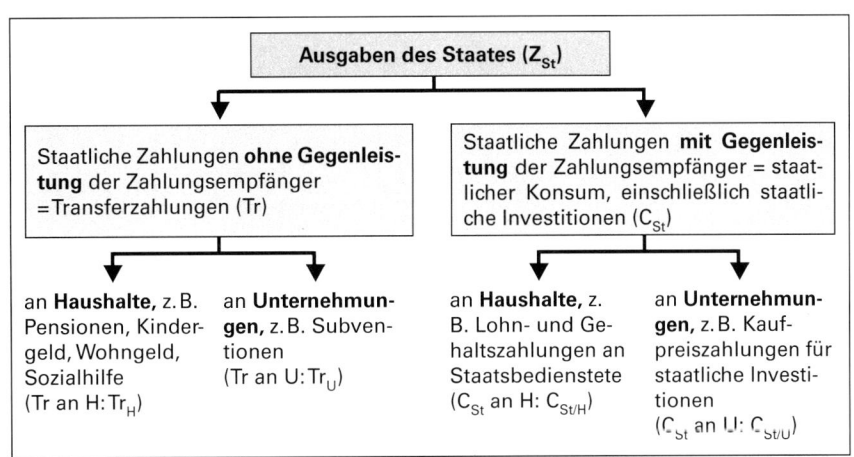

2. Grafische Darstellung

Viersektorenmodell einer evolutorischen, geschlossenen Volkswirtschaft mit staatlicher Aktivität

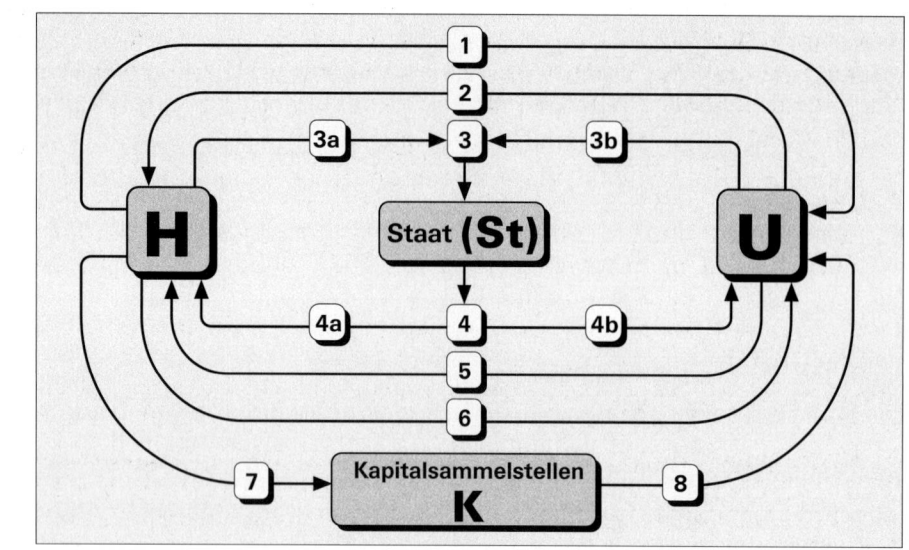

Arbeitsaufträge und Fragen zur Stofferschließung

1. Bestimmen Sie im vorstehenden Kreislaufmodell die Stromgrößen [1] bis [8].

2. Für jeden einzelnen Sektor muss der Wert der Zahlungszuflüsse identisch sein mit dem Wert der Zahlungsabflüsse. Ermitteln Sie die für jeden einzelnen Sektor gültige Gleichung der Geldströme, indem Sie die jeweiligen Zahlungseingänge den entsprechenden Zahlungsabflüssen gegenüberstellen.

3. Wie verändern sich die Gleichungen für die Sektoren Haushalte, Unternehmungen und Staat, wenn die Ausgaben des Staates (Z_{St}) in Transferleistungen (Tr_H und Tr_U) und in staatlichen Konsum ($C_{St/H}$ und $C_{St/U}$) aufgeteilt werden?

4. Wie lautet die Einkommensentstehungsgleichung?
Lösungshinweis: Betrachten Sie den Sektor U (Geldstromzuflüsse $-T_{ind}$).

5. Wie lautet die Einkommensverwendungsgleichung?
Lösungshinweis: Verfolgen Sie die Geldstromabflüsse aus dem Sektor H.

6. Was versteht man unter Transferzahlungen?

7. Gliedern Sie die Zahlungen des Staates (Z_{St}) in solche an Haushalte ($Z_{St/H}$) und an Unternehmungen ($Z_{St/U}$) auf. Teilen Sie diese beiden Hauptgruppen in jeweils zwei Untergruppen auf.

8. Nennen Sie praktische Beispiele für das Anwachsen der Staatsausgaben auf Gemeinde-, Kreis- oder Landesebene.

9. Warum sind nicht alle Staatsausgaben Bestandteil des Bruttoinlandsprodukts? Lösungshinweis: Knüpfen Sie am Begriff „Leistung" bzw. „Gegenleistung" an.

10. Erklären Sie den Begriff „Staatsquote".

8.3　Wirtschaftskreislauf mit Außenhandel

Ausgangs-situation

Die BRD ist Exportweltmeister und verkauft fast die Hälfte der inländischen Gütererzeugung eines Jahres an andere Volkswirtschaften in aller Welt. Deshalb kommt dem Sektor Ausland gerade für die Wirtschaft unseres Landes besonders große Bedeutung zu.

Die bisher besprochenen Kreislaufmodelle zeigten ausschließlich Transaktionen innerhalb einer Volkswirtschaft. Der Sektor Ausland wurde bislang nicht mit in die Modellbetrachtung einbezogen. Es wurde unterstellt, dass die jeweils betrachteten Volkswirtschaften keinerlei Handelsbeziehungen zu anderen Volkswirtschaften unterhalten. Das ist wirklichkeitsfremd. Wenn man die geschlossene durch eine offene Volkswirtschaft ersetzt, dann nähert man die Kreislaufdarstellung erneut ein Stück an die Wirklichkeit an.

Sachdarstellung

1. Erweiterungen gegenüber den bisher besprochenen Modellen und Prämissen

a) Der neu in die Kreislaufdarstellung hereingenommene Sektor **Ausland (A)** ist in der Regel mit allen Sektoren des Inlands verbunden: mit den privaten Haushalten durch den Reiseverkehr, mit den Unternehmungen durch Importe und Exporte, mit den Kreditinstituten und dem Staat durch den Kreditverkehr und Entwicklungshilfeleistungen.

Um die Kreislaufdarstellung überschaubar zu halten, werden nur Exporte und Importe von Gütern und Dienstleistungen in die Kreislaufbetrachtung mit einbezogen; unberücksichtigt bleiben somit u.a. unentgeltliche Leistungen und Kapitaltransaktionen.

b) Den zwei Güterströmen für importierte bzw. exportierte Güter (Waren und Dienstleistungen) stehen die entsprechenden geldwirtschaftlichen Ströme (Kaufpreiszahlungen an das bzw. vom Ausland) gegenüber.

Der Unterschied zwischen dem Wert der Exporte und dem Wert der Importe einer Volkswirtschaft wird als Außenbeitrag bezeichnet.

Je nachdem, ob die Exporterlöse größer oder kleiner als die Aufwendungen für importierte Güter sind, spricht man von einem positiven oder negativen Außenbeitrag.

c) Bei einem **positiven Außenbeitrag** werden vom Inland mehr produktive Leistungen (Güter und Dienstleistungen) an das Ausland abgegeben als umgekehrt das Ausland produktive Leistungen gegenüber dem Inland erbringt. Weil somit ein Teil der produzierten Güter ins Ausland „wandert", stehen im Inland weniger Güter für Konsum und Investitionen zur Verfügung, als hergestellt wurden. Der so erzwungene Konsumverzicht (Sparen) führt zu steigenden Forderungen gegenüber dem Ausland. Die durch Exportüberschüsse erzielten Deviseneinnahmen erhöhen das Vermögen im Inland.

Bei einem **negativen Außenbeitrag** einer Volkswirtschaft werden hingegen mehr Güter konsumiert und investiert, als im Inland hergestellt wurden. Das hat ein Ansteigen der Verbindlichkeiten gegenüber dem Ausland zur Folge. Wegen der Importüberschüsse vermindern sich die Devisenreserven im Inland, was einem Vermögensabfluss gleichkommt.

2. Grafische Darstellung
Fünfsektorenmodell einer offenen evolutorischen Volkswirtschaft

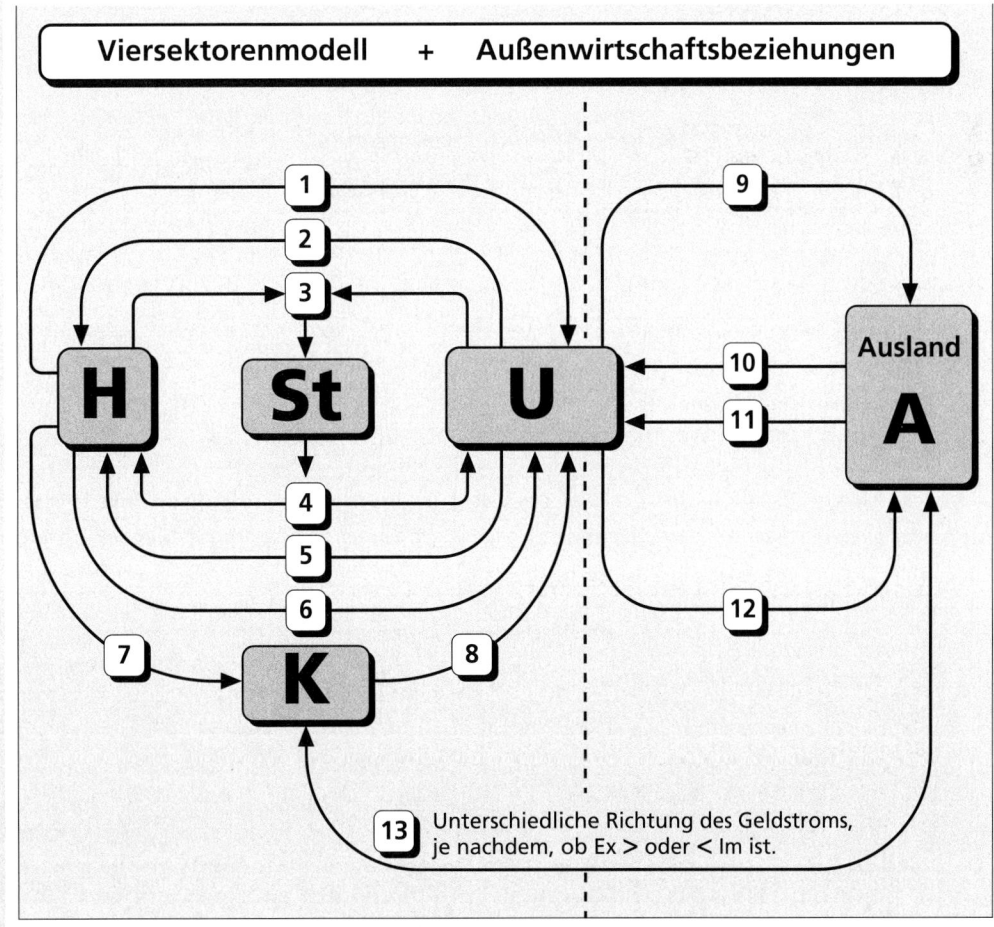

Arbeitsaufträge und Fragen zur Stofferschließung

1. Bestimmen Sie die Stromgrößen [9] bis [13].

2. Unterscheiden Sie die Stromgrößen im Außenhandelsbereich nach Güter- und Geldströmen.

3. Wie lautet die <u>Einkommensentstehungsgleichung</u> unter Einbeziehung des Sektors Ausland? Lösungshinweis: Betrachten Sie die in den Sektor U fließenden Geldströme.

4. Wie lautet die <u>Einkommensverwendungsgleichung</u> in einer offenen evolutorischen Volkswirtschaft? Lösungshinweis: Betrachten Sie die aus dem Sektor H abfließenden Geldströme.

5. Wie wirkt sich der Außenbeitrag auf den Devisenbestand aus?

6. In welcher Richtung fließt der Geldstrom zwischen den Sektoren A und K, wenn Ex > Im ist? (Begründung)

8.4   Inlandsprodukt und Nationaleinkommen

Ausgangssituation

Ergänzung zu dem im vorausgegangenen Abschnitt angeführten Nationalen Produktionskonto. In dieser Rechnung blieben bisher folgende außenwirtschaftlichen Vorgänge unberücksichtigt:

▦ Aus dem Ausland bezogene Erwerbs- und Vermögenseinkommen	+ 6 GE
▦ Von der Europäischen Union (EU) erhaltene Subventionen	+ 4 GE
Zahlungen aus dem Ausland insgesamt	+ 10 GE
▦ An das Ausland bezahlte Erwerbs- und Vermögenseinkommen	− 2 GE
▦ An die EU bezahlte Abgaben	− 5 GE
Saldo der Primäreinkommen aus der übrigen Welt	+ 3 GE

Sachdarstellung

1. Erweiterung des Nationalen Produktionskontos

Soll (Kosten)   Nationales Produktionskonto   **Haben** (Leistung)

Soll		Haben		
Abschreibungen	120	$(C_H + C_{St})$	855 GE	
Nettoproduktions-abgaben $(T_{ind} - Tr_u)$	170			
NIP-H	880			③ ② ①
		I_{br}	280 GE	
		(Ex − Im)	35 GE	
	1.170	Saldo der Primäreinkommen aus der übrigen Welt (F)	3 GE	
			1.173 GE	

① Bruttonationaleinkommen (BNE), früher: Bruttosozialprodukt zu Marktpreisen (BSP-M)	1.173 GE
② Nettonationaleinkommen (NNE), Primäreinkommen, früher: Nettosozialprodukt zu Marktpreisen (NSP-M)	1.053 GE
③ Nettonationaleinkommen zu Herstellungspreisen (NNE-H) oder Volkseinkommen (VE)	883 GE

2. Beziehungszusammenhänge zwischen den verschiedenen Inlandsprodukten (linke Seite des Nationalen Produktionskontos) und den entsprechenden Einkommensgrößen (rechte Seite des Nationalen Produktionskontos)

Je nachdem, ob die Zahlungen aus dem Ausland größer sind als die Zahlungen an das Ausland, hat der Saldo der Primäreinkommen aus der übrigen Welt (Faktor F) ein positives oder negatives Vorzeichen. Ein positiver Saldo führt zu einer Verlängerung der rechten Seite des Nationalen Produktionskontos („Bilanz"-Verlängerung um 3 GE, siehe oben). Umgekehrt hat ein Negativsaldo eine Verkürzung der Verwendungsseite des Nationalen Produktionskontos zur Folge. Bruttonationaleinkommen, Nettonationaleinkommen und Volkseinkommen sind in diesem Falle kleiner als die entsprechenden Inlandsprodukte auf der linken Seite des Nationalen Produktionskontos.

Im Einzelnen bestehen zwischen den verschiedenen Inlandsprodukten auf der linken Seite des Nationalen Produktionskontos und den Einkommensgrößen auf der rechten Seite folgende Beziehungszusammenhänge:

- **Bruttoinlandsprodukt (1.170 GE) + Saldo der Primäreinkommen aus der übrigen Welt (3 GE) = Bruttonationaleinkommen (1.173 GE).** Wie aus der obigen Darstellung deutlich wird, ist bei einem positiven Saldo das Bruttonationaleinkommen größer als das Bruttoinlandsprodukt, bei einem Negativsaldo ist es genau umgekehrt.

- **Nettoinlandsprodukt (1.050 GE) + Saldo der Primäreinkommen aus der übrigen Welt (+ 3 GE) = Nettonationaleinkommen (1.053 GE).** Wäre der Saldo negativ, dann würde die Gleichung wie folgt lauten: Nettoinlandsprodukt (1.050 GE) – Saldo der Primäreinkommen aus der übrigen Welt (– 3 GE) = Nettonationaleinkommen (1.047 GE).

- **Nettowertschöpfung (880 GE) + Saldo der Primäreinkommen aus der übrigen Welt (+3 GE) = Volkseinkommen (883 GE).** Bei einem Negativsaldo wäre die Nettowertschöpfung (880 GE) größer als das Volkseinkommen (877 GE).

3. Nominelles und reales Inlandsprodukt

Steigt das Inlandsprodukt von einem Jahr zum anderen beispielsweise um 3 % an, dann bedeutet das noch kein Wirtschaftswachstum im angegebenen Umfang. Denn der Anstieg kann ganz oder teilweise auf gestiegene Preise zurückzuführen sein. Es muss daher zwischen dem nominellen und realen Inlandsprodukt unterschieden werden.

Das zu den tatsächlichen Preisen bewertete Inlandsprodukt wird als **nominelles Inlandsprodukt** bezeichnet. Rechnet man aus dem mit tatsächlichen Preisen ermittelten nominellen Inlandsprodukt die Preissteigerungen heraus, dann erhält man das **reale Inlandsprodukt**. Es bezieht sich stets auf ein bestimmtes Basisjahr (zurzeit 2000), dessen Preisniveau gleich 100 % gesetzt wird.

Bruttoinlandsprodukt

Jahr	1998	1999	2000	2001	2002	2003	2004	2005	2006	2007	2008
BIP[1]	1965	2012	2063	2113	2143	2164	2211	2243	2322	2423	2489
VÄ[2] nominal	2,6	2,4	2,5	2,5	1,4	1,0	2,2	1,5	3,5	4,4	2,7
VÄ real	2,0	2,0	3,2	1,2	0	–0,2	1,2	0,8	3,0	2,5	1,3

1 in Mrd. Euro   2 VÄ = Veränderungen in %.   aus: Globus 2592

4. Vom Volkseinkommen (VE) zum verfügbaren Einkommen

Vom Volkseinkommen (VE), wie es vorstehend aus dem Bruttonationaleinkommen zu Marktpreisen unter Abzug von Abschreibungen und den Nettoproduktionsabgaben errechnet wurde, ist das verfügbare Volkseinkommen zu unterscheiden. Zwischen beiden Größen besteht folgender Beziehungszusammenhang:

	Arbeitnehmerentgelte (Y_{NU})
+	Unternehmens- und Vermögenseinkommen (Y_U)
=	Volkseinkommen
–	direkte Steuern der privaten Haushalte (z. B. Lohn-, Einkommen-, Kirchen-, Erbschaftssteuer)
–	Sozialabgaben (Beiträge zur Kranken-, Renten-, Arbeitslosen-, Pflegeversicherung)
+	Transferzahlungen an private Haushalte (Renten, Pensionen, Wohn-, Kindergeld, BAföG, Sozialhilfe)
=	verfügbares Einkommen, verwendet für den privaten Verbrauch (C) oder Ersparnis (S)

Arbeitsaufträge und Fragen zur Stofferschließung

1. Aus welchen Komponenten setzt sich die Größe F der Saldo der Primäreinkommen aus der übrigen Welt zusammen?

2. Welche Gleichung gilt für das Bruttonationaleinkommen (BNE), wenn man vom Bruttoinlandsprodukt zu Marktpreisen (BIP-M) ausgeht? Geben Sie hierzu die Formel und die entsprechenden Zahlen aus dem Ausgangsbeispiel an.

3. Wie lautet die Gleichung für das Bruttonationaleinkommen (BNE), wenn es von der Verwendungsseite des Nationalen Produktionskontos (rechte Seite) her berechnet wird? (Formel und konkrete Zahlenangaben)

4. Welche Gleichung kann für das Nettonationaleinkommen (NNE) bzw. Primäreinkommen aufgestellt werden, wenn man ...

   a) vom Bruttonationaleinkommen (BNE),

   b) vom Bruttoinlandsprodukt zu Marktpreisen (BIP-M)

   ausgeht?

5. Welche Gleichung erhält man, wenn man auf der Grundlage des Nettonationaleinkommens (NNE) bzw. des Primäreinkommens das Volkseinkommen (VE) ermittelt? Wie lauten die entsprechenden konkreten Zahlen des Ausgangsbeispiels?

6. Welcher Beziehungszusammenhang besteht ...

   a) zwischen dem Bruttoinlandsprodukt zu Marktpreisen (BIP-M) und dem Bruttonationaleinkommen (BNE),

   b) zwischen dem Nettoinlandsprodukt zu Marktpreisen (NIP-M) und dem Nettonationaleinkommen (NNE),

   c) zwischen dem Nettoinlandsprodukt zu Herstellungskosten (NIP-H) und dem Volkseinkommen (VE)?

7. Warum ist das Volkseinkommen nicht identisch mit dem verfügbaren Einkommen? Lösungshinweis: Überlegen Sie sich, was vom Bruttogehalt alles abgezogen und durch welche Zahlungen von seiten des Staates das Nettoeinkommen erhöht wird.

8. Ermitteln Sie, ausgehend von dem im Abschnitt 1 der Sachdarstellung angegebenen Zahlenwert für das Bruttonationaleinkommen zu Marktpreisen und unter Berücksichtigung von 180 GE direkte Steuern und Sozialabgaben sowie 60 GE Transferzahlungen an private Haushalte das verfügbare Einkommen.

9.1 Das magische Viereck

Ausgangssituation

Die Wirtschaftsentwicklung in der Bundesrepublik Deutschland – dargestellt am Beispiel der Neunzigerjahre (alte Bundesländer)

■ Angaben in Prozent (relative Zahlen)

Jahr / Wirtschaftsentwicklung	2000	2001	2002	2003	2004	2005	2006	2007	2008	2009
Anstieg der Verbraucherpreise	1,4	1,9	1,5	1,0	1,7	1,5	1,6	2,3	2,8	0,5*
Wirtschaftswachstum	2,5	2,5	1,4	1,0	2,2	1,5	3,5	4,4	2,7	– 6,0*
Arbeitslosenquote	9,9	10,3	10,3	10,2	10,1	11,1	10,3	8,7	7,8	8,6*

■ Angaben in absoluten Zahlen

Jahr / Wirtschaftsentwicklung	2000	2001	2002	2003	2004	2005	2006	2007	2008	2009
Leistungsbilanzüberschuss bzw. -fehlbetrag	–22,6	+2,7	+48,2	+45,2	+84,0	+103,1	+116,1	+133,4	+145,1	
Bruttoinlandsprodukte in jeweiligen Preisen (Mrd. €)	2063	2113	2143	2164	2211	2243	2322	2423	2489	
Zahl der registrierten Arbeitslosen (In Mio.)	3,89	3,85	4,06	4,38	4,38	4,86	4,49	3,78	3,27	4,0*
Ausführungsüberschuss (Ex -Im = Außenbeitrag) in Mrd. €	59,1	95,5	132,8	129,9	156,1	158,2	132,5	171,7	155,7	

*Prognosen
Zusammengestellt aus Globus: 1509, 1333, 1142, 1125, 1191, 2516, 2592, 2561, 2053, 2629 (Abweichungen zwischen relativen und absoluten Zahlen daher möglich)

Sachdarstellung

1. Auszug aus dem „Gesetz zur Förderung der Stabilität und des Wachstums der Wirtschaft" (Stabilitätsgesetz) vom 8. Juni 1967

■ § 1 Erfordernisse der Wirtschaftspolitik: Bund und Länder haben bei ihren wirtschafts- und finanzpolitischen Maßnahmen die Erfordernisse des gesamtwirtschaftlichen Gleichgewichts zu beachten. Die Maßnahmen sind so zu treffen, dass sie im Rahmen der marktwirtschaftlichen Ordnung gleichzeitig zur Stabilität des Preisniveaus, zu einem hohen Beschäftigungsstand und außenwirtschaftlichen Gleichgewicht bei stetigem und angemessenem Wirtschaftswachstum beitragen.

■ § 2 Jahreswirtschaftsbericht: Die Bundesregierung legt im Januar eines jeden Jahres dem Bundestag und dem Bundesrat einen Jahreswirtschaftsbericht vor. Der Jahreswirtschaftsbericht enthält eine Stellungnahme zum Jahresgutachten des Sachverständigenrats[1], eine Darlegung der für das laufende Jahr angestrebten wirtschafts- und finanzpolitischen Ziele (Jahresprojektion) sowie der Maßnahmen zu ihrer Verwirklichung.

2. Maßstab für die Preisniveaustabilität[2]

■ **Absolute Preisniveaustabilität** liegt vor, wenn sich das Preisniveau langfristig überhaupt nicht ändert, wenn also die Inflationsrate gleich null ist. Auch bei absoluter Preisniveaustabilität können sich die Preise einzelner Güter ändern, jedoch werden die Preissteigerungen dieser Güter durch Preissenkungen bei anderen Gütern ausgeglichen. In einer dynamischen Wirtschaft ist absolute Preisstabilität über mehrere Jahre hinweg kaum erreichbar.

---

1 Besteht aus fünf Mitgliedern (sog. „Fünf Weise"), die auf Vorschlag der Bundesregierung vom Bundespräsidenten für die Dauer von fünf Jahren ernannt werden; Hauptaufgaben: Begutachtung der gesamtwirtschaftlichen Lage und der zukünftigen Entwicklung, Erstellung von Sondergutachten.
2 Vgl. Abschnitt 9.3: Preisniveaustabilität

■ **Relative Preisniveaustabilität** ist gegeben, wenn Preissteigerungsraten bis zwei Prozent erzielt werden. Die Erreichung solcher Inflationsraten wird gemeinhin als wirtschaftspolitischer Erfolg ausgegeben.

■ **Instabilität des Preisniveaus** liegt vor, wenn die Preissteigerungsraten über zwei Prozent liegen. Inflationsraten in dieser Größenordnung haben vielfältige negative Auswirkungen.

3. Maßstab für das Beschäftigungsniveau

■ **Vollbeschäftigung**[1] ist gegeben, wenn die Arbeitslosenquote nicht über drei Prozent liegt und wenn die Zahl der Arbeitslosen nicht größer ist als die Zahl der offenen Stellen.

Die Deutsche Bundesbank berechnet die Arbeitslosenquote auf zweifache Weise: einmal auf der Grundlage der abhängigen Erwerbspersonen, zum anderen auf der Basis sämtlicher Erwerbspersonen (abhängige Erwerbspersonen und Selbstständige).

Gesamtzahl der abhängigen Erwerbspersonen oder Erwerbspersonen insgesamt = 100 % Zahl der Arbeitslosen = x %	$x = \dfrac{\text{Zahl der Arbeitslosen} \cdot 100}{\text{Basisgröße}}$

■ **Unterbeschäftigung** besteht, wenn die Arbeitslosenquote über 3 % ausmacht und wenn die Zahl der Arbeitslosen erheblich über der Zahl der offenen Stellen liegt.

■ **Überbeschäftigung** liegt vor, wenn die Zahl der offenen Stellen erheblich über der Zahl der Arbeitslosen liegt.

Der nach §1 des Stabilitätsgesetzes anzustrebende „hohe Beschäftigungsstand" ist nicht identisch mit Vollbeschäftigung. Gemeinhin wird unter den Bedingungen der gegenwärtigen kapitalintensiven, hoch technisierten Produktionsweise und des globalen Wettbewerbs eine Arbeitslosenquote von maximal 5 % als ausreichend angesehen, um einer Volkswirtschaft ein hohes Beschäftigungsniveau zuzuerkennen.

4. Maßstab für das Wirtschaftswachstum

■ **Positives Wirtschaftswachstum** (Pluswachstum) liegt vor, wenn das reale Bruttoinlandsprodukt positive Zuwachsraten aufweist. Als „angemessen" wird gemeinhin ein Anstieg des realen Bruttoinlandsprodukts von 3 % jährlich angesehen.

■ **Nullwachstum** besteht, wenn das reale Bruttoinlandsprodukt weder zu- noch abnimmt, wenn es also unverändert bleibt.

■ **Negativwachstum** (Minuswachstum) ist eigentlich gar kein Wachstum, sondern das Gegenteil: die Verminderung des realen Bruttoinlandsprodukts.

5. Maßstab für das außenwirtschaftliche Gleichgewicht

■ Die Herstellung eines außenwirtschaftlichen Gleichgewichts macht es erforderlich, dass mittelfristig die **Zahlungsbilanz ausgeglichen** ist, dass also Devisenüberschüsse und -fehlbeträge gegen null tendieren.

■ Weil eine der Hauptursachen von Zahlungsbilanzungleichgewichten das Missverhältnis von Exporten und Importen ist, wird anstelle des Devisenbilanzsaldos vielfach der **Außenbeitrag (Ex − Im)** als Maßstab für das außenwirtschaftliche Gleichgewicht verwendet.

Kurzfristig ist das Ziel des außenwirtschaftlichen Gleichgewichts immer dann erreicht, wenn die Erlöse aus den Exporten ausreichen, um die Importe bezahlen zu können, wenn also der Außenbeitrag gleich null ist.

■ Sollen nicht bloß der Waren- und Dienstleistungsaustausch, sondern auch die auslandsbezogenen Einkommen und der zwischenstaatliche Übertragungsverkehr in die Betrachtung einbezogen werden, dann kann die Entwicklung des **Leistungsbilanzsaldos** als Maßstab für das Bestehen eines außenwirtschaftlichen Gleichgewichts herangezogen werden.

---

1 Die Definition des Begriffs „Vollbeschäftigung" ist nicht einheitlich. Sie kann entweder über die Arbeitslosenquote (Produktionsfaktor Arbeit) oder über die Auslastung des Produktionspotenzials einer Volkswirtschaft (Produktionsfaktor Kapital) gemessen werden. Die Bundesagentur für Arbeit knüpft bei ihrer Begriffsbestimmung an die zuerst genannte Alternative an, ohne sich jedoch auf eine konkrete Prozentzahl festzulegen: „Vollbeschäftigung herrscht, wenn alle arbeitswilligen und arbeitsfähigen Personen (Arbeitskräfteangebot bzw. Erwerbspersonenpotenzial) eine Erwerbstätigkeit ausüben, die im gewünschten zeitlichen Umfang ihren persönlichen Voraussetzungen entspricht." Für den Sachverständigenrat ist demgegenüber Vollbeschäftigung gegeben, wenn eine Auslastung von 96,5 % des maximalen Produktionspotenzials erreicht ist.

Arbeitsvorlage

Was versteht man unter dem "magischen Viereck"?

Preisniveau

Anstieg der Verbraucherpreise in %

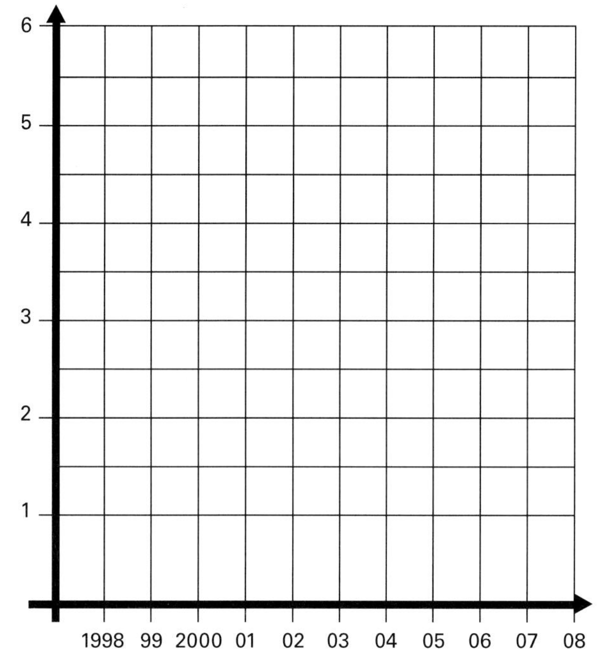

6
5
4
3
2
1

1998 99 2000 01 02 03 04 05 06 07 08

Wirtschaftswachstum

Anstieg des realen BIP in %

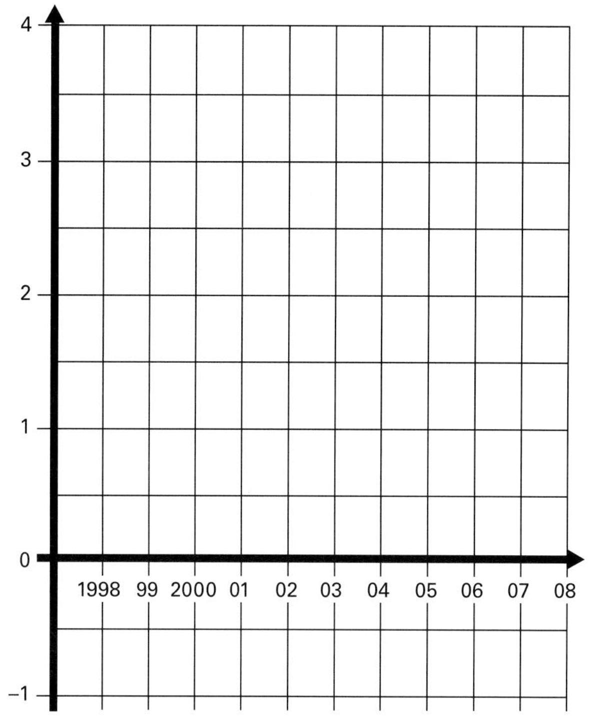

4
3
2
1
0
−1

1998 99 2000 01 02 03 04 05 06 07 08

Beschäftigung

Arbeitslosenquote in % der Erwerbstätigen

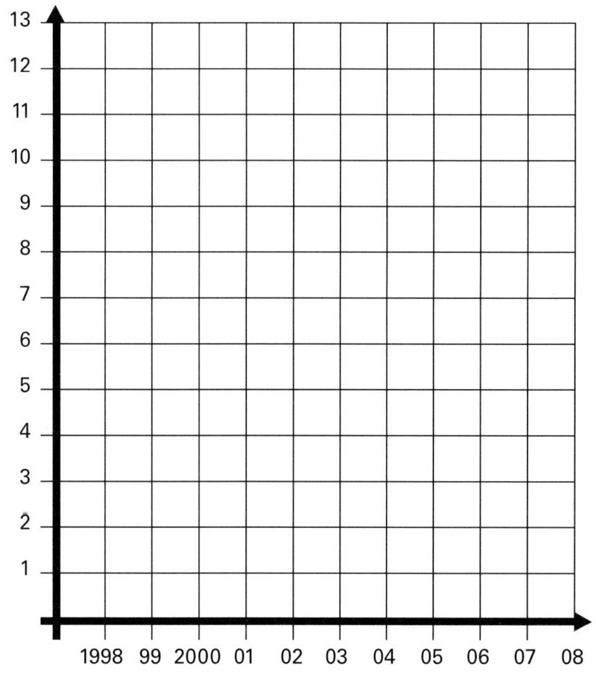

13
12
11
10
9
8
7
6
5
4
3
2
1

1998 99 2000 01 02 03 04 05 06 07 08

Außenwirtschaft

Ausführungsüberschuss/-fehlbetrag

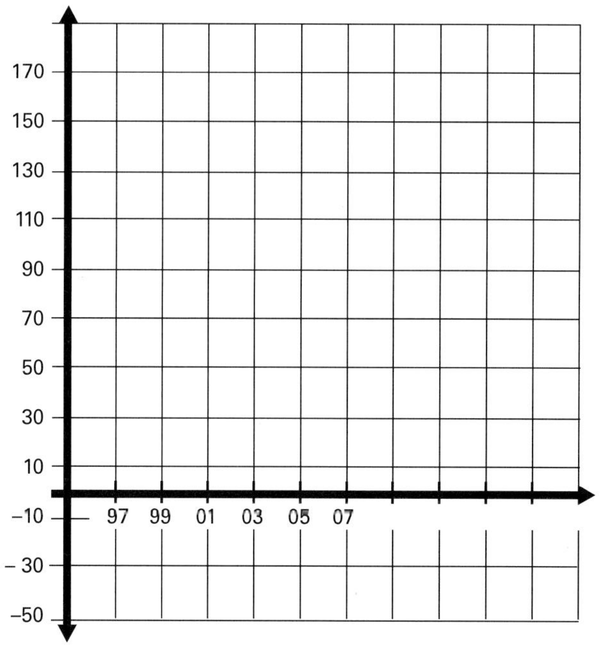

170
150
130
110
90
70
50
30
10
−10
−30
−50

97 99 01 03 05 07

Arbeitsaufträge und Fragen zur Stofferschließung

1. Bearbeiten Sie das vorstehende Zahlenmaterial.

a) Zeichnen Sie die Werte über den Anstieg der Verbraucherpreise in das Koordinatensystem der **Arbeitsvorlage** (s. vorhergehende Seite) ein und markieren Sie die Zone relativer Preisniveaustabilität und die der Preisniveauinstabilität.

b) Zeichnen Sie den Anstieg des realen Bruttoinlandsprodukts in den Jahren 1998 bis 2008 in die **Arbeitsvorlage** ein. Markieren Sie die Zonen des positiven und des negativen Wachstums.

c) Kennzeichnen Sie im Beschäftigungs-Koordinatensystem die Zonen der Unter- und der Vollbeschäftigung.

d) Tragen Sie im Koordinatensystem die Prozentzahlen für den Außenbeitrag, gemessen am Bruttoinlandsprodukt, ab. Wie steht es mit dem außenwirtschaftlichen Gleichgewicht? **(Arbeitsvorlage)**

2. Das gesamtwirtschaftliche Gleichgewicht:

a) Entscheiden Sie mithilfe der folgenden Tabelle und entsprechend den oben vorgegebenen Maßstäben, ob in den einzelnen Jahren die angegebenen Unterziele eines gesamtwirtschaftlichen Gleichgewichts erreicht wurden (J = Ja) oder nicht (N = Nein).

Jahre / Volkswirtsch. Ziele	1998	1999	2000	2001	2002	2003	2004	2005	2006	2007	2008
relative Preisniveaustabilität (Inflationsrate < 2 %)											
stetiges und angemessenes Wirtschaftswachstum											
Vollbeschäftigung (Arbeitslosenquote < 3 %)											
außenwirtschaftl. Gleichgew. kurzfristig: positiver Außenbeitrag											
mittelfristig: ausgeglichene Leistungsbilanz											
gesamtwirtschaftliches Gleichgewicht erreicht:											

b) Welche abschließende Feststellung in Bezug auf die Erreichung des im Stabilitätsgesetz genannten Oberziels („gesamtwirtschaftliches Gleichgewicht") können Sie treffen?

c) Erklären Sie auf der Grundlage der erarbeiteten Einsichten, warum in der Volkswirtschaftslehre in diesem Zusammenhang von einem „magischen Dreieck" bzw. „magischen Viereck" gesprochen wird (Magie = Zauberkunst).

9.2   Das Beschäftigungsproblem

Ausgangssituation

Horrormeldungen aus der Tageszeitung:

„Deutsche Bank will Stellen streichen" — „Automobil-Kurzarbeit wird ausgeweitet" — „Bosch streicht 7000 Stellen" — „Siemens will 8000 Mitarbeiter entlassen" — „500 000 Stellen bei Metall gefährdet" — „Bayer plant weiteren Abbau von Arbeitsplätzen".

Im „Roten Ochsen" in G. ist am Stammtisch eine heiße Diskussion im Gange. Das Thema ist die Arbeitslosigkeit. Anlass für die Erhitzung der Gemüter ist die Schließung des einzigen Industriebetriebs am Ort. Begründung der Konzernleitung für diese Maßnahme: Umorganisation im Unternehmensbereich.

■ Karl Sommer: „Die seit vielen Jahren bestehende Massenarbeitslosigkeit ist eine Schande für unsere Regierung. Sie lässt es zu, dass die einen Überstunden noch und noch machen und dass die anderen überhaupt nichts zu tun haben. Ist das vielleicht soziale Gerechtigkeit?! Meiner Meinung nach sollten die in unserer Volkswirtschaft vorhandenen Arbeitsplätze gerecht auf alle Arbeitswilligen verteilt werden. Um das zu erreichen, muss die Arbeitszeit radikal verkürzt werden, damit neue Arbeitskräfte von den Unternehmern eingestellt werden können. Notfalls müsste sogar auf einen vollen Lohnausgleich verzichtet werden."

▨ Otto Bäuerle: „Ich weiß da etwas Besseres. Wir haben über acht Millionen Ausländer in der Bundesrepublik. Würde man sie nach Hause schicken, so wäre für uns Deutsche das Arbeitsplatzproblem gelöst. So einfach ist das!"

▨ Frieder Lämmle, ein überzeugter Anhänger der freien Marktwirtschaft, ist da ganz anderer Ansicht. Er hält es für besser, nach der Devise „mehr Markt und weniger Staat" vorzugehen. „Die Staatsverschuldung muss abgebaut werden. Der Staat muss dafür sorgen, dass sich Mehrleistung wieder lohnt. Wer mehr schafft, soll auch mehr verdienen!" Er plädiert für Steuerentlastung, für die Beseitigung von Investitionshemmnissen (z.B. Umweltschutzauflagen, Baubeschränkungen). Seiner Meinung nach sollten die Gewerkschaften durch Lohnzurückhaltung und durch Beseitigung tarifvertraglicher Hemmnisse wie z. B. Kündigungsschutzgesetz und Rationalisierungsabkommen zur Kostenentlastung der Unternehmen beitragen und deren internationale Wettbewerbsfähigkeit stärken.

▨ Der Student Walter Klöpfer vertritt die Auffassung, dass es in unserer Volkswirtschaft in vielen Bereichen bereits eine klar erkennbare Sättigung des Bedarfs gebe, dass jedoch die Versorgung der Bevölkerung mit staatlichen Leistungen noch völlig unzureichend sei. „Was könnte der Staat nicht alles bewirken, wenn er mehr Geld in die Bereiche Umwelt, Bildung, Soziales, Städtebau und Wohnungswesen, in Entwicklung und Forschung oder in die Energiegewinnung pumpen würde! Hier gibt es noch unbefriedigte Bedürfnisse in Massen! In diesen Bereichen könnten hunderttausende von Arbeitsplätzen geschaffen werden!"

Wie sind die einzelnen Stammtischvorschläge zu beurteilen?

Sachdarstellung

Maßnahmen zur Bekämpfung der Arbeitslosigkeit

Problem Nr. 1:

Beseitigung von Diskrepanzen zwischen Angebot und Nachfrage auf dem Arbeitsmarkt, z.B. Facharbeitermangel und Überangebot an un- und angelernten Arbeitskräften.

▨ **Maßnahmen zur Förderung der regionalen Beweglichkeit** (Mobilität)

Beispiele: Die Bundesagentur für Arbeit (BfA) in Nürnberg gewährt Fahrtkostenbeihilfen, Umzugserstattung, Trennungs- und Überbrückungshilfen.

▨ **Maßnahmen zur Höherqualifizierung** (Umschulung und Weiterbildung) **von Arbeitskräften** („Qualifizierungsoffensive")

Beispiele: Gewährung von Ausbildungsbeihilfen, Erstattung der Personal- und Sachkosten für die innerbetriebliche Weiterbildung, Gewährung von Lohnkostenzuschüssen für die Wiedereingliederung von Arbeitslosen.

▨ **Maßnahmen zur Strukturverbesserung**

Beispiele: Staatliche Förderung sektoraler Umstrukturierungsprozesse, z.B. durch Streichung von Erhaltungssubventionen (bei Werften, in der Stahl- oder Textilindustrie), durch staatliche Förderung zukunftsweisender Produkte und Technologien, durch Aufbau von Handelshemmnissen (beispielsweise Importzölle, Kontingente).

Problem Nr. 2:

Beseitigung des Mangels an Arbeitsplätzen (Schaffung neuer Arbeitsplätze)

▨ **Maßnahmen zur besseren Verteilung der vorhandenen Arbeitsplätze auf alle arbeitswilligen Arbeitnehmer**

Beispiele: Verkürzung der Wochenarbeitszeit (Einführung der 30-Stunden-Woche), Verkürzung der Lebensarbeitszeit (Verlängerung der Pflichtschuljahre oder Vorziehen der Altersgrenze), Gewährung von Rückkehrhilfen für ausländische Arbeitnehmer.

Nebenwirkungen einer spürbaren Arbeitszeitverkürzung: mangelnde Ausnutzung teurer Produktionsanlagen; evtl. Einkommenseinbußen, die zu Konsumverzicht führen können; eine Facharbeiterlücke kann entstehen.

▨ **Maßnahmen zur besseren Nutzung vorhandener Arbeitsplätze**

Beispiele: Mehr Teilzeitarbeit und flexibler Schichtdienst, bedarfsgerechte Bildung und Ausbildung, Ausweitung der sozialversicherungsfreien Beschäftigungsverhältnisse (sog. 400-Euro-Minijobs).

▨ Maßnahmen zur Schaffung neuer Arbeitsplätze

— **Staatliche Konjunkturprogramme.** Vorteil: Die Nachfrage der privaten Haushalte wird verstärkt durch zusätzliche staatliche Nachfrage. Nachteil: Steigende Staatsverschuldung, Lähmung der Privatwirtschaft durch zu viele staatliche Eingriffe.

— **Arbeitsbeschaffungsmaßnahmen (ABM).** Es wird hierbei versucht, schwer vermittelbare Arbeitslose auf Kosten der Bundesagentur für Arbeit vorübergehend zu beschäftigen und sie so in ein Beschäftigungssystem einzubinden. Motto: „Jede Beschäftigung ist besser als Untätigkeit und Zahlung von Arbeitslosengeld!"

— **Förderung der Investitionstätigkeit der Unternehmer,** z.B. durch Schaffung günstiger Rahmenbedingungen, Förderung der Industrieansiedelung, Schaffung von Leistungsanreizen (z.B. Steuersenkungen, Verbesserung der Abschreibungsmöglichkeiten), Beseitigung investitions- und wachstumshemmender Vorschriften und Gesetze, Ausbau der Infrastruktur.

Arbeitsaufträge und Fragen zur Stofferschließung

1. Beurteilen Sie den Lösungsvorschlag von Karl Sommer. Erörtern Sie hierbei besonders die Vor- und Nachteile einer spürbaren Arbeitszeitverkürzung.

2. Nehmen Sie Stellung zum Lösungsvorschlag von Otto Bäuerle. Berücksichtigen Sie hierbei sowohl den wirtschaftlichen als auch den humanitären Aspekt.

3. Beurteilen Sie die von Frieder Lämmle vertretenen Thesen. Gehen Sie hierbei auch auf folgende Sachverhalte ein: Befriedigung öffentlicher Bedürfnisse durch den Markt — Erzielung einer gerechten Einkommens- und Vermögensverteilung (z.B. Chancengleichheit, Leistungsgerechtigkeit, Solidarität, Humanität) — Arbeit als Ware.

4. Bewerten Sie die Beschäftigungstheorie des Studenten Walter Klöpfer. Gehen Sie hierbei auch auf folgende Gegebenheiten ein: Staatsquote — Staatsverschuldung — Zinsniveau — Geldwert (Inflation) — steuerliche Belastung — Beschäftigungswirkung.

5. Entgegen allen Stammtischparolen gilt der Satz: „Das Beschäftigungsproblem kann nicht durch Patentrezepte gelöst werden. Die Lösung fordert alle Beteiligten am Wirtschaftsprozess." Wie könnte unter Berücksichtigung dieser Aussage das Arbeitslosenproblem Ihrer Ansicht nach gelöst oder zumindest entschärft werden? Beschäftigen Sie sich bei der Erarbeitung Ihres Lösungsvorschlags auch mit den vorstehenden Maßnahmen zur Bekämpfung der Arbeitslosigkeit.

6. Die nebenstehende Karikatur soll Sie dazu anregen, über die vielfältigen Auswirkungen der Arbeitslosigkeit einmal intensiv nachzudenken. Beziehen Sie in diese Analyse der Auswirkungen von Unterbeschäftigung außer dem direkt Betroffenen, dem Arbeitslosen, auch die Unternehmer und den Staat mit ein. Unterscheiden Sie hierbei zwischen positiven und negativen Wirkungen.

Karikatur: Mandzel

9.3 Die Preisniveaustabilität

Ausgangs-situation

„Die Folgen jeder allgemeineren und dauernden Geldwertsveränderung sind die weit tragendsten … Die einen gewinnen, die anderen verlieren. Man sagt nicht zu viel, wenn man behauptet, jede bedeutende Geldwertsänderung gleiche einer großen Neuverteilung von Vermögen und Einkommen, welche die Einzelnen und die Klassen teils emporhebe, teils niederdrücke, zwar nicht, ohne dass sie durch ihre Fähigkeit und ihre Kräfte den Prozess beeinflussen, aber doch im Ganzen in der Form eines sie hebenden und senkenden Schicksals."

aus: Gustav Schmoller, Grundriss der Allgemeinen Volkswirtschaftslehre, zweiter Teil, Leipzig 1904, S. 166

Arbeitsvorlage 1:

Aussagen von „Inflationsgeschädigten" und anderen Wirtschaftssubjekten aus dem Jahr 1981, als die Geldentwertungsrate in Deutschland 6,3 % betrug

- **Ein Rentner:** „6,3 % Geldentwertung haben wir dieses Jahr zu verzeichnen! Das trifft auch uns Rentner, denn die jährlichen Rentenerhöhungen fallen weniger hoch aus; sie richten sich ja bekanntlich nach der Entwicklung der Nettolöhne. Und die steigen zurzeit keineswegs um 6,3 %!"

- **Ein Sparer:** „Der Geldwertschwund beträgt dieses Jahr 6,3 %; für mein Sparguthaben bekomme ich 3,5 % Zinsen. Den Rest kann ich mir, ‚in den Kamin schreiben'! Da soll man noch Lust zum Sparen haben!"

- **Ein Grundbesitzer** (Eigentümer eines alten Schlosses mit 30 ha Wald): „Wenn ich heute das Schloss und den Wald verkaufen wollte, dann könnte ich für den Besitz einen stolzen Preis verlangen. Interessenten gibt's dafür zurzeit genug! Die würden sich gegenseitig ganz schön ausbooten!"

- **Ein Maschinenbauunternehmer:** „Preise und Kosten überschlagen sich zurzeit. Sie haben nur noch geringe Aussagekraft. Wirtschaftlichkeits- und Rentabilitätsrechnungen von geplanten Investitionen sind bei der ständig steigenden Inflationsrate kaum mehr möglich. Wie soll man da überhaupt noch wissen, ob sich eine Investition lohnt?! Die derzeitigen Geldentwertungsraten lassen eine sichere Kalkulation überhaupt nicht zu!"

- **Ein schwäbischer „Häusle"-Bauer:** „Von mir aus kann die Entwicklung so weitergehen, dann zahlen sich meine Schulden bei der Bausparkasse mit 6 % Zinsen fast von selbst!"

- **Ein Lohnempfänger:** „Der Dumme bei dieser inflationären Entwicklung ist wieder einmal der ‚kleine Mann'. Die letzte Lohnerhöhung betrug gerade mal 4,0 %, die Inflationsrate betrug dieses Jahres hingegen 6,3 %. Im Endeffekt habe ich also weniger verdient als vorher!"

- **Ein weiterer Unternehmer:** „Die Vollbeschäftigung und die steigenden Absatzpreise führen zur Erzielung von Scheingewinnen. Andererseits können den erhöhten Umsätzen beträchtlich gestiegene Rohstoffpreise und steigende Lohnkosten gegenüberstehen. Wenn dann unüberlegt noch im großen Stil Gewinne ausgeschüttet werden, besteht die große Gefahr, dass die Substanz des Unternehmens aufgezehrt wird. Es könnte dann sein, dass die zurückbehaltenen Gewinne nicht mehr dazu ausreichen, um die im Produktionsprozess verschlissenen Maschinen zu ersetzen."

- **Ein Parlamentarier:** „Als in der Anfangsphase der Inflation die Steuereinnahmen noch kräftig anstiegen, hat das Parlament bereitwillig einer kräftigen Anhebung der Militärausgaben zugestimmt. Jetzt stehen wir vor dem Problem, wie wir die beschlossenen Mehrausgaben finanzieren sollen."

Arbeitsvorlage 2:

Gesamtwirtschaftliche Auswirkungen der Inflation

[1] Je mehr sich der Wert des Geldes verschlechtert, desto schneller wird das Geld von den Wirtschaftssubjekten wieder ausgegeben. Die Umlaufgeschwindigkeit des Geldes erhöht sich dadurch noch mehr, sodass die Kaufkraft des Geldes erneut abnimmt. Um sich vor dem weiteren Geldwertschwund zu schützen, tauschen die Wirtschaftssubjekte das Geld so schnell wie möglich in Sachgüter ein. Man spricht in diesem Zusammenhang von einer „Flucht in die Sachwerte". Die Käufer der Sachgüter steigern die Nachfrage nach Konsumgütern, was die vorhandenen Preisauftriebstendenzen noch weiter verstärkt.

[2] Bei steigender Geldentwertung können sich Personen, die über längere Zeit ein relativ festes Einkommen beziehen (z. B. monatlich gleich bleibende Renten aus Lebensversicherungen), immer weniger leisten. Das konstante Nominaleinkommen bedeutet in Zeiten der Geldentwertung ein sinkendes Realeinkommen. Andere Einkommensbezieher sind hingegen von der Inflation weniger oder gar nicht betroffen,

so z. B. die Bezieher von Gewinneinkommen (Unternehmer). Ein fortdauernder Inflationsprozess führt also zur Einkommensumschichtung und als Folge davon zu einer Veränderung der sozialen Stellung (Rangordnung) einzelner Bevölkerungsschichten.

[3] Die in Inflationszeiten besonders begehrten Sachgüter (z. B. Gold, Schmuck, Immobilien, Kunstgegenstände, langlebige Konsumgüter) steigen in ihrem Wert extrem stark an, da entsprechende Nachfrage nach ihnen besteht. Bei anderen Waren hingegen halten sich die Preissteigerungen in Grenzen, so z. B. bei Lebensmitteln. Mit den veränderten Knappheitsverhältnissen ändern sich auch die Preisrelationen für die einzelnen Güter. Da in der Wettbewerbswirtschaft Preise wichtige Steuerungsfunktionen ausüben, werden durch eine inflationsbedingte Verzerrung des Preisgefüges auch „falsche" Produktionssignale gesetzt. Das Bruttoinlandsprodukt verändert sich hinsichtlich Umfang und Zusammensetzung. Fast alle der so bewirkten Produktionsverschiebungen erweisen sich nach dem Abflauen der Geldentwertung als völlig unproduktiv.

[4] Bei funktionierendem Wettbewerb wandern die Produktionsfaktoren stets in die Bereiche der Volkswirtschaft, in denen der Bedarf am größten ist. In Inflationszeiten ist das der konsumnahe Bereich. Wegen der ausgeprägten Nachfrage vor allem nach langlebigen Konsumgütern steigen die Preise der Güter vorgelagerter Produktionsstufen. Im konsumnahen Bereich erscheint wegen der stark steigenden Preise nahezu jede Produktion Gewinn versprechend. Das führt zu einer Fehlleitung von Produktionsfaktoren in den konsumnahen Bereich. Die nicht optimale Verteilung der volkswirtschaftlichen Produktionsfaktoren bedeutet letztlich eine Verschwendung knapper Mittel.

[5] In Inflationszeiten sind soziale Ungerechtigkeiten zu beklagen, denn die Schuldner bereichern sich auf Kosten der Gläubiger. Die Kreditnehmer zahlen zwar bei Krediten nominell denselben Betrag an die Gläubiger zurück, jedoch hat sich während der Laufzeit des Kredits in Inflationszeiten der Geldwert ständig verschlechtert. Die Kaufkraft der Kreditsumme nach Rückzahlung des Kredits ist geringer als diejenige bei Ausbezahlung der Summe an den Kreditnehmer zu Beginn der Laufzeit. Gemildert wird dieser Effekt dadurch, dass in Zeiten steigender Geldentwertung in der Regel auch das Zinsniveau relativ hoch ist. Wäre das nicht der Fall, so müssten die Kreditquellen versiegen.

[6] Bei steigender Geldentwertung geht den Kontensparern ständig ein Teil ihrer Ersparnisse verloren, weil die erzielten Habenzinsen durch die Inflationsrate mehr als „aufgefressen" werden. Die Sparer verlieren also auf diese Weise die Lust am Sparen. Fehlende Einlagen der Sparer schränken aber den Kreditspielraum der Banken ein. Mit steigender Inflationsrate kommt auch das gesamte Geld- und Kreditgeschäft mehr und mehr zum Erliegen.

[7] Können die Unternehmer im Außenhandel die gestiegenen Kosten nicht mehr voll auf die Preise abwälzen, dann gehen die Exporte zurück. Ist die Exportabhängigkeit eines Landes relativ hoch, dann sinkt unter sonst gleichen Umständen die inländische Güterproduktion und mit ihr auch die Beschäftigung. Die Arbeitslosigkeit erhöht sich also.

Im weiteren Verlauf kann die Inflation so zu einer mehr oder weniger starken Gefährdung des Wohlstands und der sozialen Sicherheit führen.

Arbeitsvorlage 3 Siehe Seite 188.

Arbeitsvorlage 4

Verbraucherpreise Juni 2009:

+ 0,1% zum Juni 2008 – Preisanstieg um 0,4% gegenüber Mai 2009

Wiesbaden (ots) – (...) Wie das Statistische Bundesamt (Destatis) mitteilt, ist der Verbraucherpreisindex für Deutschland im Juni 2009 gegenüber Juni 2008 um 0,1 % gestiegen. Damit blieb die Inflationsrate weiterhin auf einem niedrigen Stand, im Mai 2009 hatte die Teuerungsrate bei 0,0 % gelegen. Im Vergleich zum Vormonat erhöhten sich im Juni die Verbraucherpreise um 0,4 %. Die Schätzung für Juni 2009 wurde somit bestätigt. Die niedrige Inflationsrate ist nach wie vor durch besonders starke Preisschwankungen bei

Mineralölprodukten geprägt. Obwohl der Preisverfall seit einigen Monaten gestoppt wurde und im Juni 2009 deutliche Preisanstiege gegenüber dem Vormonat ermittelt wurden, liegen die Preise für Mineralölerzeugnisse immer noch weit unterhalb der Rekordniveaus aus dem Vorjahr. Aktuelle Preisanstiege bei Nahrungsmitteln und bei Tabakwaren verhinderten einen weiteren Rückgang der Gesamtteuerung und erklären im Wesentlichen die Preisstabilität gegenüber dem Vorjahresmonat. Energie verbilligte sich im Juni 2009 insgesamt um 7,9 % gegenüber Juni 2008: Erhebliche Preisrückgänge gegenüber dem Vorjahr wiesen vor allem die Mineralölprodukte auf (–21,7 %; ...). Dagegen kostete bei Haushaltsenergie vor allem Strom (+ 6,9 %)

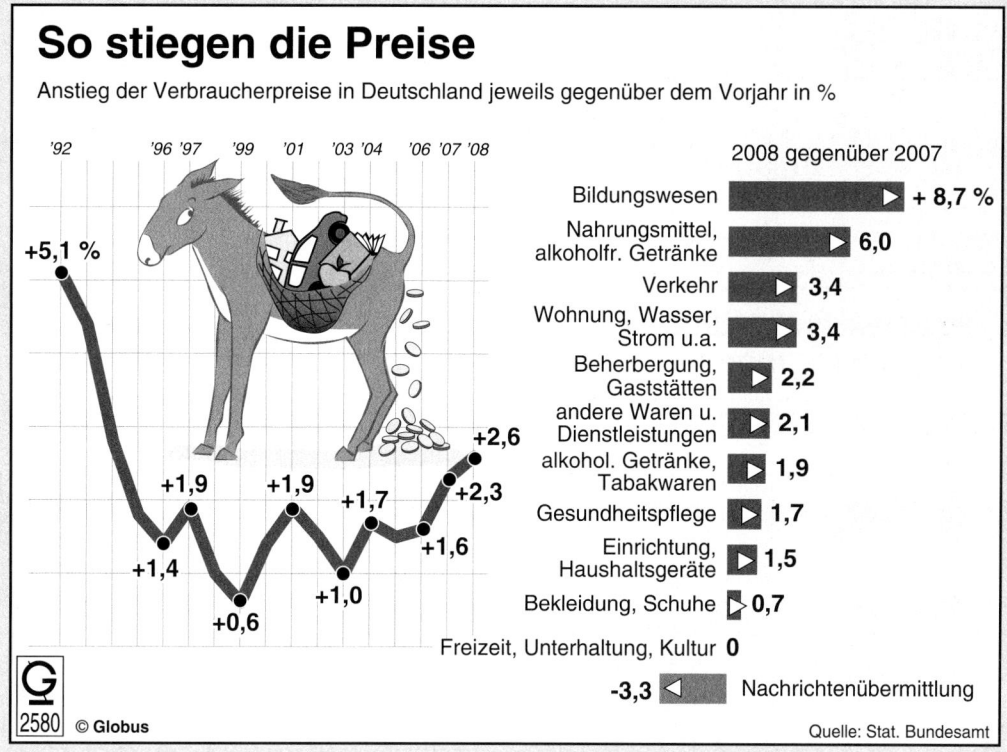

So stiegen die Preise

Anstieg der Verbraucherpreise in Deutschland jeweils gegenüber dem Vorjahr in %

'92   '96 '97   '99   '01   '03 '04   '06 '07 '08

+5,1 %

+1,9   +1,9   +1,7   +2,3   +2,6

+1,4   +1,6

+0,6   +1,0

© Globus
2580

2008 gegenüber 2007

Bildungswesen	+ 8,7 %
Nahrungsmittel, alkoholfr. Getränke	6,0
Verkehr	3,4
Wohnung, Wasser, Strom u.a.	3,4
Beherbergung, Gaststätten	2,2
andere Waren u. Dienstleistungen	2,1
alkohol. Getränke, Tabakwaren	1,9
Gesundheitspflege	1,7
Einrichtung, Haushaltsgeräte	1,5
Bekleidung, Schuhe	0,7
Freizeit, Unterhaltung, Kultur	0
Nachrichtenübermittlung	-3,3

Quelle: Stat. Bundesamt

deutlich mehr als ein Jahr zuvor. Ohne Berücksichtigung der Preisentwicklung für Energie (Haushaltsenergie und Kraftstoffe) hätte die Inflationsrate im Juni 2009 bei 1,1 % gelegen. Die Nahrungsmittelpreise lagen im Juni 2009 um 0,9 % unter dem Niveau des Vorjahres, obwohl sie erstmals seit Januar 2009 wieder anstiegen. Binnen Jahresfrist ergaben sich weiterhin spürbare Preisrückgänge insbesondere bei Molkereiprodukten von 9,1 % (...) sowie bei Speisefetten und -ölen von 6,1 % (...). Deutlich billiger als vor einem Jahr war auch Gemüse mit - 5,9 % (...). Teurer wurden gegenüber Juni 2008 dagegen Fisch und Fischwaren mit + 3,5 % (...) sowie Fleisch und Fleischwaren mit + 2,9 % (...). Bei den Süßwaren (+ 2,4 %) fällt besonders der Preisanstieg für Bienenhonig auf (+ 20,1 %). Die Preise für Tabakwaren erhöhten sich gegenüber dem Vorjahr für die Verbraucher spürbar um 4,7 %, insbe-

sondere wurden die angekündigten Preiserhöhungen für Zigaretten im Juni umgesetzt (Zigaretten: + 5,1 %). Die Preise für langlebige Gebrauchsgüter blieben im Jahresvergleich unverändert (± 0,0 %). Deutlich günstiger waren dabei Geräte der Informationsverarbeitung (– 10,0 %) und der Unterhaltungselektronik (– 10,8 %) sowie Foto und Filmausrüstungen (– 7,2 %). Die Preise für Dienstleistungen lagen um 1,3 % über den Stand des Vorjahres. Ausschlagend ist hierfür die Preisentwicklung bei Wohnungsmieten ohne Nebenkosten (+ 1,1 %). Nennenswerte Preisanstiege wurden auch bei Pauschalreisen (+ 3,9 %) festgestellt, Preisrückgänge gab es dagegen unter anderem im Bildungswesen (– 5,3 %). (...)

aus: www. .de/wirtschaft/NA3731437195.htm
(Abruf: 02.08.2009)

Arbeitsaufträge

1. Analysieren Sie die Aussagen der Inflationsgeschädigten (**Arbeitsvorlage 1**) in der Weise, dass Sie die subjektiven Äußerungen in allgemein gültige Aussagen umdeuten. Tragen Sie die Ergebnisse in die **Arbeitsvorlage 3** (nächste Seite) ein.

2. Beschäftigen Sie sich nun mit den volkswirtschaftlichen Auswirkungen der Inflation (**Arbeitsvorlage 2**).

    a) Versuchen Sie zunächst einmal für die einzelnen Abschnitte (1 bis 7) jeweils eine passende Überschrift zu finden.

    b) Beschreiben Sie sodann die einzelnen gesamtwirtschaftlichen Auswirkungen stichwortartig. Tragen Sie diese Ergebnisse in die **Arbeitsvorlage 3** (nächste Seite) ein.

3. Beschäftigen Sie sich anschließend noch mit dem Artikel über die Verbraucherpreise (**Arbeitsvorlage 4**)

    a) Inwiefern haben sich die Verbraucherpreise in 2009 im Vergleich zum Vorjahr verändert?

    b) Welche Faktoren sind für den aktuellen Stand der Inflationsrate ausschlaggebend?

Arbeitsvorlage 3

Auswirkungen von Geldschwankungen

einzelwirtschaftliche Auswirkungen	gesamtwirtschaftliche Auswirkungen
1 auf Rentner:	1 auf die Kaufkraft des Geldes:
2 auf Sparer:	2 auf die Einkommensverteilung:
3 auf Immobilienbesitzer:	3 auf das gesamtwirtschaftliche Preisgefüge:
4 auf Unternehmer (die Unternehmensplanung):	4 auf den Einsatz der Produktionsfaktoren:
5 auf Schuldenmacher:	5 auf die soziale Gerechtigkeit:
6 auf Lohnempfänger:	6 auf das Geld- und Kreditwesen:
7 auf Unternehmer (die Substanzerhaltung):	7 auf den Volkswohlstand:
8 auf Parlamentarier:	

9.4 Konjunkturelle Schwankungen der Wirtschaftstätigkeit

Ausgangssituation

Frühjahrsgutachten: Krise kostet eine Million Arbeitsplätze

Düstere Prognosen für den Arbeitsmarkt. Allein 2009 werden eine Million Stellen abgebaut, bis Ende 2010 werden voraussichtlich fünf Millionen Menschen ohne Job sein

Die Marke von vier Millionen Arbeitslosen wird nach Ansicht der führenden Forschungsinstitute bereits im Herbst 2009 überschritten. (…) Der Jobabbau wird zwar vorerst noch durch Kurzarbeit abgefedert werden – mittelfristig werden die Betriebe aber gezwungen sein, verstärkt Personal abzubauen. Die düsteren Aussichten am Arbeitsmarkt ziehen weitere Konsequenzen nach sich: Der private Konsum wird leiden, sagen die Forscher voraus. (…) Insgesamt profitierten die Konsumenten aber von geringen Lebenshaltungskosten. Nach einem Anstieg der Verbraucherpreise um 0,4 Prozent in diesem Jahr, sei 2010 mit stagnierenden Preisen zu rechnen.

Wie bereits am Mittwoch angekündigt, sagten die Wirtschaftsforschungsinstitute einen Konjunktureinbruch von bisher nicht gekanntem Ausmaß voraus. Die Wirtschaft werde dieses Jahr um 6,0 Prozent einbrechen (…), heißt es im Frühjahrsgutachten. „Im Frühjahr 2009 befindet sich die deutsche Wirtschaft in der tiefsten Rezession seit der Gründung der Bundesrepublik."

Wie sehr Exportweltmeister Deutschland am Tropf der Weltwirtschaft hängt, zeigt die Prognose, dass die Exporte im laufenden Jahr um 22,6 Prozent sinken dürften. Der Welthandel breche zugleich um mehr als 16 Prozent ein. Die Investitionen in Maschinen und Anlagen gehen demnach ebenfalls um gut 16 Prozent zurück.

(…)

Am Frühjahrsgutachten sind acht Institute aus Deutschland, Österreich und der Schweiz beteiligt. Zum Gutachterkreis gehören das Münchner Ifo-Institut, das Kieler IfW, das Düsseldorfer IMK, das Essener RWI, das IWH aus Halle, die Zürcher KOF sowie die beiden Wiener Institute IHS und Wifo.

Quelle: www.zeit.de/online/2009/18/fruehjahrsgutachten_arbeitslose_wirtschaftswachstum

Sachdarstellung

1. Der Konjunkturverlauf in der wirtschaftlichen Wirklichkeit – dargestellt am Beispiel von 50 Jahren sozialer Marktwirtschaft (1950 – 2000)

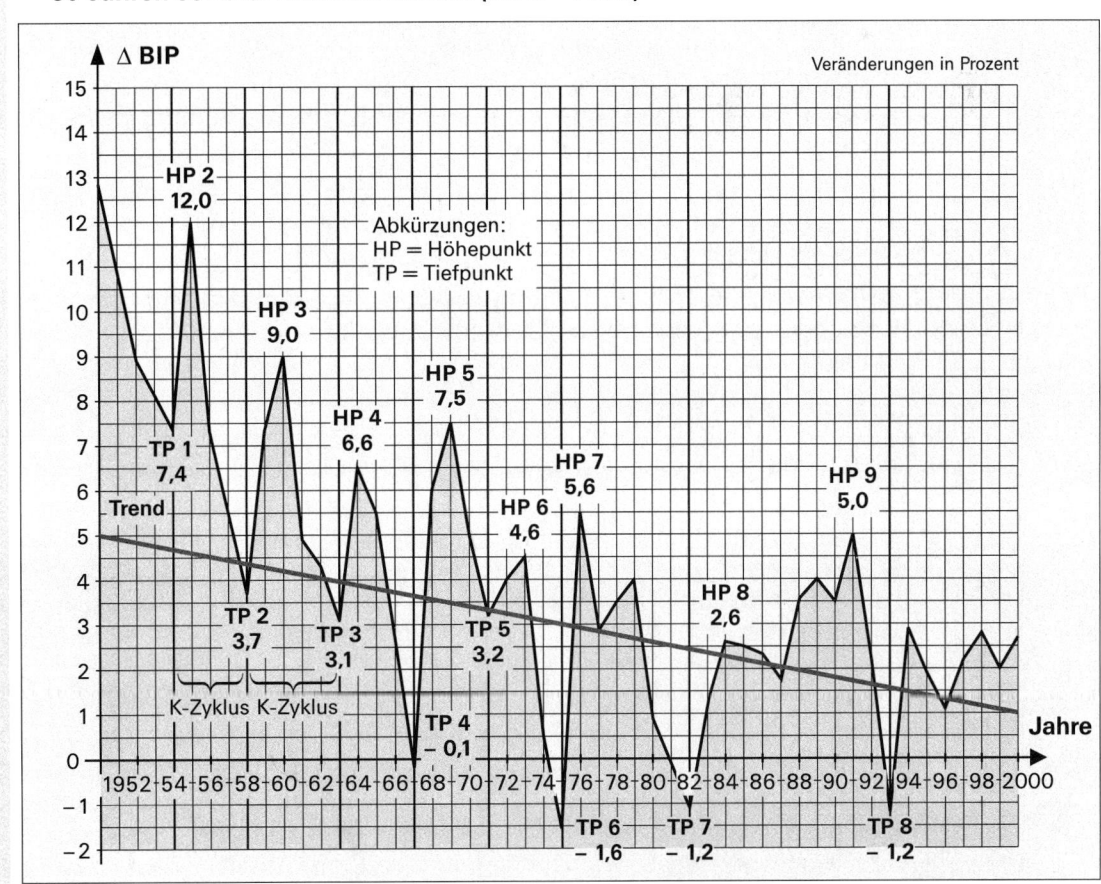

2. Der idealtypische Konjunkturverlauf

Beachten Sie, dass die Übergänge von einer zur anderen Konjunkturphase nicht genau bestimmt werden können; sie sind fließend.

3. Gründe für Konjunkturschwankungen

Schwankungen in der wirtschaftlichen Aktivität sind auf unterschiedliche Ursachen zurückzuführen. Sie liegen teilweise in der hoch technisierten, kapitalintensiven Marktwirtschaft von heute begründet.

■ Die Unternehmer produzieren für den anonymen Markt. Die bestehende Nachfrage können sie nur abschätzen. Wird sie zu hoch eingeschätzt, entstehen Absatzschwierigkeiten.

■ Die Investitionsneigung der Unternehmer ist je nach den bestehenden Gewinnaussichten unterschiedlich. Die sich hieraus ergebenden Schwankungen im Investitionsvolumen wirken sich auf die Gesamtproduktion einer Volkswirtschaft aus.

■ Wegen der mangelnden Anpassungsfähigkeiten der Preise nach unten werden Ausgleichsvorgänge am Markt verzögert oder ganz verhindert. Ähnlich wirken fehlender Wettbewerb bzw. Machtstrukturen auf den Märkten.

■ Die Kreditschöpfung der Banken verursacht eine Ausweitung oder Schrumpfung des Geld- oder Kreditvolumens; sie wirkt anregend oder dämpfend auf die wirtschaftliche Entwicklung.

4. Konjunkturindikatoren

a) Wesen und Bedeutung der Konjunkturindikatoren

Für alle am Wirtschaftsleben Beteiligten ist es wichtig zu wissen, in welcher Entwicklungsphase sich eine Volkswirtschaft befindet, ob es eine Aufschwung- oder Abschwungphase ist, ob die Menschen mit wirtschaftlich besseren Zeiten rechnen können oder ob sie ihre materiellen Ansprüche zurückschrauben müssen. Die Antwort auf diese wichtige Frage versucht man anhand von sog. Konjunkturindikatoren (Indikator = Anzeiger) zu geben. Es handelt sich hierbei um Kennzeichen oder wirtschaftliche Messgrößen — meist in Form statistischer Zahlenreihen –, die Änderungen der wirtschaftlichen Aktivitäten widerspiegeln.

Konjunkturindikatoren erklären entweder die bisherige Wirtschaftsentwicklung oder sie ermöglichen Feststellungen über die künftige Entwicklung einer Volkswirtschaft. Sie dienen also dazu, eine bestimmte wirtschaftliche Ausgangslage zu diagnostizieren und/oder möglichst genau die zukünftige Entwicklung vorherzusagen.

Beispiele für solche Konjunkturindikatoren sind die Wachstumsraten des Bruttoinlandsprodukts, die Entwicklung der Zahlungs- und Leistungsbilanz, des Außenhandels, der Arbeitslosenquote, des privaten Verbrauchs, der Bruttoeinkommen, des Zinsniveaus, der Sparquote, der Auftragseingänge, der Binnen- bzw. Auslandsnachfrage, des Konsumklimas, der Investitionstätigkeit, der Kapazitätsauslastung.

Je nachdem, ob die Messgrößen der gesamtwirtschaftlichen Aktivität die bisherige, die jetzige oder die künftige Konjunkturentwicklung erklären bzw. beschreiben, kann man – bei fließenden Übergängen – zwischen **Spät-, Gegenwarts- oder Frühindikatoren** unterscheiden. Zu der erstgenannten Gruppe gehören beispielsweise die jährlichen Zuwachsraten des Bruttoinlandsprodukts. Ein Gegenwartsindikator ist die monatlich ermittelte Arbeitslosenquote. Zu den Frühindikatoren zählen z. B. die Auftragseingänge in der Industrie.

b) Ermittlung der Konjunkturindikatoren

Das statistische Zahlenmaterial für die einzelnen Messgrößen, so z. B. für das Bruttoinlandsprodukt, wird in der Bundesrepublik Deutschland von verschiedenen Stellen geliefert.

Dazu gehören:

▨ **amtliche Stellen,** wie z. B. das Statistische Bundesamt in Wiesbaden, die Statistischen Landesämter, die Deutsche Bundesbank in Frankfurt (M.) oder die Bundesagentur für Arbeit in Nürnberg, die Bundesregierung bzw. die Landesregierungen;

▨ **halbamtliche Stellen,** wie z. B. Industrie- und Handelskammern, Handwerkskammern;

▨ **nichtamtliche Stellen,** wie z. B. das Deutsche Institut für Wirtschaftsforschung (DIW), das Ifo-Institut in München, das Institut der deutschen Wirtschaft (IdW), Meinungsforschungsinstitute, Wirtschaftsverbände, gewerkschaftliche Institutionen.

 Arbeitsvorlage Siehe folgende Seite.

Arbeitsaufträge und Fragen zur Stofferschließung

1. Zunächst soll der Konjunkturverlauf in der wirtschaftlichen Wirklichkeit analysiert werden (Sachdarstellung 1.).

a) Wie kann man in Anbetracht des aufgezeigten Kurvenverlaufs den Begriff „Konjunktur" definieren?

b) Was gilt als wichtigster Maßstab für die Beurteilung der konjunkturellen Entwicklung einer Volkswirtschaft?

c) Wie viele Konjunkturtiefpunkte wurden in der abgetragenen Zeitspanne (50 Jahre) durchschritten?

d) In welchen Jahren wurden negative Zuwachsraten des realen Bruttoinlandsprodukts erzielt?

e) Der von einem Tiefpunkt zum anderen reichende Abschnitt einer Konjunkturkurve wird als Konjunkturzyklus bezeichnet. Notieren Sie auf Ihrem Arbeitsblatt die Jahreszahlen für den Beginn und das Ende der einzelnen Konjunkturzyklen.

f) Welche Zeitspanne umschließt ein solcher Konjunkturzyklus im Durchschnitt?

g) Was versteht man unter dem „Trend" und in welcher Richtung bewegt er sich?

h) Welcher Art sind die zyklischen Wirtschaftsschwankungen, die durch die vorstehende Grafik dargestellt werden (kurz-, mittel- oder langfristig)?

i) Worauf ist es zurückzuführen, dass kein bisher beobachteter konjktureller Zyklus völlig mit einem anderen Zyklus übereinstimmt, dass somit jeder Zyklus gewissermaßen seine „individuellen historischen Züge" trägt?

2. Im Folgenden wollen wir den idealtypischen Konjunkturverlauf (Sachdarstellung 2.) etwas genauer betrachten.

a) An welcher Stelle des idealtypischen Konjunkturverlaufs würden Sie die konjunkturelle Situation im Jahre 1994 einordnen? (Siehe Sachdarstellung 1.)

b) Wie könnte man diese Konjunkturphase benennen?

c) In welcher Phase befand sich die Wirtschaft der Bundesrepublik Deutschland im Jahr 1993? (Vergleichen Sie hierzu die Grafik, Sachdarstellung 1.)

d) Welche Bezeichnung wäre für diese Konjunkturphase angebracht?

e) Wie können die Phasen ③ und ④ bezeichnet werden?

– (Fortsetzung Seite 193) –

Arbeitsvorlage

Wie entwickeln sich die Konjunkturindikatoren in den einzelnen Konjunkturphasen?

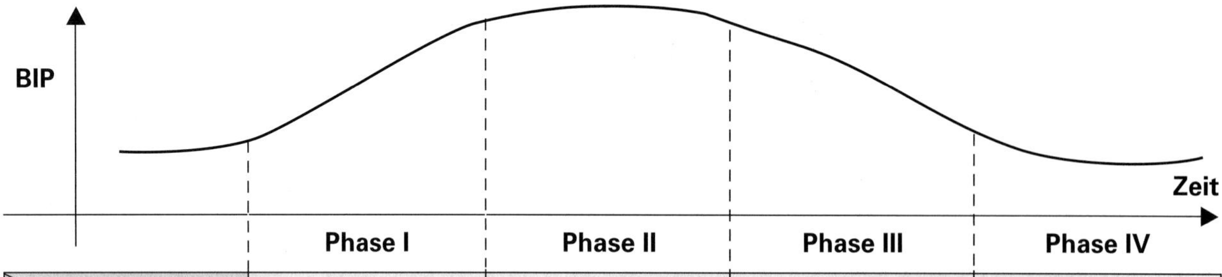

BIP

Zeit

	Phase I	Phase II	Phase III	Phase IV
Indikatoren / Bezeichnung der Phasen	**Aufschwung**	**Hochkonjunktur**	**Abschwung**	**Krise**
1 Grundstimmung der Unternehmer (Gewinnerwartungen)				
2 Preisentwicklung (Inflationsrate)				
3 Beschäftigungslage (Arbeitslosenquote)				
4 Produktionsentwicklung (Kapazitätsauslastung)				
5 Investitionsvolumen				
6 Zinsniveau				
7 Aktienkurse				

Arbeitsaufträge und Fragen zur Stofferschließung – Fortsetzung

f) In der wirtschaftswissenschaftlichen Literatur ist die Bezeichnung der einzelnen Konjunkturphasen sehr uneinheitlich. Zur Markierung der einzelnen Phasen des Konjunkturverlaufs werden häufig bedeutungsgleiche (synonyme) Begriffe verwendet. Versuchen Sie die folgenden Begriffe (in alphabetischer Reihenfolge) jeweils einer der vier Konjunkturphasen ① bis ④ zuzuordnen: Abkühlung – Abschwung – Aufschwung – Boom – Depression – Erholung – Expansion – Flaute – Hochkonjunktur – Kontraktion – Krise – Prosperität – Rezession – Talsohle – Tiefstand – Wiederbelebung.

g) Wie bezeichnet man den mit ⑥ bezeichneten Bereich?

h) Wie nennt man die mit ⑦ bezeichnete Gerade?

i) Erklären Sie, warum der Trend („Wachstumspfad") in der ersten Grafik ab 1950 nach unten geht, wenn man die prozentualen Veränderungen des Bruttoinlandsprodukts in ein Koordinatensystem einträgt, und warum er ansteigt, wenn man — wie in der vorstehenden modelltheoretischen Darstellung — das reale Bruttoinlandsprodukt in absoluten Zahlen abträgt.

j) Wie bezeichnet man die sich um die Konjunkturkurve schlängelnden Wellen ⑧? Lösungshinweis: Skimoden, Badeartikel.

k) Nennen Sie fünf Beispiele für Wirtschaftsbereiche, die saisonale Schwankungen aufweisen.

3. Nun sollen Sie sich noch mit dem Thema „Konjunkturindikatoren" auseinander setzen.

a) Was versteht man unter „Konjunkturindikatoren"? Nennen Sie insgesamt zehn Beispiele, eingeteilt in drei Gruppen.

b) Welche Aufgaben erfüllen Konjunkturindikatoren?

c) Welche „Stellen" (Institutionen, Institute) ermitteln in der Bundesrepublik Deutschland Konjunkturindikatoren?

d) Klären Sie im Unterrichtsgespräch mit Ihrem Lehrer die Frage, wie sich die unten angeführten Konjunkturindikatoren in den einzelnen Konjunkturphasen entwickeln (**Arbeitsvorlage**).

e) Warum gibt es Konjunkturschwankungen? (Mindestens drei Angaben!)

9.5   Fiskalpolitik

Ausgangssituation

Die Volkswirtschaft eines bestimmten Staates befindet sich in einer Rezessionsphase mit allen negativen Begleiterscheinungen: Kurzarbeit — steigende Arbeitslosigkeit (Massenentlassungen) — Abbau freiwilliger Lohnzulagen — Angst um Arbeitsplätze (Existenzangst) — unausgelastete Kapazitäten bei den Unternehmen — Auftragsmangel — hohe Bestände im Fertigwarenlager — Gewinneinbrüche — Unternehmenszusammenbrüche (Insolvenzen) — pessimistische Grundstimmung bei den Unternehmern — Rückgang des Lebensstandards — starker politischer Druck auf die Regierung — Gefahr des Regierungssturzes und von sozialen Unruhen.

Problemstellung: Wie kann die Regierung die Wirtschaftskrise möglichst schnell beheben?

Vorschläge, die in der Öffentlichkeit zur Behebung der Krise diskutiert werden:

■ **Vorschlag 1:** Senkung der Einkommen- und Körperschaftsteuersätze — Ausgleich der staatlichen Einnahmenausfälle durch Senkung der Ausgaben für staatliche Investitionen.

■ **Vorschlag 2:** Der Staat legt ein Konjunkturförderprogramm in Höhe von 10 Milliarden Euro auf, dessen Schwerpunkt auf Umweltschutzmaßnahmen und Bildungsinitiativen liegt. Finanziert wird dieses Programm durch eine beträchtliche Steigerung der Nettokreditaufnahme (Deficitspending).

■ **Vorschlag 3:** Die Regierung beschließt eine Steuerreform, deren erste Stufe (Steuersenkungen für mittlere und niedrige Einkommen) am 1. Januar des nächsten Jahres in Kraft treten soll. Zugleich tritt eine Reform des Gesundheitswesens mit höherer Selbstbeteiligung der Versicherten in Kraft; außerdem wird die Dynamisierung der Renten in der gesetzlichen Rentenversicherung nicht mehr an den Brutto-, sondern an den Nettolohnzuwächsen ausgerichtet. Die restlichen Einnahmenausfälle sollen durch Kürzungen im Sozialhaushalt (BAföG, Ausbildungsförderung u. a.) gedeckt werden.

> ■ **Vorschlag 4:** Die Regierung beschließt Maßnahmen zur Verbesserung der Angebotsbedingungen (§ 6 Abs. 2 Stabilitätsgesetz): günstigere Abschreibungsmöglichkeiten für Unternehmer, Zahlung von Investitionsprämien und -zulagen an Unternehmer, Rückzahlung eines Konjunkturzuschlags zur Einkommen- und Körperschaftsteuer. Der Ausgleich der Einnahmenausfälle des Staates soll durch Senkung der Steigerungsrate der Effektivlöhne und -gehälter der Staatsbediensteten um 1,5 Prozentpunkte (geschätzte Ausgabensenkung: 7,5 Milliarden €) und durch einen allgemeinen Einstellungs- und Beförderungsstopp im öffentlichen Dienst erfolgen.

Arbeitsaufträge und Fragen zur Stofferschließung

1. Erörtern Sie im Gespräch mit Ihrem Lehrer die Frage, ob die Regierung mithilfe der angegebenen Vorschläge eine „Wende" in der Konjunkturbewegung wird herbeiführen können oder nicht. Gehen Sie hierbei auf die jeweiligen Vor- und Nachteile der einzelnen Vorschläge ein.

2. Stellen Sie fest, welche von den in dieser Fallstudie vorgeschlagenen wirtschaftspolitischen Maßnahmen in den Bereich der angebotsorientierten bzw. nachfrageorientierten Konjunkturpolitik fallen.

Erläuterung: Angebotsorientiert (nachfrageorientiert) sind solche Maßnahmen, die der Angebotsseite (der Nachfrageseite), also den Unternehmern (den Verbrauchern) zugute kommen.

3. Erarbeiten Sie eine Wirkungskette für eine Depressionsphase. Prämisse: Der Staat ergreift keinerlei Konjunktur fördernde Maßnahmen. Ausgangssituation: Das gesamtwirtschaftliche Angebot ist größer als die gesamtwirtschaftliche Nachfrage, d. h., es besteht ein Angebotsüberhang (Nachfragelücke).

In die Wirkungskette einzubeziehende Konjunkturindikatoren: (1) Absatzentwicklung bei den Unternehmen — (2) Lagerbestände — (3) Produktionsvolumen — (4) Unternehmergewinne — (5) Investitionsbereitschaft — (6) Entwicklung der Gesamtnachfrage — (7) Beschäftigungsniveau — (8) Einkommensentwicklung der privaten Haushalte — (9) Konsum und Sparneigung — (10) Entwicklung der gesamtwirtschaftlichen Nachfrage — (11) Staatseinnahmen — (12) Staatsaufträge — (13) Preisniveau — (14) Unternehmenszusammenbrüche — (15) Beschäftigungsniveau — (16) Lebensstandard der Bevölkerung — (17) Politische Gefahren.

9.6 Die Geldpolitik im Europäischen System der Zentralbanken (ESZB)

Ausgangssituation

EZB belässt Leitzins auf historischem Tief

Der Leitzins im Euro-Raum bleibt unverändert bei 1,0 Prozent. Das teilte die Europäische Zentralbank (EZB) nach ihrer Ratssitzung in Luxemburg mit. Der wichtigste Zins zur Versorgung der Kreditwirtschaft mit Zentralbankgeld war angesichts der Rezession im Euro-Raum seit Oktober 2008 schrittweise auf das Rekordtief gesenkt worden.

Die Europäische Zentralbank (EZB) hat den Leitzinssatz für die Eurozone erwartungsgemäß bestätigt. Der Hauptrefinanzierungssatz, zu dem sich Banken bei der EZB Geld leihen, bleibt bei 1,0 Prozent, wie die EZB nach einer Ratssitzung in Luxemburg mitteilte.

Die Notenbank hatte ihren Leitzins zuletzt im Mai um 25 Basispunkte auf den historischen Tiefstand von 1,0 Prozent gesenkt. Weiterhin hatte EZB-Präsident Jean-Claude Trichet bekanntgegeben, dass die Notenbank im Juli mit dem Kauf gedeckter Schuldverschreibungen beginnt. Das Kaufprogramm habe ein Volumen von 60 Milliarden Euro.

Bei fallenden Leitzinsen sinkt die Verzinsung von Sparguthaben. Dagegen werden Darlehen und Kredite für Verbraucher günstiger.

Erst vor einer Woche hatte die EZB den Geldmarkt mit neuer Liquidität in Rekordhöhe geflutet. Insgesamt wurden laut Zentralbank den Finanzinstituten rund 442 Milliarden Euro zur Verfügung gestellt. Das Geschäft hat eine Laufzeit von etwa einem Jahr bis 1. Juli 2010. Damit verstärke die EZB ihre Bemühungen, den Interbankenmarkt wieder in Gang zu bringen, hieß es. Mit der neuen Liquiditätsspritze verdoppelte sich das Volumen der ausstehenden EZB-Refinanzierungsgeschäfte auf knapp 900 Milliarden Euro.

www.welt.de/finanzen/article4043730/ EZB-belaesst-Leitzins-auf-historischem-Tief.html

(Abruf: 02.08.2009)

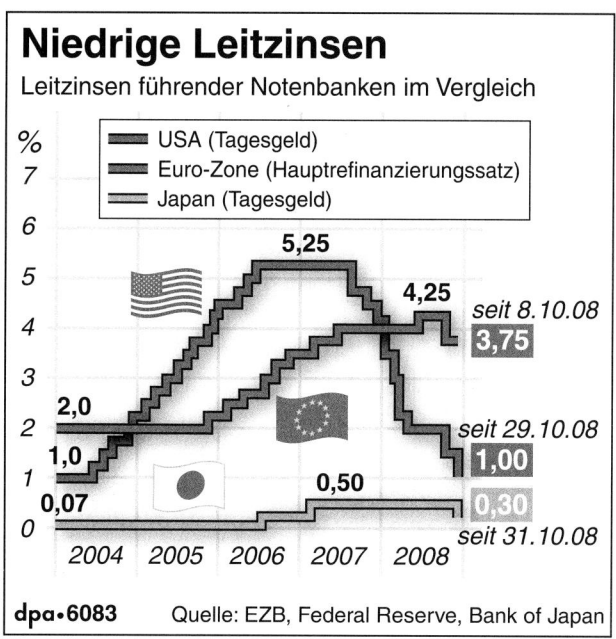

Niedrige Leitzinsen

Leitzinsen führender Notenbanken im Vergleich

%
- USA (Tagesgeld)
- Euro-Zone (Hauptrefinanzierungssatz)
- Japan (Tagesgeld)

5,25

4,25

seit 8.10.08
3,75

2,0

1,0

seit 29.10.08
1,00

0,50

0,07

seit 31.10.08
0,30

2004 2005 2006 2007 2008

dpa•6083   Quelle: EZB, Federal Reserve, Bank of Japan

Sachdarstellung

1. Die Leitzinsen der EZB

Zwischen den Zinssätzen für die einzelnen Geldmarktoperationen besteht folgender Beziehungszusammenhang:

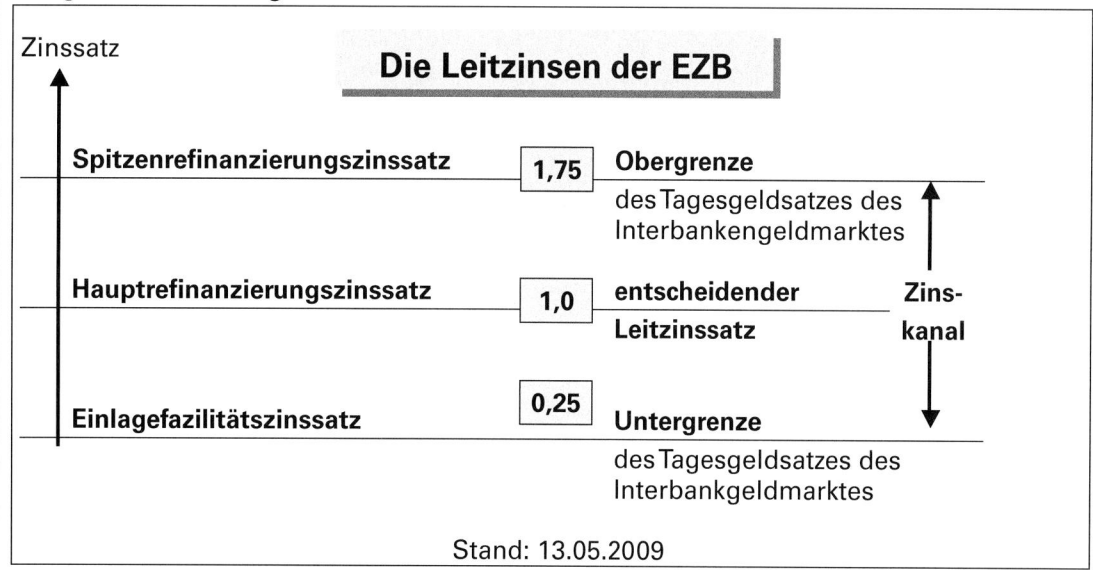

Zinssatz

Die Leitzinsen der EZB

Spitzenrefinanzierungszinssatz	1,75	Obergrenze des Tagesgeldsatzes des Interbankengeldmarktes
Hauptrefinanzierungszinssatz	1,0	entscheidender Leitzinssatz
Einlagefazilitätszinssatz	0,25	Untergrenze des Tagesgeldsatzes des Interbankgeldmarktes

Zins-kanal

Stand: 13.05.2009

Von den genannten drei Zinssätzen zu unterscheiden ist der sogenannte **Basiszinssatz.** Er gilt als **Nachfolger des Diskontsatzes** in all den Fällen, in denen vor der Gründung der EZB (1999) in gesetzlichen Bestimmungen und Verträgen eine Relation zum Diskontsatz fixiert wurde, z. B. „Verzinsung zwei Prozent über dem Diskontsatz" (Vgl. § 247 BGB).

Der Basiszinssatz ist **abhängig vom Hauptrefinanzierungszinssatz.** Sofern sich diese **Bezugsgröße um mindestens 0,5 Prozentpunkte verändert, kann der Basiszinssatz zum 1. Januar oder Juli eines Jahres neu festgesetzt werden.** Am 01.07.09 lag der Basiszinssatz bei 0,12 % und damit um 0,88 Prozentpunkte unter dem EZB-Hauptrefinanzierungszinssatz. Die jeweils gültigen Zinssätze können im Wirtschaftsteil einer guten Tageszeitung jederzeit nachgelesen werden. § 247 Abs. 2 BGB bestimmt, dass die Deutsche Bundesbank eine Änderung des Basiszinssatzes unverzüglich im Bundesanzeiger bekannt geben muss.

2. Formen und Zielsetzung der Geldpolitik im ESZB

Zur Erreichung der geldpolitischen Ziele des ESZB kann das Instrumentarium so eingesetzt werden, dass es entweder expansive oder restriktive (kontraktive) Wirkungen erzielt.

Eine **expansive Geldpolitik** kann bei vorhandener Geldwertstabilität betrieben werden. Das bedeutet, dass die Inflationsrate mittelfristig unter 2 % liegen muss. In diesem Falle können im Rahmen des geldpolitischen Instrumentariums der EZB Zinssenkungen vorgenommen werden. Sie bewirken, dass Kredite billiger werden. Niedrigere Kreditzinsen führen zu einer Ausweitung des Geldvolumens. Investitionen lohnen sich nun eher. Über die Ausdehnungen der Investitionstätigkeit kommt es zu einer Belebung der gesamtwirtschaftlichen Aktivitäten.

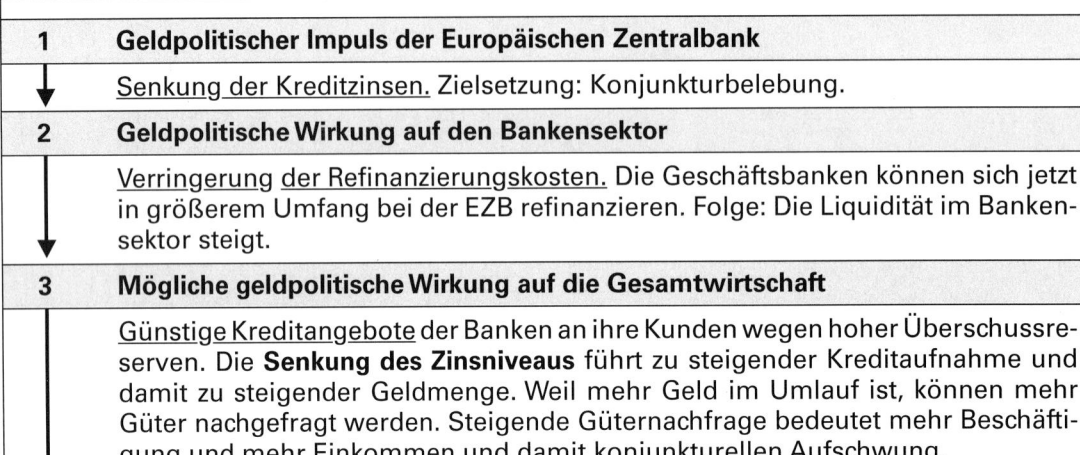

1	**Geldpolitischer Impuls der Europäischen Zentralbank**
	<u>Senkung der Kreditzinsen.</u> Zielsetzung: Konjunkturbelebung.
2	**Geldpolitische Wirkung auf den Bankensektor**
	<u>Verringerung der Refinanzierungskosten.</u> Die Geschäftsbanken können sich jetzt in größerem Umfang bei der EZB refinanzieren. Folge: Die Liquidität im Bankensektor steigt.
3	**Mögliche geldpolitische Wirkung auf die Gesamtwirtschaft**
	<u>Günstige Kreditangebote</u> der Banken an ihre Kunden wegen hoher Überschussreserven. Die **Senkung des Zinsniveaus** führt zu steigender Kreditaufnahme und damit zu steigender Geldmenge. Weil mehr Geld im Umlauf ist, können mehr Güter nachgefragt werden. Steigende Güternachfrage bedeutet mehr Beschäftigung und mehr Einkommen und damit konjunkturellen Aufschwung.

Eine **restriktive (kontraktive) Geldpolitik** wird immer dann betrieben, wenn der Geldwert bedroht ist. Eine Erhöhung der Leitzinsen durch die EZB verteuert die Refinanzierung der Geschäftsbanken. Das führt wiederum zu einer Verknappung der vorhandenen Liquidität. Die durch höhere Zinsen verteuerte Kreditaufnahme führt zu einer Verringerung der wirtschaftlichen Aktivitäten, somit zu einer Konjunkturdämpfung.

Die Kreditinstitute sind bei ihrer Geschäftstätigkeit darauf angewiesen, sich über das ESZB zu refinanzieren. Auf dieser Refinanzierungsabhängigkeit beruht die geldpolitische Wirksamkeit der ESZB. Es ermöglicht der EZB, die Kreditinstitute „an der kurzen Leine" zu führen und je nach Bedarf entweder eine Ausweitung oder eine Verringerung der Liquidität bzw. der Geldmenge anzustreben.

3. Hauptformen der geldpolitischen Instrumente des ESZB

Zum geldpolitischen Instrumentarium des ESZB gehören drei Hauptformen geldpolitischer Geschäfte: die Offenmarktgeschäfte, die ständigen Fazilitäten[1] und die Mindestreserven.

▪ Die **Offenmarktgeschäfte** spielen eine wichtige Rolle bei den geldpolitischen Operationen im ESZB:

Hierbei kauft/verkauft die EZB Wertpapiere von den/an die Geschäftsbanken. Durch den Verkauf von Wertpapieren schöpft die EZB auf dem Geldmarkt Liquidität ab, sodass die umlaufende Geldmenge sinkt. Gegensätzliche Wirkungen ergeben sich, wenn die EZB Wertpapiere bei den Geschäftsbanken ankauft. Sie führt dann dem Bankensektor Zentralbankgeld zu, sodass die umlaufende Geldmenge steigt.

Offenmarktgeschäfte werden durchgeführt, um über die Liquidität am Geldmarkt die Zinssätze zu steuern und um Signale hinsichtlich des geldpolitischen Kurses zu geben.

Die verschiedenen Offenmarktgeschäfte lassen sich in vier Teilbereiche aufgliedern: (1) Hauptrefinanzierungsgeschäfte – (2) längerfristige Refinanzierungsgeschäfte – (3) Feinsteuerungsoperationen und (4) strukturelle Operationen.

▪ Bei den **„ständigen Fazilitäten"**[1] handelt es sich um Kreditmöglichkeiten, die je nach Bedarf von den Geschäftspartnern (Banken und Finanzinstituten) in Anspruch genommen werden können.

▪ Die **Mindestreservepflicht** betrifft die Verpflichtung der Geschäftsbanken, ein verzinsliches Guthaben in bestimmter Höhe auf ihrem Girokonto bei der nationalen Zentralbank zu unterhalten.

---

1 Engl. facility: Leichtigkeit, Gewandtheit, Erleichterung, Vorteil, hier im Sinne von problemloser Kreditbeschaffungs- oder Geldanlagemöglichkeit.

4. Die einzelnen Offenmarktgeschäfte

a) Hauptrefinanzierungsgeschäfte (-operationen, -instrumente)

■ **Wesen:** Hauptrefinanzierungsoperationen sind regelmäßige Offenmarktgeschäfte, die vom ESZB in Form von befristeten Transaktionen durchgeführt werden. Es handelt sich hierbei um Geschäfte, bei denen die EZB Kredite gegen die Verpfändung von Sicherheiten gewährt (Lombard- oder Pfandkredite) oder bei denen sie Wertpapiere mit einer Rückkaufvereinbarung kauft oder verkauft (Wertpapierpensionsgeschäfte).

■ **Laufzeit** der Wertpapierpensionsgeschäfte. Sie beträgt in der Regel zwei Wochen. Die Transaktionen werden regelmäßig jede Woche (dienstags) durchgeführt, und zwar dezentral über die nationalen Zentralbanken.

■ **Bedeutung:** Hauptrefinanzierungsinstrumente heißen diese Offenmarktgeschäfte der EZB deshalb, weil den Banken durch solche Operationen der Hauptanteil der benötigten Refinanzierungsmittel zugeführt wird. Ihnen kommt bei der Verfolgung der Ziele der Offenmarktpolitik eine Schlüsselstellung zu. Sie sollen nämlich über die Liquidität am Geldmarkt die Zinssätze steuern und Signale bezüglich des geldpolitischen Kurses setzen.

b) Längerfristige Refinanzierungsgeschäfte

Wie beim Hauptrefinanzierungsinstrument handelt es sich vornehmlich um Kreditgewährungen gegen Verpfändung von Wertpapieren. Im Gegensatz dazu haben die längerfristigen Refinanzierungsgeschäfte eine Laufzeit von drei Monaten und werden im monatlichen Rhythmus angeboten. Durchgeführt werden diese Transaktionen dezentral von den nationalen Zentralbanken.

Mit diesen Geldmarktgeschäften verfolgt das ESZB das Ziel, Liquiditätsschwankungen bei den Geschäftspartnern auszugleichen.

c) Feinsteuerungs- und strukturelle Operationen

■ Es handelt sich hierbei um unregelmäßige Offenmarktgeschäfte der EZB; die je nach Geldmarktsituation angeboten werden. Sie zielen hauptsächlich darauf ab, unerwartete Liquiditätsschwankungen am Markt auszugleichen. Die Laufzeit dieser Geschäfte ist unterschiedlich; sie richtet sich nach dem jeweiligen geldpolitischen Bedarf.

■ Die Feinsteuerung des Geldmarktes erfolgt im ESZB außer durch Wertpapierpensionsgeschäfte und Pfandkredite (befristete Transaktionen) auch durch definitive (endgültige) Käufe und Verkäufe von Wertpapieren, durch Hereinnahme von Termingeldern (Einlagen der Geschäftsbanken mit festem Zinssatz und fester Laufzeit) und durch Devisenswapgeschäfte (Kauf/Verkauf von fremden Währungen per Termin).

■ Zu den strukturellen Operationen der EZB gehört die Ausgabe (Emission) von Schuldverschreibungen durch die EZB. Dadurch kann sie am Geldmarkt Liquidität abschöpfen oder ihm solche zuführen. Schuldverschreibungen stellen rechtlich eine Verbindlichkeit der EZB gegenüber dem jeweiligen Inhaber des Wertpapiers dar. Sie werden zu einem Kurs ausgegeben, der unter dem Nennwert liegt; bei Fälligkeit werden sie zum Nennwert eingelöst. Die Verzinsung ergibt sich aus der Differenz zwischen dem Nennwert und dem Emissionsbetrag. Schuldverschreibungen haben eine Laufzeit von weniger als zwölf Monaten.

5. Ständige Fazilitäten

■ Sie stellen gewissermaßen das Girokonto für die Geschäftsbanken bei der Europäischen Zentralbank dar. Je nach Geschäftstätigkeit kann das Konto der Geschäftsbanken entweder gegen Berechnung von Sollzinsen überzogen oder es können auf dem Konto Einlagenüberschüsse verzinslich angelegt werden. Im zuerst genannten Fall spricht man von einer Spitzenrefinanzierungsfazilität, im zweiten Fall von Einlagefazilität.

■ Die **Spitzenrefinanzierungsfazilität** wird von den Geschäftspartnern genutzt, um sich von der EZB Übernachtliquidität gegen Verpfändung von Sicherheiten zu einem gegebenen Zinssatz zu beschaffen. Die Geschäftsbanken können also ihr Konto bei der EZB gegen Zahlung von Sollzinsen überziehen. Es handelt sich hierbei um Übernacht-Pensionsgeschäfte oder Übernacht-Pfandkredite.

■ Das neue Instrument der **Einlagefazilität** ermöglicht es den Geschäftspartnern, Liquiditätsüberschüsse für einen Tag bei der nationalen Zentralbank zu einem festen Zinssatz anzulegen. Der Zinssatz für diese Art von Einlagen bildet im Allgemeinen die Untergrenze des Tagesgeldsatzes.

6. Mindestreserven

a) Ermittlung und Strafbestimmungen

Die Geschäftspartner im ESZB müssen einen bestimmten Prozentsatz ihrer Verbindlichkeiten als Guthaben auf ihrem Girokonto bei der nationalen Zentralbank halten. Grundlage dafür sind bestimmte Positionen auf der Passivseite der Bankbilanz. Dazu gehören z. B. Bankverbindlichkeiten, die sich aus täglich fälligen Einlagen der Bankkunden ergeben.

Bei Nichterfüllung der Reservepflichten drohen den Banken Sanktionen des ESZB, z. B. die Belastung mit Sonderzinsen, die Einforderung unverzinslicher Einlagen bei der ESZB oder die Aussetzung des Zugangs zum Zentralbankgeld.

b) Geldpolitische Wirkungen

Bestimmend für die Höhe der Mindestreserve ist der Mindestreservesatz. Wird dieser Prozentsatz von der EZB angehoben, dann verringert sich der Spielraum für die Kreditvergabe bei den Kreditinstituten, weil Teile der verfügbaren Mittel nicht für Kreditzwecke ausgeliehen werden können, sondern bei der nationalen Zentralbank angelegt werden müssen. Die Liquiditätsverknappung bei den Kreditinstituten führt zu einem Ansteigen des Zinsniveaus. Steigende Zinsen haben regelmäßig einen Rückgang der Kreditnachfrage zur Folge. Über das abnehmende Kreditvolumen kommt es zu einer Verringerung der Geldmenge.

Dieses Beispiel zeigt, dass das ESZB durch Veränderung der Mindestreservesätze auf den Liquiditätsspielraum der Banken direkt einwirken kann. Dadurch beeinflusst es deren Kreditschöpfungsspielraum, was wiederum eine Steuerung der Geldmenge ermöglicht.

c) Auswirkungen auf die Ertragssituation der Banken

Im Gegensatz zu früheren Gepflogenheiten bei der Deutschen Bundesbank werden die Euro-Mindestreserven verzinst, und zwar zum EZB-Hauptrefinanzierungssatz (marktmäßige Verzinsung). Weil jedoch die gezahlten Einlagezinsen niedriger sind als die erzielbaren Kreditzinsen, wirkt sich die Mindestreservepflicht gewinnschmälernd auf das Ergebnis der Geschäftspartner aus.

d) Bindungsfunktion gegenüber der EZB

Die Verpflichtung zur Einhaltung einer Mindestreserve zwingt die Kreditinstitute dazu, sich bei der Notenbank in Höhe der bei ihr unterhaltenen Guthaben zu refinanzieren. Auf diese Weise entsteht eine starke Bindung zwischen den einzelnen Banken und der EZB. Sie ist die Voraussetzung dafür, dass die übrigen Instrumente der Notenbank (Offenmarktpolitik und Fazilitäten) greifen können.

e) Liquiditätspufferfunktion

Um ihre Mindestreservepflicht gegenüber der EZB zu erfüllen, ist es nicht erforderlich, dass die Banken jeden Tag ihr Mindestreserve-Soll einhalten. Es genügt vielmehr, wenn diese Größe im Durchschnitt eines Kalendermonats erreicht wird. Diese flexible Handhabung der Mindestreservepflicht erlaubt es den Banken, bei kurzfristig auf dem Geldmarkt auftretenden Anspannungen oder Verflüssigungen das Mindestreserve-Soll zu unter- oder überschreiten. Auf diese Weise leisten sie einen Beitrag zur Verstetigung der Zinsentwicklung am Geldmarkt.

7. Sicherheiten als Grundlage der Geldpolitik im ESZB

Die Banken können sich bei der EZB nur dann refinanzieren, wenn sie die aufgenommenen Kredite durch Sicherheiten abdecken. Man spricht in diesem Zusammenhang von refinanzierungsfähigen Sicherheiten (Finanzaktivität).

Man unterscheidet zwischen Sicherheiten der Kategorie I (einwandfreie Bonität) und solchen der Kategorie II (geringe Bonität).

Die Sicherheiten werden in einem Pool gehalten. Sie werden – wie die üblichen Banksicherheiten auch – vom ESZB mit einem bestimmten Prozentsatz beliehen. Stets muss jedoch die Summe des Sicherheitenpools eines Geschäftspartners größer sein als die Summe der in Anspruch genommenen Refinanzierungskredite.

8. Übersicht

Die einzelnen geldpolitischen Instrumente des ESZB

I. Offenmarktgeschäfte

1. Haupt-refinanzierungs-operationen	2. längerfristige Refinanzierungs-operationen	3. Fein-steuerungs-operationen	4. strukturelle Operationen

Befristete Transaktionen: Wertpapierpensionsgeschäfte und Pfandkredite

Schwerpunkt: Pfandkredite (Kredite gegen Verpfändung von bonitätsmäßig einwandfreien und marktfähigen Schuldverschreibungen, Aktien sowie Kreditforderungen)

– Termineinlagen
– befristete Transaktionen
– Devisenswap-geschäfte[1]

– Emission von Schuldver-schreibungen

Laufzeit: zwei Wochen	**Laufzeit:** drei Monate

Laufzeit: je nach geldpolitischem Bedarf

angewandtes Verfahren: Tenderverfahren[2]

angewandtes Verfahren: Tenderverfahren[2] u. bilaterale Geschäfte[2]

Durchführung: je nach Lage auf dem Geldmarkt

Durchführung: je nach Lage auf dem Geldmarkt

II. Ständige Fazilitäten

5. Spitzenrefinanzierungsfazilität	6. Einlagefazilität
Geldauf*nahme* „overnight"	Geld*anlage* „overnight"

Laufzeit: einen Tag
angewandtes Verfahren: bilaterale Geschäfte[2]
Durchführung: ständig angebotene Geschäfte

III. Mindestreserven

Begriff:
Verzinsliche Guthaben der Geschäftspartner (Banken, Finanzierungsinstitute) auf ihrem Girokonto bei der nationalen Zentralbank.

Geldpolitische Wirkung:
Eine Anhebung (Senkung) des Mindestreservesatzes bedeutet eine Verengung (Erweiterung) des Kreditspielraums der Geschäftsbanken. Liquiditätsverknappung (-verbesserung) bei den Banken bedeutet Verringerung (Vergrößerung) der Geldmenge; sie führt zu einem Ansteigen (Sinken) des Zinsniveaus.

Funktionen:
Die Verpflichtung zur Unterhaltung einer Mindestreserve zwingt die Kreditinstitute dazu, sich bei der Notenbank in Höhe der bei ihr unterhaltenen Guthaben zu refinanzieren. Die so entstandene starke Bindung der Banken an die EZB ist die Voraussetzung dafür, dass die geldpolitischen Instrumente greifen.

---

1 Kauf und Verkauf von Devisen per Termin.
2 **Tenderverfahren:** öffentliche Ausschreibungs- bzw. Versteigerungsverfahren für Geldoperationen.
   Bilaterale Geschäfte: geldpolitische Transaktionen, die nicht öffentlich ausgeschrieben, sondern zwischen dem ESZB und einem oder mehreren Geschäftspartnern abgeschlossen werden.

Arbeitsvorlage 1

Die Leitzinspolitik der EZB
– dargestellt am Beispiel einer Senkung der Leitzinsen

I. Allgemeines

▨ Konjunkturelle Ausgangssituation: _____ .

▨ Eingesetzte Instrumente der EZB: Senkung des _____ satzes und der _____ -

_____

▨ Zielsetzung der EZB-Politik: _____ der Konjunktur

▨ Bezeichnung für diese Art Politik: _____

II. Mögliche Auswirkungen der Leitzinssenkung auf den Bankensektor

▨ Refinanzierungskosten der Banken: Sie_____

▨ Refinanzierungsvolumen: Es _____

▨ Überschussreserven (Liquiditätsreserven): Sie _____

▨ Kreditangebot: Es_____

▨ Konkurrenzdruck innerhalb des Bankensektors: Er _____

▨ Entwicklung des Zinsniveaus: Es _____

III. Mögliche Auswirkungen des gesunkenen Zinsniveaus
auf die Gesamtwirtschaft

▨ Kreditnachfrage der Wirtschaftssubjekte: Sie _____

▨ Umlaufende Geldmenge: Sie _____

▨ Nachfrage nach Konsumgütern: Sie _____ , weil mehr Konsumenten (was?) _____ -

_____ aufnehmen.

▨ Nachfrage nach Investitionsgütern: Sie _____ , weil die Unternehmer mehr (was?) _____ -

_____ aufnehmen.

▨ Die gestiegene Konsum- und Investitionsgüternachfrage führt zu einem konjunkturellen _____ -

_____ .

▨ Im Verlauf des konjunkturellen Aufschwungs steigt die _____ , sodass die Arbeits-

losenquote _____ . Das wiederum führt zu höheren _____ bei den Beschäftigten.

▨ Die gestiegene Geldmenge in Verbindung mit der erhöhten Nachfrage nach Konsum- und Investitions-

gütern kann zu einem _____ des Preisniveaus führen; evtl. wird die_____

-Spirale in Gang gesetzt.

IV. Mögliche Störfaktoren

▨ Störfaktoren im **Inland,** z. B.

   – die Zukunfts- bzw. Gewinnerwartungen der Unternehmer sind (wie?) _____

   Mögliche Folge: _____ vorhaben werden zurückgestellt. Gesamtwirtschaftliche

   Wirkungen hieraus: Trotz des „billigen Geldes" erhöht sich die _____ nachfrage nicht

   oder nicht wesentlich; demzufolge bleibt die umlaufende Geldmenge weitgehend _____ ;

   – die konjunkturelle Entwicklung verläuft nicht wie erwartet. Der erwartete _____ bleibt aus.

▨ Störfaktoren im **Ausland.** Ist z. B. das ausländische Zinsniveau höher als das inländische, dann kommt

es zu einem Abfluss von _____ im Inland. Die Folge ist ein _____ der Geldmenge.

Arbeitsvorlage 2

Das Wertpapierpensionsgeschäft als befristete Transaktion

ESZB

Nationale Zentralbanken im Euroland A, B, C ... usw.

GESCHÄFTS-PARTNER

Bank 1, 2, 3 ... usw.

Phase 1:
Das ESZB kauft Wertpapiere mit Rück-kaufsvereinbarung von den Banken.

Abwicklung des Refinanzierungs-geschäfts im Tenderverfahren.[1]

■ **EIGENTUMSÜBERTRAGUNG:**

■ **GELDPOLITISCHE WIRKUNG:**
Im Bankensektor steigt die _____-
_____.

■ **FACHBEZEICHNUNG** für diese Art Geld-politik:

_____ **GELDPOLITIK**

Phase 2: _____ der Wert-papiere

– durch die Geschäftspartner
– nach Ablauf der Laufzeit

■ **EIGENTUMSÜBERTRAGUNG:**

■ **GELDPOLITISCHE WIRKUNG:**
Die Liquidität im Bankensektor _____-

■ **FACHBEZEICHNUNG** für diese Art Geld-politik:

_____ **GELDPOLITIK**

---

1 Siehe hierzu Fußnote 2 im Abschnitt 8 der Sachdarstellung.

Arbeitsvorlage 3

EZB senkt Hauptrefinanzierungssatz auf neues Rekordtief

FRANKFURT. (Dow Jones) – Die Europäische Zentralbank (EZB) hat ihre Geldpolitik am Donnerstag weiter gelockert und dabei zugleich ihren Zinskorridor von 200 auf 150 Basispunkte eingeengt. Während sie ihren Hauptrefinanzierungssatz um 25 Basispunkte auf 1,0 % zurücknahm, senkte sie den Spitzenrefinanzierungssatz um 50 Basispunkte auf 1,75 %. Den Einlagensatz ließ die Notenbank wie im Vorfeld signalisiert unverändert bei 0,25 %. Überraschend dürfte für viele Beobachter die Senkung des Spitzenrefinanzierungssatzes um 50 Basispunkte anstelle der erwarteten 25 Basispunkte gewesen sein.

Die nunmehr beim Haupt- und Spitzenrefinanzierungssatz erreichten Niveaus stellen historische Tiefstände dar. Die beiden Zinssätze sind zudem seit Oktober vergangenen Jahres um 325 bzw. 350 Basispunkte gesenkt worden. Auf eine weitere Senkung des Einlagensatzes dürfte die EZB verzichtet haben, weil die andernfalls erreichten 0 % Störungen an den Geldmärkten ausgelöst hätten. Die Zinsänderungen werden zum 13. Mai wirksam.

An den Devisenmärkten zog der Euro nach der Zinsentscheidung deutlich gegenüber dem US-Dollar an. [...]

Aktien und Anleihen reagierten allerdings kaum auf den Zinsbeschluss.

Nach Einschätzung der meisten Experten dürfte die EZB mit ihrer heutigen geldpolitischen Lockerung das Ende im Zinssenkungszyklus erreicht haben. Ungeachtet der schlimmsten wirtschaftlichen Rezession seit dem Ende des Zweiten Weltkriegs rechnet eine große Mehrheit unter den professionellen Beobachtern damit, dass die Notenbank das nunmehr erreichte Zinsniveau über längere Zeit nicht mehr verändern wird. Gegen eine weitere Senkung des Hauptrefinanzierungssatz spricht dabei wohl auch, dass die entsprechenden Geldmarktsätze bereits niedriger liegen.

Um der Wirtschaft und dem Finanzsektor dennoch zusätzliche monetäre Impulse zu geben, könnte die Notenbank noch auf "unkonventionelle" geldpolitische Maßnahmen, die die Geldmenge ausweiten, zurückgreifen.

Entsprechende Ankündigungen hat EZB-Präsident Jean-Claude Trichet bereits vor einem Monat [...] in Aussicht gestellt. Dabei ist es sehr wahrscheinlich, dass die EZB eine Verlängerung der Laufzeiten ihrer langfristigen Refinanzierungsgeschäften auf neun Monate oder ein Jahr mitteilen wird. Bisher haben diese eine Laufzeit von maximal sechs Monaten.

Nach Einschätzung von Volkswirten würde sich so die Refinanzierungssicherheit bei den Banken erhöhen, gleichzeitig würden länger laufende Tender auch die Bereitschaft der Banken zur Kreditvergabe an Unternehmen und Verbraucher erhöhen, heißt es.

Als weniger wahrscheinlich wird dagegen die Möglichkeit des EZB-Ankaufs von Staats- oder Unternehmensanleihen gesehen. Anders als etwa in den USA oder Großbritannien scheint es hier bei den meisten Euro-Währungshütern größere Vorbehalte zu geben. Allerdings hat auch die bisherige Politik der EZB – vor allem die unbegrenzte Liquiditätsbereitstellung bei Tendergeschäften – in den vergangenen zwei Jahren für eine Ausweitung der Geldbasis (Bargeld und Einlagen der Banken bei der EZB) um 30 % gesorgt.

Von Peter Trautmann, Dow Jones Newswires

www.fazfinance.net/Aktuell/UPDATE-EZB-senkt-Hauptrefinanzierungssatz-auf-neues-Rekordtief-7538.faz (Abruf: 02.08.2009)

Arbeitsaufträge und Fragen zur Stofferschließung

1. Befassen Sie sich zunächst einmal mit der Ausgangssituation und dem thematisch damit zusammenhängenden **Abschnitt 1 der Sachdarstellung**.

   a) Welche Auswirkung haben fallende Leitzinsen auf den Geldmarkt?

   b) Welche Inflationsrate gilt nach den Maßstäben der EZB als Obergrenze für Preisniveaustabilität?

   c) In welcher Größenordnung bewegte sich der Hauptrefinanzierungszinssatz von 2001 bis 2009?

   d) Lesen Sie im **Abschnitt 4 der Sachdarstellung** nach, warum der Hauptrefinanzierungszinssatz so heißt.

   e) Welche Leitzinssätze gibt es sonst noch?

   f) Beschreiben Sie kurz das Wesen dieser beiden Zinssätze.

   g) Was versteht man unter dem sogenannten „Zinskanal"?

   h) Welche Aufgabe erfüllt der „Basiszinssatz"?

2. Beschäftigen Sie sich mit den im **2. Abschnitt der Sachdarstellung** beschriebenen Formen und Zielsetzungen der Geldpolitik im ESZB.

a) Beschreiben Sie ganz generell die Anwendung und die Wirkungsweise einer expansiven Geldpolitik.

b) Wie wirkt eine restriktive (kontraktive) Geldpolitik?

c) In der Arbeitsvorlage 1 wird die Leitzinspolitik der EZB am Beispiel einer Senkung der Leitzinsen ausführlich beschrieben. Ergänzen Sie im Unterrichtsgespräch mit Ihrem BWL-Lehrer oder in der Gruppenarbeit die Textlücken.

d) Worauf beruht die geldpolitische Wirksamkeit von Zinsniveau-Änderungen der EZB?

3. Für Sie ist es wichtig zu wissen, welche Mittel (Instrumente) der Europäischen Zentralbank zur Verfügung stehen, um das Ziel der Preisniveaustabilität zu erreichen. Befassen Sie sich zu diesem Zwecke mit den Ausführungen in den Abschnitten 3 bis 8 der Sachdarstellung.

a) Welche drei Hauptformen geldpolitischer Geschäfte im ESZB lassen sich unterscheiden?

b) Welche Wirkungen erzielt die EZB mit Offenmarktgeschäften wie z. B. dem Verkauf von Wertpapieren an Geschäftsbanken?

c) In welche vier Teilbereiche können die Offenmarktgeschäfte untergliedert werden?

d) Was sind ständige Fazilitäten? (Lösungshinweis: Sachdarstellung, Abschnitte 3 und 5)

e) Welcher Verpflichtung müssen die Geschäftsbanken nachkommen, damit die EZB eine Mindestreservepolitik betreiben kann?

f) Was sind Hauptrefinanzierungsgeschäfte (-operationen)? (Drei Wesensmerkmale angeben.)

g) Nennen Sie drei Kennzeichen von Wertpapierpensionsgeschäften.

h) Was haben Hauptrefinanzierungsgeschäfte mit längerfristigen Refinanzierungsgeschäften gemein und wie unterscheiden sich beide geldpolitischen Instrumente?

i) Was sind Feinsteuerungs- und strukturelle Operationen und wie wirken sie?

j) Versuchen Sie den Ablauf des Wertpapierpensionsgeschäfts als befristete Transaktion zwischen der EZB und ihren Geschäftspartnern in einer Skizze darzustellen. Unterscheiden Sie hierbei zwei Phasen, nämlich den Kauf und den Rückkauf der Wertpapiere **(Arbeitsvorlage 2)**.

k) Erläutern Sie den Begriff „Spitzenrefinanzierungsfazilität".

l) Was ist mit dem Wort „Einlagefazilität" gemeint?

m) Wonach bestimmt sich ganz generell die Höhe der von den Geschäftsbanken bei der jeweiligen nationalen Zentralbank zu unterhaltenden Mindestreserve?

n) Erläutern Sie die möglichen Wirkungen einer Erhöhung des Mindestreservesatzes im Bankensektor und in der Gesamtwirtschaft.

o) Was versteht man unter „refinanzierungsfähigen Sicherheiten" und wonach bestimmt sich ihre Höhe?

4. Beschäftigen Sie sich anschließend noch mit dem Artikel zur Geldpolitik der EZB **(Arbeitsvorlage 3)** und beantworten Sie folgende Fragen.

a) Beschreiben Sie die Entwicklung des Hauptrefinanzierungssatzes und des Einlagensatzes vom Oktober 2008 bis zum Frühjahr 2009.

b) Auf welche zusätzlichen „unkonventionellen" Maßnahmen könnte die EZB zurückgreifen, um die Geldmenge auszuweiten?

c) Beschreiben Sie die Wirkungsweise dieser Eingriffe auf den Bankensektor